CORPO E ALMA

PEDRO LAÍN ENTRALGO

CORPO E ALMA

ESTRUTURA DINÂMICA
DO CORPO HUMANO

PRÓLOGO DE
DIEGO GRACIA

TRADUÇÃO DE
MIGUEL SERRAS PEREIRA

ALMEDINA

CORPO E ALMA
ESTRUTURA DINÂMICA DO CORPO HUMANO

TÍTULO ORIGINAL
CUERPO Y ALMA

AUTOR
PEDRO LAÍN ENTRALGO

TRADUÇÃO
MIGUEL SERRAS PEREIRA

COORDENADORA DE COLECÇÃO
SARA DE CARVALHO

EDITOR
LIVRARIA ALMEDINA
www.almedina.net
editora@almedina.net

DESENHO GRÁFICO
FBA. FERRAND, BICKER & ASSOCIADOS
Info@fba.pt

EXECUÇÃO GRÁFICA
G.C.-GRÁFICA DE COIMBRA, LDA.
producao@graficadecoimbra.pt

ISBN
972-40-1649-8

DEPÓSITO LEGAL
191298/03

DATA
JANEIRO DE 2003

© Herdeiros de Pedro Laín Entralgo
© Editorial Espasa Calpe, S.A. (Madrid, Espanha)

Os direitos desta edição são exclusivamente reservados
à Almedina, Joaquim Machado, Lda.
Arco de Almedina,15
3004-509 Coimbra
Tel +351 239 851 900
Fax +351 239 851 901

NOTA DE APRESENTAÇÃO

Às três perguntas famosas da *Crítica da Razão Pura*: "o que posso saber?", "o que devo fazer?", "o que é que me é permitido esperar?", na *Lógica*, Immanuel Kant acrescenta uma quarta: "o que é o homem?", escrevendo que as outras, no fundo, convergem e remetem para ela. De facto, haverá interrogações mais inquietantes e decisivas do que estas: quem sou?, o que é que sou?, o que é o homem?

Quem se debruça reflexivamente sobre elas confronta-se de modo inevitável com o enigma da constituição humana. O pensamento enveredou frequentemente pelo dualismo, que quer exprimir uma tensão vivida: eu sou um corpo que diz eu, mas ao mesmo tempo penso-me como tendo um corpo, pois o eu fontal parece não identificar-se com o corpo. É como se houvesse no homem um excesso face ao corpo, experienciado, por exemplo, na possibilidade do suicídio: *eu* posso matar*-me*. Ao contrário da morte do corpo, que parece perfeitamente natural e inteligível, *eu* morrer é incompreensível e, em última análise, impensável. Mas, por outro lado, eu não sou uma alma que carrega um corpo, à maneira de uma coisa que eu tivesse. Vivo-me desde dentro como sujeito corpóreo, um corpo-sujeito, corpo próprio e matéria pessoal. O meu corpo sou eu mesmo presentificado, é a minha visibilização, sou eu próprio voltado para os outros. No entanto, se se negar a alma e o espírito, como explicar o pensamento, a reflexão, a autoconsciência, a liberdade, a experiência de nós enquanto pessoas, enquanto dignidades não redutíveis a coisa?

Posso dizer: "eu tenho uma alma" e "eu tenho um corpo". Mas então é preciso perguntar quem é ou o que é este "eu" que parece ser o "proprietário" de um corpo e de uma alma, distinguindo-se deles. Por outro lado, precisamente este "eu" aparece unindo os dois – o corpo e a alma –, que, por isso, formam uma unidade. Assim, este eu pode ser um corpo que afirma ter uma alma ou então uma alma que requer um corpo. De qualquer modo, reconhecer um "eu-consciência" não implica já, em qualquer caso, uma alma, isto é, um espírito? Em ordem ao esclarecimento da questão – o enigma do corpo e da alma ou também do cérebro e da mente ou ainda da matéria e do espírito –, é necessário perguntar: A alma e o corpo são entidades diferentes e independentes? Neste caso, qual a relação que existe entre eles? Porém, se a constituição humana não for dicotómica (alguns afirmarão até uma constituição tricotómica: corpo, alma, espírito), mas, pelo contrário, se se tratar de uma unidade, como compreender esta unidade?, pergunta o biólogo e filósofo Franz Wuketits.

Na aventura gigantesca da evolução, com 15.000 milhões de anos, o homem apareceu muito recentemente – o *Homo sapiens sapiens* não tem cem mil anos –, mas precisamente assim: somos simultaneamente *do* mundo e *no* mundo, pois, provindo da natureza, contrapomo-nos a ela, o universo toma consciência de si no homem, que é consciente de si mesmo enquanto transcendendo a natureza.

Vergílio Ferreira, em *Pensar*, referindo-se ao enigma humano, escreveu num misto realista, dramático e sublime: "Um corpo e o que em obra superior ele produz. Como é fascinante pensá-lo. Um novelo de tripas, de sebo, de matéria viscosa e repelente, um incansável produtor de lixo. Uma podridão insofrida, impaciente de se manifestar, de rebentar o que a trava, sustida a custo a toda a hora para a decência do convívio, um equilíbrio difícil em dois pés precários, uma latrina ambulante, um saco de esterco. E simultaneamente, na visibilidade disso, a harmonia de uma face, a sua possível beleza e sobretudo o prodígio de uma palavra, uma ideia, um gesto, uma obra de arte. Construir o máximo da sublimidade sobre o mais baixo e vil e asqueroso. Um homem. Dá vontade de chorar. De alegria, de ternura, de compaixão. Dá vontade de enlouquecer".

Não admira, pois, que, como refere Karl Popper, a filosofia ocidental ao longo da sua história não tenha feito outra coisa senão tecer "variações sobre o tema do dualismo do corpo e da mente".

Pedro Laín Entralgo (1908-2001) é considerado um dos pensadores maiores da Espanha do século XX. Doutor em medicina e licenciado em ciências químicas, foi professor catedrático de história da medicina e reitor da Universidade de Madrid. Cientista, filósofo, humanista cristão, era membro das Reais Academias da Língua, da História e da Medicina. Doutor *honoris causa* por várias Universidades, deixou uma

NOTA DE APRESENTAÇÃO

vasta obra – mais de quarenta livros –, centrada precisamente na antropologia geral, destacando-se *Historia de la medicina*; *Descargo de conciencia*; *Antropología médica*; *Teoría y realidad del otro*; *La espera y la esperanza*; *El cuerpo humano: teoría actual*; *Cuerpo y alma*; *Creer, esperar, amar*; *Alma, cuerpo, persona*; *Idea del hombre*; *Qué es el hombre* – este já traduzido também para português: *O que é o Homem*. Laín, que fora dualista, em *El cuerpo humano: teoría actual* abandonou o dualismo antropológico alma/corpo ao mesmo tempo que continuou a rejeitar o monismo idealista ou materialista. Mostrando os limites do pensamento antropológico hoje vigente, tanto cristão como laico, procurou um terceiro caminho, que deu lugar ao que chamou uma "antropologia integradora", "cosmológica, dinâmica e evolutiva". Como crente sincero e intelectual honesto e exigente, defendeu, sem precisar de uma alma espiritual nem de uma intervenção divina especial, a compatibilidade entre as duas afirmações cristãs essenciais sobre o homem – criado à imagem e semelhança de Deus e titular pela esperança de uma vida para lá morte – e a concepção actual das ciências: o homem como resultado da evolução do cosmos. As críticas recebidas, concretamente de teólogos – à sua frente J. L. Ruiz de la Peña –, que queriam manter a ideia tradicional da unidade substancial de alma-corpo, obrigaram-no a estudar mais minuciosamente a sua tese de uma concepção do corpo humano nem dualista nem materialista, mas "materista". Desse esforço resultou *Cuerpo y alma*, que em boa hora vê a sua tradução portuguesa.

    Segundo Pedro Laín Entralgo, em ordem ao conhecimento científico e filosófico do homem, o melhor ponto de partida é o da atenção à conduta humana. O chimpanzé, seu primo afastado, sente (sente o mundo exterior e sente-se a si próprio), recorda experiências passadas e utiliza-as, procura alimento, parceiro sexual, etc., espera, se necessário, a oportunidade de encontrar o que busca, brinca e joga com os membros da sua espécie, comunica com eles, pode aprender muitas coisas novas (lembrar os casos famosos de *Washoe* e *Sarah*) e inclusivamente inventar instrumentos novos (são célebres, por exemplo, os chimpanzés de Köhler, Kortland e Goodhall). Se também o homem sente, recorda, procura, espera, joga, comunica, aprende e inventa, quais são as notas especificamente humanas que o observador pode discernir no desempenho dessas actividades por parte do homem, que mostram que o ser humano é qualitativa e essencialmente distinto do animal? Entre essas notas, refiram-se as seguintes:

O livre arbítrio. O animal é conduzido pelo instinto. Por isso, esfomeado, não se conterá perante a comida apropriada que lhe apareça. Perante a fêmea no período do cio, não resistirá. O homem, pelo contrário, por motivos de ascese ou religiosos ou até pura e simplesmente para mostrar a si próprio que se não deixa arrastar pelo impulso, é capaz de conter-se, resistir e dizer não. Foi neste sentido que Max Scheler escreveu que o homem é "o asceta da vida", o único animal capaz de dizer não aos impulsos instintivos. Assim, uma vez que o homem é capaz de renunciar, abster-se, optar, é *animal liberum* e, por conseguinte, *animal morale* : livre e moral.

A simbolização. Tanto o animal como o homem comunicam com o seus semelhantes mediante signos. Mas só o homem comunica mediante símbolos. Os signos e os símbolos são sinais, mas, enquanto que o signo é o sinal que manifesta a existência de algo distinto dele, mas natural e directamente relacionado com ele, os símbolos são sinais cuja significação foi estabelecida por convenção dentro de um determinado grupo humano: por exemplo, a bandeira nacional, a cruz... Portanto, só o homem é, como bem viu Cassirer, *animal symbolicum* ou, talvez melhor, *animal symbolizans*. Precisamente porque é capaz de simbolizar, o homem é constitutivamente *animal loquens* : falante. E bastaria constatar um corpo que fala para que surgisse a consciência do seu carácter enigmático.

A inconclusão. A acção do animal, uma vez alcançado o seu termo, fica encerrada e concluída em si mesma: para o animal, não há propriamente o novo. Pelo contrário, com excepção das raras experiências do que se chama o "instante eterno", o homem, mesmo quando a sua acção tem êxito, sente a necessidade de "mais" e "outra coisa". Há uma série de expressões célebres, precisamente em conexão com esta abertura ilimitada da realidade humana: "Mais, mais e cada vez mais; quero ser eu e, sem deixar de sê-lo, ser também os outros...!" (Unamuno); *citius, altius, fortius* (lema olímpico); o homem, *bestia cupidissima rerum novarum*, o homem, "o eterno Fausto", "a pergunta é a forma suprema do saber", "o homem é o único animal que pode prometer" (Santo Agostinho, Scheler, Heidegger, Nietzsche, respectivamente). O homem nunca

NOTA DE APRESENTAÇÃO

está satisfeito (*satis-factum*, feito suficientemente), acabado. A inconclusão das suas acções e de si mesmo manifesta que a sua temporalidade e o seu ser têm uma estrutura essencialmente aberta, de tal modo que deve dizer-se que o homem é simultaneamente *animal transcendens* e *animal inconclusum* : transcendendo sempre e nunca concluído.

O ensimesmamento. O animal move-se e descansa, de tal modo que, quando não está em movimento, encontra-se em repouso. Também o homem repousa. Mas mesmo o behaviourista objectivo pode constatar que, por vezes, o aparente repouso é outra coisa: entrada dentro de si próprio, descida à intimidade, à sua subjectividade pessoal.

A vida no real. Para o animal, o mundo (melhor, o seu meio, pois o animal propriamente não tem mundo) não passa de um conjunto de estímulos. O homem, pelo contrário, dada a sua capacidade de distanciação, vive no real, é um "animal de realidades", como repetia Zubiri. Para ele, o mundo é um conjunto de coisas reais, que têm por si mesmas a propriedade de estimular.

A pergunta. O casal Gardner, Premack, etc. conseguiram, por exemplo, ensinar chimpanzés a comunicar mediante sinais gestuais ou objectos visualmente distintos entre si. Nunca se conseguiu, porém, que um chimpanzé faça perguntas. O homem reconhece que o seu saber é limitado e, por isso, pergunta, em ordem a superar esses limites: na pergunta, reconhece ao mesmo tempo a sua indigência e a sua esperança ilimitada. De qualquer modo, perguntar é parte característica e específica da conduta humana. O homem é *animal quaerens* : procura e pergunta ilimitadamente.

A criação. Os animais propriamente não inventam. Mesmo quando o chimpanzé de Köhler encaixou as canas para chegar à banana, tratou-se de um mecanismo de adaptação, e não de uma acção criadora. É um facto de observação que há uma diferença essencial entre a inovação do antropóide e a criação humana. Mediante a sua actividade criadora, o ser humano produz novidades, que pode transmitir aos outros, de tal modo que a vida da humanidade é autenticamente histórica, com mudanças qualitativas, e não constante repetição. O homem é *animal creans*, e é aliás esta capacidade criadora, também através da técnica, que faz com que ele possa viver em qualquer meio que fisicamente o não destrua, tornando-se assim um *animal panecológico*. O homem é *animal instrumentificum, proiectivum, progrediens, labefaciens* (destruidor), *sociale, historicum*: o homem é por natureza um ser histórico. E Laín volta uma e outra vez ao que Sófocles na *Antígona* disse do homem: o mais maravilhoso-terrível do mundo.

O sorriso e a sepultura. Pode também apresentar-se o riso, o sorriso e a sepultura como acções especificamente humanas, essencialmente distintas do animal. De facto, o animal não ri nem sorri e também não gasta tempo com os seus mortos. Pelo contrário, o homem tem rituais funerários e não abandona os mortos à morte. Pode mesmo dizer-se que, na gigantesca história da evolução, o sinal indiscutível de que há homem são os rituais mortuários: o homem é *animal sepeliens*. A esta breve série de notas específicas da conduta humana outras poderiam ainda acrescentar-se: a capacidade do homem para o ódio, a admiração, a crueldade, a inveja, a extravagância e o luxo, o amor de autodoação, o suicídio, e outras ainda, tais como, por exemplo, o jogo, a esperança, o choro, a contemplação e a criação de beleza.

Pedro Laín Entralgo sublinha que todas estas características são, independentemente de uma atitude explicativa ou compreensiva, constatáveis por qualquer observador atento, já que se manifestam na actividade do corpo, tal como este se oferece ao observador desde fora. Não basta, porém, esta constatação: impõe-se, agora, explicar e compreender o que se descreveu. Quando e como poderemos dizer que conhecemos verdadeiramente o corpo humano, autor da conduta com estas notas específicas?

Desde Dilthey, há duas vias que é necessário percorrer: a da *explicação (Erklären, Erklärung)* e a da *compreensão (Verstehen, Verständnis)*. Em que é que consistem uma e outra? No sentido técnico, explicar uma coisa é conhecê-la segundo as suas causas eficientes, portanto, ter um conhecimento objectivo, científico, dessa realidade, determinando os seus vários "porquês" e o "como" dos seus diversos movimentos. Na compreensão, o objectivo é conhecer uma coisa segundo as suas causas finais, no seu "para quê", portanto, captar o seu sentido e o seu significado, na medida em que de modo racional ou razoável isso é possível.

Impõe-se, portanto, o conhecimento da conduta humana, mediante o recurso às diferentes ciências explicativas, mas a mera explicação científico-objectiva não é de modo nenhum suficiente. É necessária a sua *compreensão*. O que seria para nós, de facto, por exemplo, um sorriso ou um aperto de mão, reduzidos à sua realidade objectivo-natural, portanto, sem a apreensão do seu significado e sentido intencional? O que é que seria cada um de nós sem a experiência interiormente vivida de si mesmo? Ora, precisamente essa experiência de mim mesmo dá-me a conhecer as capacidades e notas da minha própria realidade, exigidas e implicadas na descoberta do sentido do que sou e faço: a intimidade, a liberdade, a responsabilidade, a vocação, a ideia de si mesmo, a actividade psíquica, a posse pessoal do mundo, a inquietação, de tal modo que sou pessoa humana, podendo dizer simultaneamente: "eu sei o que sou" e "eu sei quem sou". E dado que a auto- e a hetero-compreensão se implicam e exigem uma à outra, concluirei que cada homem é pessoa ou está num processo de personalização.

Com a descrição, explicação e compreensão da realidade do homem, ficamos a saber *o que faz* e *como é*. Trata-se agora de tentar responder à pergunta: *o que é* o homem? De modo mais explícito: Para fazer tudo o que realmente faz, para ser tal como é realmente, como tem que estar constituído? Qual é a sua realidade constitutiva?

A esta questão foram dadas, ao longo da história, fundamentalmente duas respostas: o dualismo, que, depois de Platão, assumiu duas orientações essenciais – o hilemorfismo e o cartesianismo –, e o monismo materialista. Como ficou dito, um e outro são rejeitados por Pedro Laín Entralgo.

Numa concepção dualista, será preciso perguntar, por exemplo, se os pais, que apenas teriam dado origem ao corpo – a alma viria "de fora" –, ainda são verdadeiramente pais dos seus filhos. Aliás, quanto à ontogénese, erguem-se, com os novos desenvolvimentos da embriologia experimental e da engenharia genética, questões melindrosas no referente ao momento da infusão da alma por Deus, pois, se já era claro que o zigoto humano não é homem em acto, os novos conhecimentos levam a afirmar que ele não é sem mais "homem em potência", já que, durante as suas primeiras fases, não o é senão "em potência condicionada". É sabido que, do ponto de vista genético, não existe para já uma resposta certa e clara quanto à questão de saber quando começa realmente um novo ser humano. De facto, à individualização de um novo ser humano pertencem duas propriedades: a da *unicidade* – qualidade de ser único – e a da *unidade* – realidade positiva que se distingue de toda a outra, isto é, ser um só. Ora, como sublinha o biólogo Juan-Ramón Lacadena, existe uma ampla evidência experimental que demonstra que estas duas propriedades fundamentais não estão definitivamente estabelecidas no novo ser em desenvolvimento, antes de terminar a nidação, isto é, uns catorze dias depois da fecundação. Estas duas propriedades são postas em causa, respectivamente, pela realidade dos gémeos monozigóticos, que se formam pela divisão de um embrião, e pela existência comprovada de pessoas que estão constituídas pela fusão de dois zigotos ou embriões distintos. Pergunta-se: no primeiro caso, uma "alma" divide-se em duas, e, no segundo, duas "almas" fundem-se numa ou "uma delas é eliminada"? A concepção dualista implicaria a intervenção sobrenatural de Deus tanto a nível filogenético como ontogenético: no quadro da evolução, os dualistas afirmam que Deus infundiu sobrenaturalmente uma alma no genoma dos australopitecos mutantes, para que o resultado da mutação fossem, há uns três milhões de anos, os primeiros membros da espécie chamada *Homo habilis*; no plano da ontogénese do indivíduo humano, é igualmente requerida a acção sobrenatural de Deus na criação directa de cada alma. Mas, deste modo, menosprezando a noção de "causa segunda" e, consequentemente, da autonomia da criação, não se corre o risco de "demasiado teísmo"? Há ainda outra pergunta decisiva: como é que um espírito finito pode agir sobre a matéria e vice-versa?

O monismo materialista não dá conta da dignidade humana. Quem reduz o espírito humano e o eu a processos físicos e químicos no cérebro terá de responder à seguinte pergunta: como é que processos objectivos na terceira pessoa se transformam numa experiência subjectiva de um eu pessoal que se vive interiormente como único, como é que se passa de algo a alguém? Se a vida espiritual se identifica com processos físicos e químicos, então são eles que decidem as minhas acções e quem sou, de tal modo que, como consequência da ilusão de ser alguém, também se impõe concluir que não sou responsável pelo que faço, de tal modo que o assassino poderia declarar em pleno tribunal a sua inocência, já que tinham sido os seus neurónios a produzir a vontade de matar. A concepção positivista da consciência ver-se-á inevitavelmente confrontada com circularidades: de facto, o sujeito que objectiva e se objectiva a si mesmo nunca poderá objectivar-se totalmente, já que a condição de possibilidade da objectivação é um sujeito irredutível. Assim, apesar do valor das investigações neurobiológicas e dos avanços sempre crescentes neste domínio, não será exagerado afirmar que a autoconsciência e o eu manterão uma reserva de insondável e incompreensível para a ciência objectivante, precisamente porque nos encontramos no domínio do inobjectivável.

A rejeição do materialismo por Laín assenta essencialmente numa concepção actual e rigorosa da matéria. Para ele, nem a ideia hilemórfica nem a cartesiana nem a atómico-molecular ou mesmo, apesar dos seus traços geniais, a da *vis* leibniziana podem hoje ser aceites por quem tenha uma ideia exigente do que é verdadeiramente a realidade da matéria percepcionada pelos sentidos.

Segundo Pedro Laín Entralgo, o homem é o seu corpo, e não a união de um organismo material e uma alma espiritual. A sua antropologia, para lá de qualquer das formas do dualismo antropológico e também do monismo materialista, concretamente tal como foi entendido nos séculos XVIII, XIX e boa parte do século XX, requer um *tertium quid superans*. Este *tertium* assenta essencialmente no dinamicismo de Zubiri, que radicaliza zubirianamente.

Admitindo o *big bang*, há 14-15 000 milhões de anos, que constitui a "teoria standard" da ciência actual, os astrofísicos, apesar da barreira inultrapassável do "intervalo de Planck" (10^{-43} segundo) e de não conseguirem plena concordância quanto ao sucedido nos minutos seguintes ao "ponto zero", tentam descrever a evolução do cosmos nas suas várias fases, da etapa quântica à etapa galáctica, passando pela hadrónica, a leptónica e a radiante. Mais do que descrevê-las, importará aqui de modo decisivo sublinhar que o universo já não pode de modo nenhum ser concebido como algo estável e fixo. Pelo contrário, ele é dinâmico: está a fazer-se a ele mesmo, num processo aberto. Embora a sua realidade, tanto no seu conjunto como nas suas partículas mais elementares, nunca possa explicar-se de modo plenamente racional e satisfatório, a mente humana deverá aproximar-se da sua intelecção "mediante conceitos mais razoáveis e satisfatórios que outros", e, para a realização desta tarefa, Laín pensa que são centrais dois conceitos, que se interpenetram, da cosmologia de Zubiri: o de "dinamismo" e o de "dar de si".

Na sua radicalidade, a realidade do cosmos é dinamismo. O mundo não *está* em dinamismo nem *tem* dinamismo: *é* em si mesmo e por si mesmo dinamismo, e este tem como sua propriedade essencial o "dar de si". O cosmos no seu conjunto e nas suas partes, mesmo nas mais elementares, é intrinsecamente actividade, e o "dar de si" refere-se não só ao que está a ser (por exemplo, dar calor, quando o dinamismo se manifesta como energia térmica), mas também às propriedades ou substantividades novas (produzir a partir de si algo diferente: gerar mutantes que podem dar lugar a espécies vivas que ainda não existiam ou não existem).

Deste modo o universo na sua evolução deve ser visto como a história natural dos diferentes modos e níveis estruturais em que o radical dinamismo do cosmos se foi actualizando e manifestando. Em última instância, o cosmos é o processo de estruturação, em patamares cada vez mais complexos, desse dinamismo. O universo no seu dinamismo indiferenciado na origem foi dando a si mesmo sucessivas estruturas, que, por sua vez, produziram outras, mas de tal maneira que, antes da sua concretização, não eram previsíveis. Uma estrutura não é substância, mas substantividade enquanto conjunto de notas sistemático, clausurado e cíclico. Uma estrutura enquanto substantividade, para lá das suas propriedades aditivas, que são as que resultam da soma das propriedades dos elementos que a compõem, é essencialmente o conjunto unitário ou "todo" unificante das suas propriedades estruturais: estas propriedades estruturais novas têm o seu sujeito na totalidade unitária do conjunto da estrutura e, em última análise, no Todo do cosmos enquanto *natura naturans*. Ora, precisamente estas propriedades estruturais ou sistemáticas emergentes não podem de modo nenhum ser deduzidas das propriedades dos elementos donde provêm, não se explicam pela adição das propriedades de cada uma das partes que compõem a estrutura, são "novas" e "irredutíveis" às correspondentes aos níveis precedentes da evolução do dinamismo cósmico. Assim, por maior e perfeito que fosse, por exemplo, o conhecimento de uma determinada espécie viva, não seria possível prever a sua transformação numa outra espécie viva. De qualquer modo, também o aparecimento do homem se insere nesta gigantesca história da evolução cósmica e biológica, sem intervenção divina directa, embora, para Laín, com Deus como realidade fundamentante. Pedro Laín pensa e crê que a espécie humana surgiu no cosmos como resultado de uma mutação biológica do *Australopithecus* e de um processo de selecção natural, cujo termo foi uma estrutura dinâmica nova, com propriedades e capacidades rigorosamente inéditas, completamente inexplicáveis a partir das inerentes

NOTA DE APRESENTAÇÃO

à estrutura dinâmica de que por evolução procedia; portanto, a génese do homem pode e deve ser explicada como consequência de causas segundas inerentes à espécie progenitora, e em última instância à ordem que Deus deu ao mundo criado. O que se passou é que, há mais ou menos três milhões de anos, por obra de um processo de selecção natural, indivíduos mutantes de certas espécies de australopitecos deram lugar à existência dos primeiros homens, os integrantes do subgénero ou espécie *Homo habilis*. Na medida dos nossos conhecimentos actuais e para já, o homem enquanto *matéria pessoal* é mesmo o último elo da cadeia evolutiva do dinamismo cósmico, impondo-se que se sublinhe *na medida dos conhecimentos presentes e para já*, pois não sabemos se há ou não seres inteligentes e livres noutras paragens do universo nem podemos excluir *a priori* que o homem venha a ser o antecedente do *Homo supersapiens* ou "superhomem" a que pode levar o processo evolutivo da biosfera terrestre. Por outro lado, tanto filogenética como ontogeneticamente, em ordem à intelecção científica e filosófica da realidade do homem pode-se prescindir do espírito – do espírito humano, claro está –, e esta opinião é perfeitamente compatível com o que o cristianismo afirma de essencial acerca do homem.

Prescindir do espírito ou da alma e da intervenção directa de Deus no aparecimento da vida e na génese do homem não significa de modo nenhum anular o carácter enigmático da matéria – não é a matéria enigmática e misteriosa na sua raiz? –, e, consequentemente, do cosmos e da realidade humana. Pelo contrário, tanto a matéria como o cosmos e o homem mantêm o seu enigma e até mistério. Por mais que se avance no conhecimento da matéria e concretamente no domínio das neurociências, o enigma permanecerá. Uma vez que estamos no domínio das ultimidades e, portanto, do enigmático-misterioso, esta concepção do Todo cósmico e do homem não pode ser demonstrada de modo constringente pela razão, mas é razoável, mais razoável do que o materialismo vulgar ou o dualismo. De qualquer modo, também em Pedro Laín a antropologia termina numa pergunta: o que é o homem? Ser homem é esse X que, em última análise, se define por esta própria pergunta, que transporta consigo a questão do ser e do seu ser.

Mas, se a *natura naturans* é enquanto Todo unitário o sujeito produtor de todos os modos em que se foi e vai realizando, estruturando, actualizando e concretizando, percebe-se a razão por que Laín, embora rejeitando o dualismo, portanto, a alma e uma intervenção directa de Deus no aparecimento do homem na filogénese e na ontogénese, não é materialista no sentido corrente – reducionista – do termo. Para ele, o homem é todo e só o seu corpo, mas é tão incompreensível o dualismo como aceitar que o amor, por exemplo, seja redutível a física e a química. Há uma diferença essencial, qualitativa, entre o homem e o animal. No homem, a matéria do cosmos eleva-se a matéria pessoal, o que significa que, nas realidades anteriores ao homem, o Todo do cosmos enquanto *natura naturans* não tinha esgotado toda a produtividade do seu dinamismo, não tinha ainda realizado todas as suas virtualidades. Por outras palavras, a matéria só não pode, por exemplo, reflectir ou ser autoconsciente enquanto tal matéria, isto é, nos níveis anteriores ao humano, na que é própria das realidades não-humanas.

Será, porém, necessário perguntar ainda: a *natura naturans* é o sujeito último (ou primeiro, como se quiser), no sentido de causa criadora, ou apenas causa segunda e efeituadora de todas as configurações que evolutivamente adopta?

O enigma da matéria e do homem abre-nos ao mistério e, consequentemente, à questão de Deus precisamente enquanto questão. Mais: "o impenetrável mistério" da natureza, na medida em que se faça um esforço razoável em ordem à sua intelecção, requer "a opção entre o teísmo, o panteísmo e o ateísmo". Ora, neste domínio, é essencial sublinhar a necessidade de pôr de sobreaviso quanto a certos preconceitos instalados. De facto, por paradoxal que pareça, também o ateu assenta a sua negação da existência de Deus ou da vida depois da morte num acto de fé. Em qualquer das suas formas, escreve Laín, o ateísmo é uma crença e não uma evidência, um "creio que Deus não existe" e não um "sei que não existe Deus". No que se refere a Deus ou à vida depois da morte, as posições do crente e do ateu assentam na crença. Evidentemente, sendo humanos e, portanto, seres racionais, um e outro – o crente e o ateu – têm de apresentar razões para a sua fé, pois esta, se quiser ser verdadeiramente humana, não pode ser cega. O crente (teísta) e o (crente) ateu encontram-se perante a mesma realidade, que interpretam, divergindo na sua interpretação, precisamente assim, como escreve o filósofo da religião Andrés Torres Queiruga: "não se interpreta o mundo de uma determinada maneira porque se é crente ou ateu, mas é-se crente ou ateu porque a fé ou a descrença lhes aparecem, respectivamente, como a maneira melhor de interpretar o mundo comum". Pedro Laín Entralgo não se cansa de repetir que o objecto da ciência é penúltimo, mas o último é objecto da crença, seguindo-se daí que "o certo será sempre penúltimo e o último será sempre incerto". De qualquer forma, mesmo o cientista que, apoiado em crenças e em métodos científicos, vai encontrando respostas para as perguntas penúltimas, acabará, na medida em que será permanentemente obrigado a continuar a perguntar, por defrontar-se com perguntas últimas que se referem ao sentido último da realidade e que se concentram na pergunta radical de toda a filosofia, formulada de modo explícito por Leibniz e retomada por Heidegger: Porque é que há algo e não antes nada? A esta pergunta radical Laín dá a resposta que lhe parece ser "a única razoável": "com a convicção de que a minha crença não me leva ao absurdo, eu creio que o nosso cosmos, seja ou não o único, foi criado do nada por um Deus omnipotente", acrescentando que, neste acto de fé, não se fala de "começo" do cosmos, mas de "ser" ou de "realidade".

As razões do crente religioso, no seu diálogo com o ateísmo, são concretamente razões do sentido e da esperança, e, por outro, a questão da contingência da realidade empírica, isto é, da sua não autofundamentação e autoconsistência últimas. Poderia pensar-se que essa contingência se refere apenas à fragilidade humana e à pequenez do nosso planeta, de tal maneira que a questão se não colocaria em relação ao universo enquanto tal, que, na totalidade da sua imensidão, poderia explicá-la. Mas hoje sabemos que o universo todo na sua imensidão é constituído pelos mesmos elementos e matéria frágil de que são feitos os nossos corpos, de tal modo que em relação ao mundo no seu todo se ergue a mesma pergunta que se levanta frente à nossa humanidade frágil: porque é que existe o universo, podendo não existir?, porque é que há ser?

Será, portanto, necessário perguntar pelas condições de inteligibilidade de todo o processo evolutivo do mundo. Assim, por exemplo, se, segundo o nosso saber, o homem consciente constitui o estádio mais alto a que o processo evolutivo chegou, é razoável, ainda que se não trate de uma prova constringente, afirmar como sua origem radical o Dar consciente criador, pois na raiz do consciente deverá estar a Consciência. Neste domínio, o essencial do debate anda à volta da aceitação ou não do Deus pessoal e providente. De facto, por paradoxal que pareça, pode-se ser ao mesmo tempo religioso e ateu, nestes termos: religioso, porque se tem o sentimento oceânico de pertença à totalidade e se afirma, por exemplo, uma natureza divinizada, e ateu, porque se não aceita Deus pessoal. Mas, em directa ligação com o objecto da nossa reflexão sobre o corpo humano enquanto *matéria pessoal*, aceitando, com Tomás de Aquino, que a pessoa é "id quod est perfectissimum in tota natura" (o que é perfeitíssimo em toda a natureza), não será sensato admitir que Deus, Origem criadora, embora não possamos propriamente determinar o significado exacto da afirmação, é Pessoa? Caso contrário, não teríamos de aceitar que o homem, que é pessoa, provém de um processo impessoal e anónimo? Ora, como é que o anónimo e impessoal pode dar origem ao pessoal e interpessoal?

É então patente que a confissão crente de Deus criador por liberdade doadora não só não exclui, mas, pelo contrário, implica a autonomia do mundo, também na sua história evolutiva. É que a transcendência e a imanência de Deus em relação ao mundo co-implicam-se: como dizia Zubiri, Deus é ao mesmo tempo transcendente *ao* mundo e transcendente *no* mundo. Mais do que transcendente ao mundo, Deus é transcendente *no* mundo enquanto sua origem e fundamento. Evidentemente, esta presença não é à maneira das causas segundas, é transcendental e não categorial, o que significa, portanto, que não é detectável pelos métodos científicos.

Para lá de todo o dualismo e do materialismo, Pedro Laín Entralgo defende, pois, uma concepção "materista", "estruturista", "corporalista", "emergentista" do homem, que lhe parece não só a mais consentânea com o pensamento actual, mas também a mais razoável. Já não deve dizer-se "o meu corpo e eu", mas: "o meu corpo: eu". Trata-se de um corpo que tem a capacidade de dizer de si próprio "eu". O homem é "dinamismo cósmico humanamente estruturado". E é *no* seu cérebro e *com* o seu cérebro que o homem projecta e realiza a sua vida. É mediante o cérebro que é específica e pessoalmente humano o homem, de tal modo que, se chegasse a ser possível transplantar para a pessoa A o cérebro da pessoa B, a pessoa receptora converter-se-ia na pessoa do doador. Assim, quando se pergunta que é o que permite e executa todas capacidades específicas do homem, desde o pensamento nas suas diversas formas à pergunta pelo Infinito, passando pela liberdade, a autoconsciência, a responsabilidade e a dimensão ética da conduta, a resposta pode ser resumida nos seguintes termos: de modo imediato, é a estrutura morfológica e funcional do cérebro humano; de modo mediato, a singular estrutura dinâmica do cosmos a que há uns três milhões de anos deu lugar a evolução da biosfera terrestre – o homem; finalmente, se essa estrutura apareceu na biosfera como consequência da selecção natural e, em última análise, da actualização estruturante do radical dinamismo que o cosmos é, entendida a sua totalidade como *natura naturans*, então o agente último dessas capacidades é o Todo do cosmos e o seu essencial dinamismo: através da estrutura humana, o cosmos enquanto *natura naturans* evolutivamente inovadora tem consciência de si mesmo e é capaz de perguntar-se a si mesmo por si mesmo, valendo esta afirmação para todas as outras actividades que se integram na conduta humana enquanto humana.

Propriedade sistemática inegável do corpo humano é esperar. Numa reflexão aprofundada sobre a esperança, deverá começar-se por essa essencial tendência para o futuro, que caracteriza todo o ser vivo e mesmo toda a realidade cósmica, uma vez que está em evolução. De facto, o cosmos, desde a sua origem é em processo (do verbo latino *procedo,* avançar, ir para diante). A realidade material tem carácter "prodeunte" (do verbo latino *prodeo*, avançar, adiantar-se): trata-se de uma propriedade genérica que se vai fazendo *protoestruturação* (passagem das partículas verdadeiramente elementares às complexas), *molecularização* (dos átomos às moléculas), *vitalização* (das moléculas aos primeiros seres vivos),*vegetalização* (passagem ao vegetal), *animalização* (aparecimento e desenvolvimento da vida quisitiva da zoosfera) e *hominização* (transformação da tendência geral para o futuro em futurição humana, tanto no indivíduo e na sua biografia como na espécie humana e na sua história, desde o *Homo habilis* até ao presente). Mas, dentro dos modos de existir para diante, na orientação do futuro, só quando se chega ao nível do ser vivo que precisa de buscar e procurar para viver – "vida quisitiva" – é que diremos que a tendência para o futuro se configura como "espera", podendo chegar a ser "esperança". Desde o nascimento até à morte, entre a esperança e o temor – os dois polos contrapostos do seu carácter prodeunte –, o animal vive permanentemente orientado para o futuro e modulando a sua espera constante na busca do que precisa para viver. Portanto, o animal e o homem esperam. No entanto, ao contrário da espera do animal, que é "instintiva, estimúlica, situacional e fechada", a do homem é "supra-instintiva, trans--estimúlica, supra-situacional e aberta". Esta é a razão por que a espera do homem transcende sempre o desfecho de cada um dos projectos em que se concretiza a sua futurição constitutiva. Numa "sala de espera" de uma estação de caminho de ferro, por exemplo, não me limito a aguardar a chegada do comboio que traz o meu amigo, pois, mesmo que não tenha consciência explícita disso, espero o que será a minha existência em todo o seu decurso posterior. A espera humana está constitutivamente aberta a possibilidades que transcendem a realização feliz ou o fracasso de cada projecto. De qualquer forma, num e noutro caso – tanto na espera do limitado e do concreto (a chegada do amigo no projecto de aguardá-lo) como, mesmo que não pense directamente nisso, na espera do que transcende o limitado e o concreto (o que será de mim na minha vida, depois da chegada do comboio e do amigo) –, são possíveis duas atitudes, duas tonalidades afectivas: a confiança e a desconfiança. Devido a uma multiplicidade de factores, desde o temperamento às circunstâncias biográficas de sorte ou desgraça, passando pela educação, estes dois estados de ânimo – confiança e desconfiança – podem converter-se em hábito de segunda natureza: a *esperança*, quando o que domina é a confiança, e a *desesperança*, quando prevalece a desconfiança. Portanto, o homem, como o animal, não pode não esperar: vive orientado para o futuro e esperando o que projecta – a obtenção de metas e objectivos concretos e também, quer se dê conta disso quer não, o que transcende continuamente a consecução dos seus projectos. Viver animal e humanamente é estar à espera, em expectativa. Mas a espera não se identifica pura e simplesmente com a esperança: quando a confiança em conseguir o que se espera predomina sobre o temor de não alcançá-lo é que a espera se transforma em esperança – no animal como esperança instintiva, no homem como esperança razoável. No seu sentido forte, o termo *esperança* deve reservar-se para este hábito da segunda natureza do homem de confiar de modo mais ou menos firme na obtenção das metas projectadas e da realização da existência, que se vai adquirindo com a execução quotidiana da vida no mundo. Assim, esta esperança não se entende desvinculada da fé e do amor: fé, esperança e amor dão-se co-implicados; a actividade pística, a actividade elpídica e a actividade fílica são três actividades que se exigem mutuamente, permitindo ao homem tomar posse de si e da realidade do mundo, na relação com os outros. Há, por conseguinte, dois modos complementares da esperança: "a *esperança do concreto* (o hábito de confiar que a realização dos projectos irá bem) e a *esperança do fundamental* (o hábito de confiar, nunca com certeza – é evidente –, em que será boa, ou pelo menos aceitável, a sorte da existência pessoal)". Esta esperança do fundamental pode ser chamada "*esperança genuína*", escreve Laín. Precisamente a esperança genuína assume dois modos diferentes, mas que de modo nenhum se excluem: "a esperança puramente *terrena e histórica*", à maneira, por exemplo, dos partidários do progresso ilimitado, e "a esperança *trans-terrena e trans-histórica*", que é a dos crentes numa religião que afirma confiadamente uma vida para lá da morte. É sobre esta esperança para lá da morte que aqui se incide.

A morte não é só a possibilidade vital que não se pode de modo nenhum iludir nem superar; ela constitui também a experiência mais grave do homem, e assim tem de olhá-la, como já mostrou Heidegger em *Sein und Zeit*, quem quiser viver de modo radicalmente humano e autêntico. Mais tarde ou mais cedo, todo o homem acabará por ser confrontado com esta pergunta: Com a morte, o que será feito de mim? O que acontece à realidade humana, quando se produz o facto de morrer? "Aniquila-se definitivamente a existência do homem que morre ou pode este dizer, muito mais radicalmente que Horácio, o seu *non omnis moriar*, o seu 'não morrerei eu todo'"?, pergunta Laín.

São quatro as respostas fundamentais a esta pergunta radical: a reencarnação, a sobrevivência, a aniquilação e a ressurreição. Pedro Laín Entralgo recusa a reencarnação e a sobrevivência, entendendo esta no sentido da incorporação do indivíduo na totalidade cósmica ou, mais concretamente, da mente individual na mente universal, pois, se é verdade que temos todos algo de comum, também não pode deixar de considerar-se como um facto não menos forte e profundo que a consciência de "ser em mim e para mim" é "o mais fundo da consciência pessoal", escreve. Fica então a aniquilação da pessoa ou a ressurreição. Mas também aqui, como já ficou dito, nenhum dos dois termos da opção se impõe mediante demonstração racional: um e outro são objecto de saber de crença e não de evidência, são ambos defensáveis, e os dois podem ser assumidos com inteira dignidade, sendo mesmo necessário reconhecer a grandeza dos que enfrentam a morte fiéis à velha divisa estóica *nec spe, nec metu,* sem esperança e sem temor. Afinal, se, com a morte, acabar tudo, não estamos lá para nos revoltarmos: será o nada definitivo e a paz eterna. A morte deveria ser aceite como algo natural, exigido pela própria consumação da existência no seu percurso enquanto obra realizada: o ponto final na existência, como numa sinfonia. De qualquer modo, já derrotámos a morte, pelo nascimento. Mas também é verdade que este pensamento é açoitado por um outro: quando, pela antecipação, somos confrontados com a morte enquanto possibilidade de termo final de tudo, não é apenas o fim que nos aparece no seu poder nadificante; é a existência e a realidade toda que nos surgem roídas pelo nada vazio e nulo, de tal maneira que não conseguimos afastar o pensamento de que tudo não tenha sido e não venha a ser pura ilusão. Sem Sentido último – o Sentido de todos os sentidos –, os amores, as esperanças, as lutas, os sentidos oferecidos e os que elaboramos ao longo da existência..., tudo é como se não tivesse sido... É certo que, por um lado, é a consciência da morte que dá a cada instante da vida seriedade, profundidade, urgência e mesmo dimensão de autêntico milagre e mistério; mas, por outro, sem o Além, se a existência desemboca no nada, no vazio, então não tem sentido, pois a vida acaba por manifestar-se como não tendo direcção: não se vai para lado nenhum, como acentuava Vladimir Jankélévitch.

Nenhuma das posições é, pois, evidente, e Laín pensa que, se "a tese da aniquilação tem maior razoabilidade cosmológica" – pela morte, a matéria individual é reincorporada na dinâmica total do universo –, "a tese da ressurreição possui maior razoabilidade psicológica": "a realidade e a dinâmica da nossa intimidade são o *praeambulum fidei* da crença na ressurreição". Mais sensível às "razões de carácter cordial, razões de amor" do que às "razões de carácter cosmológico, razões de razão", opta pela tese da ressurreição. Como bem viu Gabriel Marcel, se amar é dizer ao outro: tu não morrerás, pois és digno de ser tu mesmo, portanto, para sempre, então resignar-se à morte como aniquilação implicaria um acto de traição e infidelidade radical. Por outro lado, aceite o "princípio antrópico", de tal modo que tudo parece convergir no sentido de que se pode afirmar que o universo é como é para ser possível o aparecimento do homem, não deveria dizer-se que todo esse trabalho de milhares de milhões de anos de evolução teria sido em vão, inútil, se, com a morte, a pessoa fosse aniquilada, tanto mais quanto é certo que, *a curto, a médio, a longo prazo, todos iremos estando mortos?* O homem é realidade "aberta", "inconclusa" e "pretensiva" *(praetensio est vita hominis)*, no sentido de que tende sempre para diante, para o futuro, de tal modo que todos os seres humanos morrem *"unvollendete"* (inacabados) e a morte aparece como algo de "impróprio". Como é que a pessoa, que é valor incondicionado, pode transformar-se pura e simplesmente em coisa que apodrece ou é reduzida a cinza? Segundo Julián Marías, na filosofia, há duas perguntas radicais: *"Quem sou eu? O que é que será de mim?"* Se, pela morte, a resposta à segunda pergunta for: no fim, "Nada", portanto, "Ninguém", isto anula a primeira pergunta, isto é, ainda terá sentido perguntar *quem* sou eu? Mas, se ser homem é ser alguém, como é que se passa de "Alguém" a "Ninguém"?

Para o crente, nomeadamente para o crente cristão, a morte não é aniquilação da pessoa, isto é, passagem ao não-ser, mas passagem súbita e misteriosa para um novo estado também misterioso da realidade pessoal. E, uma vez que o homem não é nem se entende senão no mundo, então o mundo também terá um fim, mas este não consistirá na sua aniquilação, mas na sua transfiguração enquanto consumação. De facto, em cada homem e através de cada homem, espera não só a humanidade inteira mas também todo o cosmos.

Como entender, porém, a ressurreição, se não pode já aceitar-se a doutrina tradicional da "alma separada"? A estrutura pessoal humana não pode sobreviver naturalmente à desagregação das subestruturas nela incorporadas. Laín assume para si a doutrina mais recente, segundo a qual a morte de uma pessoa é "morte total" e misterioso trânsito imediato, mercê de um acto gratuito da omnipotência divina de Deus, para uma vida perdurável, não menos misteriosa e inimaginável. *Omnis moriar et omnis resurgam* (todo eu morrerei e todo eu ressuscitarei) escreveu Laín, que, com o último Zubiri, vivia "dentro de si, intelectual e pateticamente reunidas, a ideia científica da 'morte total' do ser humano e a fé cristã na ressurreição dos mortos".

Só o Deus que cria a partir do nada, como proclama o primeiro artigo do Credo cristão, pode, segundo a confissão do último artigo do mesmo Credo, ressuscitar os mortos. Porém, quando se tenta pensar a passagem a um modo de existência para lá do espaço e do tempo cósmicos, sem que essa esperança se apoie na existência de uma "alma imortal" e de modo a garantir a continuidade da pessoa, ser-se-á sempre confrontado com o inimaginável e insondável. Seja como for, continua, ineliminável, a pergunta do filósofo jesuíta José Gómez Caffarena, precisamente na recensão crítica ao livro *Qué es el hombre*: "em qualquer concepção, não terá de ser inimaginável e misteriosa a resposta com que o crente, na peculiar certeza da sua fé, se atreve a ir para lá do Cosmos?" Mas não permanece um mistério que haja algo em vez de nada, e não o é igualmente que tenha emergido um espírito humano? O que é que neste mundo não transporta consigo o mistério?

O corpo humano é corpo que espera e que espera ilimitadamente, de tal maneira que há sempre um desnível humanamente insuperável entre o que verdadeiramente se espera e o realmente alcançado. Assim, a realização última da esperança não pode dar-se intra-historicamente, mas apenas meta-historicamente e enquanto participação no Sumo Bem transcendente. Por isso, conclui Laín: se "o homem espera por natureza algo que transcende a sua natureza", é porque "o natural no homem é abrir-se ao trans-natural". O homem, finito no agir, é, por causa da *potentia oboedientialis*, tão sublinhada por Karl Rahner, ilimitadamente aberto no receber. Assim, o corpo humano, na e pela sua própria dinâmica, é invocação da Transcendência, que já não aparece em concorrência com as aspirações do corpo, mas em resposta gratuita como dom às suas perguntas.

Eu ainda não sou o que serei, pois a minha história e a história do mundo ainda não estão encerradas. Se é permitido esperar, com tudo o que a esperança implica de risco e de empenhamento na transformação do mundo, é precisamente porque o processo do mundo ainda não está decidido. Nem a matéria nem Deus mostraram ainda todas as suas possibilidades. De qualquer modo, em última instância, a história do mundo, portanto, a criação, lê-se essencialmente a partir do fim. Por isso, só no final da história o debate acerca de Deus e, por conseguinte, acerca do sentido ou do sem sentido último da realidade, terá termo. A verificação última é escatológica.

ANSELMO BORGES
Universidade de Coimbra

PRÓLOGO

O CORPO HUMANO NA OBRA DE LAÍN ENTRALGO

"Sim, acontece todos os Outonos. São dez, vinte, cem rapazes, de entre os milhares e milhares que alimentam a sua ambição nascente e o seu tédio adolescente no repes triste e fatigado dos cafés de província: esses rapazes que no seu humilde meio familiar, depois de lerem um romance sugestivo, um clássico latino ou um tratado de patologia, sonham esplêndidas vidas possíveis. Dez, vinte, cem de entre todos eles sentem crescer nas suas almas um mesmo desejo, um desejo cada vez mais imperioso: ir para Madrid, triunfar em Madrid. Um pensa ser um escritor eminente, outro político, pintor célebre o terceiro, médico em voga este, jurista ou notário aquele. Para Madrid, para Madrid. Todos eles fazem a sua pequena trouxa – um pouco de roupa, alguns livros, talvez um retrato familiar ou amoroso –, todos compram um bilhete de terceira classe, instalam-se numa pensão modesta, abrem os seus olhos ávidos sobre esta fina luz castelhana e empreendem, bem munidos das cartas de apresentação que este ou aquele senhor amigo lhes deu na aldeia natal, a aventura decisiva e fabulosa das primeiras visitas. Quantos deles alcançarão os louros de vender copiosamente os seus quadros, ou o privilégio de serem editados em "Obras Completas", ou a modesta glória quotidiana de doutrinar historiadores, matemáticos, médicos em formação? Quantos voltarão feridos à província de origem ou consumirão a sua mediocridade, talvez o seu ressentimento, nos cafés, nas residências sórdidas, nas repartições deste Madrid aberto e desgarrado?" [1]

O leitor recorda-se deste parágrafo? Encontra-se no começo do quarto capítulo, "Madrid", de *La generación del Noventa y ocho*. Foi escrito em 1945 e destina-se a descrever a aventura que todos os homens da geração de 98 empreenderam entre 1880 e 1895. Os que nascemos pouco antes de esse livro ter sido escrito, lemo-lo em plena adolescência e,

---

[1] P. Laín Entralgo, *La generación del Noventa y ocho*, Madrid, Espasa-Calpe, 5.ª ed., 1963, pp. 70-71.

talvez sob a sua influência, decidimos tentar a sorte nessa mesma Madrid quando a idade no-lo permitisse. A mesma coisa se passara com o seu autor no Outono de 1930. Abramos a primeira página de *Descargo de conciencia*. Começa assim: "Outubro de 1930. Um rapaz da província, cujo nome era o meu, desce na estação de Atocha de uma carruagem de terceira classe, desentorpece o corpo, carrega ele próprio a mala, porque o braço é então mais forte que a bolsa, e dispõe-se a penetrar numa Madrid que o desafia e que ele mal conhece. A Madrid que o incita: nela está muito daquilo que na província mais íntima e vivamente o atraía, Marañon, Jiménez Díaz e certas vagas possibilidades de iniciar uma formação psiquiátrica, pelo lado médico da sua carreira universitária; Ortega e Zubiri como incentivos máximos da vocação teorética, filosófica, que desde a adolescência referve ocultamente dentro de si; nela vivem, além disso, os grandes astros espanhóis do seu primeiro apego à leitura literária, Valle-Inclán, Baroja, Azorín e Pérez de Ayala" [2].

No Outono de 1930, faz agora exactamente sessenta anos [*], Laín Entralgo iniciou a sua presença activa na vida intelectual e pública espanhola. Não a interrompeu, a partir de então, nem por um momento. Mas, como é óbvio, essa presença passou por fases diferentes, pelo menos quatro, durando cada uma delas cerca de quinze anos. A primeira estende-se de 1930 a 1945, desenrola-se no tempo da II República, da guerra civil e do pós-guerra imediato, tendo como tema principal o problema de Espanha. Entre 1945 e 1960, uma outra se desenrola, centrada no trabalho de professor catedrático e na actividade universitária. A terceira, de 1960 a 1975, decorre também na Universidade, mas sem que Laín Entralgo desempenhe qualquer cargo de direcção, correspondendo aos anos em que viveu, segundo a sua própria expressão, como um "pária oficial". Finalmente, entre 1975-1978, período da transição democrática e da sua jubilação académica, e os dias de hoje, 1992, Laín Entralgo desenvolveu uma última etapa, que tem qualificado, em repetidas ocasiões, de "testamentária". Duvido da excelência do adjectivo, mas serve para designar um período temporal caracterizado por uma per-

---

[2] P. Laín Entralgo, *Descargo de conciencia*, 2.ª ed., Madrid, Alianza, 1989, p. 17.

[*] Recorde-se que a primeira edição desta obra e o presente prólogo datam de 1992 *(N. do T.)*.

sonalidade própria. O principal objectivo destas páginas é mostrar em que pode essa personalidade consistir.

Cabe a Nelson Orringer o mérito de ter relacionado as três primeiras fases da vida intelectual de Laín com os três temas prioritários do seu trabalho filosófico: a análise das dimensões "pística", "elpídica" e "fílica" da existência humana [3]. Em 1956, Laín escrevia: "Na sua própria raiz, no fundamento metafísico da sua inteligência e da sua vontade, a existência humana possui uma estrutura ao mesmo tempo 'pística' (*pistis*, a fé, a crença), 'elpídica' (*elpís*, a esperança) e 'fílica' (*philía*, a amizade, o amor). Porque a necessidade de crer, de esperar e de amar pertence constitutiva e iniludivelmente ao nosso ser, 'somos' as nossas crenças, as nossas esperanças e as nossas dilecções, e contamos com elas, saibamo-lo ou não, na execução de qualquer dos actos do nosso viver pessoal, o acto de pensar, o de comer ou o de criar uma obra exterior a nós" [4].

Torna-se significativo verificar que o interesse intelectual de Laín por estas três dimensões foi variando com o passar do tempo. Entre 1930 e 1945, preocupam-no sobretudo as crenças. Dois dados, entre muitos outros. Primeiro, as páginas que em *Descargo de consciencia* dedica à *conversio fidei* que sofreu cerca de 1925 [5]. Segundo, a cena de meditação na igreja de Santo Inácio de Pamplona, em finais de Agosto ou começos de Setembro de 1936, que o mesmo livro descreve [6]. Esta demonstra bem como Laín Entralgo, tal como muitos outros espanhóis, pensou então que o problema de Espanha era, em última instância, uma questão de crenças. A tudo isto não é estranho o conteúdo do seu primeiro livro, *Los valores morales del Nacionalsocialismo*.

Entre 1945 e 1960, o pensamento de Laín Entralgo sofre uma transformação paulatina e torna-se, diria eu, mais protestante. Da fé a camartelo que *don* Marcelino Menéndez y Pelayo preconizara (tema de outro

---

[3] Cf. Nelson Orringer, "Zubiri en la antropologia médica de Laín Entralgo", *Actas del IV Seminario de Historia de la Filosofía Española e Iberoamericana*, Salamanca, Ediciones Universidad de Salamanca, 1990, pp. 473-485.

[4] P. Laín Entralgo, *La espera y la esperanza: Historia y teoría del esperar humano*, 2.ª ed., Madrid, Revista de Occidente, 1957, p. 280.

[5] Cf. *Descargo de conciencia*, ed. cit., pp. 56-61.

[6] *Descargo de conciencia*, ed. cit., pp. 186-188.

dos livros da primeira etapa), passa a uma fé fiduciária e, desta última, resolutamente, à esperança. O problema de Espanha, como o problema do homem, dirá agora Laín Entralgo, não é tanto uma questão de fé como de esperança. Trata-se de uma visão mais secular e moderna. O livro que melhor a expressa, *La espera y la esperanza*, foi publicado pela primeira vez em 1956.

Esta etapa *elpídica* daria lugar, por volta de 1960, a outra dominada pelo tema do amor e da amizade e a que por isso mesmo podemos chamar *fílica* ou *agapética,* e dela são testemunhos esplêndidos escritos como *Teoría y realidad del otro* (1961), *La relación médico-enfermo* (1964) e *Sobre la amistad* (1972). No final da nova etapa, em 1975, Laín Entralgo podia escrever em *Descargo de conciencia*: "Tanto como *homo sapiens* ou *animal rationale*, o homem é *animal credens, sperans et amans*" [7], animal crente, esperante e amante. Por trás destas afirmações encontravam-se alguns dos melhores pensadores do século XX, que Laín considera os seus mestres mais queridos: Max Scheler, Ortega y Gasset, Martin Heidegger, Xavier Zubiri. Destacados fenomenólogos, todos eles. Mas, pouco a pouco, pelos caminhos abertos pela fenomenologia francesa (Sartre, Marcel, Merleau-Ponty, Ricoeur) e espanhola (Ortega e Zubiri), Laín Entralgo passou a centrar-se no problema do corpo, de tal maneira que este último, a partir de 1975, se torna o tema central de toda a sua reflexão antropológica. Além de *animal credens, sperans et amans,* o homem é *animal corporale* ou *animal corporeum*. O que significa isto?

No ano de 1984, Laín Entralgo publica a sua *Antropología médica para clínicos*, obra que contém um vasto capítulo, o terceiro, sobre "O corpo humano" [8]. O capítulo divide-se em três partes que se intitulam, respectivamente, "O corpo humano enquanto realidade objectiva", "A experiência íntima do corpo humano" e "Para uma teoria integral do corpo humano". Estamos perante as três possíveis aproximações do tema: a científica, a fenomenológica e a metafísica. Vou tentar analisá-las brevemente.

---

[7] *Descargo de conciencia*, ed. cit., p. 485.

[8] P. Laín Entralgo, *Antropología médica para clínicos*, Barcelona, Salvat, 1984, pp. 109-140.

PRÓLOGO

I. A CIÊNCIA DO CORPO

A primeira aproximação é a científica. Somos tão irremediavelmente filhos do nosso tempo, que a nossa primeira imagem do corpo não é a que na realidade é mais imediata, a fenomenológica, mas a mediada por um conjunto enorme de explicações científicas. A nossa "atitude natural" perante o corpo é menos ingénua, encontra-se repleta de hipóteses e de teorias de todo o tipo, científicas e filosóficas, que todos tendemos a considerar como factos reais e indiscutíveis. São hipóteses e teorias filosóficas, por exemplo, o dualismo platónico corpo-alma ou a doutrina hilemórfica da sua relação. Mas não são elas, penso eu, as teorias que hoje, na era da morte da metafísica e da consagração da racionalidade científica, gozam de maior influência. As teorias e as hipóteses que hoje ascendem com mais facilidade à categoria de factos indiscutidos e indiscutíveis são as científicas. Por isso teremos de começar por aí o estudo do corpo. Laín Entralgo fê-lo sistematicamente. Quando afirma várias vezes que a sua antropologia quer ser "científico-metafísica", o que está a afirmar é que deseja partir da consideração científica da realidade para, em seguida, se elevar à reflexão metafísica através da sua análise fenomenológica.

Focalização científica da realidade do corpo humano. Este nada mais é que todo um mundo de dados discordantes e complexos. Como abordar esse mundo de dados? Laín conhece muito bem o desígnio característico do velho positivismo de converter a ciência não num processo dinâmico, mas num esquema rígido e estático (Comte chamou-lhe estádio), que era ao mesmo tempo a superação e a anulação de todo o anterior. Em seu entender, esse positivismo foi sempre um exemplo paradigmático de ciência dogmática. Ao contrário desta última, vacinado contra o positivismo talvez pela leitura precoce e abundante de Dilthey, Laín propôs sempre uma atitude dinâmica e crítica, quer dizer, histórica. Não há melhor antídoto contra o dogmatismo científico que a história da ciência. Trata-se hoje de uma tese corrente, depois de Popper, Lakatos, Kuhn ou Toulmin, mas que podemos encontrar, incipiente, já em Dilthey. Assim, a perspectiva da aproximação científica no estudo do corpo teve sempre na obra de Laín um carácter histórico. Laín fê-lo como ninguém. Desde os primeiros artigos de 1945 e 1946 na revista *Medicamenta* sobre "A Anatomia no Antigo

31

Egipto"[9], "A Anatomia na Antiga Índia"[10] e "A Anatomia Humana na 'Ilíada' e na 'Odisseia'"[11], até ao volume dedicado ao "Oriente e Grécia Antiga" na sua grande obra sobre *O Corpo Humano* (*El cuerpo humano*, 1987), vão mais de quarenta anos de investigação e de história do desenvolvimento do conhecimento científico do corpo. Enumerar aqui as contribuições de Laín Entralgo seria demasiado longo, além de inútil, já que muitas delas, as principais, estão provavelmente no espírito de muitos leitores. Por isso talvez seja mais interessante passarmos ao segundo ponto, já estritamente filosófico, a fenomenologia do corpo.

II. A FENOMENOLOGIA DO CORPO

Basta que nos reportemos ao livro de Husserl, *A Crise das Ciências Europeias e a Fenomenologia Transcendental*, para vermos como o método fenomenológico aparece como uma tentativa de fazer voltar a filosofia a um plano anterior ao das explicações científicas. Esse plano prévio é o que Husserl chama a descrição do dado na consciência pura, enquanto dado nela. Começam assim a distinguir-se de modo sistemático as explicações das descrições. O científico ocupa-se sempre de explicar. Mas antes desse plano há um outro, o plano em que pode, deve e tem de se situar o filósofo: o plano da simples descrição do dado na consciência pura, uma vez que se põem entre parênteses todas as explicações, tanto científicas como metafísicas. Sem o que nada teria sentido, nem as próprias explicações científicas. Daí, as frases comoventes com que Husserl acaba o primeiro capítulo da *Crise*: "Tento guiar, não ensinar, mostrar apenas, descrever o que vejo. Não tenho outra pretensão senão a de poder falar, primeiro perante mim próprio, e a seguir também perante os outros, com toda a ciência e consciência de que seja capaz, como um

---

[9] P. Laín Entralgo, "La Anatomía en el antiguo Egipto", *Medicamenta*, III, 1945, pp. 12-14.

[10] P. Laín Entralgo, "La Anatomía en la antigua India", *Medicamenta*, IV, 1945, pp. 249-251.

[11] P. Laín Entralgo, "La Anatomía humana en la 'Ilíada' y la 'Odisea'", *Medicamenta*, VI, pp. 17-19.

homem que viveu com toda a seriedade o destino de uma existência filosófica"[12].

Cabe perguntarmo-nos o que é para Husserl "viver com toda a seriedade o destino da existência filosófica". Para responder, procuremos, na primeira parte das *Meditações Cartesianas*, a secção dedicada ao "*ego cogito* como subjectividade transcendental". Husserl escreve: "Enquanto filósofos que meditam de maneira radical, não temos agora uma ciência válida para nós, nem um mundo para nós existente"[13]. O que se deve, evidentemente, ao facto de termos posto entre parênteses todo o mundo das explicações, incluindo as explicações científicas. Por isso, Husserl continua dizendo que enquanto filósofos devemos suspender a nossa crença no ser natural das coisas, aquilo a que ele chama *Seinsglaube*, deixando-a reduzida, ao pormo-la entre parênteses, à mera possibilidade *(Seinsanspruch)*. O que nos obriga a pormos entre parênteses também a experiência sensível dos outros corpos, quer dizer, do corpo *(Körper)* dos outros homens e animais pois, como diz Husserl, "a sua validade não pode servir-me, já que também ela está posta em questão"[14]. Daí que o corpo que a ciência estudava, o corpo físico e objectivo, o *Körper*, se converta agora em algo de problemático e desprovido de radicalidade.

Mas a esta perda segue-se imediatamente um ganho ainda maior. Quando o corpo físico ou explicativo, o *Körper*, passa para segundo plano, ganha relevo o corpo intencional ou fenomenológico, a que Husserl chama *Leib*, corpo vivo, o único que permanece depois da *epoché*.

Este tema foi amplamente tratado pela fenomenologia posterior, a começar por Max Scheler. Leia-se o seguinte parágrafo de *Der Formalismus*: "A consciência interna do corpo não é uma soma de sensações localizadas nos órgãos. A consciência do nosso corpo é-nos dada como um todo mais ou menos articulado, independente e anterior a todas as

---

[12] Edmund Husserl, *Crisis de las ciencias europeas y la fenomenología transcendental*, trad. de Hugo Steinberg, México, Folios Ediciones, 1984, p. 24. Cf. a nova tradução de Jacobo Muñoz e Salvador Mas, *La crisis de las ciencias europeas y la fenomenología transcendental*, Barcelona, Crítica, 1900, p. 19.

[13] Edmund Husserl, *Meditaciones cartesianas*, trad. Mario Presas, Madrid, Paulinas, 1979, pp. 55-56.

[14] E. Husserl, *Meditaciones cartesianas*, ed. cit., p. 56.

sensações orgânicas [...] A conexão do 'eu' e do 'corpo' não é uma conexão empírico-indutiva ou associativa, mas uma conexão essencial para toda a consciência finita" [15].

Na fenomenologia mediterrânica, em especial a francesa e a espanhola, este tema foi amplamente desenvolvido. Quem quiser conhecer alguns de entre os primeiros estudos, poderá ler o capítulo intitulado "El cuerpo humano como perceptor de sí mismo" do livro de Laín Entralgo *El cuerpo humano. Teoría actual* [16]. Nele se analisam as contribuições de Gabriel Marcel ("corpo vivido" e "encarnação"), Jean-Paul Sartre ("corpo-para-mim" e "corpo-para-o-outro"), Maurice Merleau-Ponty ("corpo" e "carne") e Paul Ricoeur ("corpo-para-o-meu-querer" e "corpo-meu"). Noutras passagens do livro, a esta galeria juntam-se as contribuições de Emmanuel Lévinas ("corpo" e "rosto"), Ortega y Gasset ("extracorpo" e "intracorpo") e Xavier Zubiri ("organismo" e "soma").

Interessa-me insistir um pouco neste último autor, já que é aquele em que Laín Entralgo mais se apoia. Como é bem sabido, Zubiri tentou completar e superar a fenomenologia naquilo a que chama "noologia" [17]. Nos termos desse movimento, a "consciência" torna-se "apreensão", o "noema" em "por si", a "noesis" em "autopertença", e a "intencionalidade" em "actualidade". O que tem consequências importantes no que se refere ao tema do corpo. À partida, tudo o que se apreende deve ser corpóreo, razão pela qual não há apreensão senão de corpos: não existem apreensões primordiais supra-sensíveis ou extracorpóreas. Caberia dizer, portanto, que o corpóreo é o único objecto adequado da apreensão. Por outro lado, o corpo, enquanto apreendido, actualiza-se-nos em toda a sua riqueza *talitativa* como realidade organizada ou "organismo". Mas actualiza-se também no seu simples estar a ser transcendental, na sua simples actualidade presencial, é a isto que Zubiri chama "soma". O organismo é corpo *talitativo*, enquanto o *soma* é corpo transcendental.

---

[15] Max Scheler, *Ética. Nuevo ensayo de fundamentación de un personalismo ético*, trad. de Hilario Rodríguez Sanz, Madrid, *Revista de Occidente*, 1941, Secc. 6, cap. "Cuerpo y contorno".

[16] Cf. P. Laín Entralgo, *El cuerpo humano. Teoría actual*, Madrid, Espasa Calpe, 1989, pp. 247-280.

[17] Cf. Xavier Zubiri, *Inteligencia sentiente: Inteligencia y realidad*, 3.ª ed., Madrid, Alianza, 1984, p. 11.

Pois bem, Zubiri reserva o termo de "corpo" apenas para este último, o que nos indica que tal é a dimensão definitória e definitiva da corporalidade humana. Antes de mais nada e depois de tudo, o corpo é princípio de presença e de actualidade.

Esta referência a Zubiri é importante, pois este autor chega, através da sua noologia, a uma metafísica estrita, sensivelmente diferente da que é usual entre os fenomenólogos. Esta metafísica é a que de algum modo Laín tenta seguir e prolongar na sua filosofia do corpo. Por isso devemos prestar-lhe agora alguma atenção.

III. A metafísica do corpo

Ao longo da História, pelo menos da ocidental, não foram propostos senão dois esboços distintos de compreensão racional do corpo a que Laín Entralgo chama no seu livro, seguindo Antonio Ferraz, "conjuntual" e "campal". O esboço *conjuntual* foi o que gozou de maior vigência, tanto metafísica como científica, ao longo de toda a história do Ocidente. A razão é clara: trata-se do esquema que o pensamento grego admitiu. Em qualquer das duas versões que a teoria estequiológica recebeu, a empedoclesiana dos quatro elementos e a atomista de Demócrito e Leucipo, os corpos são concebidos como um "conjunto" ordenado de "elementos". O primário são os elementos e o secundário o conjunto. Um conjunto é sempre e só um conjunto de elementos. Na versão empedoclesiana, o ar, a água, o fogo e a terra são os elementos constitutivos de todo o conjunto das realidades cósmicas. Nos seres vivos esses elementos cosmológicos ordenam-se de modo peculiar, dando origem aos elementos biológicos ou humores: bílis, atrabílis, sangue e fleuma. Os corpos vivos são conjuntos ordenados de elementos biológicos ou humores: tal foi o esquema que os médicos hipocráticos puseram em vigor. A organização proporcionada dos elementos biológicos dá lugar aos diferentes órgãos anatómicos. A Anatomia, a ciência que tradicionalmente foi considerada em relação mais directa com o estudo do corpo, foi ao longo de toda a sua história uma disciplina "elementológico-conjuntual". E como tal não deixa de ser um esquema, uma teoria, daí resultando que a chamada Anatomia descritiva nunca é simplesmente descritiva, mas pura e dura construção racional. Foi o que Laín Entralgo soube ver bem no seu esclarecedor ensaio de 1949, "Conceptos fundamentales para una Historia de la Anatomía"[18].

Mas há mais ainda. Os chamados elementos são unidades, coisas indivisas em si e divididas de tudo o mais. São aquilo a que os gregos chamaram *ousía*, substância. As coisas que vemos, até as que parecem mais puras, o ar, a água, o fogo, a terra, não são elementos "puros", mas "mesclas" de vários elementos, ainda que nos casos citados seja evidente o predomínio de um sobre os restantes. Os corpos mistos também são substâncias, porque formam uma unidade interna que os torna independentes de todas as demais coisas. A pedra, a árvore e o homem são substâncias. Estas três substâncias são realidades *singulares*. Mas há substâncias que não são singulares, mas *universais*, como por exemplo, as espécies, quer dizer, o específico, a "humanidade".

Por isso o aristotelismo distinguiu as *substâncias primeiras* ou individuais das *substâncias segundas*, universais ou específicas. Estas substâncias segundas são, em primeiro lugar, reais, e em segundo, reais dentro das coisas singulares. Quer isto dizer que nas coisas singulares ou substâncias primeiras há uma dualidade interna entre o universal e específico e o particular e, em princípio, inespecífico. Para dar razão desta dualidade, foi preciso admitir na coisa dois princípios, a que o pensamento grego chamou matéria *(hyle)* e forma *(morphé)*. O momento específico ou universal das substâncias individuais tem sempre carácter formal, enquanto a matéria é o inespecífico ou indeterminado. A determinação vem da forma, a indeterminação da matéria. Portanto, esta é em princípio pura "potência" *(dynamis)*, que só em virtude da forma passa a "acto" *(enérgeia)*. Foi a essa pura potencialidade que os filósofos gregos chamaram "matéria prima", distinta da matéria segunda, a própria das substâncias já informadas, quer dizer, das substâncias materiais ou "corpos". Estes poderão ser puramente materiais, como a pedra, ou ter faculdades espirituais, caso em que terá de se aceitar a existência de uma forma superior às puramente materiais. Esta forma é a *psyché*. De modo que para o pensamento grego a *psyché* é a "forma substancial" do ser humano, e o *soma* a sua "matéria segunda". Por conseguinte, além de uma teoria científica do corpo de carácter elementarista, os gregos

---

[18] Cf. P. Laín Entralgo, "Conceptos fundamentales para una Historia de la Anatomía", *Arch. Ib. Hist. Med.*, I, 1949, pp. 419-423.

elaboraram uma doutrina metafísica complexa que interpretou os corpos em termos de "matéria" e "potência", realidades de carácter em última instância negativo.

Estas "substâncias corpóreas" têm um movimento interno de mudança ou devir (passagem da potência ao acto) e uma acção externa sobre as outras substâncias ou causalidade (passagem da causa ao efeito). Os elementos substanciais de um conjunto actuam entre si de modo causal.

Eis assim articulado um sistema bastante completo, ao mesmo tempo científico e metafísico, sobre o corpo. Os corpos são elementos substanciais no interior de um conjunto, o *cosmos,* que interactuam de modo causal. É um esquema de pensamento tão enraizado na nossa cultura ocidental que não precisamos de fazer qualquer esforço para perfeitamente o compreendermos. Parece-nos óbvio e natural, e o que se nos afigura difícil é criticá-lo. Apesar de tudo, não deixa de ser um "esquema" racional, que pode e deve competir com outros rivais.

Os esquemas rivais tardaram a aparecer. Foi no século XIX quando a ciência física, em dois domínios tão importantes como o electromagnetismo e a termodinâmica, teve de substituir o esquema "elementos--conjunto", que tão excelentes resultados dera no campo da mecânica, por este outro: "momentos-campo". A um esquema elementar opõe-se assim um esquema estrutural. O culminar deste modo de pensar na ciência física foi, provavelmente, a teoria da relatividade de Einstein. Um exemplo típico de como um mesmo dado pode ser interpretado de forma completamente diferente segundo o esquema "elementar-conjuntual" e segundo o esquema "momentual-campal", é o constituído pela gravidade. Para a primeira mentalidade, característica de Newton, a gravidade é uma força que actua sobre os corpos individuais e os atrai segundo uma lei fixa. A gravidade é directamente proporcional ao produto das massas e inversamente proporcional ao quadrado da distância, de modo que é a causa da atracção que todos os corpos sofrem na presença de outros. Este esquema de interpretação da gravidade é, por isso, "elementar-conjuntual-causal". Para Einstein, pelo contrário, o espaço físico não é um simples conjunto de coisas, mas um campo que obedece aos postulados da geometria de Riemann. Os chamados corpos físicos que existem no interior do campo produzem amolgaduras da superfície desse campo esférico proporcionais à sua massa. A gravidade não é uma acção causal de alguns elementos físicos sobre outros, mas a relação funcional entre os diferentes momentos do campo. A interpretação de Einstein é, por isso, uma interpretação "momentual-campal--funcional".

Este esquema, o esquema *campal,* pode desenvolver-se não só na linha da ciência mas também na da metafísica. Tal foi, entre outros, o intento de Zubiri: a realidade não é "substância", entendida esta como conjunto de elementos que interactuam causalmente, mas "substantividade", quer dizer, campo de momentos funcionalmente relacionados. Por conseguinte, o ser humano tão-pouco é a união substancial ou conjuntual de dois elementos, o corpo e a alma, mas uma estrutura clausurada de momentos ou notas, algumas de carácter orgânico e outras de carácter psíquico. Por isso não se pode afirmar que o homem seja uma substância composta de corpo e alma, mas uma substantividade ou estrutura psico-orgânica. É assim que o vê Zubiri e é assim, também, que Laín o expõe nos seus livros.

Mas os problemas não acabam aqui. A razão quer encontrar explicações para tudo, chegar ao fundo das coisas. E se dissermos que a substantividade ou estrutura humana é psico-orgânica, teremos de nos interrogar sobre o que são as notas psíquicas e de onde surgem. Trata-se de um tema que preocupou Zubiri ao longo de toda a sua vida, mas sobretudo nos últimos anos, como testemunha o seu escrito intitulado "La génesis humana" [19]. Zubiri sempre defendeu que as notas psíquicas são irredutíveis às somáticas, porque a formalidade da realidade (quer dizer, a capacidade de apreender as coisas como realidades), própria do ser humano enquanto inteligente, parece irredutível à formalidade estimúlica, própria do animal. Não se vê como a complexização de estímulos possa produzir num momento ou noutro o salto para a ordem transcendental, que é o próprio da formalidade da realidade. "A diferença entre a psique e a matéria não é gradual mas essencial", lemos em *Sobre el hombre* [20]. Por outro lado, este psíquico que se define como essencialmente irredutível à matéria, não pode ser uma substância ou um elemento capaz de unir-se ao ou separar-se do corpo. A realidade substantiva é só uma, e o psíquico não pode ser mais real que no interior da substantividade.

---

[19] Cf. Xavier Zubiri, *Sobre el hombre*, Madrid, Alianza, 1986, pp. 455-476.
[20] *Op. cit.*, p. 460.

É importante notar que em Zubiri há uma certa ambiguidade na utilização do termo "psíquico". Quando o define explicitamente, costuma fazê-lo por contraste com o "orgânico", de tal modo que na substantividade humana estariam as notas orgânicas e, como distintas por oposição a elas, as notas psíquicas. O resultado é uma realidade substantiva que justificadamente merece o qualitativo de psico-orgânica. Ora bem, noutros contextos, em geral menos explícitos, Zubiri contrapõe psíquico a material. É o que acontece no parágrafo que atrás citámos: "A diferença entre a psique e a matéria não é gradual mas essencial" [21]. O que classicamente costuma contrapor-se à matéria não é o psiquismo, mas o espírito. Quererá isto dizer que Zubiri tenta defender a existência de um psiquismo não-espiritual, à maneira dos emergentistas clássicos? Penso que não. Na tradição filosófica considerou-se com frequência que o psiquismo não espiritual é próprio dos animais, e que o psiquismo humano dele se diferencia precisamente pelo facto de ser espiritual. Este psiquismo espiritual era conceptualizado como uma substância específica, o espírito, entendido como forma do corpo. E é isto que Zubiri não admite. Afirma rotundamente que o psiquismo humano é essencialmente distinto do animal e, nesse sentido, considera-o "espiritual", ao contrário de todos os monismos emergentistas, que concebem o psiquismo humano como um psiquismo animal mais evoluído e complexo. Mas opõe-se às correntes espiritualistas porque não entende o psiquismo humano como elemento substancial, nem tão-pouco como qualidade extrínseca à matéria. O psiquismo humano é essencialmente irredutível à matéria, mas é também, ao mesmo tempo, essencialmente material. No psiquismo humano a matéria *dá de si* materialmente algo superior a ela mesma. Trata-se daquilo a que Zubiri chama "elevação". Poderá haver quem pense que estamos perante um simples jogo de palavras, ou um típico argumento *ad hoc*. Não o creio. Em qualquer caso, devemos aceitar estas formulações pelo que querem ser: não a solução do problema, mas tão-só o seu delineamento.

A elevação é um modo do *dar-de-si*. Trata-se de um conceito-chave da filosofia zubiriana. A análise da apreensão primordial demonstra que as coisas são "por si", mas que o *por si* consiste constitutiva e for-

---

[21] *Op. cit.*, p. 460.

malmente em "estar a dar de si". Por isso, o noema não é, em termos rigorosos, simples "por si", mas "por si dá de si". Este *dar de si* tem formas *diferentes*. Em *Estructura dinámica de la realidad*, Zubiri mostra os diferentes dinamismos mundanos a partir dos conceitos de "por si" e "dar de si". Do átomo originário aos pongídeos, é possível entendermos todo o Universo como um *por si* originário que vai *dando de si*. O problema está no salto para o homem. É então que aparece uma novidade dificilmente justificável. De onde vem aquilo a que chamamos inteligência? Zubiri não pode recorrer nem à intervenção directa de Deus (porque isso seria um extrinseco e acabaria por o conduzir ao dualismo), nem aceitar que seja o pré-hominídeo a *dar de si* a inteligência. A razão por que assim é está no facto de o chimpanzé não ter, em termos rigorosos, substantividade (Zubiri chama-lhe por isso *natura naturata*, por contraste com *natura naturans*); não é, portanto, um "por si" rigoroso, nem tem rigorosamente um "dar de si", como o que seria necessário para gerar um salto do tipo em causa. Por conseguinte, não resta a Zubiri outro remédio senão recorrer ao único ser que no Universo parece ter substantividade plena, que é o próprio Universo (sendo este, em termos rigorosos, a única e verdadeira *natura naturans*, se exceptuarmos o homem), e dizer que é ele que faz com que o pré-hominídeo, num certo momento, "dê de si", por *elevação*, a inteligência humana, quer dizer, a Humanidade. No homem, a matéria do Universo eleva-se a matéria psíquica. O que significa que em todos os dinamismos anteriores ao humano, a *natura naturans* não actualizara toda a sua riqueza virtual, ou também, que a riqueza que actualizara e a que costumamos chamar "matéria", não esgotara toda a sua produtividade nem todo o seu dinamismo. Por outras palavras, a *natura naturans* não era só "matéria", se por esta entendermos a que é própria de todas as realidades não-psíquicas ou não-humanas. O dinamismo da elevação demonstra bem que entre as suas virtualidades estava o psiquismo humano. Por isso penso que, quando Zubiri diz "a diferença entre a psique e a matéria não é gradual mas essencial", se está a referir não à matéria da *natura naturans*, mas à matéria das *naturae naturatae* surgidas em todos os dinamismos distintos do da *elevação*. Poderíamos retomar agora a velha distinção entre matéria prima e matéria segunda, tornando-as sinónimas da matéria própria da *natura naturans*, no primeiro caso, e das *naturae naturatae* pré-humanas, no segundo.

Poderíamos então dizer que a diferença essencial se daria entre a psique e a matéria segunda, mas não entre a psique e a matéria prima.

Postas assim as questões, parece claro que o psiquismo é irredutível à matéria da *natura naturata*, mas não à matéria própria da *natura naturans*. O problema está então em saber como pode uma *natura naturata*, como um gorila, um chimpanzé ou um orangotango, *dar de si* por elevação o psiquismo do primeiro homem. A resposta de Zubiri é que a *natura naturata* do chimpanzé *dá de si*, "a partir de si própria" mas não "por si própria", o psiquismo humano. "Por si própria" só pode fazê-lo a *natura naturans*, que é o único "por si" pleno e capaz de "dar-de-si" um dinamismo novo tão essencialmente distinto de todos os anteriores como é o caso da elevação. É esta acção de algum modo conjunta da *natura naturans* e da *natura naturata* que explica que o resultado seja algo que, em termos rigorosos, já não é uma pura e simples *natura naturata* nova, mas uma *natura naturata* que é um "por si" pleno e tem um "dar de si" também pleno. E porque tais são características próprias e exclusivas da *natura naturans*, devemos dizer que o homem não é, em rigor, uma simples *natura naturata*, mas uma *natura naturata naturans*. É nisto que consiste aquilo a que Zubiri chama "elevação".

Pareceu-me conveniente proceder a esta exposição para fazer com que a obra de Pedro Laín Entralgo que o leitor tem nas mãos assuma todo o seu sentido. Trata-se de uma extensão e uma aplicação originais e inovadoras ao corpo humano da ideia zubiriana da estrutura dinâmica da realidade. Digo originais e inovadoras porque, como diz Laín, Zubiri não chegou a explicitar nem a amadurecer por completo os conceitos que assim desenvolve. Admitamos que o chimpanzé é uma *natura naturata* da qual a *natura naturans dá de si*, por elevação, uma *natura naturata naturans*. Como é que tal acontece? Como é que da *natura naturata* sai algo de superior a ela própria, uma *natura naturata naturans*? Zubiri não diz praticamente nada a este respeito, limitando-se a algumas breves, e a meu ver insuficientes, reflexões sobre aquilo a que chama "célula germinal". Nos escritos de décadas anteriores, é frequente que Zubiri fale de "plasma germinal", num sentido que não é exactamente o da embriologia das primeiras décadas do século XX, mas que dele deriva, e que sem dúvida ficou a dever aos estudos que levou a cabo em Friburgo com Hans Spemann, em 1929. Mais tarde, abandona progressivamente essa expressão, substituindo-a pela de "célula germinal". O que se deve à influência de Ochoa e, em geral, aos conhecimentos bastante precisos que foi adquirindo, ao longo dos anos 60 e 70, em matéria de biologia molecular e de genética. Os dados obtidos levaram-no, como a muitos outros, a crer que o desenvolvimento embrionário se reduziria a ser uma simples expressão do conteúdo genético. Tudo estaria dado nas células sexuais, de tal maneira que quando estas se unem e constituem a nova célula diplóide (que é aquilo a que Zubiri chama "célula germinal", e não o óvulo e o espermatozóide, como qualquer biólogo poderia supor) temos já então a nova substantividade, o novo ser humano. Só nos últimos meses da sua vida, ao conhecer indirectamente certos dados da nova embriologia, Zubiri começou a dar-se conta de que as coisas eram diferentes e mais complexas do que ele supusera. As duas notas à margem do já referido artigo sobre a génese humana testemunham esta mudança [22]. Não é por acaso que as duas notas se encontram em parágrafos que, precisamente, falam da célula germinal. Tornava-se assim necessário um desenvolvimento posterior. E Laín soube fazê-lo de modo admirável. Sabemos hoje muitas coisas novas, realmente revolucionárias, sobre o desenvolvimento embriológico. O que nos permite entender a constituição da substantividade humana como um processo estrutural complexo que necessita, entre outras coisas, de tempo. Já não é fácil continuarmos a admitir a velha ideia de que a substantividade humana ocorre num "momento", o da união dos dois números haplóides de cromossomas. Laín reuniu nos seus últimos livros um número notável de dados, tanto genéticos como embriológicos que demonstram o contrário. Tal circunstância tem consequências importantíssimas no que se refere à ordem filosófica prática, especialmente a ética, não só para os problemas relacionados com a origem da vida mas também para os relativos ao seu fim. Penso tratar-se de um ponto da maior importância e que na obra de Zubiri não se encontrava suficientemente desenvolvido. Nesse sentido, o favor prestado por Laín à filosofia de Zubiri foi enorme.

O facto de Laín manter um diálogo contínuo com os dados mais recentes das ciências biológicas permite-lhe tomar partido frente à contenda clássica que no seu âmbito travam *unicistas* e *dualistas*. O perso-

---

[22] Cf. X. Zubiri, *Sobre el hombre*, ed. cit., pp. 464 e 474.

nagem mais representativo da atitude dualista é provavelmente, hoje em dia, o grande neurofisiologista John Eccles. Os biólogos monistas são legião e a maioria de entre eles encontra-se intelectualmente muito próxima das teses do monismo materialista clássico. Laín opõe-se a ambos os grupos. Não aceita o dualismo nem aceita o monismo reducionista que nega a existência de diferenças essenciais entre o homem e o animal. Em páginas que chegam a ser comoventes, Laín Entralgo marca as suas distâncias em relação às duas posições opostas, e defende a existência de uma matéria capaz de *dar de si* um salto tão qualitativo e especificamente distinto, como a inteligência humana, de tudo o que anteriormente existia. O último capítulo do presente livro é, neste sentido, extremamente significativo. Nele, Laín Entralgo confessa as suas crenças mais íntimas e empreende a tarefa de as conjugar com a sua nova teoria do corpo. Vemos assim ao mesmo tempo o Laín médico corporalista convicto e o Laín *pístico, elpídico* e *fílico*. Devo dizer que o capítulo me parece intensamente convincente. Diria, mais ainda, que, observada na perspectiva deste seu último livro, toda a anterior obra de Laín adquire uma coerência nova. Por isso, considero a sua teoria do corpo como o culminar do propósito que manteve ao longo de toda a sua vida intelectual, a elucidação do mistério do homem, a elaboração de uma Antropologia completa e coerente. O que não impede que as questões últimas permaneçam em aberto. No fundo de toda a autêntica vida intelectual vibra sempre a experiência do mistério.

Madrid, 24 de Setembro de 1992.

DIEGO GRACIA

CORPO E ALMA

ESTRUTURA DINÂMICA DO CORPO HUMANO

Iacobo Ramón y Cajal
In memoriam.

Xaverio Zubiri
In spe.

INTRODUÇÃO

No meu livro *El cuerpo humano. Teoría actual* (1989) propus uma visão científico-filosófica do nosso corpo capaz de se situar como opção razoável entre o monismo materialista de Vogt, Moleschott, Büchner e Haeckel, de modo algum extinto no nosso século, e o dualismo do neurofisiologista Eclles ou o dos filósofos e teólogos que, herdeiros de Platão, Aristóteles, São Tomás ou Descartes, consideram psicológica e ontologicamente necessária a distinção entre o corpo e a alma para entendermos a realidade do homem.

Muito sumariamente, eis os pontos principais da teoria do corpo esboçada nesse livro:

1. Nas primeiras etapas do seu desenvolvimento – zigoto, mórula, blastocisto – o embrião humano não é realmente um homem. Não o é em acto, porque não possui nenhuma propriedade que possamos considerar especificamente humana e não o é em potência, no sentido forte do termo: ser algo em potência é poder ser algo ou deixar de ser. Tal não é o caso do pré-embrião da nossa espécie. Hipoteticamente submetido às técnicas actuais ou possíveis da hibridação e da engenharia genética, pode dar lugar a um ser vivo, porventura um monstro, especificamente distinto do ser humano. Por outras palavras: a potencialidade morfogenética do pré-embrião pode orientar-se, modificada tecnicamente, para modos de ser e viver essencialmente distintos do correspondente àquilo que de maneira tradicional temos chamado "natureza humana". Não, o zigoto humano não é, sem mais, um homem em potência, é um homem em "potência condicionada" [1].

---

[1] O zigoto humano é também "homem em potência" no segundo sentido atribuído por Aristóteles ao termo *dynamis* (potência): "Dizemos que o acto está em potência como Hermes está na madeira (na madeira em que será talhada a estátua de Hermes) [...] e que é sábio aquele que não especula, sendo capaz de especular (*Met.*, IX, 6; 1048a 33). Mas, como Zubiri fez notar, esse "estar potencialmente em acto" não é, em termos rigorosos, "potência", mas "possibilidade", realizável apenas por obra de

Só pouco depois da gastrulação do blastocisto começam a aparecer esboços germinais especificamente humanos, só a partir de então podemos dizer com verdade que o embrião é um homem em potência, porque, para ele, só duas possibilidades biológicas e ontológicas existem: ou chegar a ser em acto um ser humano, ou sucumbir.

Em suma, a hominização do embrião inicia-se formalmente quando no processo da sua configuração aparece uma estrutura biológico-molecular dotada de potencialidade especificamente humana, estrutura cujo desenvolvimento posterior possui um carácter *campal,* constituído por tudo o que lhe proporciona o conjunto do organismo da mãe ou, no caso dos bebés-proveta, o meio artificial em que o desenvolvimento se dá.

2. No decorrer da evolução da biosfera, os primeiros homens – os primeiros indivíduos do género *Homo* – tiveram a sua origem numa mutação biológica de certos indivíduos do género *Australopithecus,* por conseguinte, numa modificação biologicamente favorável do genoma de um antropóide australopiteco, morfológica, fisiológica e psicologicamente mais próximo da espécie humana que qualquer dos actuais pongídeos, gorila, orangotango ou chimpanzé.

Neste sentido, filogeneticamente considerada, a hominização da vida humana aconteceu por obra de uma transformação biológico-molecular – portanto, morfológica e dinâmica – do genoma de uma espécie zoológica.

3. De modo cada vez mais penetrante e profundo, a investigação neurofisiológica descobriu a participação essencial do cérebro em todas as actividades psíquicas, incluindo as que tradicionalmente – o pensamento simbólico, o amor místico, a consciência da identidade própria, a livre decisão, etc. – passavam por ser mais puramente "espirituais". O cérebro humano é algo mais que o mero instrumento anatomofisiológico de uma entidade supra-somática, e embora a actual ciência neurológica não seja capaz de dizer até onde vai esse "ser algo mais", obriga-nos necessariamente a ter na máxima conta o que a respeito do comportamento humano tem para nos dizer.

---

uma acção humana exterior à coisa que pode mudar. Existe a possibilidade de que, convenientemente talhado, um pedaço de madeira venha a ser estátua de Hermes, mas abandonado a si próprio, o pedaço de madeira jamais chegará a ser essa estátua. Ser estátua de Hermes é apenas uma possibilidade da madeira.

INTRODUÇÃO

4. Tendo em atenção o que precede, como não pensar que a condição humana – a configuração e a actividade específicas do nosso corpo – é consequência da produção de uma determinada estrutura morfológica e dinâmica na evolução dessa realidade básica que, com tão diversas acepções, a palavra "matéria" nomeia? E se adoptarmos esta hipótese como sendo a cientificamente mais razoável, que deveremos pensar acerca da alma imaterial, cuja realidade – desde Platão, e mais ainda desde a penetração da antropologia platónica no corpo intelectual do cristianismo primitivo – o pensamento ocidental tão repetidamente afirmou? A ciência e a filosofia obrigar-nos-ão concertadamente a subscrever o tosco monismo materialista dos Vogt, Büchner e Moleschott?

Tais foram as interrogações a que me conduziu a elaboração do livro atrás mencionado, bem como, na sua esteira, ao esboço sumário de uma teoria do corpo humano não dualista e não materialista, no sentido habitual deste último termo. Foi na concepção da realidade a que Zubiri deu provisoriamente o nome de "materismo" que o meu esboço teve o seu mais firme apoio intelectual. O propósito de o converter em tese articulada tornou-se para mim incontornável.

Publicado o livro, duas ordens de reacções de que foi objecto consolidaram a minha ideia de continuar a trabalhar na elaboração dessa tese incipiente: a reacção pouco douta e contrariada de pessoas que ingenuamente viam nessa ideia do corpo um ataque aos fundamentos da sua esperança cristã, e a reacção douta e amistosa dos teólogos – em primeiro lugar, J. L. Ruiz de la Peña – que, com a introdução de todas as ressalvas necessárias, querem continuar a ser fiéis à tradicional ideia da unidade substancial alma-corpo. O presente estudo teve origem na conjugação destes três motivos.

Possui cinco capítulos. No primeiro, exponho uma ideia da matéria – a ideia actual – muito diferente da que serviu de base ao materialismo antropológico do século XIX e o torna uma construção mental inteiramente obsoleta. No segundo, proponho um conceito da estrutura do real verdadeiramente adequado àquilo que hoje devemos pensar sobre as estruturas da matéria, e delineio uma teoria da evolução do cosmos formalmente referida à realidade corpórea do homem. No terceiro capítulo, estudo descritivamente a conduta e o psiquismo do homem. No quarto, o que a ciência neurológica actual diz, pode dizer e não pode dizer acerca da actividade própria do cérebro, enquanto órgão que rege a actividade total do corpo humano. No quinto, enfim, examino muito pessoalmente as diversas implicações antropológicas da minha indagação. Duas frases, expressando ambas proposições que para a mente humana são, e não podem não ser verdadeiramente últimas, presidem à letra e ao espírito deste livro. Uma é de Heidegger: "A pergunta é a forma suprema do saber." Mais modesta, ainda que não menos verdadeira, a outra é minha: "Para a mente humana, o certo será sempre penúltimo e o último será sempre incerto." Fiel ao sentir da primeira, em conformidade com o que parece o nível supremo do actual saber acerca do corpo humano tentei chegar às perguntas, também de nível supremo, que esse saber suscita. Obedecendo, por outro lado, ao imperativo da segunda, esforcei-me por responder, para além do saber científico e filosófico, àquilo que de incerto e último a resposta às perguntas supremas sempre comportará. Modesta, mas honesta e rigorosamente, tentei a cada momento visar a realização do medular anseio científico de Cajal e, ao mesmo tempo, a conclusão do inacabado empenhamento filosófico de Zubiri.

O título e o subtítulo do livro expressam, muito concisamente, o propósito do qual ele surgiu: mostrar com documentação e rigor que as actividades tradicionalmente atribuídas à alma podem ser razoavelmente referidas à estrutura dinâmica do corpo. Ambição que, como antes disse, teve a sua origem em certas teses antropológicas de Zubiri latentes em *Sobre la essencia* e progressivamente esboçadas mais tarde em dois dos seus livros póstumos, *Sobre el hombre* e *Estructura dinámica de la realidad*. Procurei a todo o momento que a minha reflexão não fosse indigna da preclara estirpe do seu título e subtítulo.

CAPÍTULO 1
SOBRE A MATÉRIA

> "Do facto de não sabermos dizer o que é a matéria, não se infere que devamos dizer que a matéria não é."
>
> POPPER

Uma concepção actual do corpo humano exige que se conheça com alguma precisão, para além do que dizem os tratados de anatomia e de fisiologia, aquilo que para a ciência e a filosofia actuais é o modo da realidade a que o nosso corpo essencialmente pertence: a matéria. Uma teoria geral da matéria deve ser, por consequência, o tema inicial deste estudo.

Neste âmbito, excepto no caso das partículas subatómicas mais elementares – o quark, os leptões, o neutrino –, a matéria torna-se realidade concreta numa estrutura, seja esta a estrutura extremamente simples do protão ou a estrutura extremamente complexa do corpo humano. O que obriga a elaborar uma teoria da estrutura capaz de dar razão de quanto acontece a todos os seus níveis e configurações.

Devem ser dois, portanto, os primeiros capítulos deste livro: a teoria geral da matéria acima mencionada e uma visão geral das várias estruturas em que se configura a matéria cósmica.

I. DE ARISTÓTELES A RUTHERFORD-BOHR

Tanto o termo latino *materia,* do qual procedem directamente as palavras neo-latinas *matéria* e *matière* e a anglo-saxónica *matter,* como o substantivo germânico *stoff,* possuem um sentido originário pré-científico, que alude à percepção sensorial da realidade e ao material de que são feitas as coisas. Não é por acaso que o vocábulo "madeira" remete, pela sua origem, para "matéria". Originária e pré-cientificamente, considera-se "material" uma realidade quando esta afecta os nossos sentidos de maneira perceptível. Os seres a que chamamos imateriais não são nem podem ser sensorialmente percebidos, pelo que a afirmação da sua realidade não pode ser mais que uma conjectura.

A afecção em causa pode adoptar dois modos diferentes entre si. Há realidades, com efeito, que se nos tornam perceptíveis pela resistência que nos oferecem, ou porque se opõem passivamente à acção táctil – a pedra sobre a qual ponho os meus dedos –, ou porque se interpõem como obstáculos diante dos meus olhos – os corpos visíveis, opacos ou translúcidos; a transparência absoluta das coisas torná-las-ia invisíveis, inexistentes para a vista – ou porque, com a sua consistência, tornam mais ou menos difícil a penetração do meu corpo na sua massa – o ar e o rosto do ciclista, a água e o esforço do nadador –, ou ainda porque, como agressão ou carícia, chegam activamente aos órgãos capazes de as sentir: a onda sonora do ar, a luz suave ou ofuscante, o vento na face, o perfume ou o fedor da substância odorífera.

Sem o rodeio de um raciocínio consciente ou inconsciente, portanto, contra o que pensou Descartes, a realidade do mundo exterior torna-se-nos patente através da resistência vária que a sua condição material opõe ou impõe aos nossos sentidos. O *esse est percipi* de Berkeley tinha assim a sua razão de ser, quando consideramos essa proposição à luz do que Dilthey, Scheler e Ortega nos disseram da experiência de uma tal realidade.

Se genericamente chamamos *física* ao nosso saber acerca das realidades materiais, poderíamos muito bem dizer que há uma "física existencial", o conjunto de saberes outorgados pela percepção imediata do mundo exterior, todos eles baseados na resistência desse mundo aos nossos sentidos; e uma "física racional", a que resulta da explicação através da razão filosófica e científica daquilo que são em si próprias as coisas materiais – o astro, a rocha, a árvore, o cão, o homem –, precisamente enquanto materiais. A resistência do mundo, o modo como é para nós o mundo cósmico, é o conceito-chave da física a que chamei existencial. Na visão intelectual do mundo cósmico, do que é esse mundo em si mesmo, tem a física racional o seu fundamento. É, portanto, a física racional que deverá fornecer uma resposta idónea à interrogação da epígrafe que expressa o nosso problema: saber o que é a matéria.

A primeira teoria racional da matéria surgiu na Grécia pré-socrática e, mais precisamente, com a diversificada obra intelectual de Empédocles, Anaxágoras, Leucipo e Demócrito.

Os filósofos pré-socráticos voltam-se para um problema intelectual duplo e básico. Frente às cosmogonias mitológicas da Grécia Arcaica – o "ovo cósmico" do orfismo o "caos" de Hesíodo –, pensaram unanimemente que, sob a sua diversidade múltipla, todas as coisas do cosmos têm um princípio comum, ao mesmo tempo fundamental e genético, a *physis*, a Natureza. Consequentemente, duas interrogações terão surgido no seu espírito: em que consiste realmente esse princípio comum? E, qualquer que seja a resposta a esta pergunta, como pode explicar-se racionalmente que, sendo uno o seu fundamento, seja tão diversa a realidade das coisas que compõem o cosmos, o ar e a água, as rochas, as plantas, os animais e o homem?

Como é sabido, Tales, Anaximandro e Anaxímenes foram os primeiros a dar uma resposta à primeira das duas questões. Pouco depois, considerando talvez que o princípio comum dos seres do cosmos não podia ser atribuído a nenhuma das realidades que os nossos sentidos percebem, surgiram duas atitudes frente à segunda questão: pensar que a *physis*, unitária na sua raiz, se realiza em elementos *(stoikheía)* qualitativamente distintos entre si e absolutamente irredutíveis a outras realidades mais simples – as "raízes" *(rizómata)* de Empédocles, as "homeomerias" ou "sementes" de Anaxágoras –, ou em "átomos" infinitos em número e diferentes entre si apenas pelo tamanho, figura e peso. Ao longo da cultura ocidental, as "raízes" de Empédocles, mais simplesmente chamadas "elementos", e os "átomos" de Leucipo e Demócrito, foram as respostas pré-socráticas dotadas de maior influência.

Até à formação avançada do mundo moderno, os filósofos, os naturalistas e os médicos pensarão, com Empédocles, que os elementos da realidade cósmica são quatro: a água, o ar, o fogo e a terra. Termos que não designam os entes empíricos a que habitualmente damos estes nomes – a água que se vê e se toca, etc. –, mas o elemento que em cada um deles predomina: na água que vemos e tocamos, por exemplo, há antes do mais o elemento água, mas também em menor quantidade os elementos ar (a pequena quantidade deste que a água pode dissolver), fogo (uma temperatura maior ou menor) e terra (o resíduo que a água deixa ao evaporar-se).

Para Empédocles, a matéria, racionalmente considerada, é um princípio último e unitário, a *physis* como *arkhé* do Universo, que se realiza em elementos inteiramente irredutíveis a outras realidades mais simples, homogéneos na sua constituição e caracterizados pelas propriedades com que se oferecem ou se impõem aos nossos sentidos: o calor ou o frio, a humidade ou a secura, o peso ou a leveza, a dureza ou a brandura das coisas, a rotundidade ou a angulosidade das suas configurações visíveis, etc. Ao longo da evolução cíclica do cosmos, os trinta mil anos solares do Grande Ano, o *sphairos* originário – uno, imperecível, finito, imóvel, homogéneo, redondo e compacto – decompõe-se nos quatro elementos, cada um deles com as suas propriedades respectivas, e portanto nas múltiplas coisas, astros, terras, mares, etc., que resultam da mistura dos elementos e que os nossos sentidos percebem. O mútuo jogo do Amor, força unificadora, e do Ódio, força desagregadora, rege a dinâmica da cosmogénese.

A concepção democriteana da cosmogénese assemelha-se sob certos aspectos à de Empédocles mas, sob muitos outros, distingue-se dela. Na origem do cosmos estiveram o Ser material compacto e homogéneo, o Grande Vazio e o Movimento. Impelido por este último, o Vazio penetrou no Ser e desagregou-o num número infinito de corpúsculos indivisíveis (*atómoi*, átomos) que, dada a sua pequenez, são imperceptíveis para nós e apenas quando revoluteiam na luz do sol que entra pela janela, chega até nós um vislumbre da sua realidade. Os átomos são sólidos e compactos, homogéneos, qualitativamente iguais entre si, inalteráveis e indestrutíveis. Diferem uns dos outros somente pelo seu tamanho, a sua forma – arredondada, angulosa, em gancho, etc. – e o seu peso. As coisas, por conseguinte, são uma mistura de átomos e de vazio, átomos que se misturam e entrechocam com uma força maior ou menor, movendo-se em todos os casos segundo trajectórias rectilíneas. No cosmos não existe o acaso *(tykhe),* nem a finalidade *(telos)* e só a lei inexorável da necessidade *(anánke)* rege os seus movimentos. Para Demócrito, em suma, a matéria, realidade única do cosmos, é o princípio último de todas as coisas, elementar e irredutivelmente configurado em átomos qualitativamente iguais entre si, diferentes pelo seu tamanho, a sua forma e o seu peso e os seus múltiplos choques que, com estas notas diferenciais e com o seu constante movimento, constituem a enorme diversidade e a respectiva peculiaridade das coisas que os nossos sentidos percebem.

No solo histórico que, diferentes e complementares entre si, as ideias de Empédocles e Demócrito formam, edificarão Platão, Aristóteles, os estóicos e os epicuristas as suas respectivas concepções da matéria. Dada a sua vigência, que perdurou até aos nossos dias, limitar-me-ei a expor um pouco mais detidamente a concepção de Aristóteles.

Simplificando as coisas, pode dizer-se que a matéria *(hyle)* é para Aristóteles duas coisas distintas: um modo da causação e um princípio constitutivo das realidades materiais.

"Num primeiro sentido", escreve Aristóteles, "diz-se que é causa aquilo de que alguma coisa devém, aquilo que é intrínseco, que está no fundo do ser em devir, como o bronze no que se refere à estátua ou a prata no que se refere à taça" *(Met.* V, 2; 1013a 24-25). A matéria é, pois, aquilo pelo qual se produz um dos quatro modos da causação – o eficiente, o material, o formal e o final – na génese das coisas que vemos.

A matéria é, por outro lado, um princípio constitutivo da realidade das coisas materiais, aquilo que faz com que estas tenham a potência *(dynamis)* de ser o que efectivamente são. São dois, para Aristóteles, os princípios constitutivos das coisas: a matéria, no sentido agora indicado, e a forma substancial *(eidos* ou *morphé),* aquilo de que universal e unitariamente as coisas são feitas e aquilo pelo qual cada coisa é o que é e como é. Tese na qual está implícita a afirmação de que a matéria pode adoptar, e de facto adopta, em cada coisa dois modos de realidade: a "matéria prima" *(prote hyle),* a matéria enquanto realidade comum a todas as coisas e fundamento genérico do seu ser, e a "matéria segunda" *(deutera hyle),* a matéria enquanto particularmente configurada pela respectiva forma substancial em cada uma das coisas que os nossos sentidos percebem como, por exemplo, o bronze ou o mármore da estátua, a madeira da mesa, a carne e o osso das partes do organismo assim chamadas. A matéria prima – realização primária da *physis* universal – é em si própria incognoscível, indefinida, inegendrável e incorruptível, indeterminada e receptiva, é pura potência que carece de propriedades, mas capaz de adoptar e mostrar as múltiplas e diversas propriedades que as coisas materiais oferecem à nossa percepção. É, sem dúvida, inteligível, mas a sua realidade só pode ser entendida pela razão. A contraposição metafísica entre a potência e o acto torna-se fisicamente real na matéria e na forma: esta é a actualização da pura potência que é aquela.

As formas em que primariamente se actualiza a matéria prima são os elementos *(stoikheía).* Aristóteles, embora em numerosas ocasiões adversário de Empédocles, aceita a sua enumeração quaternária dos elementos: água, ar, terra e fogo. Estes são empiricamente caracterizáveis pelas qualidades tácteis das coisas nas quais cada um deles predomina: o calor e o frio, a humidade e a secura. Enquanto elementos que são, a água, o ar, a terra e o fogo não podem decompor-se noutros elementos mais simples, mas podem transformar-se uns nos outros. Diversamente combinados entre si, formam os corpos mistos *(miktoí)*, equiparáveis às substâncias compostas da química moderna. Não se trata aqui de uma sobreposição de elementos (as misturas *stricto sensu*), mas de uma autêntica combinação e, por conseguinte, da geração de uma forma substancial nova a partir das anteriores. Nos organismos animais, os mistos resultantes da combinação desses quatro elementos são as "partes similares" *(homoimeré mória)*, como a pele, a carne ou a gordura.

Para Aristóteles o que é, então, a matéria? Já o sabemos: é um princípio de potência dos entes do cosmos, cuja realidade inegável é perceptível apenas pela inteligência, que só pode existir de facto configurado por uma forma específica (a da espécie cavalo, por exemplo) e por uma forma individual (este cavalo), e primariamente actualizado em elementos qualitativamente diferentes entre si.

Esta ideia da matéria será, com variantes de ordem secundária, património comum da filosofia medieval – as escassas e débeis manifestações do atomismo durante a Idade Média não passarão de fenómenos marginais – e, depois, até à actualidade, da filosofia escolástica. Traduzidos para o latim – *materia prima, materia secunda, forma substantialis, forma acidentalis, mixtio* – todos os conceitos aristotélicos perdurarão ao longo do período medieval. A matéria prima, por conseguinte, continuará a ser pura potência passiva [1]. Só no que se refere à forma haverá alguma novidade. O pensamento medieval, com efeito, distinguirá entre as "formas subsistentes ou imateriais" e as "formas materiais ou não subsistentes"; estas informam a matéria dos corpos cósmicos não humanos, sejam minerais, plantas ou animais brutos, e aquelas, a matéria dos corpos humanos. A isso obrigou o hábito de explicar em termos aristotélicos a imortalidade da alma humana e, portanto, a necessidade de admitir a existência real de

---

[1] Suárez, já no contexto do mundo moderno, sentir-se-á levado a admitir que a matéria tem um acto próprio. Dando mais um passo, Leibniz afirmará que a essência da matéria é ser *vis*, força. Voltaremos a encontrar este tema.

"formas separadas" (os anjos e as almas humanas entre a morte e a ressurreição do corpo) ².

Meramente filosófica em Gassendi, incipientemente científica em Descartes e em Newton, já plenamente científica em Boyle e Dalton, o reaparecimento do atomismo democriteano e epicurista abrirá uma fecunda nova etapa na intelecção racional da matéria ³.

Duas ordens de fenómenos levaram Boyle a aderir ao atomismo, cuja versão renovada lera nos *Epicuri philosophiae syntagma*, de Gassendi e na *Physiologia Epicuro-Gassendo-Charletoniana*, de Charleton: as regularidades da mecânica dos gases e a análise experimental e conceptual das reacções químicas.

Boyle descobriu experimentalmente a existência de uma relação matemática simples entre a pressão e o volume dos gases, a bem conhecida lei de Boyle e Mariotte. Como explicar essa relação? A concepção da matéria do gás, como um conjunto de corpúsculos invisíveis que se movem e chocam entre si, permitia dar cientificamente razão dessa lei, muito melhor que a tradicional e aparentemente indiscutível física aristotélica. Matéria e movimento, corpuscularmente concebida a primeira, entendido como mero deslocamento local o segundo, passaram desde então a ser para Boyle "os dois máximos e mais católicos (isto é, mais universais) princípios da filosofia natural".

Conduziu-o, um pouco mais tarde, à mesma conclusão o facto de certos componentes de um composto químico – o seu estudo metódico das propriedades químicas do salitre, *The Essay on Nitre,* foi o ponto de partida da sua interpretação corpuscular das reacções químicas –

---

² O problema da possível relação entre esta ideia da "forma separada" no caso do homem e a imortalidade do intelecto agente *(nous poietikós)*, que segundo Aristóteles vem ao corpo "a partir de fora" (*De generatione animalium*, 736b e 737ab), não pode ser aqui tratado.

³ Não pode nem deve esquecer-se, é claro, que a meditação filosófica acerca da matéria prossegue no mundo moderno com Descartes, Espinosa, Malebranche, Leibniz, Hume, Kant e os idealistas pós-kantianos, mas o verdadeiramente decisivo para a construção de uma teoria actual da matéria tem vindo a ser dito, desde Boyle, pelos homens de ciência. Tal é a razão por que, visando a brevidade, renunciei a expor o pensamento desses autores acerca da realidade material. O leitor interessado no tema lerá com proveito a sempre utilíssima *Histoire de la Philosophie. Les problèmes et les écoles*, de P. Janet e G. Séailles (12.ª ed., Paris, 1921), e, evidentemente, a clássica *Geschichte des Materialismus*, de Fr. A. Lange (10.ª ed., 1921).

perdurarem através das mudanças qualitativas da matéria. Se há nitrogénio no salitre e continua a havê-lo no gás resultante da acção química que o óleo de vitríolo (ácido sulfúrico) exerce sobre ele, devemos pensar que o nitrogénio é um corpo formado por partículas homogéneas e que estas passam inalteradas de um composto para o outro. Por conseguinte, os "elementos" de Empédocles e Aristóteles (ar, água, terra e fogo) e os de Paracelso *(sal, sulphur* e *mercurius)* devem ser substituídos pelos que as experiências sugerem e, em última análise, por uma ideia dos compostos químicos baseada na concepção corpuscular da matéria. Foi à mesma conclusão que Boyle chegou com a sua ideia mecânica do calor e com a sua teoria das cores.

Em suma, as formas substanciais da cosmologia aristotélica não têm existência real, são uma ficção da mente não compatível com o estudo experimental da matéria, esta não é senão a agregação de corpúsculos diferentes entre si pela sua figura, o seu tamanho e o seu movimento, notas às quais há que atribuir a diferença nas propriedades físicas e químicas das substâncias a que o conjunto daqueles dá lugar. A hostilidade de Boyle contra a ideia empedoclesiana e aristotélica dos "elementos" *(stoikheía)* em que primariamente se realiza a matéria prima torna-o relutante quanto ao emprego do termo "elemento", mas é evidente que a noção de "elemento químico" que a ciência do século XIX cunhará tem o seu precedente imediato na obra de Boyle. No que se refere à mecânica dos gases e das transformações químicas da matéria, o seu nome pode figurar muito dignamente ao lado dos pioneiros da ciência moderna: Galileu, Descartes e Newton.

O atomismo anterior à descoberta das partículas elementares assumirá forma definitiva na obra de John Dalton e não parece ser de modo algum um acaso que, como no caso de Boyle, tenha sido o estudo das propriedades dos gases e das regularidades observáveis nas combinações químicas o duplo ponto de partida da sua contribuição decisiva para a teoria corpuscular da matéria.

Além de comprovar a lei de Boyle-Mariotte e de a completar por meio da lei que tem o seu nome – lei das pressões parciais nas misturas de gases –, Dalton consagrou a sua atenção experimental ao fenómeno da dissolução dos gases nos líquidos. Começou por distinguir empírica e conceptualmente a "absorção mecânica" e a "absorção química" na penetração de um gás na massa de um líquido, e em relação com a primeira – a que realmente merece o nome de dissolução – pôs-se a questão de saber por que são alguns gases mais solúveis na água que outros, isto é, por que é que, sendo igual a pressão do gás, a sua solubilidade varia segundo a sua índole química. Literalmente, eis a resposta de Dalton: esse facto "depende do peso e do número das partículas últimas de cada gás. Aqueles gases cujas partículas são mais leves e soltas são os menos absorvíveis, e os outros são-no, segundo o peso e a complexidade das partículas [...] Uma investigação acerca dos pesos relativos das partículas últimas dos corpos é, tanto quanto sei, um tema inteiramente novo".

A adesão decidida à concepção corpuscular da matéria e a viva preocupação relativamente ao peso das partículas, enquanto aspecto determinante das suas propriedades físicas, levaram Dalton, por um lado, a tornar o novo atomismo extensivo a todos os estados da matéria e não só aos gases e, por outro lado, a estudar a proporção ponderal em que dois corpos simples se combinam entre si, quando a sua combinação pode dar lugar a compostos diversos.

Poucos anos antes, Proust descobrira a primeira das leis estequiométricas da combinação química, a lei das proporções definidas. Ampliando-a, Dalton estabelecerá a lei das proporções múltiplas, cujo enunciado mais simples é o seguinte: quando dois corpos se combinam em mais de uma proporção para formar compostos distintos, se o peso de um dos componentes permanecer fixo, os pesos do outro variarão numa proporção muito simples. Por exemplo, o nitrogénio combina-se com o oxigénio dando lugar a óxidos diversos. Pois bem, se tomarmos arbitrariamente como unidade o peso de um determinado volume de nitrogénio, os pesos do oxigénio combinado com ele variarão segundo a série dos números inteiros: 1 (óxido nitroso, N_2O), 2 (óxido nítrico, NO), 3 (anidrido nitroso, N_2O_3), 4 (peróxido de nitrogénio, N_2O_4), e 5 (anidrido nítrico N_2O_5). O mesmo poderia dizer-se da combinação do carbono com o oxigénio (monóxido e dióxido de carbono) e com o hidrogénio (a série orgânica dos hidrocarbonetos saturados), e de tantas outras séries químicas.

Cada vez mais nitidamente concebida ao longo do século XVIII (Scheele, Cavendish, Priestley, Lavoisier), a ideia de "elemento químico" adquire com Dalton um título de natureza definitivo. É elemento da matéria, do ponto de vista das suas propriedades, o corpo que em todas as combinações químicas permanece idêntico a si próprio e que, por meio dos recursos analíticos disponíveis, não pode ser decomposto noutros mais simples. O critério para o estabelecimento desta definição do elemento material é ao mesmo tempo empírico e provisório, porque, em princípio, nada nos impede de supor que com o tempo possa ser inventado um procedimento de análise capaz e decompor, noutros mais simples, corpos até então considerados "simples".

Não obstante, Dalton não se contentou com esta conceptualização empírica do elemento material e, passando da experiência à teoria, pensou que os elementos químicos são em última instância formados por átomos indestrutíveis e indivisíveis, idênticos entre si em cada elemento e só se distinguindo uns dos outros pela sua massa. A equiparação entre o conceito de "elemento químico" e o de "átomo" e a ordenação dos elementos químicos segundo o respectivo peso dos seus átomos, tomando como unidade o peso do átomo de hidrogénio "peso atómico" de cada elemento – foi o genial contributo de Dalton para o conhecimento científico da matéria. Para ele, a criação e a destruição de uma partícula de hidrogénio seria equiparável, se fosse possível levá-la a cabo, à introdução de um novo planeta no sistema solar ou à aniquilação de um planeta já existente. A química é, assim, a ciência que experimental e racionalmente permite conhecer o modo como os átomos de um elemento se combinam entre si ou com outros para formar moléculas, e o modo como as reacções químicas podem ser racionalmente entendidas enquanto transformações da composição atómica das moléculas que nelas intervêm, para dar lugar a moléculas diferentes. Quando o ácido sulfúrico actua sobre o cloreto de sódio, os átomos da molécula do primeiro (o S, o O e o H) e os da molécula do segundo (o Cl e o Na) combinam-se entre si e dão lugar a uma molécula de sulfato de sódio e a duas de ácido clorídrico.

Com Dalton alcança uma forma definitiva a ressurreição do atomismo, que Gassendi iniciara filosoficamente no século XVI, e que cientificamente fora iniciada – se não contarmos com as propostas insuficientes de Descartes e Newton – pelo seu compatriota Boyle. Mas, relativamente ao atomismo antigo, o atomismo moderno oferece duas novidades essenciais: o apoio na experimentação (o ponto máximo a que Demócrito podia chegar era a pulverização mecânica de um sólido; a experimentação de Dalton foi química e não mecânica) e o carácter mensurável, quantitativo, das suas teses. Bem pode dizer-se que, levando às últimas consequências o esforço quantificador de Lavoisier e Proust, Dalton fez com a química aquilo que Galileu fizera com a mecânica. Ainda que o atomismo antigo e o moderno coincidissem na pertença à física racional e não à que antes chamei existencial, a diferença entre um e outro não pode ser mais evidente.

A física e a química do século XIX – teoria do calor de Rumford e Joule, teoria cinética dos gases de Boltzmann, teoria das dissoluções de Arrhenius e Van't Hoff, desenvolvimento da química orgânica, lei química de Guldberg e Waage ou de "acção de massas" – confirmaram amplamente a hipótese atómico-molecular de Dalton. Só a introdução da noção de "campo de força" por Faraday e Maxwell, com a consequente ruptura do mecanicismo puro cartesiano e laplaciano, complicou um pouco a vigência plena da teoria atómico-molecular da matéria, ainda que, até finais do século XIX, não tenham faltado físicos, como *lord* Kelvin (defensor do carácter contínuo e não corpuscular da corrente eléctrica), químicos, como Ostwald (fervoroso adepto da termodinâmica e receptor tardio da teoria atómica) e filósofos, como Bergson (pondo em dúvida que o *élan vital* fosse compatível com uma visão corpuscular da matéria), para os quais a existência real dos átomos não constituía uma certeza comprovada.

A passagem da mera admissão hipotética do átomo, enquanto elemento indivisível e último da matéria, à plena evidência experimental da existência real de átomos divisíveis em partículas subatómicas, teve lugar – anos decisivos para a conversão da "física clássica" em "física actual" – na transição do século XIX para o século XX. Foram vários os factos que decidiram irrevogavelmente esta transformação extremamente fecunda: o estudo das descargas eléctricas através de gases rarefeitos, a descoberta do electrão e da radioactividade, a existência real de iões positivos e negativos nas dissoluções condutoras da electricidade e, pouco depois, os resultados do bombardeamento de lâminas metálicas com partículas alfa. Vale a pena descrever sumariamente o resultado de cada um destes factos decisivos.

O estudo das descargas eléctricas através de gases rarefeitos (Plücker, Hittorf, Crookes) permitiu a J. J. Thomson (1897) demonstrar que os raios emitidos pelo cátodo (raios catódicos) consistem num fluxo longitudinal de partículas carregadas negativamente, os electrões, cuja noção fora teoricamente prevista por Helmholtz e cujo termo Stoney inventara pouco antes. Quase ao mesmo tempo, Goldstein, utilizando um cátodo perfurado, descobriu que pelos orifícios passavam raios em direcção oposta aos catódicos ("raios canais"). Já antes de 1900, E. J. B. Perrin pôde demonstrar que os raios canais eram uma corrente de partículas carregadas positivamente. Estavam dados os primeiros passos para a descoberta das partículas elementares. A sua real existência foi mensuravelmente comprovada quando Millikan, um pouco mais tarde, conseguiu determinar com exactidão a carga eléctrica do electrão.

Ainda no século XIX, a descoberta da radioactividade (Becquerel, o casal Curie) confirmou por meio de dados novos e espectaculares a existência real de partículas subatómicas e, ao que parecia, elementares. A análise da radiação emitida pelos corpos radioactivos permitiu saber que a compõem três ordens de raios: uma formada por partículas α (semelhantes às que integram os raios canais), outra por partículas β (iguais às que compõem os raios catódicos: electrões) e outra de índole não material, mas ondulatória (raios γ), inteiramente análoga à dos raios que pouco antes Roentgen descobrira (e, a partir de então, também chamados raios X). Conclusão: o átomo radioactivo do urânio e também os do polónio e do rádio, possuem uma estrutura material complexa, integrada por partículas subatómicas, umas carregadas positivamente (as α) e outras negativamente (as β).

A realidade experimental do chamado efeito fotoeléctrico (a emissão de electrões quando um feixe de luz fere uma superfície metálica e a dependência da energia dos electrões emitidos, não da intensidade da luz incidente, mas do seu comprimento de onda) foi perspicazmente interpretada por Einstein (1905) através da então recente teoria dos *quanta*. Pouco depois, as experiências de bombardeamento de Rutherford (lançamento de um feixe de partículas alfa sobre uma delgada lâmina de folha de ouro) confirmarão plenamente a concepção corpuscular e subatómica da matéria e permitirão idear os primeiros modelos da estrutura do átomo: uma massa positiva central ou protão, rodeada por um "sistema solar" de partículas negativas ou electrões (Rutherford, Bohr, Sommerfeld). A relação entre o átomo assim concebido e a "partícula" própria da radiação electromagnética, o "fotão" – este, postulado e predito pela interpretação einsteiniana do efeito fotoeléctrico –, permaneceu pendente de explicação.

Não tenho de expor aqui o brilhante e rápido desenvolvimento da teoria atómica imediatamente posterior ao modelo quântico de Bohr e à sua modificação relativista por Sommerfeld. Uma copiosa série de geniais físicos (o próprio Bohr, Heisenberg, Schrödinger, De Broglie, Dirac, Pauli, Fermi) mostraram a impossibilidade de representar através de modelos intuitivos e delineáveis a estrutura do átomo; criaram o instrumento matemático requerido pelo estudo da estrutura subatómica da matéria (a mecânica quântica: uma visão matemática da realidade material em que se combinam a teoria dos *quanta* e a da relatividade) e deram início na história da física à etapa que, bem pode ser dita, das partículas elementares [4].

A fecunda aliança entre a teoria matemática e a investigação experimental – muito especialmente, da experimentação consecutiva à invenção dos aceleradores de partículas – elevou rapidamente o número das partículas conhecidas e, com toda a probabilidade, continuará a fazê-lo nos próximos anos. São centenas as partículas que hoje os físicos nomeiam e descrevem.

Juntaram-se ao maravilhoso progresso da microfísica, desde há poucas décadas, os avanços espectaculares da astrofísica posteriores à descoberta da expansão do universo. Sem hipérbole pode dizer-se que os físicos e os astrónomos herdeiros e continuadores de Planck e Einstein abriram uma nova era revolucionária na visão da matéria e do cosmos iniciada em Mileto por Tales e Anaximandro.

Seria aqui desnecessária uma descrição pormenorizada e técnica das conquistas científicas e, por extensão filosóficas, que ao longo das últimas décadas a física das partículas conseguiu. Devo limitar-me a indicar simples e sucintamente as que considero mais importantes para o meu propósito presente: oferecer ao leitor culto uma visão suficiente do que é hoje a matéria para a mente humana. Com esse fim, ordenarei a minha exposição em três rubricas: factos de observação, teorias e conceitos, conclusões.

II. AS PARTÍCULAS ELEMENTARES: FACTOS DE OBSERVAÇÃO

Como acabo de indicar, os novos saberes *de facto* relativos ao conhecimento das partículas subatómicas procedem de dois campos da ciência tradicionalmente separados entre si: a microfísica e a astrofísica, a investigação da estrutura do átomo e a exploração da dinâmica do Universo.

---

[4] Quem se interesse por conhecer com algum pormenor e sem o difícil tecnicismo da linguagem matemática o modo como do átomo de Bohr se passou à mecânica quântica do átomo, lerá com proveito o estudo de X. Zubiri "La nueva física", no livro *Naturaleza, historia, Dios* (9.ª ed., Madrid, 1987).

1. Factos procedentes da microfísica

A história começou com a descoberta do electrão e do fotão, o primeiro como partícula elementar electronegativa, o segundo como partícula elementar da radiação luminosa. Juntaram-se-lhes rapidamente o protão, partícula electropositiva (raios α, núcleo do átomo de hidrogénio), e o neutrão, partícula inestável, electricamente neutra, que Rutherford suspeitara ser componente, com o protão, do núcleo atómico, tendo sido experimentalmente descoberta por Bothe e pelo casal Joliot-Curie, através do bombardeamento de berílio com partículas α (1930-1932), e que logo a seguir se vira confirmada e explicada por Chadwick.

Com o início da mecânica quântica produziu-se uma novidade fascinante, comparável à afirmação da existência do planeta Neptuno por Le Verrier e ao anúncio de novos elementos químicos por Mendeleiev: a predição teórica de partículas até então não detectadas, o electrão positivo ou positrão, o mesão, partícula de massa intermédia entre a do electrão e a do protão, daí o seu nome, e o neutrino. Dirac, Yukawa e Pauli, respectivamente, tinham predito a existência dessas partículas.

A existência real do positrão ou electrão positivo (Anderson, 1937) preludiava o importante conceito microfísico e astrofísico de antimatéria: o facto de cada uma das partículas electricamente carregadas ter, ou ter tido, uma versão de massa idêntica e carga eléctrica igual, mas de sinal contrário, uma antipartícula. Previsto por Yukawa como partícula mediadora das forças nucleares a distâncias mínimas, o mesão mostrou ser (Anderson, Powell) um agregado de quatro partículas distintas: o muão, o pião neutro e os piões positivo e negativo. Por seu lado, o neutrino, partícula neutra de massa mínima ou nula, cuja "necessidade" teórica fora postulada por Pauli em 1930 para explicar o montante energético da desintegração de um neutrão num protão e um electrão, foi experimentalmente detectado por Reines e Cowan em 1956.

A investigação experimental subsequente demonstrou que existem pelo menos até três neutrinos distintos. A maior parte dos neutrinos procedem do Sol, com um fluxo de 65 000 milhões de partículas por centímetro quadrado e por segundo, e atravessam sem modificação perceptível toda a massa do nosso planeta, sem excluir desta os corpos humanos. "Entre o céu e a terra", diria Hamlet, "há muitas coisas que os nossos sentidos não percebem."

Electrões, protões, neutrões, fotões, positrões, muões, piões, neutrinos... A série das partículas elementares, com maior precisão, cada vez mais elementares, não se fica por aqui. Crescentemente poderosos, os aceleradores de partículas permitiram ampliá-las cada vez mais. A colisão entre o pião e o protão, por exemplo, engendra todo um grupo de partículas novas, as chamadas "partículas estranhas": os "mesões estranhos" (o *kaón* * zero e o *kaón* electropositivo, com as suas antipartículas correspondentes; a *eta* com a sua antipartícula) e os "bariões estranhos" ou "hiperões" (os três *sigmas* com as suas antipartículas; o *lambda* e o antilambda; as partículas *xi* e a *ómega* e a antiómega). Até ao momento, não foi possível descobrir a função das partículas estranhas na dinâmica do átomo nem na estruturação da matéria elementar.

O adjectivo por que *faute de mieux* ** foram designadas estas partículas deve-se ao facto de haver uma propriedade nova e comum a todas elas, a "estranheza" ou "hipercarga", de certo modo análoga à carga eléctrica. A estranheza permite explicar um facto experimental de aparência desconcertante: que, sendo extremamente breve a desintegração de uma partícula, a lambda, por exemplo, dura 10 biliões de vezes mais que a sua produção – 10^{-23} segundos a primeira, 10^{-10} segundos a última. A imaginação perde-se diante da brevidade destes lapsos temporais, calculáveis, sem dúvida, mas não mensuráveis.

Um passo da maior importância no caminho que levou à detecção das partículas *verdadeiramente* elementares da matéria foi a descoberta teórica, mas incontestavelmente válida, dos *quarks*. A invenção do termo é pitoresca. O seu introdutor, o físico norte-americano Murray Gell-Mann, teve a ideia de baptizar com esse curioso nome as hipotéticas três subpartículas que compõem o protão, e fê-lo recordando um verso – *Three quarks for Muster Mark* – do romance *Finnegans Wake*, de James Joyce. Os três *quarks* do romance são os três filhos de Mr. Mark, que por vezes o suplantam [5].

---

* Ou "mesão-k" *(N. do T.)*.
** Em francês no original *(N. do T.)*.
[5] Por que terá tido James Joyce a ideia de empregar a palavra *quark*? Em alemão, e não em inglês, a palavra significa "requeijão" ou "coalho".

O que é um quark? É uma partícula elementar da matéria, pertencente como peça básica à estrutura daquilo a que tecnicamente se chama hoje "modelo *standard*" – conjunto das teorias da física atómica que num futuro próximo só poderão ser superadas ou confirmadas, mas não invalidadas – e componente fundamental do grupo de partículas, os hadrões, a que o protão pertence. Outra partícula hipotética, mas que se afigura realmente necessária é o gluão, garantia da adesão mútua dos quarks no interior do protão.

Há vários tipos de quarks. Actualmente encontram-se descritos o *d*, o *u*, o *s*, o *c*, o *b* e o *t* (iniciais, respectivamente, das palavras inglesas *down, up, strange, charm, bottom* e *top*), e das suas diversas combinações resultam as diferentes partículas que constituem o grupo dos hadrões. Toda uma série de conceitos novos, analógica ou metaforicamente baptizados com nomes procedentes da experiência sensorial qualitativa (sabor, cor, encanto), foi criada a fim de explicar em termos de mecânica quântica a diversificação dos quarks e as relações dinâmicas entre eles e as restantes partículas. Aqui ficar-se-á por esta indicação sumária, suficiente para os meus fins.

O emprego da palavra hadrão – do grego *hadrós*, forte – obriga-me a consignar esquematicamente algumas das ideias mestras desta novíssima física, que são fundamentais para uma compreensão adequada da realidade e da dinâmica das partículas elementares. Antes de mais, as relativas às forças que operam no interior do átomo. Estas são quatro: a gravitacional, a electromagnética, a interacção nuclear forte e a interacção nuclear fraca. A *força gravitacional* é de atracção e afecta todos os entes reais do Universo, do astro à partícula mais elementar. Conforme o que predissera a teoria da relatividade, até mesmo o fotão está submetido à interacção gravitacional, conforme demonstrou o célebre desvio da radiação luminosa observada durante o eclipse solar de 1919. A *força electromagnética* actua em todas as partículas dotadas de carga eléctrica e, como todos sabem, atrai quando as cargas são de sinal contrário e repele quando são do mesmo sinal. É a força que interactua entre os protões e os electrões do átomo e entre os átomos que formam as moléculas. A *interacção forte*, muito intensa, mas – ao contrário da força gravitacional e da electromagnética – de alcance muito exíguo, atrai e mantém unidos entre si os protões e os neutrões que formam os núcleos atómicos e os quarks dentro das partículas nucleares. A *interacção fraca*, por fim, actua também no interior dos núcleos atómicos, tem uma intensidade milhares de vezes mais pequena que a interacção forte e, como ela, é de muito reduzido alcance. Intervém decisivamente na "radioactividade beta", isto é, na transformação de um neutrão num protão e de um protão num neutrão, com a consequente emissão de electrões e neutrinos. A combustão solar e a formação de elementos pesados no processo da cosmogénese exigem, seja como for, a participação da interacção fraca [6].

A actividade efectiva de todas estas forças no interior do átomo não seria possível sem a existência de "partículas de campo" ou "mediadoras". A força em acto consiste, assim, num intercâmbio de partículas de energia entre partículas de matéria; as primeiras chamam-se *bosões*, porque obedecem à estatística de Bose-Einstein, e as segundas, *fermiões*, porque são governadas pela estatística de Fermi-Dirac. São bosões o fotão, o pião, os bosões vectoriais W (positivo e negativo), os gluões, o bosão Z e os ainda hipotéticos bosão de Higgs e gravitão. São fermiões as partículas materiais atrás mencionadas e, a par delas, os quarks. A família dos fermiões compreende os *leptões* [7], partículas que não participam na interacção nuclear forte (electrão, muão, tauão, neutrinos e, a par deles, os quarks que, pelo seu lado, nela participam) e os *hadrões*, quer sejam bariões (partículas pesadas: protão, neutrão, lambda, ómega) ou os mesões anteriormente referidos. Bosões ou fermiões, hadrões ou leptões, as partículas têm uma duração muito variável. Algumas duram apenas uma fracção de segundo, outras alcançam uma vida mais longa. O protão, por exemplo, tem uma vida média de 10^{29} anos, superior, portanto, à idade actual do Universo.

Hoje em dia, as partículas verdadeiramente elementares parecem ser os leptões electrão, muão, tauão e os neutrinos, os quarks d, u, s, c, b e t, os gluões, o fotão, os bosões vectoriais W, o bosão Z, o hipotético

---

[6] Discute-se hoje entre os físicos se existe ou não no interior do átomo uma quinta força, suplementar da gravitacional, mais fraca que ela e de natureza repulsiva.

[7] De início deu-se o nome de leptões (do grego *leptós*, leve) às partículas leves que participam na interacção electromagnética e na interacção nuclear fraca, mas não na forte. Em contradição com a etimologia, chamam-se assim hoje também as partículas pesadas que participam nas mesmas condições. Diz-se que certo velho físico caiu das escadas de sua casa ao saber que havia leptões pesados.

bosão de Higgs e o também hipotético gravitão. As restantes partículas são agregados das partículas verdadeiramente elementares e, por conseguinte, não merecem este nome. Voltarei ainda ao assunto.

2. Factos procedentes da astrofísica

Um primeiro desenvolvimento da teoria geral da relatividade levou o próprio Einstein a postular a realidade de um universo ilimitado, finito e estático. Pouco mais tarde, o holandês W. De Sitter, o russo A. Friedmann e o belga G. Lemaître modificaram os cálculos relativistas de Einstein e, cada um deles a seu modo, chegaram à conclusão oposta: o cosmos na sua totalidade não é estático, encontra-se afectado por um processo de expansão. Lemaître teve a iniciativa de falar de um "átomo primitivo", cuja explosão teria dado lugar ao Universo hoje visível.

Até 1929, esta surpreendente visão do Universo não era mais que o resultado de especulações físico-matemáticas de gabinete. Só com o achado revolucionário do astrónomo americano E. Hubble começou deveras o magnífico período actual da astrofísica. Hubble observou que as bandas do espectro luminoso das galáxias mais remotas se deslocam em direcção ao vermelho, facto que só podia explicar-se admitindo que, em consequência do efeito Doppler [8], as galáxias se afastam umas das outras e fazem-no, segundo as medições do mesmo Hubble, com uma velocidade que aumenta com a distância. Em suma: o Universo encontra-se em expansão. Um cálculo "retrospectivo" permitiu afirmar que a partir de um volume mínimo, e através de um processo iniciado por uma súbita explosão – o *big bang,* nome burlescamente inventado por F. Hoyle, astrónomo muito reticente, sem dúvida, no que se refere à expansão do cosmos –, a formação do Universo que hoje contemplamos começou há entre dez mil e vinte mil milhões de anos.

Uma interrogação surgirá no espírito de muitos de nós: como é possível falar-se de factos de observação, quando tantos anos nos separam do processo que se descreve e interpreta? Que grau de certeza poderá

---

[8] Efeito Doppler: as ondas emitidas por um corpo em movimento são percebidas com um comprimento de onda maior quando o corpo se afasta do observador, e menor quando se aproxima dele – por exemplo, o tom do silvo de um comboio que passa diante de nós.

oferecer seja o que for que assim se afirme? Antes de expor o que diz acerca da matéria cósmica a teoria do *big bang*, hoje universalmente aceite [9], não será despropositado referir os factos de observação que a corroboram. Enumeram-se a seguir os mais indubitáveis:

1. A ideia decisiva de Hubble. Se o Universo se acha em expansão, é necessário concluir que o processo expansivo teve um começo e que no minúsculo volume da sua realidade inicial se encontravam potencialmente toda a massa e toda a energia do Universo que actualmente contemplamos.

2. Os dados obtidos nos observatórios através do estudo da forma, do movimento e da composição das galáxias, especialmente as mais afastadas de nós e, por conseguinte, mais "velhas". Estes dados expressam objectivamente a realidade pretérita do cosmos.

3. A existência da chamada "radiação de fundo", sensacional descoberta de Penzias e Wilson. Esta radiação – "eco residual do *big bang*, murmúrio fóssil da criação", chama-lhe o autor – é perceptível em todos os lugares e em todas as direcções do espaço, e só pode ser explicada como um resíduo electromagnético, fotónico, daquilo que aconteceu nas primeiras de entre todas as fases da evolução do Universo. Como num tardio testemunho dessas fases, o nosso Universo está cheio de fotões: por cada protão ou neutrão há milhares de milhões de fotões em redor.

4. A abundância de hélio no Universo, aproximadamente 25% da massa total.

5. A contemporaneidade das galáxias situadas a igual distância de nós: a cada nível de distância corresponde um nível de idade.

Admitida a realidade do *big bang* como ponto zero na evolução do Universo, levantam-se dois problemas a qualquer espírito reflexivo: saber o que aconteceu subsequentemente para que dessa enorme explosão resultasse o Universo actual e formar uma ideia razoável acerca do que poderia haver antes dessa mesma explosão.

---

[9] Já depois de ter escrito estas linhas leio ("Verdades universales", artigo de John Horgan *in Investigación y ciencia*, Dezembro de 1990) que, durante os trabalhos de uma reunião de físicos, o modelo cosmológico hoje vigente foi posto em causa. O tempo o dirá.

a) *Etapas da formação do universo*

Os astrofísicos pensam que, passados 10^{-43} segundos (um 1 dividido por 1 seguido de quarenta e três zeros, o chamado "intervalo de Planck") depois do instante inicial, na evolução do Universo consecutiva a esse instante podem ser distinguidas cinco etapas, de duração muito distinta: a etapa quântica, a hadrónica, a leptónica, a radiante e a galáctica.

Durante a *etapa quântica* (10^{-43} a 10^{-23} segundos), a incipiente realidade do Universo é descrita pelo astrofísico D. Schramm, seguidor das ideias de St. Hawking acerca dos buracos negros originários, nos seguintes termos: "Vemo-nos confrontados com uma imagem do espaço-tempo em que este era um magma de miniburacos negros que explodiam, se recombinavam e voltavam a formar de novo"; um magma, diz B. Parker, outro astrofísico, constituído por uma mescla de espaço, tempo, buracos negros e *nada* [10]. Calcula-se que a temperatura fosse então de 10^{32} graus Kelvin [11], o que tornava possível a produção de pares de partículas, por exemplo, electrão-positrão. Separadas entre si pouco mais tarde, as quatro forças fundamentais do cosmos – gravitacional, electromagnética, *nuclear forte e nuclear fraca* – encontravam-se então realmente unificadas, era uma só força que actuava na dinâmica do universo.

Durante este brevíssimo lapso temporal, teve lugar a modificação introduzida por A. Guth na concepção "clássica" do *big bang*: a chamada "teoria da inflação". De acordo com esta teoria, entre os 10^{-35} e os 10^{-32} segundos o Universo entrou numa fase de "falso vazio", durante a qual a energia era enormemente elevada. Em consequência deste falso vazio produziu-se uma explosão de rapidez superior à do *big bang*, a seguir à qual o Universo não consistia senão em miniburacos negros e porções de espaço desligadas entre si. Nasceram assim muitos universos, alguns

---

[10] O termo "nada" repete-se com uma frequência significativa na actual astrofísica. A diferença existente entre o "nada" dos astrofísicos e o "nada" metafísico, a que alude a célebre pergunta de Leibniz-Heidegger: "porque é que há ser e não antes nada?", será examinada adiante.

[11] Os graus Kelvin começam a ser medidos a partir do 0 absoluto (– 273 graus). A água ferve a 373 graus Kelvin.

dos quais envolviam outros. Cada um destes fragmentos do magma originário converteu-se, com enorme rapidez, num universo independente – é num desses universos que vivemos.

À etapa quântica seguiu-se a *etapa hadrónica:* dos 10^{-23} aos 10^{-4} segundos depois do instante zero. A descomunal temperatura da etapa anterior (10^{32} graus Kelvin) desceu consideravelmente, mas permitia ainda a produção de quarks e o agrupamento destes em hadrões (protões, neutrões e mesões), com as suas antipartículas correspondentes e estes, juntamente com os fotões, compunham a matéria-energia do recém-nascido universo. Produziu-se assim um certo equilíbrio: a colisão entre as partículas e as suas antipartículas correspondentes convertia-as em fotões, ao mesmo tempo que se produzia um número equivalente de outros pares de hadrões. Em breve, porém, este equilíbrio rompeu-se, porque com a descida da temperatura o número das partículas destruídas tornou-se maior que o das neo-formadas, mas restou um excedente de protões e de neutrões – recorde-se a proporção fotões/ protões + neutrões antes indicada – e isso permitiu que no Universo houvesse depois átomos e, mais tarde, seres vivos. Foi graças a este desequilíbrio que se chegou à existência do homem.

Com a progressiva descida da temperatura – quando passou dos cem mil milhões aos trinta mil milhões de graus Kelvin – tornou-se impossível a produção de hadrões, mas não a génese de leptões. Iniciou-se assim a *etapa leptónica* do Universo, cuja duração, um pouco maior que a da anterior, se prolongou de um décimo de milésimo de segundo a vinte segundos, a partir do instante zero. Nesta etapa, o cosmos foi um magma de fotões e de leptões: electrões e positrões, neutrinos e antineutrinos. Quando a descida da temperatura passou do limite antes assinalado, os electrões já não tinham energia suficiente para produzir neutrões – através do choque de um electrão com um dos protões procedentes da etapa hadrónica – e os neutrões livres que já existiam foram--se desintegrando [12].

Poucos segundos depois do *big bang*, a temperatura desceu para cerca de dez mil milhões de graus Kelvin e o Universo entrou na *era*

---

[12] O neutrão, formado pela interacção de um electrão e de um protão, só se mantém inteiro associado ao protão num núcleo atómico. Em estado livre desintegra-se, dando lugar a um protão e a um electrão, num lapso aproximado de treze minutos.

radiante. No seu início, os electrões abundavam, mas quando a temperatura desceu abaixo dos três mil milhões de graus, os leptões desintegraram-se, libertando uma enorme quantidade de fotões. A radiação dominava amplamente no Universo. Com a progressiva descida da temperatura – a partir dos mil milhões de graus, cerca de três minutos depois do instante zero – teve início uma novidade da máxima importância na evolução do cosmos: a colisão entre protões e neutrões deu lugar a núcleos estáveis, os primeiros foram o do deutério e o do hélio, seguindo-se os do trítio e do lítio. A formação de átomos mais pesados que o lítio ficou reservada à etapa subsequente, e o hélio constituiu cerca de 25% da massa material do Universo. É da etapa radiante que procede a radiação de fundo descoberta por Penzias e Wilson.

Passados cerca de vinte segundos desde o instante zero, começou a *etapa galáctica*, na qual ainda hoje nos encontramos. Os astrónomos discutem o modo como se produziu a fragmentação da mistura uniforme de partículas materiais e fotões, para dar lugar às protogaláxias, aos quasares e às radiogaláxias. O indubitável é que as galáxias que hoje vemos, e entre elas as estrelas, os átomos pesados e os sistemas solares, foram resultado dessa etapa final – ou apenas provisória? – do processo cosmogónico.

b) Antes do big bang

Entre há dez mil e vinte mil milhões de anos produziu-se a grande explosão da qual procede o Universo actual. Que realidade tinha aquilo que então explodiu? O que houve antes do *big bang* e, portanto, antes da etapa quântica, nessa fase em que se não tinha produzido ainda a decomposição posterior da força única originária nas quatro forças que a partir de então existem no Universo? Por que é que no Universo que percebemos há muito mais matéria?

No que se refere à génese do Universo, tudo parece indicar que no princípio foi a radiação e a partir dela ter-se-iam formado as primeiras partículas materiais, quarks, protões e electrões, ao mesmo tempo que permite dar razão da grande abundância de fotões residuais. Mas para explicar por que é que no Universo visível há tanta matéria e tão pouca antimatéria, é preciso concluir que só a partir da radiação originária se formaram os protões e os electrões e, por conseguinte, que os protões, nascidos da radiação, nela se podem desintegrar. Esta possibilidade promoveu entre os físicos um vivo interesse pelo conhecimento da vida média do protão, que segundo os cálculos actuais é de 10^{29} anos, lapso temporal muito superior à idade do nosso universo (como sabemos, de dez mil a vinte mil milhões de anos) [13].

Assim, antes da radiação originária – antes do *big bang* –, o que houve? Um *nada* absoluto do qual, por obra de um agente criador *ex nihilo*, logrou existência esse primeiro gérmen da cosmogénese? A radiação originária terá, porventura, sido o resultado final de um processo cosmogónico anterior a ela e ao nosso universo e, portanto, o começo da ocasional repetição de uma série de ciclos cósmicos que se estende a montante *ad infinitum*? E em tal caso, qual será o fim do nosso universo? Deveremos dizer, com o astrofísico E. Tryon, que o Universo é "uma dessas coisas que acontecem de vez em quando"? *Ai posteri l'ardua sentenza* *.

III. TEORIAS E CONCEITOS

A física das partículas elementares tem o seu principal fundamento teórico na teoria quântica dos campos, síntese da teoria dos *quanta* e da relatividade, e tem progredido segundo os resultados proporcionados pela experimentação, no caso da microfísica, e pela observação instrumental, no da astrofísica. Não deve pensar-se, contudo, que no conhecimento científico das partículas elementares a teoria ande a reboque dos dados provenientes da experimentação. Pelo contrário, em poucos domínios da ciência foi tão frequente a previsão teórica de factos que depois viriam a ser experimentalmente comprovados. Os casos de Dirac,

---

[13] Como medir um lapso temporal de tamanha grandeza? Só uma resposta se oferece: uma vez que a vida média do protão é de 10^{29} anos, bastará reunirmos 10^{29} protões, e teremos a segurança estatística de que um deles se desintegrará ao fim de um ano. Num grama de matéria há 10^{24} protões, e em dez quilogramas podemos ter a certeza de existirem assim os 10^{29}. Certas experiências realizadas no interior do túnel do Monte Branco – para proteger da radiação cósmica a matéria experimentada – parecem demonstrar que o protão se desintegra num tempo que excede os 10^{33} anos.

* *(Em italiano no original)*, "Aos vindouros a árdua tarefa de julgar" *(N. do T.)*.

Pauli e Yukawa, que algumas páginas atrás mencionei, não são os únicos. O próprio facto de se chamar "modelo *standard*" à teoria das partículas elementares hoje vigente, é sobejamente significativo. Dir-se-ia que os físicos actuais desafiam a falsificabilidade popperiana.

A meta principal da teoria em causa é a unificação das quatro forças que hoje operam no Universo. O espírito humano sempre procurou uma compreensão unificadora da multiforme realidade do cosmos. Com a sua doutrina do "lugar natural" – cada corpo deve ocupar no Universo o lugar que por natureza lhe corresponde –, Aristóteles procurava também uma visão unificada dos movimentos. Newton rompeu em termos radicais com a cosmologia aristotélica, e com a sua ideia da gravitação universal unificou a mecânica terrestre (a queda da pedra) e a mecânica celeste (o movimento dos astros). Mais tarde, Faraday e Maxwell unificaram a electricidade e o magnetismo sendo este último não mais que um efeito do movimento das cargas eléctricas. Consequentemente, a luz, os raios X, e os γ, e, em geral, todas as ondas antes atribuídas ao éter hipotético, foram interpretados como vibrações do campo electromagnético criado pelas cargas eléctricas. Por seu lado, Rumford, Joule, o próprio Maxwell e Boltzmann unificaram as energias térmica e mecânica: o calor foi cientificamente concebido como uma consequência do movimento molecular.

A estas realizações da física clássica seguiram-se as ainda mais radicais da física actual. A teoria geral da relatividade unificou a gravitação universal por meio dos resultados da medição do espaço, do tempo e da velocidade da luz. A teoria geral da relatividade poderia ser unificada com a teoria que entre a electricidade e o magnetismo Maxwell estabelecera? Foi esse o maior objectivo da inteligência genial de Einstein durante os últimos anos da sua vida. Não atingiu o seu objectivo, uma vez que tal não era possível sem a posse de saberes que ao tempo ainda não se encontravam disponíveis.

No sentido desse grande objectivo deram um passo em frente importante Weinberg, Salam e Glashow com a sua descoberta teórica – felizmente completada por Gerard t'Hooft – *da via que leva à unificação entre a força nuclear fraca e a electromagnética (unificação electricamente fraca)*. Tudo faz supor que numa data não muito distante se chegará à grande unificação, numa teoria que permita dar razão científica unitária da unificação electricamente fraca e da interacção nuclear forte. Será possível chegar-se um dia à superunificação? A uma teoria em cujo interior sejam unitariamente interpretadas as quatro forças que hoje operam no Universo: a gravitacional, a electromagnética, a nuclear forte e a nuclear fraca? Talvez. E a construção dessa teoria significará que a física teórica chegou a um *happy end* definitivo e inamovível? Não o creio.

O desenvolvimento da mecânica quântica que se seguiu à postulação da existência dos quarks (M. Gell-Mann e Zweig, 1964) e aos trabalhos de Feynman (método de renormalização dos infinitos, diagramas com o seu nome) exigiu a invenção de recursos físico-matemáticos novos, construções quântico-relativistas cada vez mais refinadas e conceitos expressivos do enlace obrigatório entre a teoria e a observação experimental. A elaboração de uma concepção quântica da electrodinâmica (QED), e de outra, quântica também, da dinâmica dos quarks e dos gluões, cada um com a sua "cor" respectiva (QCD, cromodinâmica quântica) [14], foram as duas estradas reais do avanço no sentido da unificação das forças do cosmos. Sem competência técnica, e com uma ousadia excessiva, indicarei sumariamente os conceitos em meu entender mais importantes no que se refere à elaboração de uma visão actual da matéria cósmica.

1. *Desintegração*. Decomposição espontânea ou provocada de um átomo em partículas subatómicas ou noutro átomo com um número menor atómico de partículas. A radioactividade do rádio e de outros elementos pesados e a fusão do urânio na explosão de uma bomba atómica são fenómenos de desintegração nuclear.

2. *Aniquilação*. Transformação total ou parcial da massa de uma partícula em energia de radiação ou, numa linguagem mais técnica, processo por meio do qual um fermião e a sua antipartícula se transformam em bosões. Prevista pela célebre equação de Einstein $E = mc^2$ (E, energia; m, massa em repouso da partícula que desaparece; c, velocidade da luz no vazio), esta possibilidade foi amplamente confirmada em termos experimentais. Na aniquilação parcial, formam-se mesões e fotões. Na aniquilação total – a que se produz, por exemplo, na colisão entre um electrão e um positrão – toda a massa da partícula se con-

---

[14] Gell-Mann deu o nome de "cor" ao valor do número quântico que permite distinguir uns dos outros os três quarks que integram um protão.

verte em energia electromagnética, em fotões. O problema da diferença entre a aniquilação da física das partículas e a aniquilação de que falam os filósofos e os teólogos será estudado adiante.

3. *Materialização*. Transformação de um bosão num par fermião--antifermião, portanto da energia em matéria. Esta transformação produziu-se em larga medida durante a etapa hadrónica da cosmogénese.

4. *Vazio*. Estado de energia mínima. O "vazio" da física clássica – é dele que se fala quando se afirma que a velocidade da luz no vazio é de 300 000 quilómetros por segundo – era o nome que se dava ao espaço preenchido por um "éter" hipotético, capaz de movimento vibratório: espaço vazio de matéria. O "vazio" da física actual – que, como é sabido, prescindiu decididamente da hipótese do éter – está cheio de campos de força, o de Higgs ou campo χ, e ainda o conjectural campo ξ, que permite a interacção de partículas que hoje são apenas previstas pela teoria, como a partícula X e a Y.

5. *Espaço interno*. Trata-se do espaço de duas dimensões complexas que Heisenberg postulou como existente no interior dos hadrões. Haveria no cosmos um espaço euclidiano ou empírico (o de três dimensões) e vários espaços racionais ou possíveis (ou espaço quadridimensional ou de Minkowski – o espaço-tempo da teoria da relatividade – e os espaços pluridimensionais postulados pela física das partículas elementares). Em que medida e de que modo são reais, isto é, não simples seres da razão quântica, estes espaços da cosmologia físico-matemática?

6. *Conversão*. O facto de, submetida a certas condições experimentais, uma partícula verdadeiramente elementar se transformar noutra. Por exemplo: a partir de um gluão pode formar-se um par quark-antiquark, e vice-versa, um par quark-antiquark pode engendrar um gluão. É impossível não recordarmos a estequiologia aristotélica, nesta o "elemento" não pode decompor-se, mas sim transformar-se num outro.

7. *Complementaridade*. Proposto por Bohr, o princípio de complementaridade – admitido com entusiasmo por muitos, discutido por alguns, entre eles Planck, Einstein e Schrödinger – expressa a ambiguidade gnoseológica essencial inerente à concepção quântica da realidade e da objectividade. Uma mesma realidade pode ser objecto de duas representações complementares entre si, que mutuamente se excluem.

Por exemplo, a representação corpuscular e a representação ondulatória de um campo electromagnético. Quanticamente entendida, a realidade não tem um valor "em si" para o físico, é parte constitutiva de um conjunto de fenómenos ou representações, dependendo, em cada caso, do modo como a realidade em questão seja observada. Tal é o sentido gnoseológico do "observável" de Dirac.

8. *Paradoxo da interacção forte.* A interacção forte actua a longas distâncias – relativamente longas, evidentemente – e não actua a distâncias curtas: a longas distâncias impede que se libertem os quarks integrantes de um protão, a curtas distâncias o quark actua *como se fosse* livre. O facto experimental de a estrutura dos quarks integrantes de um protão não depender do comprimento de onda do fotão incidente nem da energia da colisão, mas do seu produto, dá lugar ao fenómeno chamado "escalonamento" *(scaling)* da interacção.

9. *Liberdade assintótica.* É a propriedade fundamental da cromodinâmica quântica e encontra-se implícita no que anteriormente dissemos. A intensidade do acoplamento entre as partículas elementares – quarks, gluões – diminui com a distância entre elas.

10. *Cordas e supercordas.* Nos últimos anos, à concepção pontual das partículas elementares opôs-se, por apresentar certas vantagens teóricas, uma visão da estrutura última da matéria em forma de cordas e de supercordas. O chamado princípio da "democracia hadrónica" exige que todos os hadrões sejam tratados em pé de igualdade no que se refere à sua elementaridade e, neste sentido, que todos eles não sejam partículas verdadeiramente "elementares", mas "compostas". Qual é a estrutura de uma tal composição? Após a concepção dos hadrões como "bolsas de quarks", surgiu entre os físicos a ideia de "corda": o hadrão seria uma pequena corda, cujos extremos são os quarks. Estes confinam automaticamente, e assim pode haver cordas sem extremidades, isto é, fechadas por si próprias, mas não, se assim se pode dizer, "pontas soltas". O modo como os físicos conseguiram interpretar quanticamente a teoria da relatividade através da teoria das cordas, ou seja, o modo como imaginam uma teoria quântica da relatividade em que os quantas não são partículas pontuais, é um problema cuja solução excede amplamente as possibilidades e os fins deste estudo. Todavia, excede-os ainda mais o passo subsequente, que conduz à teoria das supercordas e a sua ambição de chegar a uma visão da realidade capaz

de unificar todas as forças e todas as interacções: a forte, a fraca, a electromagnética e a gravitacional, essa *theory of everything* * da qual – meio a brincar e meio a sério – hoje se fala.

11. *As ultrapartículas.* Chamo assim à série das partículas cuja existência, ainda hipotética, a teoria hoje postula: o fotino, o gluíno, o squark, o sleptão e o gravitino, companheiros super-simétricos, respectivamente, do fotão, do gluão, do quark, do leptão e do gravitão (este último, elemento quântico da interacção gravitacional, também hipotético).

12. *Fractais.* Designam-se por meio deste nome os objectos em movimento cuja trajectória se torna para o físico descontínua, irredutivelmente descontínua, quando a unidade de medida se torna suficientemente pequena. Deste modo, quando a unidade de medida da energia é o *quantum* de acção, como sucede na observação das partículas elementares, a sua trajectória tem de ser não contínua, anfractuosa. A trajectória do electrão mostrar-se-á fractal se for registada com uma capacidade de resolução muito elevada.

IV. CONCLUSÕES

Para um físico ou um químico da última década do século XIX, a realidade do cosmos encontra-se integrada por dois componentes básicos e irredutíveis entre si, a matéria e a energia. A primeira constituída por átomos indivisíveis e pela combinação dos átomos em moléculas, a segunda concebida como causa e efeito da interacção mecânica, gravitacional e electromagnética dos átomos e das moléculas segundo campos de força, e susceptível de redução a leis causais deterministas ou estatísticas. Ainda que a física e a química clássicas apresentassem problemas dificilmente resolúveis através dos seus próprios princípios teóricos – explicação da valência química, diferença entre os elementos ditos isótopos por ocuparem um mesmo lugar na tabela de Mendeleiev, dissociação electrolítica –, era assim que viam a realidade do cosmos físicos como Boltzmann e químicos como A. von Baeyer, ambos figuras tão representativas da ciência da sua época.

---

* *(Em inglês no original) (N. do T.).*

As coisas mudaram subitamente com as experiências de Hittorf e Crookes, a descoberta da radioactividade e os bombardeamentos de Rutherford. O posterior desenvolvimento da física do átomo e das partículas subatómicas aboliu terminantemente a anterior visão da realidade cósmica e, com ela, a concepção da matéria implícita no materialismo dos séculos XVIII e XIX e, também, em boa parte do nosso. Com os matizes que se queira, foi a essa ideia da realidade cósmica que se ativeram La Mettrie e Holbach, Vogt, Moleschott e Büchner, Haeckel, Feuerbach, Marx e Engels, Freud e Sartre, e muitos outros ainda, mas trata-se de uma ideia que devemos abandonar rapidamente se quisermos ter em conta aquilo que sobre a matéria hoje dizem a física das partículas elementares e a astrofísica.

Todo e qualquer ser material, pedaço de rocha, cristal, organismo vivo ou galáxia é, em última análise, constituído por partículas elementares. Aquilo a que tradicionalmente chamamos "matéria" não é outra coisa senão um conjunto de quarks, gluões, electrões, neutrinos, etc., e das partículas já não estritamente elementares que resultam da combinação daqueles. Interrogarmo-nos sobre o que cientificamente é a matéria exige, como tarefa inicial, saber o que é real e verdadeiramente uma partícula elementar. Tentarei apresentar uma resposta válida distinguindo três aspectos: a realidade, a elementaridade e a consistência das partículas subatómicas.

1. Realidade das partículas elementares

O que são, na sua realidade própria, um electrão, um quark ou um neutrino? São seres reais, da maneira como o são um astro, uma pedra ou uma amiba? Ou são criações da razão físico-matemática, entes de razão inventados pelos físicos para explicarem cientificamente o que para nós são o astro, a pedra e a amiba? Interrogações estas que exigem uma outra, anterior a elas: a que damos o nome de "realidade" quando falamos com alguma seriedade intelectual?

Do ponto de vista psicológico, desde Dilthey, Scheler e Ortega, chamamos "real" ao que nos resiste, mais precisamente, ao que resiste aos nossos sentidos. Recorde-se o que disse ao expor a minha ideia da "física existencial" e da noção de matéria que lhe corresponde. De um ponto de vista metafísico, Zubiri propôs a sua resposta elevando à categoria de conceitos filosóficos duas expressões da linguagem popular dos espanhóis *: "por si" e "dar de si". Coisa real é, diz Zubiri, "aquela que actua sobre as demais ou sobre si mesma em virtude das notas que possui *por si*". Ou, por outras palavras, por ser o que fisicamente é. Como "coisa--realidade", uma mesa não actua primariamente sobre as demais coisas por nos servir para colocarmos sobre ela estes ou aqueles objectos – isso é o que faz enquanto "coisa-sentido" –, mas como realidade pesada dura, prismática, etc. Mas sendo "por si", e precisamente por ser "por si", "dá de si", conduz-se dinamicamente segundo os diversos modos por que o dinamismo do cosmos se realiza. Em suma, é real o que é *por si* e *dá de si*.

Tomemos estas considerações gerais como ponto de partida, e perguntemos: um electrão, um quark ou um neutrino são entes reais, possuem propriamente realidade? A resposta só pode ser a seguinte: "sim". Decerto, não os vemos nem os tocamos, não oferecem resistência aos nossos sentidos. Milhões e milhões de electrões fazem parte dos átomos que integram as moléculas do nosso organismo, milhões e milhões de neutrinos cósmicos atravessam continuamente os nossos corpos, e nós não temos notícia sensorial nem de um nem de outro fenómeno. O máximo que se pode dizer é que a realidade de um organismo material, o nosso, formado por átomos e moléculas e, em última análise, por protões, neutrões e electrões, é sensorialmente percebida na cenestesia. A partir da própria base do nosso organismo, a actividade das partículas elementares que o constituem contribui para que subjectivamente percebamos a sua realidade.

Não tocamos nem vemos os electrões e os neutrinos. Então, por que dizemos que são objectivamente reais, que não são entes de razão? A resposta é óbvia: porque a sua actividade própria, o que fazem "por si", pode ser tecnicamente convertida num conjunto de sinais que de maneira directa e imediata a revelam aos nossos sentidos. Baseada no saber científico anterior à descoberta do electrão, a física clássica postulou como necessária a existência real das partículas que depois receberam o nome de "electrões". A teoria e a técnica posteriores a essa postulação (contador de Geiger, câmaras de nevoeiro, de Cerenkov e

---

* As expressões são respectivamente, no original, "*de suyo*" e "*dar de sí*". (N. do T.).

de bolhas, para a observação das partículas electricamente carregadas; contadores por reconstrução cinemática, para a detecção das partículas electricamente neutras) permitiram obter sinais visíveis da actividade de muitas das partículas hoje teoricamente conhecidas. A actividade de uma partícula, com o seu movimento, a sua massa, a sua carga, o seu número quântico e o seu *spin* (rotação)[15] próprios, manifesta-se de um modo directo e inequívoco no sinal que o aparelho regista. Esse sinal é e não pode não ser da partícula em questão e, portanto, exibe como nota perceptível o que esta é "por si". Os símbolos matemáticos com que o físico a descreve são, inquestionavelmente, signos da realidade subjacente ao sinal que o aparelho registador oferece, assim, de símbolos simplesmente preditivos ou descritivos, convertem-se em signos gráficos do sinal tecnicamente detectado e, em seguida, em dados acerca da actividade e da realidade das partículas, tão fiáveis como uma curva electrocardiográfica o pode ser no que se refere à actividade e à realidade do coração. De um ponto de vista ao mesmo tempo físico e metafísico, as partículas subatómicas são inequivocamente reais.

Outro tanto cabe dizer quando consideramos a sua realidade de um ponto de vista psicológico. É real, desse ponto de vista, aquilo que resiste aos nossos sentidos. Se nos ativéssemos à letra desta afirmação, teríamos de concluir – uma vez que os nossos sentidos não as podem perceber directamente – que as partículas subatómicas não possuem realidade. Mas a resistência que os entes reais oferecem aos nossos sentidos pode ser passiva, como a da mesa que toco com as minhas mãos, ou activa, como a do ar que sob a forma de vento embate no meu rosto ou, voltando ao nosso assunto, a dos fotões que um corpo luminoso envia até à minha retina. Para que eu veja uma coisa, objecto material ou sinal luminoso, é necessário que a coisa em questão não me seja por completo transparente, isto é, que sob a forma de resistência activa se torne sensível ao meu órgão visual. Conclusão: física e psicologicamente, as partículas detectadas em termos experimentais são reais, porque é sensorialmente real o sinal por meio do qual se manifestam e porque esse sinal, manifestação visível de uma resistência activa do mundo exterior, realmente procede da partícula que a produz.

---

[15] Os físicos dão o nome de *spin* ao movimento cinético de uma partícula que gira sobre si própria. Em inglês, *spin* significa "volta".

É possível dizer mais. A observação radiotelescópica das galáxias, incluindo a nossa, a Via Láctea, mostrou nelas um movimento rotacional que só pode ser explicado admitindo a existência no cosmos de uma enorme quantidade de "matéria escura" ou "matéria perdida": uma matéria que exerce acção gravitacional, que "pesa", mas que não emite e não absorve radiação alguma e que, consequentemente, não pode ser percebida por nós. "Os meus colegas e eu", escreveu a astrónoma Vera Rubin, "temos de aprender a exercer a nossa investigação com certo humor, reconhecendo que estamos a observar apenas 5 ou 10% daquilo que o Universo pode realmente oferecer." A justa conjunção entre a observação e a teoria levou a admitir como real uma matéria hoje em dia não detectável pelo homem.

Tudo o que acabo de expor mostra que na totalidade do cosmos se apresentam três modos da realidade material: *a*) A realidade que os nossos sentidos percebem directamente, a do papel em que escrevo e a da esferográfica que manejo, realidade cientificamente redutível a um conjunto não caótico de partículas elementares; *b*) A das partículas subatómicas, elementares ou não, perceptível através dos sinais que emitem e que experimentalmente posso perceber; *c*) A de uma matéria cuja existência necessariamente tenho de admitir, porque a isso me obrigam a observação e o cálculo, mas cuja percepção me não é possível. Para o físico, a "matéria escura", não identificada e talvez não identificável, do cosmos não é menos real que a matéria de um protão ou a energia de um fotão [16]. O que exige admitir que o juízo de realidade pode apoiar-se sobre três ordens de dados e, para o homem de ciência, sobre as três: a percepção sensorial, o observável [17] e a conclusão racionalmente necessária. Teremos de examinar o modo como no primeiro destes três dados se integram os outros dois.

---

[16] No quadro da metafísica de Zubiri, a "matéria escura" é "por si" e "dá de si". Dá de si, como seus, os dados científicos que obrigam a admitir a sua existência real, ainda que esta não possa ser detectada – como a existência, por exemplo, do neutrino, antes de ser detectado por Reines e Cowan.

[17] Desde Dirac, os físicos chamam "observáveis" aos dados oferecidos pela observação tendo em conta que – no domínio das dimensões quânticas – o observador modifica a realidade do observado, porque para o observar necessita de o iluminar. Do que se deduz que, em mecânica quântica, a observação exige a indicação precisa do instante em que se realiza, e que toda a segunda observação recai sobre um objecto mensuravelmente distinto da primeira observação.

Em suma, a física actual obrigou-nos a modificar radicalmente o conceito de "objectividade". Para a física clássica, a objectividade é o modo de ser próprio das coisas que dão lugar a "factos em si", os factos que o cientista observa e que, uma vez que a realidade daquilo que observa permanece sem modificação, poderão ser identicamente comprovados por outro observador. O objecto permanece idêntico a si próprio e, por isso, pode ser "objectivamente" conhecido.

Para a física quântica, em contrapartida, a objectividade é o modo de ser das coisas cuja realidade se manifesta em "observáveis" e não exclui, antes inclui, um conhecimento apenas aproximado e essencialmente progressivo. O objecto (*ob-iectum*, etimologicamente) não é apenas algo posto perante o observador, sem que este o modifique ao observá-lo, é qualquer coisa que se constitui através da interacção do observador e do observado no próprio momento da observação [18].

2. Elementaridade das partículas

Nas páginas anteriores ficou sumariamente exposta a história do conceito de "elemento", do *stoikheion* dos pré-socráticos e de Aristóteles ao "elemento químico" de Dalton e da ciência do século XIX. Trata-se agora de saber como é entendido este conceito na física das partículas elementares e de analisar os problemas teóricos que hoje suscita, ainda que todos consideremos cientificamente válido, quando se aplica aos corpos simples registados pela tábua de Mendeleiev, o nome de "elemento químico".

Em termos de realidade material do Universo, o que é um elemento? Para os antigos, Empédocles, Demócrito ou Aristóteles, a ultimidade do elemento seria absoluta e, para além do elemento, não seria possível uma realidade mais simples. A *prote hyle* de Aristóteles era a realidade comum e fundamental dos quatro elementos, mas não um *stoikheion*,

---

[18] Zubiri distinguiu claramente o "objectual" e o "objectivo", entre objectualidade e objectividade. Contentemo-nos com indicá-lo aqui sumariamente. Sobre a ideia de objectividade na física atómica, veja-se a lúcida exposição do tema a que E. Cantore procede em *Atomic Order. Na Introduction to the Philosophy of Microphysics* (The Mit Press, 1969), bem como o livro *The Nature of Physical Reality. A Philosohy of Modern Physics*, de H. Margenau (trad. esp. *La naturaleza de la realidad física. Una filosofía de la física moderna*, Madrid, 1970).

um elemento propriamente dito. A elementaridade dos átomos e os elementos químicos da ciência do século XIX foi, pelo contrário, relativa e provisória. A possibilidade de dividir um átomo mediante novas técnicas não podia ser excluída, e a radioactividade artificial e os bombardeamentos de Rutherford demonstraram que assim era. O curso subsequente da física levou a falar de partículas subatómicas elementares. Mas tais partículas serão na realidade elementares? As partículas que hoje parecem realmente sê-lo – o quark, o neutrino –, serão em rigor os modos físicos, mais simples e últimos, de realização da matéria cósmica? E se o forem, o que é a matéria?

A breve história das partículas subatómicas obrigou-nos a ver como "compostas" não poucas das partículas originariamente consideradas como "elementares": o protão resolveu-se em quarks e gluões, o mesão de Yukawa acabou por se decompor num muão e três piões. Continuará este processo? E conseguir-se-á que prossiga a desintegração experimental da matéria? Que o quark, o gluão, o muão e as restantes partículas, que hoje passam por elementares se resolvam noutras mais simples?

A técnica para a decomposição das partículas consiste em provocar a colisão entre elas nos aceleradores de partículas, mediante o emprego de energias cada vez mais elevadas, à medida que vai progredindo a construção dessas máquinas. Quando, a uma velocidade mais ou menos próxima da da luz, duas partículas chocam entre si, uma delas decompõe-se – ou decompõem-se as duas –, dando lugar a outras mais elementares, e a capacidade do acelerador para produzir a decomposição em causa será tanto maior quanto mais elevadas forem a energia empregue e a velocidade conseguida. Pois bem, a energia alcançada pelos aceleradores de partículas mais recentes – o do CERN de Genebra; o do FERMILAB de Chicago e o de Batáva, ambos nos Estados Unidos da América; o HERA de Hamburgo – não é suficiente para tornar possível a decomposição das partículas que hoje parecem ser verdadeiramente elementares [19]. O tempo dirá se o processo terá já tocado o fundo.

---

[19] A unidade de medida da energia alcançada nos aceleradores de partículas é o electrovolte: a energia adquirida por um electrão ao passar por placas entre as quais há uma queda de potencial de um vólito. São múltiplos desta unidade o KeV (quiloelectrovolte, mil vóltios de electrão), o MeV (megaelectrovolte, mil KeV) e o GeV (gigaelectrovolte, mil milhões de electrovoltes). A energia até hoje atingida no CERN é de milhões de milhões de electrovoltes.

Em todo o caso, a ideia de "tocar o fundo" no processo a caminho da elementaridade é, na física quântica, radicalmente distinta do que fora na física clássica.

Nesta última, o termo do processo era o "ponto material", cujo infinitésimo seria o "ponto geométrico". Movido pelo infinitismo da matemática de Newton e de Leibniz – ou antes, pelo *Zeitgeist* próprio da época –, foi assim que Priestley concebeu, na segunda metade do século XVIII, a realidade última dos átomos que o atomismo da época postulava, conduzindo ao absurdo de atribuir propriedades físicas a um ponto sem dimensões. E esta foi uma das razões que levou Dalton a não aceitar a tese de Priestley. Entendido o átomo de uma maneira ou de outra, a invocação da omnipotência de Deus, à qual também Newton recorrera, resolvia tudo.

Frente ao infinitismo hipotético e irreal da física clássica, no que se refere à divisibilidade da matéria, e frente ao seu empirismo mecânico e determinista, no que se refere ao conhecimento dos objectos sensorialmente perceptíveis, a física quântica proclamou duas novidades revolucionárias e radicais: por um lado, a existência real de uma grandeza fisicamente irredutível, o *quantum* de acção, que condiciona tudo o que cientificamente pode saber-se e dizer-se acerca dos processos microfísicos, por outro, a necessidade de recorrer a conceitos novos para entender de maneira científica o que sucede na realidade cósmica, quando as dimensões desta se aproximam da irredutibilidade do *quantum* de acção.

A grandeza do *quantum* de acção – h, a constante de Planck – é de 6,6 por 10^{-34} juliossegundos [20], com c, a velocidade da luz, e G, a constante de força gravitacional, uma das três constantes universais da dinâmica do cosmos. Pois bem: todas as notas da realidade cósmica susceptíveis de medida – o espaço, o tempo, as diversas formas de energia – têm um limite quantitativo fisicamente irredutível, o que estabelece a sua relação com essa constante. Há assim, não só uma acção mínima, mas também um espaço mínimo, um tempo mínimo e, atribuindo à partícula elementar um carácter esférico imaginário mas não verificável, um raio de partícula também mínimo, irredutível. Ao infi-

---

[20] Em rigor, o *quantum* de acção com que opera a física quântica não é a constante de Planck h, mas a constante $h/2\pi$.

nitismo hipotético e contraditório da física clássica, a física quântica opôs o finitismo real e observável que a irredutibilidade da constante de Planck torna obrigatório. Deste modo, a divisa *Non plus ultra* adquire validade microfísica.

Por outro lado, temos a explicação físico-matemática do que acontece quando a ordem de grandeza do observado se aproxima da chamada "catástrofe de Planck": o valor extremo das escalas de comprimento, massa e duração em que as relações entre as constantes universais h, c e G se realizam sem alteração sensível. Quando assim não acontece, a teoria quântica obriga a empregar recursos matemáticos novos: o espaço fibrado, os espaços multidimensionais (o de Hilbert e o de Fock, sem contar com o espaço-tempo de Minkowski), as super-simetrias e o buraco negro microfísico, entre outros.

Como hoje todos sabemos, dá-se o nome de buraco negro a uma porção do espaço de densidade tal que o seu campo gravitacional actua com uma força enorme sobre a luz e sobre toda a massa possível fazendo-as desaparecer, tornando-se não detectáveis para o observador terrestre. Trata-se de um conceito originariamente astrofísico; mas o desenvolvimento da física atómica e subatómica obriga a postular a existência microfísica de buracos negros. Por meio dos aceleradores mais potentes, o electrão é sondado até um comprimento de 10^{-16} centímetros, e continua a exibir um carácter compacto e elementar, não sendo decomponível. Mas o electrão tem uma massa, à qual se atribui um raio de 10^{-55} centímetros, e assim, se todo o electrão é real e verdadeiramente compacto e elementar, a sua massa recolherá todos os raios luminosos que a ele se dirijam até uma distância não superior a esse raio. Conclusão: o electrão será um minúsculo buraco negro e, portanto, inobservável, de 10^{-55} centímetros de raio. Não podemos saber o que há para além da catástrofe de Planck, a elementaridade da partícula consiste num "não saber", numa *docta ignorantia*. Ainda que, como veremos, alguma coisa acerca dela possa dizer-se.

Em que consiste, então, a elementaridade de uma partícula? A resposta tem de ser a seguinte: a elementaridade é um conceito limite, consequentemente, diremos elementar uma partícula quando, submetida às energias mais elevadas que os nossos recursos técnicos permitem alcançar, continua a manter constantes as notas que se tornam observáveis nas suas interacções. A ideia do "ponto material" foi totalmente invalidada pela teoria e pela experimentação mas o mesmo não aconteceu, como já vimos, com a de "massa mínima".

3. CONSISTÊNCIA DAS PARTÍCULAS

Hadrões ou leptões, fermiões ou bosões, elementares ou compostas, todas as partículas têm certa duração, muito breve, de uma fracção de segundo, em algumas delas, e muito longa como a duração quase interminável do protão, noutros casos. Durante o lapso temporal da sua existência são entes reais, não construções do espírito do físico. Em que consiste então a sua realidade? O que é, em rigor, uma partícula, o ente cuja existência real e cuja peculiaridade as observações que se lhe referem exibem? E uma vez que determinados fenómenos microfísicos – por exemplo, a interacção entre dois electrões que se aproximam um do outro, ou entre os electrões externos e do núcleo – obrigam a admitir a existência de "partículas virtuais", qual é o modo de realidade da partícula virtual – o fotão nos exemplos citados –, sendo que é precisamente na existência de tais fotões virtuais que a estabilidade do átomo tem a sua garantia?

A resposta a este conjunto de interrogações tem o seu ponto de partida em duas das maiores conquistas intelectuais da física do século XX: a célebre equação de Einstein que estabelece a equivalência entre a massa e a energia, $E = mc^2$, e o quase igualmente célebre princípio da complementaridade de Bohr. Segundo esta equação, a massa pode converter-se em energia, e a energia em massa. Tragicamente, a explosão de Hiroshima demonstrou a efectividade da primeira das duas possibilidades, e o desenvolvimento da astrofísica, consecutivo à teoria do *big bang,* postulou inequivocamente a segunda. De acordo com o princípio de complementaridade, a partícula é uma realidade que pode manifestar-se ao observador como uma partícula maciça (um fermião) ou como uma radiação electromagnética (uma irrupção de fotões).

Primeira conclusão: a física quântica modificou radicalmente a ideia de massa. No seu sentido original, e hoje no seu sentido corrente, a massa é uma realidade material sólida ou semi-sólida de maior ou menor consistência: a massa térrea de uma montanha, a massa de farinha da panificação. A física clássica dessubstancializou a noção de massa, convertendo-a em simples relação. Para o físico a massa era, numa primeira aproximação, a quantidade de matéria que um corpo contém mas, em última análise, era a relação entre uma força e uma aceleração. Para o químico, era a grandeza a que se refere a chamada "lei de acção das massas". Para um e outro, a massa é a propriedade da matéria que permanece constante nas suas transformações físicas e químicas, essa propriedade a que deu expressão ponderal a lei de Lavoisier.

A condição de massa da matéria é muito diferente nos termos da física actual. Agora a massa é alguma coisa que se formou no decorrer da evolução do cosmos – quando na etapa hadrónica do Universo apareceram partículas materiais como "condensação" da energia de radiação anterior a elas – e que se aniquila, se reduz de novo a energia de radiação na colisão de uma partícula com a sua antipartícula, na fusão do átomo de urânio e na rápida extinção das partículas de vida curta. A massa material tem realidade própria, não é uma mera relação, mas essa realidade é profundamente enigmática, uma vez que pode manifestar-se em duas formas que, sendo complementares entre si, entre si também se excluem: a partícula propriamente dita e a radiação electromagnética. E uma vez que as partículas maciças procedem da energia de radiação, e que a aniquilação transforma as primeiras na segunda, a lei da conservação da energia é a lei verdadeiramente fundamental da dinâmica do cosmos. A fé na validade constante e invariável dessa lei permitiu a Pauli predizer o neutrino, porque também na decomposição das partículas é uma realidade. Observe-se, por outro lado, que a grandeza física mais importante da física quântica, o *quantum* de Planck, é um *quantum* de acção e não de massa, e que há partículas, como o neutrino electrónico, cuja condição maciça não se afigura evidente.

O problema físico e filosófico que a consistência real das partículas elementares levanta só pode ser resolvido, segundo Heisenberg, negando a possibilidade de uma interminável divisão física da matéria e arriscando uma hipótese ontológica sobre as partículas verdadeiramente elementares. A realidade última destas, que podem ser matéria ou energia, segundo as condições em que fisicamente existam, só poderia oferecer-se à mente do físico como uma formalidade matemática, surpreendente actualização do que eram os números de Pitágoras e as figuras geométricas de Platão por referência aos átomos materiais invisíveis de Demócrito. A análise científica da matéria cósmica terminaria, segundo Heisenberg, no "algo" enigmático de uma realidade transmaterial e trans-energética que se pode tornar matéria ou energia, um "algo" mentalmente apreensível apenas através da formalização matemática.

Já em 1921, Cassirer distinguiu claramente o átomo da filosofia natural grega, *mínimo absoluto de ser*, do átomo da física moderna, *mínimo relativo de medida*. Como que lançando uma ponte ideal entre estas duas proposições inquestionáveis, Heisenberg afirma que, do ponto de vista do físico, o *ser* é a *medida*, ou melhor dito, o mensurável. "Deus aritmetiza", escreveu recentemente o físico A. Galindo, e "geometriza", acrescentaria Heisenberg, pensando nas simetrias da física quântica. Com o que, talvez sem o propor, unificaria na sua mente divina, para além da capacidade de intelecção humana, as atitudes opostas de Einstein e de Bohr perante a questão de saber se Deus joga ou não joga aos dados com os electrões do Universo.

Heisenberg pensa que no cosmos não existem partículas "mais elementares" que aquelas que são hoje consideradas como, em última análise, elementares. "As partículas produzidas na colisão experimental destas últimas", escrevia Heisenberg em 1969, "não são mais pequenas que aquelas com que as fizemos chocar [...] O que sucede no choque não é propriamente a decomposição de uma partícula elementar em partes mais pequenas, é uma produção de matéria pela energia [...] Não creio que existam unidades fundamentais mais pequenas, mas que estas partículas são precisamente formas fundamentais da matéria, que se formam quando a energia é suficiente para as produzir". Movido por esta convicção, Heisenberg mostrava-se céptico a respeito da realidade dos quarks então muito recentemente afirmada mas, ainda que a evolução da física das partículas não tenha confirmado o seu cepticismo, penso que devemos admitir a elementaridade última de algumas de entre elas.

Dois físicos franceses, G. Cohen-Tannoudji e M. Spiro, escreveram há pouco tempo: "A física quântica modificou a nossa forma de pensar, a nossa relação com a realidade", e fê-lo abrindo-nos a um campo mental em que "a matéria, o espaço e o tempo, já não como conceitos científicos, mas como categorias gnoseológicas, serão ontologicamente unificados". Vinte anos antes, Heisenberg afirmara que quando no decorrer histórico da ciência acontece uma inovação verdadeiramente fundamental, não só aumenta o nosso saber, como também a própria estrutura do nosso pensamento tem de mudar, tarefa nada fácil e bastante penosa. Foi a isso que obrigou, no que se refere à cosmologia de Aristóteles, a cosmologia de Newton; no que se refere à mecânica newtoniana, a razão científica e filosófica teve de enfrentar essa situação de dificuldade sucessiva perante a ideia de "campo de força" de Faraday e de Maxwell e a teoria da relatividade de Einstein. Não é mais leve, talvez seja mais duro ainda, o repto que a física quântica lança à inteligência, na medida que esta aspira a entender, a dar razão, sem se limitar a constatar. Tal é, no meu modo de ver, a meta ainda não atingida da matematização radical da realidade física que Heisenberg propôs com a sua teoria da partícula elementar [21].

V. O QUE É A MATÉRIA

Venha ou não a ser cientificamente superada por um futuro Einstein – ou pela equipa de físicos que consiga elaborar a *theory of everything* a que Einstein aspirou –, a actual visão da realidade material obriga a discernir nesta última dois planos claramente distintos entre si: o plano da experiência sensorial e o da teoria científica. Nos termos do primeiro, a matéria é um modo de ser do real que se nos manifesta como conjunto de dados – forma, cor, dureza, som, cheiro, etc. – que afectam os nossos

---

[21] Sobre a relação entre estas ideias de Heisenberg e o conceito zubiriano de "cânone" – o sistema de referência tácito e prévio de uma intelecção *campal* e *principial* da realidade (*Inteligencia y razón*, pp. 55 e segs.) – veja-se o que dizemos adiante. Outro texto de Zubiri mostra como uma mente metafísica pode dar razão do nexo entre a verdade matemática e a realidade: "Os juízos da matemática são juízos de algo real, juízos acerca do *real postulado*. Não são juízos acerca do *ser possível*, mas acerca da *realidade postulada*", e é assim porque "a realidade é anterior à verdade" (*Inteligencia y logos*, pp. 133-147). A respeito da partícula elementar, o seu conhecimento matemático *postula* como real a enigmática realidade que o princípio de complementaridade nela descobre. A nova mentalidade a que segundo Heisenberg a mecânica quântica nos obriga é realista no que se refere ao "real postulado", e não no que se refere ao "real sentido".

sentidos, em última instância, como variada resistência à actividade do nosso corpo. Nos termos da teoria científica, a matéria que os nossos sentidos percebem é constituída por partículas essencialmente imperceptíveis, ambíguas na sua realidade (porque potencialmente são ao mesmo tempo matéria e energia); diversas na sua manifestação (porque podem ser "campo de matéria", o fermião, e "campo de força", o bosão); variáveis na sua natureza (porque submetidas a uma energia suficiente podem transformar-se umas nas outras); indiferenciáveis na sua identidade (porque nem física nem mentalmente podemos identificar como indivíduos distintos entre si duas partículas da mesma espécie) [22]; enfim, inestáveis no tempo (porque todas, talvez até o quase sempiterno protão, acabam por se aniquilar, convertendo-se em energia de radiação).

Será possível estabelecer uma conexão racional entre estes dois modos de entender a matéria, aparentemente incompatíveis entre si? Sem dúvida. Assumindo a seu modo a tradição intelectual que Boyle e Dalton iniciaram, a física actual afirma a existência real de entes intermédios entre a partícula elementar e as coisas sensorialmente perceptíveis. Entes – a partícula composta, o átomo, a molécula – que permitem explicar satisfatoriamente a realidade da matéria, na acepção pré-científica do termo e, mediante o apoio da mente num facto real, a extrema longevidade média do protão, dando razão em termos científicos da relativa persistência das coisas que vemos. "Tudo o que é tende a permanecer no seu ser", disse Espinosa e repetiu Unamuno. No que se refere às coisas materiais, o protão é a garantia da efectividade dessa tendência. Pelo menos, até ao fim do nosso universo.

Convém dizer ainda algo mais, truncando certas confusões de ordem conceptual com que frequentemente nos deparamos: a física não concebe o nada, nem fala do nada. A física fala sempre de "algo", ainda que esse "algo" seja tão imaterial como um campo de forças. Pretender que

---

[22] No interior da física clássica, a teoria cinética dos gases admite a possibilidade de identificar mentalmente, segundo a sua posição e a sua trajectória, duas moléculas do gás em questão. A diferenciação é mentalmente possível, ainda que as moléculas sejam materialmente idênticas, e a mente do físico procede segundo os seus termos. A indiferenciação quântica é muito mais radical. Quando duas partículas, a e b, chocam elasticamente entre si, é física e mentalmente impossível dizer, na sequência do choque, qual é realmente a partícula a e qual a b. Mais impossível ainda pelo facto de a trajectória de ambas não ser contínua, mas fractal.

a ideia de uma *creatio ex nihilo*, e portanto de um Deus criador, foi abolida por algumas interpretações astrofísicas acerca do tempo e do *big bang*, equivale a sustentar que essas interpretações anulam a noção metafísica do nada e da criação, ou a confundir a aniquilação de que falam os físicos e a aniquilação – redução da realidade ao nada – que como possibilidade da *potentia absoluta* de um Deus criador os teólogos cristãos admitem e, com eles, cristãos ou não, um bom número de filósofos. "Por que há ser e não antes nada?", perguntou-se Leibniz e perguntou-se Heidegger. "Por que há realidade e não antes nada?", perguntaria Zubiri e, com ele, de um ou de outro modo, todos os pensadores que distinguem entre "ser" e "realidade". A ideia deste "nada" como negação absoluta da realidade é perfeitamente compatível com qualquer ideia do real, incluindo a que a física actual postula ou afirma.

Mas, como indiquei inicialmente e agora acabo de recordar implicitamente, a intelecção científica e filosófica da matéria, tal como esta se nos oferece, exige o exame rigoroso de uma noção inteiramente indispensável para o conhecimento da realidade material: a noção de estrutura [23].

---

[23] Quero deixar aqui o meu agradecimento aos físicos Carlos Sánchez del Río e Francisco José Ynduráin pelas suas preciosas indicações e orientações no que se refere à física das partículas.

CAPÍTULO 2
SOBRE A ESTRUTURA

> "Cada espécie biológica e, portanto, cada ser vivo, talvez não seja mais que uma modulação dessa estrutura básica que é a vida."
>
> ZUBIRI

É antiga a noção de que existem realidades materiais compostas nas quais o todo não pode ser reduzido à soma das partes. As expressões *hólon to soma* e *pan to soma* (o todo, a totalidade do corpo) são relativamente frequentes no *Corpus hippocraticum*. Platão distinguirá no *Teeteto* entre "o todo a partir das partes" e o "todo antes das partes"[1]. Também é de Platão a distinção entre *hólon*, totalidade, e *pan*, simples soma de elementos. Aristóteles segue o seu mestre e precisa o seu pensamento: um *hólon* é aquilo a que não falta nenhuma das partes que o compõem e que outorga a unidade a essas partes, o que não impede que em certos casos as partes possam ter unidade em si próprias. Ainda mais subtil é Próculo, que distingue entre "o todo antes das partes" (o todo como causa), "o todo a partir das partes" (o todo como existência) e "o todo na parte" (o todo como participação).

A recta conceptualização do todo e o problema da distinção entre o todo e as partes continuarão a ocupar os filósofos medievais. Como Platão e Aristóteles, eles distinguirão entre o *totum* e o *compositum*, e no primeiro entre vários modos da totalidade: o contíguo, o homogéneo, o essencial, o integral. "A distinção entre o todo e as partes que o constituem é real ou apenas racional?", perguntam-se também. Os mais aristotélicos inclinar-se-ão para a primeira possibilidade, os mais nominalistas, para a segunda. A discussão complicou-se em termos teológicos

---

[1] No seu tratado *De generatione animalium*, Harvey distinguirá dois modos de configuração do embrião. Nos termos do primeiro, *totum ex partibus constituitur*, as partes vão constituindo pouco a pouco o todo (epigénese); nos termos do segundo, *totum in partes distribuitur* (metamorfose), o todo distribui-se pelas partes.

quando as ideias do *totum essentiale* e o *totum integrale* foram utilizadas para explicar, em termos metafísicos, a presença real de Cristo na Eucaristia.

A reflexão acerca da realidade e do conceito de todo e de parte assumirá especial relevância no nosso século. Com diferentes nomes, e a partir de pontos de vista diferentes, a existência de "todos" não redutíveis à soma ou à combinação das suas partes é afirmada com uma frequência notável no pensamento alemão das duas primeiras décadas. Será *Ganze* ou *Ganzheit*, "totalidade", nas análises lógicas e ontológicas do primeiro Husserl [2] e na biologia organísmica e holista de Driesch; *Zusammenhang*, "conexão", na psicologia compreensiva de Dilthey; e *Gestalt*, "figura" ou "configuração", na psicologia experimental de Wertheimer, Köhler e Koffka. A estas denominações germânicas somar-se-á, por parte dos pensadores anglo-saxónicos, a recorrência temática da palavra *Whole*, "todo" ou "conjunto". Mas a partir da terceira década do século XX prevaleceu sobre todas as outras formas, modificando-as ou substituindo-as, o termo "estrutura". Este, com efeito, representa um dos traços centrais do pensamento filosófico e científico dos últimos cinquenta anos [3]. Pode dizer-se que não há ciência, da matemática à etnologia e à linguística, passando pelas mais variadas disciplinas biológicas, em que a sua marca não seja perceptível.

No que se refere ao tema deste livro, levantam-se duas questões iniciais: a distinção entre as *estruturas físicas* e as *estruturas conceptuais*, e a opção entre uma atitude *holista* ou totalizadora e outra *atomista* ou combinatória, na intelecção do todo que a estrutura manifesta.

É preciso não confundirmos as estruturas "dadas" e as estruturas "postas", se é que lhes podemos aplicar a conhecida distinção kantiana. A molécula do benzeno, por exemplo, possui uma estrutura fisicamente dada na realidade do cosmos e, sob uma forma ou outra, a hexagonal de Kekulé ou a que um dia a substitua, cientificamente detectável através da observação e da interpretação. A mente do homem descobre as

---

[2] É impossível não recordarmos aqui o *das Wahre ist das Ganze*, "o verdadeiro é o todo", de Hegel.

[3] O que não quer dizer que os termos "estrutura" e "todo" sejam inteiramente sinónimos. Veja-se "On the Use of the Terms *Whole* and *Structre*", em K. E. Tranöy, *Wholes and Structures. An Attempt at a Philosophical Analysis* (Copenhague, 1959).

estruturas físicas. A par delas, ainda quando não desconexas delas, pelo menos em termos formais, acham-se as que a mente do homem põe ou estabelece para entender de um modo racional os vários resultados da actividade humana: a percepção, o pensamento, a linguagem ou a obra literária. As estruturas físicas "estão aí" e afectam o que mais directa e imediatamente "está aí" para nós, a matéria cósmica, quer esta seja a do protão ou a do nosso cérebro. As estruturas conceptuais, em contrapartida, são apenas instrumentos mentalmente construídos pelo homem de ciência para entender como se percebe um corpo em movimento ou como podem tornar-se inteligíveis uma língua, um romance ou uma norma de comportamento social, por isso, só mediata e indirectamente têm a ver com a realidade imediata e directamente dada das coisas que integram o cosmos. Obviamente, tratarei apenas das estruturas físicas nas páginas que se seguem.

Depreende-se do que fica dito que para a intelecção filosófica e científica das estruturas materiais podem adoptar-se dois pontos de vista contrapostos, o holista e o atomista. De acordo com o primeiro, o todo não pode ser explicado mediante a soma ou a combinação das propriedades das partes: a dinâmica de um organismo animal, por exemplo, não é o resultado da soma ou da combinação entre si das diversas e múltiplas actividades das células que o compõem, o que não exige, é claro, a atribuição de um carácter físico à realidade do todo que estruturalmente formam. Para os atomistas, em contrapartida, a redução das propriedades do todo à soma ou combinação das propriedades das partes é, ao mesmo tempo, uma possibilidade real e uma exigência científica.

Os autores medievais distinguiram três atitudes de base no modo de entender a relação entre o todo e as partes: 1) Distinção real ou absoluta – a natureza do todo é essencialmente irredutível à natureza das suas partes; 2) Distinção modal – o todo, a essência do todo, é apenas um modo de ser das partes não incluído na natureza própria de cada uma; 3) Distinção racional – através da inteligência é possível fundamentar racionalmente a distinção entre o todo e as partes.

Pois bem: no século XX, os holistas radicais (Driesch, com a sua ideia da enteléquia como princípio rector da unidade do organismo; os dualistas tradicionais, com a sua invocação da existência de uma alma imaterial como recurso para explicar a peculiaridade da conduta humana) adoptarão a primeira das três atitudes. Os atomistas (materialistas nos termos da observância antiga, fisicalistas à maneira de Feigl ou de Quinton), adoptarão a terceira. Por herança talvez de Suárez, amplo partidário da distinção modal, Husserl parecia inclinar-se para a segunda atitude, nas suas *Investigações Lógicas*, ao estudar a relação entre o todo e as partes. Para ele, o todo seria "um conjunto de conteúdos implicados numa fundamentação unitária sem o auxílio de outros conteúdos. A expressão *fundamentação unitária* significa que todo o conteúdo está, através da fundamentação, em conexão directa ou indirecta com qualquer outro conteúdo". Por referência ao esquema ternário medieval acima exposto, penso que é no sentido da distinção modal entre a irredutível peculiaridade de um todo e as diversas propriedades das suas partes que tal texto deve ser entendido.

Estes precedentes e estas considerações bastam como ponto de partida para a elaboração responsável de uma teoria geral das estruturas materiais. Os nossos principais problemas serão dois: O que é uma estrutura material? Como permite a estrutura da matéria entender adequadamente aquilo que a matéria faz e é na dinâmica do cosmos?

I. O QUE É UMA ESTRUTURA MATERIAL

A resposta a esta questão variará, como é óbvio, conforme a mente do autor da definição for mais realista e material ou mais nominalista e formal.

Os formalistas, como B. Russell, S. K. Langer, K. Grelling e P. Oppenheim, vêem na estrutura somente um simples sistema de relações entre os elementos que a constituem, sejam estes materiais, como os átomos de uma molécula, sensoriais, como as notas de uma melodia, ou simbólicos, como as letras que expressam uma combinação lógica ou uma relação matemática. A formalização do conceito de estrutura torna-se assim máxima e, em consonância, também a possibilidade de unificar mentalmente as estruturas físicas e as conceptuais. Mas o que uma estrutura física é, enquanto *hólon* ou todo, não dependerá porventura, embora não segundo o modo de uma determinação causal, como sustentam os materialistas e os fisicalistas, *também* da natureza peculiar dos elementos que a constituem? A formalização pode servir como marco lógico para a conceptualização da estrutura, mas amputa uma porção essencial daquilo que uma estrutura realmente é.

Frente ao nominalismo combinatório dos formalistas puros, levanta-se o realismo, mais ou menos ingénuo, dos que atribuem uma entidade real, embora não subsistente por si mesma – a forma substancial dos aristotélicos [4], o *élan vital* * de Bergson, a enteléquia de Driesch, a "vida" na embriologia de Dürken e de Needham e na cosmologia organísmica de Haldane –, ao princípio que dá unidade e sentido aos conjuntos estruturais. Uma estrutura seria, pois, a relação circunscrita, parcial – salvo no caso do universo-vida – e diversificada em partes e acções particulares, do princípio real que a promove e ordena. Neste sentido, que modo de realidade possui esse princípio promotor e ordenador num cristal, numa célula, num organismo animal e no organismo humano? Se a pura formalização amputa algo de essencial à integridade da estrutura, a apressada atribuição de entidade real ao seu princípio unificador – ou a sua negação formal – exige que se resolva satisfatoriamente o árduo e espinhoso problema ontológico que a interrogação anterior suscita. O que obriga a uma humilde tarefa inicial: descrever da maneira mais asséptica possível, prévia, por conseguinte, a toda a conceptualização e a toda a interpretação, aquilo que uma estrutura física é. Só assim poderemos saber *de facto* o que enquanto factos de observação são em si mesmas as estruturas do cosmos.

1. A ESTRUTURA COMO OBJECTO DE DESCRIÇÃO [5]

Quando e como, perante um objecto material, podemos dizer que a sua realidade se encontra estruturada, que esse objecto tem realmente estrutura? Para responder sem preconceitos, coloquemo-nos mentalmente diante de um cristal de sal comum, por exemplo, e examinemos o processo da nossa inteligência ao afirmar o seu carácter estrutural. Ou,

---

[4] Só nos anjos, segundo os teólogos mais fielmente escolásticos, teriam realidade subsistente e não material as "formas separadas". Recorde-se o que antes ficou dito.
* Ou "impulso vital" *(em francês no original) (N. do T.)*.
[5] Tudo o que se segue apoia-se muito directa e tematicamente na concepção zubiriana da estrutura. Além dos livros em que Zubiri a expôs (antes do mais, *Sobre la essencia* e *Estrutura dinámica de la realidad*), utilizei o importante estudo de I. Ellacuría "La idea de estructura en la filosofía de Zubiri" (*Realitas*, I, Madrid, 1979). Devo também informações importantes a Juan Cruz, *Filosofía de la estructura* (Pamplona, 1967).

com maior precisão: quando os dados da nossa observação são os necessários e suficientes para enunciarmos tal asserção.

O cristal de sal comum apresenta-se-nos como um objecto sólido, delimitado no espaço por uma superfície cúbica. É incolor e solúvel na água, à qual comunica um sabor salgado. Pode ser pulverizado com facilidade. Convenientemente observado, mostra possuir uma densidade, um índice de refracção e um calor específico perfeitamente determinados. A sua análise química e a sua decomposição electrolítica revelam que se compõe de cloro e de sódio: é, em termos químicos, cloreto de sódio. O seu estudo cristalográfico permite descobrir que nesse estado sólido e cristalino, o átomo de cloro e o de sódio, aquele como ião electronegativo, este como ião electropositivo, se distribuem no espaço formando redes tridimensionais cúbicas, nas quais os vértices se encontram alternadamente ocupados por iões de cloro e de sódio. Em suma, o cristal de sal comum oferece-se-nos como um conjunto de dados de observação: alguns, imediatamente percebidos, como a figura externa, a cor e o sabor; outros, só instrumentalmente perceptíveis; todos, perfeitamente discerníveis; as *notas* que nos permitem conhecer a *talidade* do cristal comum, aquilo que por ser *tal* como é, por ser *tal* coisa, é para nós o objecto percebido.

Damos, não obstante, conta de que o número das notas que caracterizam a *talidade* de um determinado objecto se vai tornando maior à medida que a ciência e a técnica oferecem novos métodos de exploração. Sem a cristalografia promovida pelos resultados de Von Laue – as superfícies dos cristais podem ser redes de difracção para os raios X –, não seria o que desde então passou a ser o número das notas características de um cristal. A esta sempre acrescentável quantidade das notas que constituem a *talidade* de uma coisa, Zubiri chamou a sua *riqueza*. Mais ou menos abundante em notas conhecidas, toda a coisa material possui delas incalculável riqueza potencial.

O conjunto de notas *talitativas* em causa possui também uma certa *solidez*, certa firmeza externa (neste caso, a que manifesta a forma cristalina) e interna (a que a organização dos iões cloro e sódio no interior do cristal revela). E dou-me conta da riqueza das notas de uma coisa e da solidez de um conjunto enquanto verifico que a coisa em questão *está a ser* diante de mim. Implicando-se mutuamente, a riqueza, a solidez e o *estar a ser* são as dimensões primárias da realidade *talitativa* de uma coisa. "Só uma determinada riqueza de notas", escreve Zubiri, "pode ter a solidez necessária ao seu *estar a ser;* só o que tem solidez no seu *estar a ser* pode ter verdadeira riqueza de notas; só o que deveras *está a ser* tem um mínimo de riqueza e solidez, precisamente por *estar a ser*".

Com a sua riqueza e a solidez, com o seu peculiar modo de *estar a ser,* o conjunto *talitativo* das notas de uma coisa possui *unidade real.* Em que consiste esta? Este conjunto adquire a sua unidade porque as notas que o constituem são os acidentes em que se manifesta a peculiaridade específica – ser cristal de sal comum, ser maçã, ser cavalo – de uma *substantia* primeira, de um *subiectum* ou *hypokeímenon,* como Aristóteles sustentou, e como, com modulações diversas, continuou a afirmar a filosofia europeia? Não. A noção de "substância" é uma construção mental e não pode ser admitida por quem queira conhecer a realidade das coisas tal como esta directamente se oferece à inteligência do homem. Esta foi a razão por que Zubiri substituiu metodicamente a noção de "substância" pela noção de "substantividade".

A *substantividade* de uma coisa é o conjunto unitário, cíclico e clausurado das notas que específica e individualmente a caracterizam, portanto, uma noção puramente descritiva, não uma construção mental. Ou, mais precisamente: é o conjunto das notas que verdadeiramente caracterizam a *talidade* da coisa em questão, aquilo que ela é por essência, e não todas as notas que nela podem ocasionalmente observar-se. As notas, com efeito, podem ser adventícias ou constitucionais. A cor amarela de um ictérico é adventícia e ocasional, não pertence à substantividade do homem que a ostenta; a cor amarela do chinês, em contrapartida, pertence constitucionalmente à substantividade do homem chinês e, para além de qualquer determinação racial, a estação bípede é uma nota constitucional do homem enquanto tal, da espécie humana. Há lugar para a introdução de outra distinção ainda, porque há notas constitucionais que se fundam noutras (a cor amarela do chinês funda-se numa determinada estrutura genética da raça chinesa) e notas infundadas, que de momento não parecem fundar-se noutras mais elementares ou mais profundas (nos casos mencionados, essa estrutura genética, enquanto não se descobrir o seu fundamento biológico-molecular). Estas notas constitucionais não fundadas merecem mais precisamente a denominação de constitutivas.

Neste sentido, a substantividade de uma coisa é, à partida, o conjunto das notas constitucionais que nela podem observar-se e descrever-se. No caso do cristal comum, as que deixámos sumariamente indicadas: tal forma cristalina, tal cor, tal sabor, tal densidade, tal índice de refracção, etc. Mas a índole do conjunto das notas que integram uma substantividade não ficaria caracterizada precisamente se não víssemos nela vários caracteres mais, também eles puramente descritivos: a sua condição *sistemática, clausurada, cíclica* e *inter-relacional*.

O conjunto das notas de uma substantividade é *sistemático*, forma um sistema. Todas elas se encontram em concatenação e interdependência mútuas, como resultado da sua unidade primária, e são relativamente indissociáveis, porque se uma delas se separar das restantes, o sistema desaparecerá por desintegração ou dará lugar a outro sistema. É justamente o que sucede quando, como se pode ver na evolução biológica dos organismos, uma nova nota se soma às já existentes (o voo do réptil voador até que este acabe por se tornar ave). Enquanto sistemática, a nota pertence ao conjunto substantivo pela "posição" estática e funcional que ocupa nele, e assim adquire a sua peculiar "significação". O que o peso de um animal significa biologicamente depende da posição que o facto de ser pesado e de o ser precisamente em tal montante tenha na vida do animal em questão. Do que se deduz que a pertença de uma nota a um conjunto sistemático não é mera adição, mas genuína combinação funcional [6].

Para ser realmente sistemático, o conjunto das notas de uma substantividade deve ser, por outro lado, *clausurado* e *cíclico*. As notas co-determinam-se entre si, mas não linear nem causalmente, não porque a co-determinação comece numa nota e termine noutra, e não porque umas notas sejam causa de outras, embora isso possa por vezes ocorrer, mas porque todas constituem um sistema clausurado e cíclico; termo este só parcial e metaforicamente idóneo, uma vez que o que através dele se quer expres-

---

[6] Em certos casos simples, a presença da nota no sistema pode ser meramente aditiva: os calores moleculares são iguais à soma dos calores atómicos dos elementos que constituem as moléculas (lei de Kopp e Neumann). Outras vezes, a adição não é simples soma: o calor específico do ácido clorídrico resulta do calor específico do cloro e do hidrogénio, mas não é a soma destes. "O sistema, nestes casos é", diz Zubiri, "um como que elemento composto".

sar é que, para constituir a substantividade de que se trate – um cristal ou um organismo vivo –, uma nota actua sobre cada uma de todas as outras e sobre o seu conjunto. Por exemplo: a posição estática e dinâmica do ião cloro no cristal de sal comum manifesta-se nas propriedades eléctricas do cristal, na sua cor, no seu sabor, na sua densidade, etc. Por meio de um termo proveniente da linguística das línguas semitas, Zubiri chama "estado construto" ao estado que mostra o conjunto das notas de uma substantividade, o estado de uma realidade composta de partes, no qual a peculiaridade de cada uma depende de todas as restantes.

Podemos assim dar por concluída a primeira parte do nosso propósito: saber de modo puramente descritivo o que é uma estrutura material. Eis a fórmula que resume tudo o que ficou até agora dito: a estrutura é a manifestação de uma substantividade como sistema clausurado e cíclico das notas que unitária e constitucionalmente a integram [7]. Deve acrescentar-se que a substantividade é em si mesma *inter-relacional*, e segundo uma dupla inter-relacionalidade: as partes são inter-relacionais umas das outras na totalidade unitária de cada estrutura, e o seu conjunto é inter-relacional das demais substantividades, na medida em que todas formam um "cosmos" (unidade das coisas reais pelo seu conteúdo, por serem o que são) e um "mundo" (unidade das coisas reais pelo seu mero carácter de realidade). Estes conceitos reaparecerão adiante.

Demos agora um novo passo, e interroguemo-nos sobre a relação entre a diversidade das notas e a unidade substantiva da estrutura.

2. As notas e o todo da estrutura

As notas de uma estrutura constituem um sistema unitário, são "notas--de", do conjunto estrutural a que pertencem. O carácter cúbico do cristal de sal comum é nota do sal comum cristalizado, do *totum* unitário e construído (construto) que todas as suas notas constitucionais compõem, *totum* que se expressa espacial e dinamicamente nas notas que

---

[7] Aqui se funda a diferença entre um cristal e um pedaço de rocha. O cristal tem estrutura e – em si mesmo, porque na sua composição podem entrar cristais – o pedaço de rocha, não. É uma realidade a-estrutural, tem forma externa, seja ela qual for, mas constitutivamente é a-morfo.

o constituem. As notas, em resumo, não são parcelas de soma do *totum*, são análises suas, como os diversos sentidos corporais o são no que se refere à primeira e radical impressão que a coisa percebida produz no sujeito *percipiente*. O nosso problema é saber em que consiste a unidade primária de uma estrutura material autêntica.

Eis uma estrela-do-mar comum. Ninguém poderá duvidar que se trata de uma realidade substantiva e estruturada, é evidente que as notas em que a sua realidade peculiar se manifesta – forma estrelada, cor, disposição interna dos seus órgãos, actividade destes, etc. – constituem um sistema clausurado e cíclico. Pois bem: em que consiste e de que depende a evidente unidade espacial e dinâmica da sua estrutura? Ao longo da história do pensamento ocidental, foram três as principais linhas de resposta:

1. A ideia de que a actividade variada da estrela-do-mar, e por extensão a de qualquer realidade substancial do cosmos, se encontra regida por um princípio real, ainda que não subsistente, uma vez que a realidade concreta a que pertence não estaria completa sem a sua componente material.

Aristóteles e todos os aristotélicos chamaram a esse princípio de configuração e de actividade "forma substancial". Recorde-se o que foi dito atrás. Inanimada, *apsykhós*, nos seres sem vida, como o cristal de sal comum, a forma substancial é *psyché*, "alma", em todos os seres vivos; "alma vegetativa" nos vegetais e na execução das funções vegetativas – nutrição e reprodução – de todos os animais; "alma sensitiva", rectora da sensibilidade e da automoção e assumindo a direcção das actividades vegetativas, portanto da *anima vegetativa*, nos animais não racionais; "alma racional" ou "intelectiva" no homem, cujas actividades específicas determina e rege, ao mesmo tempo que assume o governo e a execução das vegetativas e das sensitivas. O princípio rector da substância completa – forma e matéria – da estrela-do-mar seria uma *anima sensitiva* adequadamente modulada segundo a peculiaridade dessa espécie zoológica, uma *anima sensitiva marthasterialis*, se assim o podemos dizer [8]. Páginas atrás, vimos como a ciência natural moderna rompeu desde Boyle com a ideia da forma substancial, enquanto hipótese explicativa da actividade das estruturas materiais da natureza cósmica.

---

[8] *Marthasterias* é o género zoológico a que a estrela-do-mar comum pertence.

De um ponto de vista ao mesmo tempo filosófico e científico, Leibniz opor-se-á resolutamente à noção de forma substancial, mas não à ideia de um princípio unitário, implícito na realidade dos entes do cosmos, como explicação daquilo que realmente é e faz cada um deles. Esse princípio é *vis*, força, específica e individualmente realizada nas mónadas. Para Aristóteles, a actividade e a acção são acidentes da *ousia* que especifica cada coisa real. "Para alguns neo-platónicos antigos, e a seguir para Leibniz", escreve Zubiri, "a substância seria em si mesma uma espécie de actividade substante. Esses neo-platónicos entenderam assim a *enérgeia* aristotélica, e o próprio Leibniz chama à *enteléquia*, como acto substancial, *vis*. Não seria uma actividade que a substância *tem* por meio das suas potências activas, mas a actividade em que *consiste* a substância *qua* substância; a substância seria activa em si mesma". A unidade estrutural da estrela-do-mar teria o seu princípio interno na *vis* ou força, que no seu fundamento real são os entes do cosmos, monadicamente realizada como específica *vis marthasterialis*.

Com uma precisão conceptual diferente, o vitalismo moderno atribuirá a dinâmica de todos os corpos do cosmos – panvitalismo de Van Helmont – ou só a dos seres vivos – *anima* de Stahl, "força vital" dos vitalistas dos séculos XVIII e XIX – à acção ordenadora de um princípio essencialmente superior às forças que actuam na matéria inerte. Sem a acção desse princípio, as estruturas materiais são simples mecanismos e só graças a ele possuem a condição de organismos. Com maior alcance filosófico que o princípio vital dos vitalistas, o *élan vital* de Bergson e a *enteléquia* de Driesch foram, considerados historicamente, as últimas expressões da concepção organicista e, por fim, substancialista – o *élan vital* e a enteléquia como modos de entender o *subiectum* do organismo – das estruturas materiais vivas.

2. Em vincada contradição com essa ideia dos organismos, temos a concepção mecanicista da sua realidade. Demócrito foi mecanicista *avant la lettre* e, no que se refere aos corpos vivos, foram formalmente mecanicistas Descartes, Hobbes e os materialistas franceses do século XVIII (La Mettrie, Holbach). A unidade estrutural de um corpo vivo seria o resultado da combinação entre si das acções mecânicas das moléculas que o compõem. Ontologicamente distinta da vida do espírito, embora em conexão com ele, para os que, como Descartes, pensam que à realidade do homem cabe essencialmente uma *res cogitans* espi-

ritual, pura e sem mescla para os materialistas radicais, na relação mecânica entre os elementos da estrutura, vê-se agora o que formalmente determina essa unidade. Mais ou menos próximos do mecanicismo, quanto ao modo de entender a dinâmica da matéria, na linha dos materialistas franceses do século XVIII, encontramos os materialistas germânicos do século XIX: assim foram crua e toscamente materialistas Büchner, Vogt e Moleschott, por exemplo, e mais sofisticadamente, de acordo com um dos diferentes monismos ontológicos que prevaleceram entre os filósofos e os homens de ciência da segunda metade do século XIX, Haeckel, Marx e Engels, Ostwald, entre outros.

3. Ao longo do nosso século, a crescente atenção à realidade e aos modos da estrutura tornou claramente perceptível o vício intelectual das atitudes precedentes perante a peculiaridade das estruturas materiais. A visão substancialista destas acrescenta ao modo de as entender um ser de razão (forma substancial como *subiectum* actualizador, princípio vital, enteléquia, etc.) não exigido necessariamente pela inspecção ou para a explicação da realidade em causa – um *ens praeter necessitatem*, diria um nominalista. Por outro lado, a visão mecanicista das estruturas orgânicas, e até mesmo das inanimadas, é consequência de um reducionismo abusivo: trata de explicar o ontologicamente superior, a actividade vital, pelo ontologicamente inferior, o movimento mecânico, e apoia-se além disso numa concepção científica da matéria inteiramente insustentável desde a terceira década do século XX.

Destacam-se três filósofos entre os vários que, mais lealmente apegados à realidade das coisas, ao *Zu den Sachen selbst!* de Husserl, tentaram superar a oposição que opõe os substancialistas – *lato sensu* entendido, evidentemente, o substancialismo – e os mecanicistas: Whitehead [9],

---

[9] Como é bem sabido, o pensamento filosófico de Whitehead partiu da matemática e da lógica simbólica (esta primeira etapa da sua obra culminou nos *Principia mathematica*, elaborados entre 1910 e 1913, em colaboração com B. Russell). Mas já num trabalho anterior (*On Mathematical Concepts of the Material World*, 1898) este pensador mostrou claramente que o seu espírito era incapaz de se contentar com o formalismo puro da lógica simbólica. A sua produção filosófica posterior (*Science and Modern World*, 1926; *Process and Reality, an Essay in Cosmology*, 1929; *Nature and Life*, 1934) foi, com efeito, formalmente metafísica. Whitehead rejeita abertamente o substancialismo, sobretudo na sua forma cartesiana: não há na natureza um substrato que perdure sem necessidade de outro. A realidade devém, e a natureza é um conjunto de factos em devir (acontecimentos, *events*). As coisas materiais são estruturas que se

Merleau-Ponty [10] e Zubiri. Vou ater-me ao pensamento zubiriano para dar científica e filosoficamente razão das estruturas materiais.

Para Zubiri, recorde-se, a estrutura é a expressão espacial e dinâmica da substantividade, entendida esta como conjunto clausurado, cíclico e inter-relacional das notas constitucionais que a integram. Num determinado momento da história – o progresso do saber científico faz com que seja cada vez maior o número dessas notas directa ou indirectamente conhecidas – a substantividade, seja qual for a sua índole, um cristal de sal comum, uma estrela-do-mar ou um indivíduo humano, manifesta-se nas notas que como construto a constituem, e o carácter formal de todo *con-structum* é a *ex-structura*, o conjunto ordenado das notas em que a sua unidade se nos torna patente.

As notas constitucionais de uma substantividade e, portanto, de uma estrutura, são notas-de (isto é, do conjunto estrutural do qual são partes – a estatura de um homem é nota da corporalidade vivente do homem em geral e deste homem em particular, na medida em que nela e por ela adquire a sua significação concreta) e codeterminam-se, quer dizer, são no seu conjunto o que real e efectivamente são enquanto co-determinadas pelas restantes e co-determinantes delas (a existência e a significação da estatura de um indivíduo humano acha-se co-determinada pelas suas restantes notas constitucionais, por exemplo, estas ou aquelas particularidades hormonais e metabólicas, ao mesmo tempo que, por outro lado, as co-determina [11]. Pois bem: o conjunto das propriedades em que a

---

constituem, mudam e desaparecem. Tudo isto o conduz a uma ideia da estrutura muito finamente elaborada, mas demasiado próxima do organicismo e, por conseguinte, mais determinada *a priori* pela interpretração que pela constatação. Não é por acaso que Whitehead vê na filosofia do organismo uma "teoria celular" da realidade do cosmos (*Proceso y realidad*, ed. espanhola, p. 299).

[10] O pensamento de Merleau-Ponty acerca da estrutura física em geral e dos seus diversos modos na realidade do cosmos foi exposto pelo autor em *La sructure du comportement* (1942). O leitor interessado no tema pode aceder a uma exposição sinóptica do livro de Merleau-Ponty no meu *El cuerpo humano. Teoría actual* (Madrid, 1989).

[11] Transcrevo de Zubiri: "A substância (aristotélica) não é o *on* (o ente) por excelência. O real é *primo et per se* não *subjectual*, mas substantivo. E estes dois momentos de *subjectualidade* e de substantividade não são formalmente coincidentes. Podem por vezes coincidir materialmente; num corpo inanimado, as substâncias que o compõem dão lugar a outra substância; mas formalmente é a substantividade dessa substância que lhe confere carácter de realidade por excelência. A coisa é mais clara ainda nos seres vivos. A sua substância não coincide nem formal nem materialmente com a

essência e a índole *talitativa* de uma estrutura se realizam – tanto o conjunto ocasional das suas propriedades aditivas como o conjunto constitucional das suas propriedades sistemáticas – não tem outro princípio unitário a não ser a co-determinação cíclica, mútua e total, das suas notas. Nos entes do cosmos não há como *subiectum* um princípio substancial, mas apenas estruturas unitariamente constituídas e só pensando assim se evita a invocação de um *ens praeter necessitatem*. Como o devemos entender?

Acabo de escrever a palavra "propriedade". Em sentido estrito, chamamos propriedade àquilo que uma coisa é e faz *por si*, como realização visível da sua essência. Mas desde o protão até à galáxia passando pelas coisas existentes do nosso planeta, entre as quais se conta o homem, nas substantividades materiais e, portanto, nas estruturas, há duas ordens de propriedades: as aditivas e as sistemáticas ou estruturais *stricto sensu*.

As *propriedades aditivas* resultam da soma entre si dos elementos que compõem a estrutura: o calor molecular de um corpo é a soma dos calores atómicos dos seus diferentes átomos; o peso de um corpo é a soma dos pesos de todas as suas moléculas, do mesmo modo que a sua energia cinética é a soma das energias cinéticas dos seus elementos materiais. Tais propriedades pertencem, evidentemente, à estrutura da coisa em questão, mas se existissem apenas elas, não haveria estruturas propriamente ditas, mas simples agregados.

Essencialmente distintas destas são as *propriedades sistemáticas*. Nelas, o modo de actuar – em que, como é óbvio, de algum modo intervêm as diferentes notas da substantividade estruturada – não pode ser reduzido à soma dessas notas ou a uma simples combinação [12]. O mais simples dos organismos animais, a amiba, possui sensibilidade (é inter-

---

substancialidade. Um organismo não é uma substância; tem muitas substâncias, e substâncias renováveis; ao mesmo tempo que tem só uma substantividade, sempre a mesma. *A essência de um ser vivo é uma estrutura...* A estrutura não é uma forma substância informante, porque as suas notas se co-determinam mutuamente, e porque a estrutura não é substância, mas substantividade... A essência é *por si* princípio da substantividade como estrutura" (*Sobre la esencia*, 513). E noutra passagem: "A substantividade nada é de distinto do próprio sistema de notas constitucionais enquanto clausurado e total" (*ibid.*, 163). O não-substancialismo de Zubiri não pode ser mais radical.

[12] Numa estrutura física, diz Zubiri, cada nota é "de", de todas as notas restantes e "de" do seu conjunto, e "em", na unidade desse conjunto; e é o "em" que dá às notas o seu "de".

namente afectada pelas alterações do seu meio) e memória (uma vez que se comporta em termos de "ensaio e erro"). Ao sentir o seu meio e ao comportar-se dessa maneira, é a totalidade do corpo da amiba que actua, a sua estrutura completa. Uma tal propriedade poderá ser mentalmente reduzida à soma ou à simples combinação das propriedades que cada um dos componentes da amiba possui: macromoléculas, água, substâncias inorgânicas, etc.? É evidente que não. O sal comum possui, como propriedade específica, um sabor salgado característico. Tal sabor poderá explicar-se por meio do recurso à soma ou à combinação das propriedades físicas e químicas do cloro e do sódio? De modo algum. Indubitavelmente, a acção do sal comum sobre as papilas gustativas da língua deve-se à estrutura total da sua molécula. Nada mais fácil que procurar exemplos análogos a estes em qualquer uma das estruturas particulares do cosmos ou do cosmos no seu conjunto.

É agora que o problema surge. Uma vez que a explicação mecanicista falha, porque a combinação dos movimentos e das propriedades das moléculas integrantes do corpo da amiba e dos átomos que compõem a molécula de sal comum não permitem entender a existência e a peculiaridade das suas respectivas propriedades sistemáticas, teremos de invocar a hipótese de um *subiectum* que como forma substancial (Aristóteles), como actividade substante (Leibniz) ou, no caso da amiba, como enteléquia (Driesch), permita dar razão, razão artificiosa, daquilo que na sua realização própria a estrutura da amiba e a do sal comum fazem? As propriedades sistemáticas de uma estrutura serão a expressão de um princípio que opera no seu interior, seja qual for o modo por que entendamos e nomeemos a sua realidade? A resposta de Zubiri, à qual adiro sem reservas, diz decididamente: – não.

As propriedades sistemáticas de uma estrutura não têm outro agente senão a própria estrutura, actuando como unidade e segundo a co-determinação mútua e total das notas que a constituem. O que, ao mesmo tempo que nos evita a invenção artificiosa de um *ens praeter necessitatem*, nos obriga a romper com um hábito inveterado da nossa mente: recorrer à ideia de um princípio unitário, forma substancial, *anima* ou *vis* específica, para explicar racionalmente – mas será, de facto, racionalmente ou a forma substancial, a *anima* ou *vis* específica, não acabarão por ser outros tantos *daímones* metafísicos e pseudo-racionais? – a diversidade unitária que encontramos no aspecto e na actividade das coisas.

O pensamento actual rompeu de modos muito diferentes com tal hábito: Einstein, ao geometrizar a força gravitacional; a mecânica quântica, ao obrigar a uma concepção trans-empírica e inimaginável da realidade material; a "teoria dos sistemas" e a sua aplicação à biologia por Von Bertalanffy, ao levar ao seu ponto máximo o esforço de formalização sem des-realização do objecto estudado. Recordo uma vez mais as ideias de Heisenberg acerca da consistência última das partículas elementares e sobre a nem sempre fácil adaptação da mente às grandes inovações que o progresso da ciência traz consigo. A substituição da noção de "princípio substancial" pela de "sistema de inter-relacionalidades" tendo em vista a correcta intelecção da realidade das coisas materiais parece ser um dos exercícios a que obriga a actual situação do pensamento, sempre, claro está, que tal sistema não converta em puro formalismo a realidade empírica das coisas.

Rigorosamente fiel a estas exigência do nosso tempo, Zubiri propôs a substituição da noção de *substância* pela de *substantividade* e a concepção desta como conjunto estruturado e sistemático de notas. Na realidade intramundana – e deixando intacto o problema das realidades extramundanas – a coisa real, galáxia, astro, cristal ou organismo vivo, é o conjunto unitário, estruturado e sistemático das suas notas, nada menos e nada mais. Uma coisa é realmente o que é em virtude da co-determinação clausurada, cíclica e inter-relacional das notas em que se nos manifesta. O que nos obriga a entender a realidade do cosmos em termos de substantividade e estrutura, não de substância, e a evitar com especial cuidado todo o reducionismo mecanicista, toda a explicação do superior pelo inferior, em última análise, a realizarmos em nós a mudança de mentalidade que exige toda a mudança de paradigma [13].

Como pode ser evitado um tal reducionismo? Como se manifesta a irredutível peculiaridade das propriedades sistemáticas de uma estrutura material?

Seja uma ou outra a interpretação científica e metafísica daquilo que são em última instância as estruturas materiais, o exame atento de qualquer uma delas e da diversidade com que se nos depara o seu con-

---

[13] A mesma mudança que a este respeito postulam, entre outros, Whitehead e Merleau-Ponty.

junto permite discernir na sua realidade *talitativa* as características seguintes:

1. A radical novidade das propriedades sistemáticas da estrutura perante as que possuem isoladamente os elementos que a compõem. Por conseguinte, a impossibilidade de predizer a existência das primeiras a partir do conhecimento exaustivo das segundas.

Uma molécula de sulfato de cobre é composta por um átomo de enxofre, quatro de oxigénio e um de cobre. Um cientista que conhecesse do modo mais preciso a estrutura atómica e as propriedades de cada um desses três elementos químicos poderia predizer a existência do sulfato de cobre, a sua composição, o facto de ser azul, de formar cristais triclínicos com cinco moléculas de água de cristalização, e de as perder, ao mesmo tempo que a cor azul, quando é aquecido a seco? É indubitável que não [14].

Outro exemplo: as aves constituem um subsistema morfológico-funcional bem caracterizado pelas suas notas constitucionais no interior do sistema biológico geral que é o reino animal. Outro tanto devemos dizer dos répteis. Se um zoólogo tivesse vivido na Terra quando nesta existiam já répteis e ainda não existiam aves, teria podido prever, por vasta e profunda que fosse a sua ciência, a existência evolutiva posterior da *Archaeopterix litographica*, e a seguir, através de uma evolução subsequente, a das aves? Como no caso anterior, a resposta terá de ser rotundamente negativa.

De entre a lista quase ilimitada das estruturas do cosmos, nenhuma delas era previsível a partir dos elementos que a compõem ou das que genética e naturalmente a produziram. O que tem como pressuposto, e como consequência, a irredutibilidade constitutiva radical das propriedades sistemáticas de qualquer estrutura cósmica a uma simples combinação das que aparentam ser mais simples que elas. As propriedades sistemáticas da insulina – por exemplo, a sua acção hipoglicémica – não podem ser reduzidas, por mais voltas que demos ao pro-

---

[14] Devemos ter sempre as maiores cautelas no que se refere a afirmar aquilo que a mente humana nunca poderá fazer. Credulamente, Auguste Comte, para nos servirmos de um exemplo ilustre, pensava que os homens jamais poderiam conhecer a face oculta da Lua. Por isso, limitar-me-ei a dizer que *hoje em dia* não parece possível que o conhecimento das propriedades do enxofre, do oxigénio e do cobre permita predizer a existência das propriedades do sulfato de cobre.

blema, à combinação das propriedades que por si próprios possuem os polipéptidos e aminoácidos que a integram. Mais ainda: se suprimirmos mentalmente da molécula de insulina um fragmento da longa cadeia polipeptídica de que aquela é composta, podemos ter a certeza que a parte restante careceria dessa potência hipoglicémica. De uma maneira ou de outra, o todo de uma estrutura é qualitativamente mais que a soma das partes que o compõem.

2. As propriedades sistemáticas de uma estrutura são propriedades sistemáticas da totalidade unitária das suas notas. Mas, como tenho dito e repetido, tais propriedades não são a manifestação de um princípio – forma substancial, enteléquia ou *vis* – substante às notas, mas o resultado da co-determinação das actividades próprias de cada uma delas, isto é, da inter-relacionalidade mútua de todas elas (inter-relacionalidade interna) e da inter-relacionalidade da estrutura total em questão, enquanto componente do cosmos (inter-relacionalidade externa).

Isto significa que as notas ou partes de uma estrutura material são activas no seu interior e que, ainda que modificadas no que refere à sua realidade independente, se é que a podem ter, conservam o seu núcleo. O cloro, por exemplo, não é na molécula de ácido clorídrico a mesma coisa que em estado livre e gasoso, do mesmo modo que também o não é o hidrogénio, mas se através do emprego das técnicas adequadas decompusermos o ácido clorídrico nos seus dois componentes elementares, o cloro e o hidrogénio, estes voltarão a ser o que eram antes de se combinarem. O mesmo poderia dizer-se do carbono, do oxigénio, do hidrogénio, do nitrogénio e do enxofre que integram a molécula de insulina ou, se pudermos isolá-las *in vitro*, das células que compõem o corpo de um metazoário. Ao contrário do que afirmou Virchow, o corpo de um animal não é uma *Zellrepublik*, uma associação de organismos celulares mais ou menos autónomos, mas isso não impede que algumas das suas células possam ser artificialmente isoladas, e estas últimas, actuando por si próprias, não terão um comportamento *exactamente igual* ao que tinham quando faziam parte do organismo do qual procedem.

À inter-relacionalidade interna de uma estrutura liga-se funcionalmente a sua inter-relacionalidade externa, a conexão operativa entre ela e o resto das estruturas do cosmos. A estrutura de um cão, e portanto da sua vida, está em inter-relação com as estruturas que rodeiam o cão, a começar pela da Terra, que lhe impõe o seu peso, e pela dos alimentos que o nutrem. De qualquer outra estrutura poderíamos afirmar algo semelhante.

3. As estruturas materiais são essencialmente dinâmicas. Não porque *possuam* um dinamismo, mas porque em si mesmas *são* dinâmicas, *são* dinamismo. De uma pedra em movimento podemos dizer que "possui" esta ou aquela energia cinética, mas a actividade de uma célula não é em rigor o resultado de uma propriedade que a célula "possui", mas a realização celular do dinamismo que, por si mesma e enquanto parte dos cosmos, toda a estrutura material é. Na sua totalidade e em cada uma das partes que o compõem, o cosmos é estrutura dinâmica ou, se se quiser, dinamismo estruturado.

A fácil tentação de confundir esta ideia do dinamismo cósmico com a concepção da substância como *vis*, como força, deve ser cuidadosamente evitada. Leibniz pensava que a *vis* – entendida, além disso, de acordo com a dinâmica da época – é o *subiectum* específico e individual, monádico, das coisas reais; o *hypokeímenon* aristotélico não é concebido agora como "forma substancial", mas como "força". Dada a relação intelectual existente entre Leibniz e o filho de Van Helmont, não parece improvável que a *vis* da cosmologia leibniziana fosse uma versão mais "científica", mais racionalizada, em conformidade com a nascente dinâmica da *vita* panvitalista helmotiana. Mas as notas de uma substantividade não são forças activas. Tomada na sua realidade integral e segundo a sua qualidade própria, cada nota – escreve Zubiri – é accional em si mesma e por si mesma; é accional *por si,* porque nisso consiste a sua realidade, e é-o *dando de si,* uma vez que o *dar de si,* o facto de se realizar na inter-relacionalidade interna e externa da estrutura unitária a que pertence como nota, é a expressão mesma da sua actividade. "Este dinamismo, este *dar de si,* não é *vis,* força, e não é sujeito, nem está sujeito *a,* nem é sujeito *de,* mas é em si mesmo dinamismo, é estrutura formalmente dinâmica, enquanto tal".

4. Na unidade total da estrutura, cada nota está presente e é activa sob a forma de *subtensão dinâmica.* Dinamicamente, com e pelo seu dinamismo próprio, a nota subtende a actividade unitária e a solidez da estrutura de que é parte. O átomo de enxofre está em subtensão dinâmica na molécula do ácido sulfúrico, como o neurónio no organismo de um metazoário superior. Nesta subtensão dinâmica, o átomo de

enxofre do ácido sulfúrico é o mesmo e não é o mesmo que o átomo de enxofre no pó chamado "flor-de-enxofre", e o neurónio do metazoário superior seria e não seria o mesmo se, no caso de ser possível, fosse observado isolado numa cultura *in vitro*. Um neurónio do córtex cerebral de um homem é *neurónio-de,* do cérebro desse homem e, através dele, do organismo de que o cérebro é parte. Tudo o que faz o neurónio integrado no córtex cerebral de certo organismo – metabolismo, actividade sensitiva e motora, etc. – acha-se condicionado pela sua significação funcional particular, actua co-determinado pelo resto do organismo e como co-determinante da sua actividade total.

De um ponto de vista genético, a subtensão dinâmica é o modo de actuar a que dá lugar o aparecimento de uma nota nova por "desprendimento exigitivo" de um conjunto de notas anteriores a ela. Zubiri elaborou este conceito reflectindo sobre a génese evolutiva dos organismos. O aparecimento da sensibilidade animal na evolução das estruturas cósmicas é consequência de um *desprendimento exigitivo* da actividade bioquímica ao animalizar-se, ao deixar de ser puramente bioquímica. Ao chegar a tal passo, o *quimismo* exige a partir de si próprio a sensibilidade e fica em subtensão dinâmica na estrutura desta, de tal maneira que a função *desprendida* estabiliza a que desprende, e esta liberta a função nova [15]. Na génese das primeiras células, a actividade química da matéria pré-celular exigiu por si mesma a actividade de sentir os

---

[15] Não será inoportuno expressar em termos de estrutura o que acontece no "desprendimento exigitivo". O que nele se exige não é o aparecimento de um princípio de operações essencialmente novo – um evolucionista aristotélico conceberia assim o surgimento de uma *anima vegetativa* num sistema material inanimado, ou o de uma *anima sensitiva* num organismo meramente vegetante. O desprendimento exigitivo produz-se quando uma determinada estrutura, pressionada por um meio e uma situação vital aos quais só insuficientemente pode responder, sofre uma mutação encaminhada para a resolução, gerando uma estrutura nova e, dentro dela, uma subestrutura idónea, à insuficiência ameaçadora que sofria. Um organismo animal desprovido de sistema nervoso – uma amiba, um espongiário – reage adequadamente ao meio, e portanto sente; mas quando o meio muda, pode suceder que essa mudança "exija" o aparecimento de um sistema morfológico-funcional mais adequado que o anterior, indiferenciadamente bioquímico, às novas exigências vitais. Em tal caso, através de ensaios de mutações não viáveis, a estrutura animal precedente gera outra dotada de células nervosas. A função de sentir fica assim desprendida e livre. Para que um réptil gerasse a *Archaeopterix litographica*, e a partir desta se formasse uma ave, quantas vicissitudes genéticas e quantos milhares e milhares de anos não foram necessários?

estímulos do meio, e ficou em subtensão dinâmica na actividade sensitiva do organismo celular libertando o seu exercício. Ao mesmo tempo, a sensibilidade estabiliza o *quimismo,* confere-lhe a ordem estável que possui na vida celular [16]. Outro tanto pode e deve dizer-se no que se refere à sensibilidade, no caso da inteligência humana: como o *quimismo* pré-celular exigia, no caso da citogénese, o aparecimento da sensibilidade, do mesmo modo a intelecção foi exigida pela sensibilidade, no caso da antopogénese; e integrando-a unitariamente no seu exercício, porque a inteligência do homem é e não pode deixar de ser *sensível,* tornou-se de algum modo livre em relação a ela, porque o pensamento vai sempre além do puro sentir animal.

Surgem agora dois problemas importantes. O conceito de subtensão dinâmica poderá ser aplicado também às estruturas materiais inanimadas? O aparecimento de uma nova nota por *desprendimento exigitivo* obrigará de algum modo a admitir a existência e a operação de um princípio supra-estrutural, imaterial, no seio da estrutura? Ao longo das páginas deste livro darei a minha resposta. De momento só posso dizer que será afirmativa no primeiro caso e negativa no segundo.

5. Como o cosmos no seu conjunto, as suas estruturas particulares nascem e morrem. Desde a extremamente precoce etapa hadrónica do Universo que existe o protão, talvez a estrutura mais simples da matéria, e embora não seja improvável que hoje, milhares de milhões de anos depois do aparecimento dos protões, continuem a existir muitos dos que então se formaram, parece certo que nenhum deles será sempiterno. Sim, todas as estruturas cósmicas nascem e morrem, surgem e desaparecem. Imaginando-o de uma ou de outra maneira – a transição do cosmos para um novo modo da realidade ou uma sofisticada versão astrofísica do eterno retorno –, o nosso universo terá fim.

Como nascem as estruturas materiais? Como morrem? Quanto tempo se passa entre a sua formação e a sua extinção?

Para a ciência actual, as estruturas materiais aparecem no interior do quadro da evolução do cosmos. O termo latino *evolutio* – a acção

---

[16] Sem a sensibilidade correspondente à sua espécie – ver, cheirar, etc. –, o quimismo do organismo canino não teria lugar. Mas, ao mesmo tempo, o quimismo do cão é o que é e como é subtendendo dinamicamente o exercício da sensibilidade canina, e alcança nela a sua efectiva realidade específica.

de desenrolar um papiro enrolado para se ir lendo o que nele está escrito – foi introduzido na linguagem científica para dar um nome técnico à concepção pré-formacionista da embriogénese: o homúnculo pré-formado no óvulo iria crescendo no útero materno ao mesmo tempo que se desenrolava por "evolução". O termo polissémico de "desenvolvimento" é um secreto vestígio lexical dessa primitiva ideia da *evolutio*. À sua luz, na história natural dos seres vivos não haveria, no que se refere à forma, novidades verdadeiramente específicas, tudo estaria pré-formado. Só nos últimos anos do século XVIII, principalmente por obra de Erasmus Darwin, avô do célebre Charles R. Darwin, a *evolutio* mudou radicalmente de sentido: deixou de ser concebida como desenvolvimento *(desarollo), development, sviluppo* ou *Entwicklung* de uma forma pré-existente, passando a ser pensada como aparecimento sucessivo de formas vivas novas, quer por epigénese embriológica, quer por inovação filogenética. Tal foi o primeiro passo – que teve os seus protagonistas em Lamarck, E. R. Wallace e Charles R. Darwin – no sentido do actual conceito de evolução. Só o primeiro passo, porque no decorrer do século XIX o termo acabou por significar o processo genético devido ao qual se foi constituindo o Universo inteiro: as galáxias, os astros e as estruturas minerais e vivas do nosso planeta formaram-se no decurso da evolução do cosmos. Reservando a um momento posterior o seu tratamento, fica no entanto desde já aqui posto o problema da génese das estruturas.

Tendo vindo à existência ao longo da evolução do Universo, as estruturas desaparecem para sempre, mais precisamente, para o nosso "sempre", para o "sempre" deste nosso universo. Desapareceram para sempre a estrutura do dinossáurio e a do australopiteco, e ainda que não saibamos quando nem como, desaparecerão para sempre as estruturas biológicas ou moleculares – a do homem, a do cão, a da água, a do calcário – que hoje nos é dado contemplar. O desaparecimento das estruturas materiais ao longo da evolução do cosmos é outro tema que voltará a ser também considerado em páginas posteriores.

Entre o seu aparecimento e o seu desaparecimento existem no cosmos as estruturas que o integram, que duram. Quanto tempo? A magnitude da duração varia enormemente segundo as características de cada uma delas. Talvez já estruturadas, há partículas elementares cuja existência dura uma fracção de segundo, contrastando agudamente com outras, como o protão, cuja duração média, recorde-se, é de 10^{29} anos. Entre os dois limites extremos, deparamos com a persistência das estruturas atómicas e moleculares observáveis no nosso planeta e noutros astros, e a das estruturas vivas que desapareceram no tempo ou foram respeitadas pelo inovador e implacável decorrer evolutivo da biosfera. Terão algum sentido compreensível estas enormes diferenças no perdurar das estruturas materiais? Questão enigmática, à qual só conjecturalmente se pode dar resposta.

II. ESTRUTURA E MATÉRIA

Talvez não seja inoportuno, antes de passarmos ao exame metódico destes temas, uma breve exposição sinóptica de quanto até aqui foi dito sobre a estrutura enquanto modo dinâmico e evolutivo da realidade material, exposição que, por conseguinte, fielmente se atenha àquilo que hoje se deve pensar acerca da matéria.

Podemos condensá-la nos seguintes pontos:

1. As estruturas podem ser físicas e conceptuais. As primeiras existem na Natureza, as segundas são criações da mente científica a fim de entender obras, processos ou comportamentos resultantes da actividade humana. Estas páginas tratam apenas das estruturas físicas ou, mais precisamente, materiais.

2. As estruturas materiais são conjuntos de notas sistémicas, clausuradas e cíclicas, entendendo-se por nota qualquer dado de observação – parte, propriedade, etc. – que permita conhecer a peculiaridade da coisa a que pertence. Cada nota actua ciclicamente no conjunto estrutural, ao mesmo tempo que pela sua posição funcional no interior desse conjunto opera sobre todas as demais; é, neste sentido, "nota-de" (do conjunto de todas elas) e "nota-em" (na unidade desse conjunto).

3. As notas podem ser adventícias ou constitucionais. Só estas últimas são parte essencial da estrutura a elas correspondente.

4. A estrutura manifesta-se nas suas propriedades, e estas podem ser aditivas (resultantes da soma entre si dos elementos que a compõem) e sistemáticas ou propriamente estruturais (dependentes do todo da estrutura e não redutíveis à soma ou à combinação das próprias de cada um dos seus elementos).

5. Consequentemente, toda a estrutura constitui um *novum* qualitativo no que se refere a quanto havia no cosmos antes do seu aparecimento; é rigorosamente impredizível, por melhor que se conheça aquilo de que se formou, e de modo algum pode ser entendida sem se ter em conta a novidade essencial que traz ao todo do universo.

6. As estruturas materiais são essencialmente dinâmicas, não é que *tenham* o dinamismo que a cada uma delas corresponde, mas *são* dinamismo. O que se exprime tanto na inter-relacionalidade interna das notas que constituem a estrutura como na inter-relacionalidade externa da própria estrutura, na sua conexão operativa com as demais estruturas do cosmos.

7. O dinamismo próprio de cada estrutura, átomo, molécula ou organismo vivo, deve ser em última instância referido ao dinamismo da própria matéria, àquilo que a matéria é em e por si mesma, portanto, à ideia da matéria que a ciência e a filosofia actuais impõem.

8. O dinamismo da matéria enquanto tal deve ser entendido tendo em conta os dois seguintes termos de referência: o princípio de *complementaridade,* que obriga a ver a matéria como uma realidade em última instância enigmática, uma vez que ao ser observada pode mostrar-se como massa elementar (a das partículas verdadeiramente elementares) ou como energia radiante (feixe de fotões); e o princípio de *indeterminação,* que a par do anterior impõe uma visão meramente estatística e puramente matemática, não substancial, daquilo que a matéria essencialmente é.

9. Ao carácter não substancial da realidade última da matéria deve unir-se, para se entender o que realmente é uma estrutura material, a necessidade de conceber os entes reais como substantividades e não como substâncias.

10. Consequentemente, a unidade das propriedades sistemáticas de uma estrutura material não deve ser referida a um princípio de operações substante às suas notas constitucionais – *hypokeímenon*, forma substancial ou *vis* leibniziana – mas ao simples facto da clausura, da ciclicidade e da co-determinação dessas notas. A partir do interior de si mesma, tal como hoje se nos mostra, a realidade a que damos o nome de matéria requer uma transformação de mentalidade a quem queira entender correctamente a unidade de acção de cada um dos seus níveis estruturais. Em última análise, um modo de aceder ao seu conhecimento

essencialmente distinto daquilo a que desde o século XVIII se tem chamado "materialismo". Só desse modo poderemos conhecer adequadamente a estrutura dinâmica do corpo humano.

III. NÍVEIS, GÉNESE E EVOLUÇÃO DAS ESTRUTURAS DO COSMOS

Acabo de indicar algo que é óbvio para quem quer que seja, o facto de o cosmos se oferecer ao observador como um imenso conjunto de estruturas materiais qualitativa e quantitativamente distintas entre si – minerais, astros, organismos vivos –, e algo que apenas se revela aos olhos do homem de ciência, o facto de o cosmos na sua integridade ser em si mesmo uma estrutura. "Ordem bem composta" é precisamente o que em grego significa a palavra *kósmos*.

O cosmos, estrutura dinâmica de dinamismos estruturados, estrutura de estruturas e dinamismo de dinamismos. Desde o *big bang* até hoje, ao longo de 10 000 a 20 000 milhões de anos, foi-se constituindo como estrutura em transformação e inacabada o Universo que contemplamos, ao mesmo tempo que se formavam, umas para perdurar, outras para se extinguir, as estruturas particulares em que essa transformada e inacabada totalidade se foi realizando e actualmente se realiza. Trata-se agora de saber quais são os modos e níveis discerníveis na estrutura do cosmos – os modos e níveis cardeais do dinamismo universal, tal como se apresentam a uma inteligência surgida e alicerçada no nosso planeta – e como cada um deles se formou na evolução da matéria cósmica, quer para perdurar como tal, quer para permanecer numa subtensão dinâmica num nível estrutural superior ao seu, quer para se extinguir.

Na sua análise da estrutura dinâmica da realidade, Zubiri estuda a relação entre dinamismo e causalidade, e distingue no dinamismo do cosmos cinco modos e níveis: o dinamismo da *variação,* o da *alteração,* o da *mesmidade,* o da *autopertença* e o da *convivência.* Farei um uso abundante deste esquema fecundo e certeiro, mas penso que o meu propósito requer que anteponha a estes cinco outros dois dinamismos: o da *materialização,* em virtude do qual veio à existência a matéria cósmica, e o da *estruturação,* mediante o qual a matéria elementar começou a estruturar-se.

Em todos os seus modos e níveis, a essência do dinamismo cósmico consiste em dar lugar – em dar lugar *dando de si,* uma vez que no *dar de si* tem a sua essência o dinamismo – à existência de algo que antes não existia: a matéria no caso do dinamismo da materialização, uma série de estruturas materiais cada vez mais complexas, a partir do momento em que a matéria se tornou realidade estruturada. Assim entendido, o dinamismo é uma forma da causalidade, a sua forma primária. Tenha-se a ideia de causalidade que se tiver – a ontológica de Aristóteles, com a sua doutrina dos quatro modos da causa; a científica de Galileu e da física moderna, com a sua concepção relacional e matemática da causa eficiente; ou a consecutiva à crítica filosófica de Hume e de Kant –, dinamismo é causação. Activa em si mesma, constitutivamente dinâmica, cada uma das estruturas do cosmos articula-se com todas as demais sendo *de* e *no* dinamismo unitário e básico do Universo inteiro; razão pela qual toda a substantividade particular – a de um mineral ou a de um ser vivo, deixando-se aqui de parte o caso problemático do homem – tem de ser deficientemente substantiva. Só a totalidade do cosmos é plenamente substantiva, e tal será a maneira válida e actual de entendermos a velha ideia da *natura naturans,* a visão da natureza total e universal como princípio originante de todas as *naturae naturatae* que são os entes específicos e individuais que integram a natureza total e universal [17].

Pouco importa que a actividade do dinamismo seja concebida segundo a desmedida e utópica pretensão idealista da física clássica – a determinação determinista como modo de entender a causalidade na sua estrutura concreta; a visão da inteligência do homem como a de *un petit Dieu* *, capaz em princípio de predizer com total exactidão os estados futuros de qualquer sistema material – ou em conformidade com a determinação indeterminista e apenas probabilística, que a física das partículas elementares mais recentemente impôs. Sob uma forma ou sob outra, o dinamismo implica essencialmente a causação. Sem mais

---

[17] O problema da "substantividade plena" levanta uma questão em termos de antropologia metafísica. Aquela é *somente* atributo do cosmos no seu conjunto, ou *também*, no seu interior, da substantividade humana? Tendo em conta embora que uma evolução biológica – ou antes, biológico-histórica – ulterior da espécie humana não pode ser liminarmente excluída, inclino-me para o primeiro termo da opção.

* Em francês no original: "um pequeno Deus" *(N. do T.).*

precisões, mas no interior do determinismo indeterminista a que a inteligência sensível do homem deverá necessariamente ater-se, se quiser ser fiel ao que é para ela o conhecimento científico da realidade material, vejamos agora como aparecem e como são reais e cognoscíveis os diferentes modos e níveis da matéria, a começar por aquele que é o pressuposto inesquivável de todos eles, a génese da própria matéria.

1. Génese da matéria

Conta-se que um professor de Direito Romano começava a sua lição sobre o imposto na Roma da Antiguidade dizendo aos seus alunos: "O imposto em Roma, meus senhores, começou por não existir". Por grande maioria de razão pode dizer-se o mesmo da matéria, porque o começo do tempo – do nosso tempo – foi precedido por um estado da realidade cósmica em que a matéria não existia. Que havia no cosmos antes de a matéria se formar? Como se formou a matéria?

Tanto quanto hoje sabemos, a génese do Universo pode resumir-se do seguinte modo: "No princípio foi a energia radiante". Recorde-se o que ficou dito na nossa exposição das etapas do cosmos que se seguiram à grande explosão originária [18]. Alguns chamam à primeira de entre elas "etapa quântica", denominação pouco feliz, porque sugere que só nela o *quantum* de acção afirmou a sua vigência cósmica. Também as etapas posteriores – todas as etapas posteriores – foram "quânticas", na medida em que permaneceram submetidas ao imperativo cosmológico da constante de Planck. No vazio originário – entendido como a física actual o entende – não havia espaço e tempo, num sentido equiparável ao nosso, nem partículas materiais, havia apenas partículas bosónicas, bosões, como o fotão e os restantes, e as quatro forças elementares do nosso universo – a gravitacional, a electromagnética e as intranucleares forte e fraca – só indiferenciada e unitariamente existiam. Como foi possível afirmar tudo isto de maneira teoricamente razoável?

---

[18] Saber se é ou não possível a criação de modelos cosmológicos que excluam o *big bang*, como José M. Martin Senoville propôs, e se esses modelos se ajustam melhor aos dados experimentais que o modelo do *big bang*, são temas de que não posso aqui ocupar-me.

Depois do fracasso patético do último Einstein, no seu intento de unificar matematicamente os campos gravitacional e electromagnético, a física das partículas foi-se aproximando passo a passo de uma meta inteiramente inatingível sem o conhecimento das duas forças intranucleares que Einstein não podia conhecer, a da interacção forte e a da interacção fraca. O primeiro passo consistiu em mostrar que a unificação entre a força electromagnética e a de interacção fraca é teoricamente possível (Glashow, Weinberg e Salam) e em demonstrar experimentalmente que, a temperaturas suficientemente elevadas, essas duas forças são uma e a mesma (físicos do CERN). O acelerador de partículas do CERN permitiu alcançar, com efeito, energias nas quais a força electromagnética e a de interacção fraca se encontram realmente unificadas, e indicar que, a temperaturas mais baixas, os hipotéticos bosões X nos quais essa força unificada tinha a sua realidade, se dividem no fotão, portador da força electromagnética, e nos três bosões restantes (o W positivo, o W negativo e o Z), portadores da força de interacção fraca. O segundo passo consistiria em integrar de um modo convincente a força electrofraca com a força de interacção forte, o que, ainda que teoricamente seja possível, não é experimentalmente demonstrável, porque até hoje não foi possível alcançar as energias extremamente elevadas que essa demonstração requer. E o último passo no caminho da unificação total ou de generalidade máxima – a *theory of everything* atrás mencionada – será, seria, a obtenção de um sistema de equações em que uma força única contenha as quatro do cosmos actual, isto é a realização do sonho de Einstein. Poderá obter-se esse sistema e demonstrar-se a sua validade através da produção das temperaturas elevadíssimas que para tanto são necessárias? O tempo o dirá.

Em qualquer caso, a especulação teórica acerca dos primeiríssimos instantes do nosso universo permite afirmar que neles foi real a unidade originária e indiferenciada das quatro forças. Nesses instantes iniciais e extremamente fugazes – entre a fracção 10^{-39} de segundo e a fracção 10^{-35} –, e a uma temperatura superior aos 10^{28} graus Kelvin, já não era possível a existência dos hipotéticos bosões X ou superpesados, e estes decompuseram-se naqueles que hoje conhecemos e atrás mencionei. Um modelo idóneo deste processo é a teoria da inflação de Alan Guth, também mencionada em páginas precedentes. Terei de me debruçar sobre ela por um momento.

A hipótese de uma fase inflacionária extremamente breve no processo da cosmogénese mostrou-se bem de molde a explicar a isotropia e a homogeneidade do Universo na distribuição de fotões (recorde-se a "radiação de fundo" descoberta por Penzias e Wilson), a assimetria bariónica (a existente hoje entre a matéria e a antimatéria), bem como a formação das galáxias e a não existência actual de monopólos magnéticos (partículas magnéticas monopolares pesadas) [19]. Por meio de recursos matemáticos extremamente sofisticados, Guth e Linde, a seguir à correcção oportuna dos defeitos da primeira teoria inflacionária pelo primeiro, teriam conseguido postular razoavelmente a existência de uma mudança de fase nos primeiros instantes do cosmos, integrada pela sucessão de estados seguintes: 1) Um *estado inicial* de vazio energético (saldo líquido de energia igual a zero), durante o qual nem o espaço nem o tempo eram comensuráveis, se é que realmente existiam, com o espaço e o tempo das etapas subsequentes e, naturalmente, da nossa; 2) Um *estado caótico transitório*, de duração indeterminada e indeterminável, consistindo em flutuações aleatórias da densidade e na produção de "bolhas" de flutuação. Neste estado imperaram o caos e a indeterminação; 3) Um *estado inflacionário efémero*, com uma duração de um 10^{-33} de segundo, no qual cada uma das bolhas formou núcleo e se dilatou exponencialmente, segundo um factor de grandeza compreendido entre 10^{20} e 10^{50}. Daqui seria proveniente o universo actual; 4) Um *estado dinamicamente ordenado*, com uma duração à volta dos 10^{18} segundos (aproximadamente, vinte mil milhões de anos), no qual o Universo se rarefez e arrefeceu, e criou sistemas de matéria-energia cada vez mais afastados do equilíbrio termodinâmico, os correspondentes ao "terceiro estado" dos sistemas energético-materiais na termodinâmica de Katchalsky e Prigogine. Mal se torna necessário dizer que é este o estado durante o qual o universo actual se foi constituindo. Sem a etapa imediatamente anterior, durante a qual se formou a "bolha" originária do nosso cosmos, não teria sido possível a génese das galáxias. "Um universo primigénio totalmente desprovido de *rugas*", escreveu Ervin Laszlo, "não poderia ter produzido as heterogeneidades que conduziram à contracção gravitacional da matéria em forma de galáxias".

---

[19] Excepto se se confirmar a descoberta de um monopólo que Blas Cabrera anunciou em 1982.

No interior deste quadro extremamente fugaz e inimaginável, que foram os três primeiros estados do Universo e o início do quarto, teria tido lugar a protogénese da matéria.

Hoje os cosmólogos pensam que, quando a descida da enorme temperatura inicial o impôs, a energia radiante primigénia do Universo se dividiu numa "energia positiva", a matéria, e noutra "energia negativa", a força gravitacional, permanecendo a primeira sempre susceptível de transformação em energia radiante, segundo o conhecido postulado da teoria da relatividade, e necessariamente submetida desde a origem à acção gravitacional assim desprendida da força originariamente única.

Nesse momento extremamente precoce da evolução do cosmos começaram os processos termodinamicamente irreversíveis. Para dar cientificamente razão destes, Prigogine e Géheniau (1986) acrescentaram à equivalência entre a matéria e a energia, a equivalência entre a matéria e a entropia. Uma vez que a matéria se forma a partir do vazio que a precedeu, a entropia deste teve de ser nula, e a formação de matéria trouxe consigo a produção irreversível de entropia gravitacional. Em suma, a evolução do cosmos foi e é, entre outras coisas, geração irreversível de matéria.

As variações de dois parâmetros, a temperatura e a densidade, terão especial importância nas primeiras fases da evolução cósmica. Ao terminar a fase inflacionária, a densidade e a temperatura do primeiro germén extremamente fugaz e minúsculo do Universo eram demasiado elevadas para que fosse possível a existência de qualquer sistema. Com menos de 10^{-24} segundos de idade, a sua densidade excedia os 10^{50} gramas por centímetro cúbico e a sua temperatura, 10^{20} graus Kelvin. O arrefecimento e a rarefacção dessa condensação energética fabulosa tornaram possível a formação das primeiras partículas elementares, decerto quarks, e pouco depois de partículas complexas (hadrões: protões, neutrões e mesões). Estas nasceram aos pares – protões e antiprotões, neutrões e antineutrões – da colisão entre "pacotes" de energia e mantiveram-se como partículas enquanto a colisão entre elas – quer dizer, entre a matéria e a antimatéria – não as reduziu a ser pura energia, fotões com níveis energéticos muito elevados.

Um leve desequilíbrio entre a matéria e a antimatéria – um pequeno excedente dos protões não emparelhados com antiprotões; mais ou menos, um protão por cada mil milhões de pares de protões e de antiprotões – ficou disponível para que no futuro tivesse lugar a evolução do Universo a caminho da sua forma actual ou, em termos antropocêntricos, para que viessem a existir seres humanos.

Tudo isto significa: *a*) Que a quantidade de matéria hoje contida no Universo, incluindo a correspondente à "matéria escura" ou "massa perdida" de que falámos anteriormente, é apenas uma parte mínima da que existiu nos seus primeiros instantes, e *b*) Que desde a própria origem da realidade material o termo "matéria" deve ser entendido de um modo muito amplamente analógico. Tal como há uma "analogia do ente", daquilo que é, porque o termo "ser" pode ser aplicado tanto aos diferentes entes reais como aos chamados "entes de razão", deve também haver uma "analogia da matéria", porque em não pouco diferem entre si as realidades materiais do quark, do protão, do átomo e da molécula e do cristal e da célula, e porque é muito o que separa entre si a realidade material observável na molécula, no cristal e na célula, da inimaginável e extremamente fugaz realidade material correspondente a densidades de 10^{50} gramas por centímetro cúbico e a temperaturas de 10^{20} graus Kelvin [20].

Quando a energia e a densidade necessárias para a produção de hadrões desceram para limites inferiores – 10^{10} graus Kelvin, 10^{10} gramas por centímetro cúbico – começaram a predominar os leptões (electrões, neutrinos e muões). À etapa hadrónica da cosmogénese seguiu-se a sua etapa leptónica, recorde-se o que dissemos antes a este propósito. Mas ao terminar o primeiro mili-segundo, a maior parte dos leptões decompusera-se em fotões. Diminuía uma vez mais a quantidade de matéria do cosmos. Durante breves instantes o nosso universo foi um mar de radiação mínimo, no qual se moviam desordenadamente as partículas electropositivas, electronegativas e neutras sobreviventes de uma dupla aniquilação, a dos protões-antiprotões e neutrões-antineutrões e a posterior dos leptões. A força electromagnética aparecera e podiam formar-se os primeiros átomos.

---

[20] Persistem em algumas das estrelas que os nossos telescópios permitem observar densidades enormes da matéria. Em todo o caso, a realidade hoje observada corresponde ao que essas estrelas foram há milhões de anos.

2. As primeiras estruturas

Produzida a matéria, operam nela duas tendências: uma, de maior alcance, no sentido da génese de estruturas cada vez mais complexas; outra, dotada em certas ocasiões de extrema eficácia, como a que outrora levou à dupla aniquilação que acabo de mencionar, mas sempre possível, como tão evidentemente hoje mostram a radioactividade e a fusão nuclear, tendo por efeito a degradação ou a destruição de estruturas já constituídas. Por conseguinte, na evolução do cosmos há duas flechas do tempo: a assinalada pelo segundo princípio da termodinâmica clássica (todo o sistema fechado tende para a uniformidade e para o aleatório, isto é, para o aumento da entropia e para a degradação da energia) e a contemplada pela nova termodinâmica (existência de sistemas em que a progressão acontece no sentido da diferenciação e da ordem crescentes). É nesta última que se funda a tendência para a neogénese de estruturas.

Indicarei a seguir como as primeiras estruturas, e mais simples, apareceram no Universo. Antes, todavia, não será inoportuno que exponha sumariamente o modo como a ciência actual concebe a neogénese das estruturas materiais [21].

Termodinamicamente considerada a sua existência, no conjunto do universo actual três estados são possíveis. Um deles, o primeiro, é o dos *sistemas em equilíbrio*, em cujo interior não existem diferenças de temperatura e de concentração. Os seus elementos estão desordenados numa mistura aleatória e o sistema é dinamicamente inerte; o dinamismo próprio da sua realidade – não há realidade material que em si mesma não seja dinâmica – encontra-se, por assim dizer, estacionariamente congelado. O segundo dos estados possíveis é o dos *sistemas próximos do equilíbrio*. Nestes, há pequenas diferenças de temperatura e concentração, a sua estrutura interna não é aleatória, e assim os sistemas não são inertes. Quando desaparecem as condições que mantêm o seu desequilíbrio, movem-se no sentido do equilíbrio, segundo a lei de Guldberg e Waage, no que se refere ao equilíbrio químico, e no sentido do nivelamento das temperaturas, no que se refere ao equilíbrio térmico.

---

[21] Sigo aqui o resumo eloquente que nos proporciona E. Laszlo em *Evolución. La gran síntesis*.

O terceiro dos estados em questão é, enfim, o dos *sistemas afastados do equilíbrio* térmico e químico. Estes sistemas – as "estruturas dissipativas" de Prigogine – não se encaminham para a perda de energia livre e o aumento da entropia, podem ampliar certas flutuações e evoluir assim no sentido de um regime dinâmico radicalmente distinto do que vigora nos estados em equilíbrio ou próximos dele. Dissipando entropia, o seu comportamento foi decisivo para que tivesse tido lugar e continue a ter lugar a evolução ascendente do cosmos.

Deveremos então dizer que tais sistemas não obedecem ao segundo princípio da termodinâmica? De maneira nenhuma. O que acontece – foi esta a grande novidade que a nova termodinâmica introduziu na termodinâmica clássica – é que os sistemas em evolução não são fechados, mas abertos, pelo que a relação entre eles e o seu meio lhes permite "importar" energia e evitar que a variação da entropia seja unicamente determinada pelos processos irreversíveis que decorrem no interior dos seus limites. Neste sentido, o sistema tende a flutuar em torno dos estados definidos pelas suas constantes dinâmicas, e é deste modo que se mantêm, enquanto duram, as estruturas energético-materiais que foram aparecendo na evolução do cosmos: átomos, moléculas e organismos vivos.

Na neogénese das estruturas cósmicas devemos distinguir: a singularidade material com que cada uma delas se constitui (materialmente foram muito diferentes entre si a génese da primeira molécula e a da primeira célula) e a invariância formal com que todas se produzem (termodinâmica e topologicamente todas elas são redutíveis a um modelo comum). Por outras palavras: todas elas são expressão do dinamismo universal da matéria e cada uma delas é também expressão do dinamismo particular correspondente ao nível cosmológico da sua estrutura.

No que se refere à produção da energia livre – ou de entropia negativa – nos sistemas abertos e evolutivos, o que fica assim dito é sem dúvida o essencial. Mas é preciso acrescentar algo mais para que o esquema formal invariante que preside à evolução das estruturas se ajuste aceitavelmente ao que a ciência actual nos ensina sobre ele. A fim de ser mais breve, resumirei aquilo de que se trata nos pontos seguintes:

1. Quando um sistema afastado do equilíbrio recebe e assume um fluxo de energia livre suficientemente intenso, passa para estados com

um nível inferior de entropia e auto-organiza-se noutro sistema de complexidade superior. Entre o desequilíbrio e a auto-organização há uma relação objectivamente demonstrável (Prigogine, Morowitz e Katchalsky). A génese da nova estrutura é ao mesmo tempo necessária e impredizível: necessária, porque se produz necessariamente quando certas condições paramétricas chegam a um ponto crítico; impredizível, porque o número dos estados mais ou menos duradouros a que a transformação qualitativa pode conduzir aumenta com o nível do desequilíbrio, e assim, quanto mais dinâmico for um sistema e maior a sua entropia negativa, maior será também o grau de liberdade da sua desestabilização [22].

2. A ordem de todo o sistema cósmico, seja qual for o nível da sua estrutura, resulta da ordenação cientificamente inteligível de um caos que lhe é anterior. Falei páginas atrás do "estado caótico transitório" que segundo A. Guth precede o estado inflacionário por ele descrito no processo da cosmogénese. Pois bem: durante os últimos anos descobriu-se a presença de um comportamento caótico numa grande multiplicidade de sistemas naturais, e produziu-se avassaladoramente na ciência aquilo a que acabou por se chamar a "revolução do caos". A teoria do caos seria equiparável em termos de importância científica e histórica à teoria da relatividade, à mecânica quântica e à biologia molecular, segundo Gleick afirma num livro famoso [23].

Segundo a teoria do caos, nos processos do Universo há três modos de determinação do consequente pelo antecedente: a ideal e só aparente *determinação determinista* postulada pela física clássica, válida para o conhecimento científico dos sistemas e movimentos macrofísicos, porque o erro da medida é insignificante acima das dimensões atómicas; a *determinação indeterminista*, simplesmente probabilística, posta em evidência pela física das partículas elementares, modo de determinação de iludível validade universal mas, como acabo de indicar, praticamente pres-

---

[22] Liberdade, como é óbvio, no sentido físico-químico do termo, ou seja, aquele que tem no enunciado da lei de Gibbs.

[23] Dando expressão à magnífica e produtiva receptividade intelectual dos físicos espanhóis, o seu decano, Luis Bru, publicou nos *Anales de la Real Academia Nacional de Medicina* (1990, I) o estudo "La revolución del caos. Caos y biología", que pode servir de introdução ao conhecimento de tão fascinante tema. É desse estudo que extraio a minha alusão ao livro *Chaos making, a New Science*, de Gleick.

cindível no que se refere ao estudo e tratamento dos sistemas macrofísicos e, por último, tendo por substrato incontornável o indeterminismo das partículas elementares, o *indeterminismo caótico*. Para além do determinismo ideal e apenas aparente da mecânica de Newton-Laplace, para aquém do inexorável indeterminismo quântico da mecânica de Heisenberg e Bohr, a realidade atómico-molecular seria ocasional e transitoriamente caótica, porque é caótico o estado da matéria antes de constituir uma ordem estrutural mais ou menos duradoura.

O caos que os físicos actuais descobriram não é a realidade originária, informe e confusa de que falava a cosmogonia mitológica de Hesíodo e, muitos séculos mais tarde, também a cosmogonia alquímica de Paracelso. A actual "teoria do caos", cujo primeiro balbuciar foi, nos princípios do nosso século, a dinâmica das turbulências nos sistemas fluidos, limita-se a afirmar que a constituição de uma estrutura material e a passagem evolutiva de um nível estrutural da matéria para outro de entropia menor e de maior complicação acarretam como condição prévia o aparecimento de um estado caótico, no qual, através de uma análise mental adequada, é possível discernir linhas finas de ordem – a mariposa de Lorenz, as células de Bénard, a dobra e a bifurcação de Thom, a franja e o funil de Rössler – que orientam o comportamento real dos sistemas aleatórios e impredizíveis. Em todo o salto qualitativo na dinâmica da evolução do cosmos há ao mesmo tempo um estado transitório e sempre potencial estado caótico, a produção de uma catástrofe topológica inovadora (Thom) e a génese de uma estrutura termodinamicamente dissipativa (Priogogine) [24].

3. Globalmente considerada, a evolução das estruturas cósmicas exige que tenhamos em conta a existência e a interacção de vários parâmetros básicos: a dimensão, o nível de organização, a energia de ligação e o nível de complexidade.

---

[24] Basta-nos aqui esta indicação sumária. O leitor pode encontrar uma aproximação autorizada e minimamente técnica às ideias de Prigogine sobre o caos e as estruturas dissipativas na sua contribuição "Enfrentándose con lo irracional" para o volume colectivo, dirigido por J. Wagensberg, *Proceso al azar* (Barcelona, 1986). O meu livro *El cuerpo humano. Teoría actual* (Madrid, 1989) contém uma exposição global, desprovida de tecnicismos matemáticos, da "teoria das catástrofes" de R. Thom.

À medida que aumenta a dimensão da estrutura, cresce o nível de organização (compare-se a de um protão com a de um átomo pesado) e diminui a energia de ligação (da extremamente intensa da interacção nuclear forte à das ligações iónicas ou covalentes das moléculas complexas, passando pela electromagnética entre a parte exterior e o núcleo do átomo). Mas o crescimento do nível de organização não supõe, sem mais, um crescimento análogo do nível de complexidade. Quando se constitui um nível estrutural mais elevado que os anteriores, torna-se necessário distinguir entre as propriedades sistemáticas que especificam a actividade da nova estrutura, que se podem referir ao seu *novum*, e as que, aditivamente ou não, possam ser atribuídas aos elementos de que a estrutura procede. Considerada em si própria – portanto, no que tem de "água" –, a estrutura da molécula H_2O é menos complexa que a soma das estruturas do hidrogénio e do oxigénio que a compõem, ainda que, considerada na sua totalidade, obviamente as englobe. Um supra-sistema é mais simples que a soma dos subsistemas que o compõem e tem sobre eles, ainda que efectivos dentro dele em subtensão dinâmica (Zubiri), uma hierarquia inovadora e reguladora (H. Pattee). Do átomo simples ao átomo pesado, de um e outro à molécula, desta à macromolécula e da macromolécula à célula, tal foi em termos sucessivos a evolução material do nosso planeta.

4. A produção de cada nível estrutural é regida pelo acaso e pela necessidade: acaso, não como arbitrariedade total, mas como impossibilidade de predizer para qual das possibilidades inerentes a um sistema – nunca infinitas, sempre limitadas: de um *Hyracotherium* primitivo podiam derivar várias espécies de cavalos, não um centauro – se inclinará a sua subsequente evolução. Necessidade também, insisto neste ponto, porque uma vez suposta a não predizível constelação das variações paramétricas (complexidade química, concentração, temperatura, estado eléctrico, etc.) exigidas pela inovação estrutural de que se trata – as que se deram, por exemplo, para que se produzisse uma célula procariótica no interior simplesmente molecular do "caldo pré-biótico" –, produzir-se-á necessariamente a estrutura em questão e esta possuirá necessariamente o conjunto das propriedades sistemáticas que lhe correspondam. "Para a mente humana", diz E. Laszlo, "a evolução é sempre possibilidade, nunca destino." Uma vez produzida nela uma novidade, podemos compreendê-la, ainda que não tivéssemos podido

predizê-la. Na dinâmica do Universo há "teleonomia" (Monod), sentido inteligível *quoad nos* e *a posteriori*, mas não uma "teleologia" de cunho aristotélico ou leibniziano. O dinamismo essencial da matéria cósmica realiza-se e manifesta-se-nos a diferentes níveis estruturais, cada um deles com as suas propriedades sistemáticas e com o seu *clinamen* peculiar e inapreensível tendendo para níveis superiores da organização.

As primeiras partículas elementares, os quarks, uniram-se rapidamente entre si para formar as estruturas materiais mais simples e mais antigas [25]. A estruturação, a tendência para a constituição como estrutura, é o mais radical dos dinamismos posteriores ao que presidiu à materialização inicial da energia radiante. Segundo o que os astrofísicos nos ensinam, surgiram assim as primeiras estruturas materiais do cosmos: os protões, neutrões e mesões. Um mesão é composto por um quark e um antiquark, um protão, por três quarks e três antiquarks, um e outro são, consequentemente, conjuntos estruturados de elementos, cuja realidade efectiva, ainda não constatada nos aceleradores de partículas, é cientificamente exigida pelo estado actual da investigação microfísica.

As propriedades características do protão – massa, carga eléctrica, rotação, duração – são propriedades sistemáticas da sua estrutura, notas descritivas e constitutivas não resultantes da simples adição das que correspondem a cada um dos seus elementos. Uma dessas propriedades, a duração, faz do protão uma partícula atómica em que a evolução do cosmos, da sua etapa hadrónica até à actualidade, teve um fio vermelho constante. Milhares de milhões de anos depois da sua produção, muitos, um enorme número desses protões perduram como núcleos dos átomos e das moléculas que hoje existem no Universo. Antes de se formarem os átomos e as moléculas, os protões foram estruturas materiais livres, conjuntos de elementos e notas nos quais rudimentarmente se efectuava aquilo que acerca da estrutura em geral ficou dito páginas atrás. Formados os átomos e as moléculas que hoje compõem as galáxias,

---

[25] Há quem fale da "estrutura" do electrão livre, de cuja realidade fazem parte os fotões potenciais que o acompanham. Talvez se verifique na circunstância uma extrapolação abusiva da noção de estrutura material. Pelo que dele podemos saber, o electrão é uma partícula elementar e compacta.

continuam a subsistir nestas, sem dúvida, mas apenas como partes integrais operantes em subtensão dinâmica no interior dos conjuntos superiores a que pertencem.

Com o aparecimento das partículas subatómicas, sejam elementares, como o quark e o electrão, ou já estruturadas, como o protão e o neutrão, surge no Universo o dinamismo do cosmos mais antiga e mais cientificamente estudado na história do pensamento cosmológico, esse a que Zubiri chama *dinamismo da variação* e que tem a sua expressão mais radical no movimento local. Os quarks ainda hipotéticos e os já bem detectados electrões e protões foram na sua origem partículas que se moviam no espaço, qualquer que tenha sido, por referência ao espaço euclidiano da experiência quotidiana ou por referência ao espaço-tempo da doutrina relativista, a peculiaridade físico-matemática desse espaço inicial. "Por isso", escreve Zubiri, "o movimento local é a base de todas as demais variações, tanto quantitativas como qualitativas. E é-o pela mesma razão que, segundo os escolásticos, a quantidade é o *accidens radicale*. Pois bem: o movimento *radical* – embora, em Aristóteles, também se chame *kínesis*, movimento, à mudança qualitativa e à de aumento ou diminuição – é a mudança de lugar". Nesse movimento terão pois de se fundar os que mais tarde apareçam na evolução do cosmos.

3. As estruturas atómica e molecular

O acaso fez com que protões, neutrões, mesões e electrões se encontrassem adequadamente entre si no interior do mar de radiação em que existiam, depois das etapas hadrónica e leptónica do cosmos; e uma vez que o permitia a descida progressiva da densidade (abaixo dos 10^{10} gramas por centímetro cúbico) e da temperatura (abaixo dos 10^{10} graus Kelvin), desse encontro nasceram os primeiros elementos químicos: o hidrogénio, o seu isótopo o deutério e, pouco depois, o hélio. Uma nova estrutura, a atómica, surgira no Universo, uma ordenação espacial e dinâmica da matéria em que pela primeira vez actuavam conjugadamente as quatro forças cardeais: a gravitacional, a electromagnética, a de interacção forte e a de interacção fraca.

A química e a astrofísica actuais mostraram com certa precisão a complexidade da produção dos átomos, do hidrogénio ao urânio, e o processo através do qual foram surgindo no cosmos elementos químicos cada vez mais pesados. Hoje sabe-se, por exemplo, que apesar da extrema simplicidade da estrutura do átomo de hidrogénio – um protão e um electrão – dele existem não menos que quarenta formas diferentes [26]. Pois bem: a exploração radiotelescópica do Universo permitiu descrever com certa verosimilhança como a partir dessa surpreendente variedade molecular do hidrogénio e até à variedade muito maior do urânio, o elemento químico mais complexo e mais pesado entre os que o nosso planeta oferece, se foram constituindo todos os elementos que integram a tabela de Mendeleiev [27].

A composição da Terra e dos restantes planetas do sistema solar – massas sólidas, nas quais são abundantes os átomos pesados – oculta aos nossos olhos a elevada uniformidade química do Universo. No número total dos seus átomos, 88,6% são, com efeito, de hidrogénio e 11,3%, átomos de hélio. No que se refere ao mesmo número total, só 0,1% é compreendido pela proporção dos átomos mais pesados que o hidrogénio e o hélio. No interior deste quadro quantitativo, como se foram formando os restantes elementos químicos? Como pode, por outro lado, explicar-se a sua tão desigual abundância na massa do nosso planeta – por exemplo, a raridade do lítio, do berílio e do boro, por comparação com a abundância do hidrogénio, do hélio, do carbono e do nitrogénio, seus vizinhos na tabela periódica?

O aumento do número dos átomos formados no termo da etapa radiante do cosmos e o consequente crescimento da força gravitacional entre as suas pequenas massas materiais determinaram a sua lenta acumulação e a configuração posterior das galáxias. A velha noção dos universos-ilhas atingiu no nosso século um desenvolvimento formidável: aumentou fabulosamente o número das galáxias observadas, estas foram rigorosamente classificadas e – depois da instauração inicial e

---

[26] São conjuntamente causas dessa enorme variedade: 1) A existência de espécies atómicas, moleculares e ionizadas, na fase gasosa do hidrogénio; 2) A existência de três isótopos; 3) A existência de isómeros segundo a rotação nuclear para as espécies homonucleares diatómicas.

[27] Como se sabe, os elementos transurânicos, quinze no total, foram artificialmente obtidos.

da revisão posterior do primitivo esquema de Hertzsprung e Russell – foi elaborada uma doutrina plausível, a de Baade, sobre a génese e a evolução das estrelas na imensidão da massa galáctica. Segundo a teoria em causa, há nas galáxias dois tipos de estrelas: as azuis na sua parte externa (população I), nas quais predomina a conversão do hidrogénio em hélio, e as de núcleo avermelhado (população II), nas quais o processo da nucleogénese avançou, acompanhado da formação consequente de elementos mais pesados. A explosão das estrelas faz com que transitem para o espaço interestelar os elementos químicos gerados no interior da sua massa [28].

Um consenso aceitável entre os astrofísicos e os químicos estabeleceu, a respeito da marcha da nucleossíntese, a sucessão de processos termonucleares que o esquema seguinte mostra:

a) *Processos exotérmicos no interior da massa estelar:*

1. Combustão de hidrogénio: a reacção geral converte quatro protões de hidrogénio num núcleo de hélio, dois positrões e dois neutrinos.

---

[28] Seria aqui despropositada uma exposição minuciosa das sugestivas teorias actuais acerca da génese e da evolução das galáxias e das estrelas. Limitar-me-ei assim a transcrever alguns breves parágrafos de Laszlo: "No marco do milhão de anos, os sistemas atómicos mais primitivos começaram a contrair-se, levando assim à formação de galáxias. A época da formação de galáxias pode ter durado uns cinco milhões de anos. Em meados desse período, a densidade do cosmos desceu para 10^{-20} gramas por centímetro cúbico e a temperatura baixou até cerca de 300 graus Kelvin. Quando, no essencial, as galáxias acabaram de se constituir, começaram a formar-se estrelas. Mas, uma vez formadas no vasto quadro das galáxias, as estrelas evoluem. As da I geração começaram o seu ciclo vital quando se sintetizara já a matéria inicial do Universo; eram compostas de 90% de hidrogénio e de 9% de hélio, a par da presença de indícios de outros elementos. Inicialmente havia um pequeno gradiente de temperatura entre o seu centro e a sua superfície. Mas, à medida que a estrela evoluiu, aumentou a temperatura do centro, e com ela o gradiente de temperatura entre o centro e a superfície. A fusão nuclear no centro sintetizou os núcleos de hidrogénio em hélio, e depois os elementos mais pesados. As estrelas relativamente grandes – iguais ou maiores que o nosso Sol – evoluem muito, e no final do seu ciclo de vida explodem (mais exactamente, implodem e ressaltam) como supernovas. As estrelas abaixo da massa crítica evoluem menos radicalmente para o seu estado luminoso relativamente estável e frio".

2. Combustão do hélio e do carbono. A combustão do hélio dá lugar ao berílio, o qual, reintervindo sobre o hélio, engendra carbono. Outras combustões se seguem a esta: o carbono e o hélio dão oxigénio, o oxigénio e o hélio, néon, o néon e o hélio, magnésio, e posteriormente, aparece o sódio.

3. O processo α. Este nome é dado ao conjunto de reacções termonucleares que acontecem na evolução das estrelas gigantes vermelhas de massa média e que, mediante a colaboração de raios γ altamente energéticos, dão lugar ao desprendimento de partículas α do núcleo do néon, as quais, agindo sobre os átomos já formados, produzem outros de oxigénio, magnésio, silício, enxofre, árgon, cálcio e titânio.

4. O processo *e* ou de equilíbrio. O consumo de hidrogénio é mais rápido nas estrelas de massa maior, produzem-se violentas explosões – observadas da Terra sob a forma de supernovas –, têm lugar vários tipos de reacções nucleares e, por fim, passados alguns segundos, talvez minutos, estabelece-se um equilíbrio estatístico entre os diversos núcleos e os protões e os neutrões livres. Pode explicar-se assim a relativa abundância dos elementos que na tabela dos pesos atómicos vão do titânio ao cobre e, muito principalmente ao ferro.

b) *Processo de captura e de absorção de neutrões:* processos *s (slow neutron absorption)* e processos *r (rapid neutron absorption).*

Os dois tipos de processos acontecem na evolução das estrelas gigantes vermelhas e são especialmente eficazes na produção de inúmeros isótopos: do irídio e do zircónio, do bário e do cério, do chumbo e do bismuto. Também a eles se atribui a presença de tório e de urânio no cosmos.

c) *Processos miscelânea:*

1. O processo *p (proton capture):* captura de protões por núcleos pesados, produção de um certo número de isótopos ricos em protões. Este processo deve ser posto em relação com a actividade das supernovas. Com a excepção do índio e do estanho, todos os trinta e seis isótopos assim produzidos têm números atómicos compreendidos entre o do selénio e o do mercúrio.

2. O processo *x*: formação dos cinco isótopos estáveis – lítio 6, lítio 7, berílio 9, boro 10 e boro 11 – através de reacções de fragmentação

(spallation reactions) consecutivas ao bombardeamento pelos raios cósmicos.

Foram-se assim formando os átomos pesados, e assim se pode entender que, contra a ideia daltoniana dos pesos atómicos, a grandeza de cada um deles não seja uma constante da natureza [29].

Volto ao que já foi dito: durante a era galáctica e estelar do cosmos prosseguiu a formação de átomos ligeiros que começara pouco antes dela, e foi-se completando a série dos átomos registados pela tabela de Mendeleiev. Depois da génese dos hadrões – e, evidentemente, apoiando-se nela –, uma nova estrutura, a atómico-molecular, surgiu no Universo e nele continua a existir. Trata-se agora de saber que novidade se introduziu assim na evolução dos dinamismos que nele operam.

Em contraste com o protão, exclusivamente caracterizado pelas suas propriedades e constantes físicas, o átomo, do extremamente simples de hidrogénio ao supercomplexo do urânio, começa a mostrar propriedades estritamente químicas. Atenção: de modo algum tento afirmar que as propriedades dos elementos de que os químicos se ocupam não sejam em última instância "físicas", quero dizer, incluíveis nas que a física atómica estuda. Desde a descoberta da radioactividade até aos dias de hoje, a química foi-se convertendo cada vez mais num capítulo da física atómica e molecular e da termodinâmica. Nos começos do século XX, dizia-se que são *físicos* os fenómenos nos quais varia a energia dos corpos em que se realizam, mas sem que a natureza da sua matéria se modifique, e *químicos* os que se produzem com variação de energia e transformação da matéria dos corpos que envolvem. A actual física das partículas elementares permitirá sustentar esta contraposição? De maneira nenhuma. Na explicação científica dos fenómenos cósmicos, tudo é e tem de ser física. Nada mais evidente. O que não exclui que ao

---

[29] Um engenhoso texto de Gamow dá uma ideia da viva controvérsia entre os astrofísicos acerca da formação dos elementos pesados. Perante o fracasso da sua primeira hipótese, Gamow escreveu no seu humorístico *Génesis:* "Deus ficou muito desiludido e, num primeiro momento, quis voltar a contrair o Universo e começar de novo. Mas isso teria sido demasiado simples. Pelo que, como todo-poderoso que era, decidiu corrigir o seu erro de um modo quase impossível. E disse Deus: Faça-se Hoyle. E Hoyle fez-se. E Deus olhou para Hoyle, e disse-lhe que fizesse elementos pesados segundo a forma que preferisse. E Hoyle decidiu fazer elementos pesados no interior das estrelas e expandi-los com explosões de supernovas".

unirem-se dois átomos da mesma natureza para formar a molécula de um elemento (H_2, Cl_2), ao combinarem-se entre si átomos de natureza distinta para engendrar moléculas de composição complexa, da relativa simplicidade das diatómicas (ClH ou H_2O) ao alto nível de complexidade das macromoléculas, e ao interactuaram quimicamente as moléculas já formadas (reacção entre SO_4H_2 e $ClNa$, acção da insulina no processo da glicogénese), apareça uma novidade qualitativa no aspecto da transformação material. Os manuais científicos aludem a essa novidade estrutural e dinâmica da matéria ao seu nível atómico-molecular quando falam das "propriedades químicas" de uma determinada substância, chame-se esta hidrogénio, ácido nítrico ou colesterol.

A formação de moléculas, tanto homonucleares (H_2, He_2) como heteronucleares (H_2O, ClH), começou muito cedo no processo da cosmogénese. Já o indiquei antes. Nas nuvens de poeira interestelar há, além de moléculas em cuja composição entram elementos pesados, aldeído fórmico e ácido cianídrico, e em certos meteoritos foi detectada a presença de aminoácidos e de ácidos nucleicos. Foram identificadas mais de cinquenta espécies de moléculas, muitas delas com um peso molecular que excede as cinquenta unidades, na matéria interestelar. A estrutura molecular da matéria não existe somente nos planetas do sistema solar.

Descritivamente considerada, tal estrutura oferece as seguintes propriedades sistemáticas:

1. Uma plasticidade crescente na interacção química. Os dois tipos de ligação – o iónico e o covalente – entre os átomos ou os grupos atómicos que compõem a molécula, e a valência, frequentemente múltipla, dos elementos e dos radicais químicos – basta pensarmos na existência dos cinco óxidos do nitrogénio – aumenta de modo muito considerável a gama das possibilidades dinâmicas da matéria. Muito limitadas no protão, a mais simples das estruturas cósmicas, essas possibilidades começam a desdobrar-se na molécula do hidrogénio – recorde-se o grande número das suas variedades –, e no caso de alguns elementos químicos, como o carbono e o silício, deram lugar aos vastos capítulos da química que se fundamentam neles e nas suas combinações. A grande plasticidade química das moléculas que integram a massa do nosso planeta tornou possível que a geodinâmica e a flora e a fauna terrestres tenham acabado por ser aquilo que perante nós são.

2. Uma ordenação gradual na estabilidade das estruturas. Acerca da enorme, quase sempiterna estabilidade do protão – ressalvada a possibilidade de ser artificialmente submetido a colisões com outras partículas de energias extremamente elevadas –, já se disse o suficiente. Pois bem: se os átomos e as moléculas tivessem a mesma estabilidade, a anteriormente referida plasticidade química de uns e de outras não chegaria a produzir-se. E, por outro lado, sem uma relativa estabilidade das partículas atómicas e moleculares do Universo, a sua evolução no sistema solar, e muito especialmente no nosso planeta, não teria sido a que hoje podemos descrever e não continuaria a ser como de facto é. Centradas pelos protões e neutrões dos seus núcleos, moduladas pelas nuvens de electrões em torno deles, as estruturas dos átomos e das moléculas possuem uma estabilidade variável entre a muito elevada dos gases nobres, praticamente incapazes de reacção química, e a incipiente inestabilidade espontânea dos elementos radioactivos. Nela se fundam a duração persistente da rocha granítica, a vida dilatada das espécies arbóreas e a vida breve ou muito breve de algumas espécies animais.

3. O aparecimento gradual de propriedades novas quando, evolutiva ou artificialmente, a molécula se converte em macromolécula. Uma macromolécula pode formar-se através da polimerização aditiva dos seus monómeros – tal é o caso da estrutura dos polissacáridos, em relação com os açúcares, o do cauchu, em relação com o isopreno, e o das proteínas, em relação com os aminoácidos – ou por combinação de materiais químicos muito diferentes entre si, como acontece nos ácidos nucleicos. A indústria actual explorou em grande medida as propriedades físicas e químicas – adesividade, coerência, ductilidade, resistência aos agentes destruidores – dos polímeros por adição, propriedades que, como é óbvio, o monómero originário não possuía. Por outro lado, a formação evolutiva das proteínas de elevado peso molecular e dos diversos ácidos nucleicos – em primeiro lugar, do ponto de vista da sua importância biológica, o ribonucleico (ARN) e o desoxirribonucleico (ADN) – deu lugar a propriedades moleculares sistemáticas que preludiam a actividade biológica da matéria: uma aproximação remota e básica da espontaneidade e certa capacidade de replicação.

Se, segundo o dicionário, chamarmos espontânea à actividade "voluntária e de movimento pronto", é evidente que fora da vida humana não há espontaneidade – apurando a análise, não a há sequer nela –, mas os animais superiores aproximam-se da espontaneidade quando os seus movimentos são motivados por estímulos exteriores de escassa intensidade, isto é, quando é o estado do tónus vital o que preponderantemente os determina. Pois bem: em meu entender, esta quase-espontaneidade encontra-se remotamente fundada nas propriedades sistemáticas das macromoléculas pré-bióticas, proteínas e ácidos nucleicos, muito mais sensíveis que a maior parte das micromoléculas – água, sais minerais, etc. – aos incitamentos físicos e químicos do meio em que existem. A tal propriedade, no caso dos ácidos nucleicos, associa-se uma capacidade de replicação incipiente: a produção, sob determinados estímulos, de moléculas que reproduzem a composição e a estrutura da molécula-mãe. Nestas propriedades da matéria pré-biótica pode-se fundar, segundo penso, a distinção entre "matéria viva" e "organismo" – homóloga da que, a outro nível da realidade material, existe entre a "partícula elementar" e o "corpúsculo" –, mais que uma vez afirmada por Zubiri.

Recapitulemos. A evolução do cosmos inicia-se com o *dinamismo da materialização*: a energia radiante originária converte-se na primeira forma da matéria cósmica, a partícula elementar. Sobre este primeiro dinamismo operará, desde então e até hoje, um *dinamismo da estruturação* constante: a tendência radical da matéria para se estruturar, para se realizar em estruturas cada vez mais complexas. A estruturação não seria possível a nenhum dos seus níveis sem a existência de um *dinamismo da variação*, cuja forma empírica mais elementar e universal é o movimento local. Ao dinamismo da variação segue-se, na ordem proposta por Zubiri, o *dinamismo da alteração*, por obra do qual aparece no Universo algo "outro", *alter*, por referência ao que até então nele havia. O aparecimento de um protão numa atmosfera de quarks é já alteração, no sentido amplo do termo. A níveis estruturais simultâneos ou posteriores, a alteração pode adoptar três formas: a transformação, a repetição e a génese. Há "transformação" quando a modificação espontânea de uma estrutura (por exemplo, a decomposição radioactiva do rádio e do polónio) ou a combinação química entre duas substâncias (por exemplo, a do cloro e do hidrogénio, para formar ácido clorídrico) produzem estruturas atómicas ou moleculares qualitativamente diferentes das que a ela deram lugar. Por serem "por si" o que realmente são, estas estruturas "dão de si" as que delas derivam. Há mera "repetição" e não genuína transformação quando a estrutura originária produz outra inteiramente igual a ela. Forma-se assim uma multiplicidade de *singuli*, de unidades numéricas indiscerníveis entre si. Há, enfim, verdadeira "génese" quando a multiplicação de certas estruturas engendra indivíduos não idênticos entre si e não inteiramente iguais aos seus progenitores, mas pertencentes ao *phylum* e à espécie de que eles também fazem parte. A operação do dinamismo genético é constituinte e, contra o que sem maior reflexão costuma afirmar-se, não simplesmente transmissiva. A geração, diz Zubiri, consiste num "dar de si esquematizado". Mas o dinamismo da génese nem sempre é gerador, no sentido anteriormente apontado, pode ser também originante, iniciador de um *phylum* novo, como acontece quando o que se gera é um mutante e, portanto, uma espécie nova.

Tudo isto nos conduz, no interior da evolução da matéria no quase infinitesimal grumo cósmico em que habitamos, ao aparecimento e às propriedades de um nível estrutural novo e mais complexo: o das estruturas *vivas*.

4. As estruturas vivas

Num determinado momento e num determinado lugar – segundo toda a probabilidade, no fundo de depósitos aquáticos superficiais, banhados de sol e pouco profundos –, a interacção de um conjunto de moléculas e de macromoléculas muito diferentes entre si deu lugar à formação de uma estrutura material nova na história do nosso planeta: a *estrutura orgânica*, o *organismo*. Começara um modo inédito da actividade da matéria, esse modo a que chamamos *vida*. Pela causal e ordenada conjunção dinâmica de variadas estruturas moleculares, iniciava-se na superfície da Terra a extremamente vasta série ascendente das estruturas vivas que a povoam.

Como aconteceu esta novidade? O problema levantado por uma tal pergunta faz-nos recuar até às décadas centrais do século XIX. Baseando-se mais na imaginação que na observação, Haeckel pensou que as primeiras células – as móneras, os cítodos, o batíbio, termos por ele introduzidos – tinham sido consequência de uma condensação de matéria não viva, contra o célebre *omne vivum ex vivo*, de Redi, o ser vivo, na sua origem, proviria do que não vive. Por seu lado, negando através de factos a suposta *generatio aequivoca* das células, Virchow convenceu todos da sua *generatio univoca*, e por meio do seu *omnis cellula e cellula*, "toda a célula procede de outra célula", pareceu dar por concluída a edificação da teoria celular. Hoje podemos e devemos afirmar que os dois tinham razão: Virchow, quanto às células observáveis nos seres vivos que estudam a botânica e a zoologia; Haeckel, quanto à génese dos primeiros seres vivos unicelulares – ainda que, como antes disse, as suas afirmações fossem mais imaginativas que estritamente científicas.

Com Oparin, Urey, St. L. Miller, Ponnamperuma, Fox, Oró e outros, o tema da origem da vida passou decididamente do campo da imaginação para o campo da ciência. A mais rigorosa investigação científica demonstrou que, em determinadas condições experimentais, uma mistura de moléculas mais ou menos simples – hidrogénio, água, amoníaco, metano, etc. – pode dar lugar à formação de aminoácidos, nucleótidos e ácido adenosintrifosfórico, ATP. Acabaria por se impor uma hipótese perfeitamente razoável e reflectida. Há mais de três mil milhões de anos – pois é desse tempo que procedem os "fósseis" de organismos bacterióides descobertos na África do Sul por Swain –, os mares primitivos e a atmosfera terrestre continham elementos materiais aptos para a formação de macromoléculas orgânicas, e as águas marinhas foram-se convertendo na variegada mistura de substâncias químicas a que hoje se tornou corrente chamar "caldo primordial" ou "caldo pré-biótico". Surgiram assim as proteínas, produto da polimerização dos aminoácidos, os ácidos nucleicos, moléculas já capazes de replicação, resultado da polimerização dos nucleótidos, e os polissacáridos, polímeros dos açúcares. Foi da interacção casual dessas macromoléculas e de outros agrupamentos moleculares mais simples que surgiram as primeiras células procarióticas mais elementares e, com elas, uma ordem nova e mais elevada na série das estruturas cósmicas, a estrutura orgânica, bem como uma actividade da matéria nova e mais complexa, a vida.

Enquanto titular de um novo dinamismo cósmico, em que se unem a génese e a mesmidade, a multiplicação no interior de um *phylum* e a actividade daquilo que visa continuar a ser o que é, o que poderemos dizer hoje deste novo modo de realização da matéria? A minha resposta dividir-se-á em três rubricas: 1) Mecanismo da biogénese; 2) Complicação evolutiva das estruturas vivas; 3) A vida animal como propriedade sistemática.

a) *Mecanismo da biogénese*

Formalmente considerado, o processo físico-químico em virtude do qual apareceram no planeta as estruturas vivas deu lugar à constituição de um sistema material muito afastado do equilíbrio termodinâmico e químico, nos termos de Prigogine, à formação de uma estrutura dissipativa de nível mais elevado que o de todas as anteriores a ela. Considerado materialmente, esse processo – a génese das moléculas integrantes do "caldo pré-biótico" e o seu agrupamento pré-celular e protocelular – foi fecundamente investigado nas últimas décadas de pontos de vista muito diferentes: o bioquímico e o biológico-molecular, o astrofísico, o geológico. O quadro sinóptico anexo, que extraio de V. Villar Palasí, resume com grande clareza o que com tais recursos foi possível saber. O dinamismo da transformação e o da génese, mais precisamente, a conversão de uma estrutura material noutra distinta e a geração de estruturas novas a partir de outras anteriores, manifestam-se biofísica e bioquimicamente nessa gradual ascensão da anaerobiose pré-celular e protocelular à aerobiose dos organismos que iniciam a evolução biológica propriamente dita. Se visse o quadro seguinte, Haeckel daria pulos de alegria.

QUADRO I

Era	Ambiente químico	Fontes de energia	Estruturas produzidas
I	Anaeróbio, Metano amoníaco, hidrogénio.	Calor solar e terrestre, radiação ultravioleta e cósmica.	Acetato, aminoácidos, uracilo, adenina, ácidos orgânicos.
II	Anaeróbio. Indícios de oxigénio.	Calor, radiação ultravioleta espectro visível.	Polifosfatos, péptidos, porfirinas. Têm início as oxidorreduções.
III	Anaeróbio. Mais indícios de oxigénio e gás carbónico.	Luz visível e calor.	Fotoquímica. Catálise superficial. Ciclos sintéticos de reprodução.
IV	Anaeróbio facultativo. CO_2 abundante. Aumenta o oxigénio.	Fotorredução. Fermentação.	Moléculas automultiplicáveis. Fotólise da água. Primeiras células.
V	Aeróbio, com sectores de anaerobiose.	Fotossíntese. Respiração.	Plantas autótrofas. Tem início a evolução darwiniana.

A observação geológica e astrofísica e a experimentação bioquímica permitem afirmar com grande verosimilhança a existência dessas cinco etapas no processo da biogénese. Com uma cautela reaccionária, alguns pensam que o aparecimento da interdependência funcional entre as proteínas e os ácidos nucleicos e a síntese abiótica destes últimos, com a sua organização tridimensional complexa e as sequências várias dos seus elementos estruturais, não são físico-quimicamente imagináveis. Se tal cautela se refere à impossibilidade de prever, a partir dos seus elementos de origem, o aparecimento dessas novidades moleculares no caldo pré-biótico – isto é, se o que nela se manifesta é uma oposição de princípio à explicação do superior pelo inferior, ao reducionismo do "isto não é mais que" –, a sua justificação parece óbvia. Mas uma tão legítima oposição ao reducionismo, de modo algum exclui que, casualmente movidos pelo seu dinamismo próprio, os elementos integrantes das proteínas e dos ácidos nucleicos se tenham um dia combinado entre si para formar as moléculas em causa e, a seguir, as futuras estruturas celulares. Ao longo de uma descontínua continuidade – por saltos mínimos, quânticos no mundo das partículas elementares e dos átomos, moleculares na etapa pré-biótica da evolução, mutacionais na sua etapa biótica; *natura facit saltus* – foi-se constituindo a fabulosa diversidade estrutural da biosfera.

Num opúsculo famoso, Schrödinger contrapôs à ordem estatística dos processos puramente físicoquímicos ("ordem da desordem") a ordem dinâmica que esses processos adoptam quando se produzem num ser vivo ("ordem da ordem"). Em qualquer caso, por razões de carácter estritamente físico, a vida não se acha submetida ao modelo processual a que antes chamei "determinismo determinista". Por seu lado, Eigen e Prigogine descreveram os ciclos catalíticos – autocatalíticos (Eigen) e transcatalíticos (Prigogine) – em virtude dos quais as estruturas da nossa biosfera se produzem e podem persistir com certa estabilidade. Graças a esses mecanismos e aos que no futuro possam descobrir-se, o resultado foi a ordenação viva da matéria e a crescente complexidade estrutural desta, dos organismos monocelulares ao corpo do homem [30].

---

[30] Deixo intacto o problema levantado pelos vírus. Direi apenas que tudo neles – a sua composição, uma associação de ácidos nucleicos e proteínas, e o carácter parasitário essencial da sua actividade – faz supor que se tratam de estruturas simplesmente bióides, vias mortas e com frequência nocivas no curso da evolução biológica.

b) *Complicação evolutiva das estruturas vivas*

Com toda a probabilidade, os organismos mais antigos foram células muito simples, mais ou menos semelhantes às que hoje chamamos procarióticas. Os *coacervatos* de Oparin e os *proteinóides* de Fox parecem ser, assim na ordem experimental como na teórica, as melhores vias para explicar cientificamente a formação das membranas que no caldo pré-biótico permitiram o isolamento espacial das macromoléculas biogenéticas e a sua posterior inter-relação com o meio. Um pequeno grumo citoplasmático envolvido por uma membrana semipermeável, em cujo interior se acham moléculas dispersas de proteínas e de ácidos nucleicos – já o ADN e o ARN? –, foram provavelmente as mais elementares das estruturas vivas. A favor da evolução biológica, tal como desde Darwin, Huxley e Haeckel esta tem vindo a ser entendida, tiveram origem nessas protocélulas os organismos monocelulares vegetais e animais que hoje conhecemos.

Por razões óbvias, aqui referir-me-ei apenas aos organismos animais. Fá-lo-ei descrevendo sumariamente, enquanto estruturas inovadoras, as formas em que evolutivamente se foi realizando a vida animal, mas não devo fazê-lo sem considerar, de maneira também muito sucinta, os processos que basicamente permitem e explicam o facto planetário da filogénese.

§ 1. Mecanismos básicos da filogénese

Fundamentalmente, tais mecanismos são quatro: a especiação, a mutação, a tensão estabilidade-inestabilidade e a adaptação. Não posso expor em pormenor o muito que sobre eles tem sido escrito ao longo das últimas décadas. Devo limitar-me a resumir conceptualmente, dentro dos limites da minha informação, aquilo que hoje se pensa acerca de cada um deles.

A *especiação*, o facto de o devir da matéria viva e organizada se realizar em formas especificamente distintas entre si, tem sido desde Aristóteles um problema para os biólogos e para os filósofos. O que é uma espécie viva? Em biologia, que modo de realidade tem a espécie?

Como é que as espécies se foram constituindo no curso da evolução da biosfera? [31]

Contra todo o nominalismo, a espécie biológica é uma realidade, não um ente de razão; é "um grupo de organismos de uma população natural que se cruza ao acaso, que do ponto de vista da reprodução está isolada nos restantes grupos e que compartilha um caudal genético comum entre os indivíduos que a integram", segundo a definição de Dobzhansky e Mayr. Mas se a espécie biológica é real e definível, a sua realidade e a sua definição não têm um contorno invariável e preciso, nem no seu passado, porque através de saltos mutacionais mínimos cada espécie procede de outras que lhe são filogeneticamente anteriores, nem no seu presente, porque a sua relativa inestabilidade faz com que em determinados indivíduos o conjunto dos seus caracteres específicos tenda mais ou menos a esbater-se, nem no seu futuro, porque ninguém pode predizer se uma espécie desaparecerá por simples extinção ou por transformação gradual ou súbita noutra espécie nova.

Seja alopátrida ou simpátrida, a especiação produz-se em virtude de uma modificação viável da espécie originária. Mas quando consideramos essa modificação no quadro da evolução da biosfera, a sua génese e, por conseguinte, a produção efectiva de uma nova espécie, nem sempre acontecem paulatina e continuadamente no decorrer do tempo, nos termos de um gradualismo darwiniano, ocorrem também de modo relativamente rápido, e até certo ponto explosivo. Apoiando-se em dados de observação convincentes – entre outros exemplos, o aparecimento de quase todas as espécies de invertebrados durante a chamada "explosão câmbrica" –, é o que afirma a teoria dos equilíbrios intermitentes ou pontuais *(punctuated equilibria)* de Gould e Eldredge [32]. A história da vida na Terra, escreveu Anger, outro biólogo recente, é equiparável à da vida do soldado em tempo de guerra: longos períodos de tédio entrecortados por breves períodos de terror. O princípio darwiniano da selecção natural continua, evidentemente, a ser vá-

---

[31] Sobre o actual conceito de espécie, o leitor pode ler o documentado estudo de R. Alvarado "La especie biológica y la jerarquía taxonómica", no livro colectivo *La evolución* (Madrid, 1966), bem como o tratado *Zoología. Principios integrales*, de Hickman, Roberts e Hickman (Madrid, 1987).

[32] Equilíbrios entre o organismo e o seu meio, não no interior daquele.

lido, mas as ramificações em Y das árvores filogenéticas *more haeckeliano* vão sendo substituídas por outras, nas quais um traço horizontal representa esse quase brusco aparecimento da actividade especiante. Os processos evolutivos afectam, mais que indivíduos mutantes, espécies inteiras, e a evolução acontece quando a população dominante num *clado* (conjunto de espécies que compartilham um nicho ecológico e certo plano de adaptação) se desestabiliza no seu meio, e uma espécie que aparecera na periferia do grupo cládico abre caminho no sentido do predomínio.

O conceito de *mutação* – mais precisamente, a realidade da dupla genética mutação-selecção natural – continua a ser central e decisivo no que se refere à intelecção científica da especiação e da filogénese.

Com a mutação, a estrutura viva torna-se, além de *geradora, originante* (Zubiri): não só gera os indivíduos que a compõem, mas dá também lugar a inovações estruturais ao mesmo tempo reactivas e adaptativas. Perante uma variação do meio eficaz e não deletéria, a estrutura genética e a estrutura somática de uma espécie modificam-se reactivamente e originam uma nova configuração específica, tanto no genoma como no soma, em última análise, uma nova espécie. Este processo pode ser rápido (a mariposa mosqueada de Inglaterra, por exemplo, surgiu entre 1849 e 1850 nos arredores de Manchester, como consequência de uma mutação da mariposa branca em reacção à industrialização da zona) ou durar milhões de anos, como a conversão evolutiva do *Hyracotherium* ou *Eohippus* no cavalo actual.

Não será despropositado repetir que, como em toda a inovação qualitativa do cosmos, se fundem teleonomicamente na mutação o acaso, no que se refere à sua génese, e a posse de um sentido detectável *a posteriori*. O termo da reacção mutacional do genoma é aleatório e imprevisível, mas produzida a mutação, a mente do cientista é capaz de descobrir nela um determinado sentido dentro do quadro geral da biosfera. À vista da textura celular de uma esponja, ninguém seria capaz de predizer a posterior existência de um tecido nervoso difuso no corpo da medusa, mas esse aparecimento, e depois dele a constituição filogenética sucessiva do sistema nervoso, até à sua telencefalização no homem, tornam patente o profundo sentido biológico dessa novidade.

Produzida uma nova estrutura viva, esta perdura no tempo até desaparecer por evolução ou por extinção, e acha-se constantemente submetida a uma *tensão entre a estabilidade e a inestabilidade*. Sem certa estabilidade, as espécies não poderiam durar, extinguir-se-iam assim que nascessem. Sem certa inestabilidade, a sua existência não seria o que de facto é: modo de ser precário e sempre ameaçado dos sistemas materiais termodinâmica e quimicamente muito afastados do equilíbrio. Os ciclos e hiperciclos catalíticos de Eigen e Schuster e a termodinâmica de Prigogine permitem dar razão científica do alcance da nova estabilidade e da sua constante tensão com a inestabilidade; inestabilidade crescente à medida que se eleva e complica o nível da estrutura.

O auge da complexidade, com efeito, incrementa o dinamismo e a autonomia da estrutura – a sua mesmidade, dirá Zubiri – mas, ao mesmo tempo, torna maior a sua vulnerabilidade. Enquanto os animais de sangue frio podem tolerar sem dano uma grande variedade de temperaturas – alguns, a própria congelação –, os animais de sangue quente devem manter a sua temperatura dentro dos limites da sua homeotermia, a par da intensidade dos processos termogenéticos consequentes, ou sucumbir. Não podemos estranhar, dado aterrorizador, que mais de 96% das espécies que surgiram na evolução da biosfera tenham desaparecido por completo da superfície do planeta.

A *adaptação* é, por fim, outro dos mecanismos básicos da evolução filogenética. S. Alvarado distinguiu na adaptação biológica três tipos materiais: o organológico (exemplo: as variações da extremidade pentadáctila dos vertebrados terápodos); o citológico (exemplo: a perda do núcleo dos glóbulos vermelhos dos mamíferos e a transformação das células nervosas bipolares dos gânglios raquidianos nas células monopolares); e o bioquímico (exemplo: o aparecimento de tipos diferentes de hemoglobina em muitos vertebrados). Basta que examinemos na *Zoologia* de Hickman as secções que sob o título de "radiação adaptativa" os seus autores dedicam a todos os *phyla* do reino animal, dos protozoários aos metazoários superiores, para nos darmos conta da importância permanente da adaptação na génese de variedades intra--específicas e, inclusivamente, trans-específicas. Estas surgem, com efeito, quando a adaptação de uma espécie atinge o seu limite, isto é, quando a "pressão de selecção" do meio (Monod) chega a um ponto tal que só através de uma mutação favorável pode ser conseguida a continuidade do *phylum*.

§ 2. As estruturas da vida animal: os protozoários

Ao produzir-se a vitalização da matéria, esta, movida pelo dinamismo da estruturação antes mencionado, rapidamente adquiriu a forma de organismo, primeiro monocelular, nas bactérias e nos protozoários, e depois pluricelular, nas plantas e nos metazoários. Aqui, conforme anunciei já, limitar-me-ei a considerar os organismos animais.

Diz-se que os protozoários são animais unicelulares. Em muitos deles – a amiba, a paramécia, a euglena – assim é, mas a existência de espécies protozoárias ainda procarióticas e de outras incipientemente pluricelulares, obriga a matizar esta afirmação corrente. O que hoje sabemos acerca dos organismos monocelulares leva a pensar que as bactérias e os protozoários procedem de um tronco comum, as *móneras,* decerto as estruturas vivas mais antigas do nosso planeta. Que causas determinaram a sua diferenciação evolutiva posterior, umas em direcção ao reino vegetal, outras em direcção ao reino animal, é um problema que os biólogos ainda não são capazes de resolver. O que sabemos é que na realização da segunda dessas duas possibilidades tiveram a sua origem os actuais protozoários.

Qualquer que seja o *phylum* a que pertencem – os zoólogos actuais distinguem não menos de sete no sub-reino dos protozoários – a estrutura protozóica traz ao processo evolutivo da matéria cósmica, como notas constitutivas suas, as seguintes novidades:

1. Uma organização morfológica e funcional inédita. A matéria da célula ordena-se em dois sistemas: o citoplasma, com funções preponderantemente tróficas e energéticas (só preponderantemente, uma vez que o protoplasma desempenha um certo papel no processo da mitose), e o núcleo, com uma actividade preponderantemente reprodutora (só preponderantemente, porque o ARN do núcleo participa em certa medida na génese das proteínas). Os orgânulos do citoplasma são os agentes da função trófica e energética; os cromossomas nucleares, os protagonistas da actividade reprodutora.

2. O que fica dito comporta implicitamente uma segunda novidade: com o aparecimento da estrutura protozóica, a replicação, propriedade pré-biótica dos ácidos nucleicos, converte-se em reprodução propriamente dita e em transformação algumas vezes geradora (génese de novos indivíduos da mesma espécie) e outras vezes originante (génese de mutações).

Primitivamente assexual, por simples divisão amitótica, a reprodução torna-se, já nos protozoários, também sexual ou zigótica. Ambos os mecanismos têm as suas vantagens e os seus inconvenientes, mas tendo em conta o que acontece nas espécies em que um e outro coincidem (a continuidade da reprodução assexual traz consigo uma diminuição da vitalidade da paramécia, que deve restaurá-la recorrendo à reprodução sexual), e em certas espécies parasitas (nelas, a reprodução é assexual no interior do hóspede, portanto num ambiente vital favorável, e sexual quando o protozoário se vê obrigado a procurar um novo hóspede), devemos admitir que, do ponto de vista da persistência da espécie, a reprodução sexual é mais favorável que a assexual; com ela aumentam a variedade fenotípica dos indivíduos gerados e a sua capacidade de adaptação ao meio. G. C. Williams escreveu que o contraste entre a reprodução assexual e a sexual é comparável à que existe entre quem compra muitas cautelas de lotaria com o mesmo número e quem adquire várias cautelas com números diferentes. No último caso, é maior a probabilidade de acertar.

3. A inter-relação material com o meio deixa de ser simplesmente crescimento por justaposição química, o da macromolécula que a polimerização vai tornando maior, e torna-se autêntica nutrição. Dão-se no conjunto dos protozoários todos os tipos de actividade nutritiva: a autótrofa (elaboração por fotossíntese dos alimentos próprios), a heterótrofa (dependência trófica de outros seres vivos, vegetais ou animais) e a saprozóica (captura de alimentos em dissolução no meio, alimentação osmotrófica, ou de partículas em suspensão nele, alimentação fagotrófica ou holozóica). Os mecanismos da nutrição são muito diversos entre os protozoários. Alguns deles, como a paramécia, possuem um rudimento de aparelho digestivo (fenda oral, citostoma, citofaringe, vacúola digestiva, vacúolas contrácteis ou expulsoras).

4. Já nos protozoários, a actividade animal – diferentemente da *vida aceptiva* do vegetal – revela-se como *vida quisitiva*: para viver e continuar a viver, o animal necessita de procurar aquilo que constitui o termo da sua acção. A vida quisitiva exige a posse e o exercício de várias capacidades vitais: a sensibilidade às alterações do meio (Zubiri chamou *sentiscência* a esta forma primitiva, puramente bioquímica, da sensibilidade animal); o carácter vitalmente adequado da reacção a tais alterações e, por conseguinte, a conversão da reacção em resposta; a possi-

bilidade de aceder à fonte do estímulo sentido (automoção por meio de pseudópodos, flagelos ou cílios), de a evitar quando é nociva (reacções de fuga e de defesa), e de rectificar adequadamente o modo de acesso nos casos de tentativa em falso (conduta segundo o modelo "ensaio e erro", de Jennings). Um certo psiquismo rudimentar (não parecendo lícito falarmos de "protoconsciência bioquímica"), do qual faz parte uma certa memória rudimentar (sem a qual não seria possível a rectificação do erro cometido), existe já nos protozoários mais simples.

5. Com os momentos morfológicos e dinâmicos da sua estrutura (citoplasma e núcleo envolvidos por uma membrana; movimentos de busca e de resposta), os protozoários preenchem de modo original e genérico as duas condições essencialmente exigidas, segundo a fórmula reiterada de Zubiri, pela actividade vital de um organismo: a independência relativamente ao meio e o controlo específico sobre ele; controlo cuja manifestação básica é, para o dizermos segundo a fórmula cunhada por J. von Uexküll, a conversão do meio do animal no perimundo *(Umwelt)* próprio da sua espécie. Cada espécie protozóica tem o seu *Umwelt*, e cada indivíduo o seu *Innenwelt*, o seu mundo interior ou psiquismo originário.

6. Nas espécies que vivem colonialmente inicia-se a diferenciação celular que os metazoários tornarão patente; e nas poucas em que é perceptível um ténue esboço de endoesqueleto ou, como nos foraminíferos, um exoesqueleto calcário, aparecem as formações de apoio que a evolução do reino animal irá desenvolvendo.

§ 3. As estruturas da vida animal: os metazoários

Deixando de lado os *phyla* a que os zoólogos chamam mesozoários e paclozoários, são as espécies metazóicas que dão realidade plena às múltiplas potencialidades da vida animal. Todas as características e funções em que esta se realiza – a simetria corporal nas suas diversas formas, a estabilidade somática, a distribuição espacial dos órgãos, a locomoção, a nutrição, a independência relativamente ao meio e o controlo específico deste, a sociabilidade, a reprodução, a unidade funcional, a sensibilidade e a resposta aos estímulos – oferecem-se ao zoólogo com a fabulosa diversidade de formas que sugere a qualquer homem culto a simples enumeração dos grupos segundo os quais a evolução dos metazoários se ordena. Bastar-nos-á mencionar alguns: esponjas, pólipos, medusas, tentaculados, platelmintes, nemertines, anelídeos, artrópodes, moluscos e equinodermes, entre os invertebrados; cordados, peixes, anfíbios, répteis, aves e mamíferos, entre os vertebrados.

Seria aqui desnecessária e abusiva a exposição de todos os modos por que a estrutura animal se diversifica como, por exemplo, a actividade nutritiva se configura na série ascendente dos metazoários, dos espongiários aos mamíferos superiores. Limitar-me-ei, assim, a mostrar sumariamente como as notas dessa estrutura mais directamente relacionadas com as duas actividades que melhor caracterizam a vida animal, a percepção de estímulos e a resposta a eles, se vão configurando na evolução dos metazoários.

Em virtude da sua estrutura biofísica e bioquímica peculiar, os protozoários sentem de modo específico as variações físicas e químicas do meio pertinentes para a sua vida e respondem-lhes adequadamente. O mesmo farão todos os metazoários, mas a partir dos celenterados, pólipos ou medusas, ocorre nestes aquilo a que Zubiri chama o *desprendimento* de uma função nova, mais precisamente, a capacidade de executar de forma nova e em certa medida autónoma uma função que sob uma forma muito pouco diferenciada já existia no nível estrutural anterior. Adquirida essa nova forma, a subestrutura anterior ao desprendimento – neste caso, o total da actividade bioquímica do celenterado – fica incorporada em subtensão dinâmica no exercício da função desprendida.

No que se refere à sensação e à resposta, também não se passa outra coisa, biologicamente falando, com o aparecimento do sistema nervoso. O sistema nervoso executa a função de sentir e responder, mas sem o suporte bioquímico que o restante organismo do pólipo ou da medusa lhe proporciona não poderia actuar como de facto faz. Os zoólogos supõem que os cnidários, divisão taxonómica a que os pólipos e as medusas pertencem, procedem de uma plánula de simetria radial. Pois bem: num determinado momento evolutivo da biosfera, a pressão de selecção do meio fez com que a estrutura dessa plánula exigisse a partir do seu próprio interior, entre outras notas, o aparecimento de um novo elemento estrutural, o tecido nervoso, e a partir de então passou este a ser o protagonista da função de sentir e de responder. Um modo peculiar da causação, a *causa exigidora* (Zubiri), pertence intrinsecamente ao dinamismo da evolução: a novidade evolutiva é exigida pela estrutura que evolui, e essa exigência secreta tem no mutante a sua expressão primeira.

Na evolução do sistema nervoso podem distinguir-se três níveis estruturais básicos: o plexo neuronal, o gânglio e o encéfalo e, com este, a diferenciação nítida entre um sistema nervoso central e um sistema nervoso periférico.

O *plexo neuronal* é a organização estrutural mais primitiva que o neurónio adopta, assim que aparece na evolução da biosfera. A rede do plexo é formada por neurónios unidos entre si por sinapses, com as suas correspondentes vesículas de neurotransmissores. Embora a transmissão do impulso nervoso nos celenterados seja unidireccional, não poucas sinapses exibem vesículas de um e de outro lado da superfície de separação, com a consequente transmissão bidireccional do impulso. O plexo nervoso é uniforme, não há nele diferenciação morfológica, existe apenas um vislumbre de diferenciação funcional entre os neurónios mais superficiais, sensíveis aos estímulos externos, e os relacionados com fibras contrácteis epiteliomusculares.

O plexo nervoso persiste em todo o reino animal, mas a partir já dos platelmintes, unir-se-á a ele o *gânglio*, um enovelamento de neurónios com certa peculiaridade funcional; formação anatómica que, como o plexo, não desaparecerá nos níveis subsequentes da escala zoológica. É o que confirmam todos os manuais de anatomia humana.

Incipientemente nos platelmintes e nos nemertines, de modo cada vez mais vincado nos invertebrados restantes, os gânglios, em número de dois ou mais, unem-se entre si para formar massas cerebróides no extremo oral do organismo, massas unidas por nervos longitudinais com pares de gânglios que se estendem até ao pólo aboral. A complexidade aumenta nos moluscos, nestes há pares de gânglios pleurais, cerebrais, pediais e viscerais, centralizados em forma de anel nervoso nos gasterópodes e nos cefalópodes. Nestes, os neurónios chegam a ser gigantes e mostram-se especialmente activos nas reacções de alarme.

A sensibilidade encontra-se muito diferenciada entre os octópodes: o animal percebe cores e formas – não sons –, e durante algum tempo conserva mnemicamente a sua marca. Podem observar-se neles movimentos de exploração do meio, regulados por estatocistos e, experimentalmente, reacções à recompensa e ao castigo.

A organização ganglionar e cerebróide do sistema nervoso continua a aperfeiçoar-se: nos anelídeos (há neles células foto-receptoras e gustativas, neuro-hormonas e neurónios de axónio gigante, especializados na execução de movimentos rápidos de fuga); nos artrópodes (bastará lembrar a assombrosa complexidade do órgão visual dos insectos) e, muito marcadamente, nos equinodermes. Nas estrelas-do-mar, o sistema nervoso é formado por três unidades, situadas a níveis distintos: o subsistema oral ou ectoneural, formado por um anel peribucal e um nervo radial para cada braço; o subsistema profundo ou hiponeural; e o sistema aboral, em torno do ânus. Estes sistemas são postos em comunicação com a parede do corpo e as estruturas anexas por plexos nervosos epidérmicos. Tais espécies são sensíveis ao contacto, à temperatura, à luz e a certas substâncias químicas.

Com os cordados, protocordados, como o anfioxo, ou craniados, como todos os vertebrados, duas novidades decisivas vão aparecer na evolução do sistema nervoso: a notocorda – ou notocórdio –, evolutivamente convertida depois em coluna vertebral, e o cordão nervoso tubular dorsal – nos invertebrados que têm cordão nervoso, este último é sólido e ventral –, disposto em forma de cérebro no seu extremo anterior. Assim, de maneira cada vez mais visível, o sistema nervoso central torna-se morfológica e funcionalmente constituído pelo *encéfalo* e a *espinal medula*. A sensibilidade ao meio e a resposta às suas alterações atingem assim um novo nível, o correspondente à encefalização.

Nos peixes agnados, o cérebro incipientemente diferenciado, emite entre cinco e quinze pares de nervos cranianos. A diferenciação aumenta nos elasmobrânquios (tubarões, raias e tremelgas): no seu encéfalo há dois lóbulos olfactivos, dois hemisférios cerebrais, dois lóbulos ópticos, um cérebro e três canais semicirculares, e dele saem dez pares de nervos cranianos. Entre o encéfalo e a espinal medula existe uma medula de forma oblonga. Esta organização aperfeiçoa-se nos peixes ósseos. O exercício da natação e a iniludível regulação osmótica do meio interno impõem esta relativa complexidade do sistema nervoso central e, com ela, o aparecimento de um sistema nervoso autónomo.

A exigência da adaptação ao meio sobe de grau quando a vida animal, aquática dos protozoários aos peixes, inicia, com os anfíbios, a sua instalação em terra firme. Nos anfíbios torna-se notória a ordenação do sistema nervoso tematizada pelos textos de anatomia: um sistema ou subsistema central, outro periférico e outro autónomo. A encefalização, que acarreta uma diminuição da autonomia dos gânglios espinais é crescente: na rã, por exemplo, podem distinguir-se um encéfalo anterior (telencéfalo), relacionado com o olfacto; um encéfalo médio (mesencéfalo), relacionado com a visão; e um encéfalo posterior (romboencéfalo), relacionado com a audição e com o equilíbrio. No telencéfalo são discerníveis o cérebro propriamente dito, ainda rudimentar por comparação com o volume que terá nos vertebrados superiores, e um diencéfalo formado pelo tálamo, o hipotálamo e a hipófise posterior, activo na génese da sede, da fome, do apetite sexual e da dor. A regulação das actividades singularmente importantes para a rã (mais a visão, com a íris e a retina bem desenvolvidas, e menos o ouvido) ocorre no mesencéfalo. O romboencéfalo compreende um cerebelo pouco desenvolvido (os anfíbios são frustes nos seus movimentos) e uma medula oblonga, através da qual passam os axónios de todos os neurónios sensoriais, excepto os visuais e os olfactivos.

Nos répteis progride consideravelmente a configuração do sistema nervoso. O encéfalo no seu conjunto é relativamente pequeno, mas o tamanho do cérebro é proporcionalmente maior que nos anfíbios. O córtex cerebral, o neopálio, surge com nitidez nos crocodilos. Os órgãos dos sentidos encontram-se bem desenvolvidos existindo um ouvido médio. Um órgão especial, chamado Jacobson, permite aos répteis cheirar a comida quando esta chega à cavidade bucal.

A estrutura do sistema nervoso das aves responde às exigências preponderantemente visuais da sua actividade vital: alimentação, acasalamento, defesa do território, rápida distinção entre o amigo e o inimigo, incubação e cuidado da prole. Os hemisférios cerebrais estão bem desenvolvidos, sobretudo nas aves mais inteligentes, como os corvos e os papagaios, mas o desenvolvimento do córtex é escasso, em detrimento da capacidade do corpo estriado, principal centro integrador do cérebro, do cerebelo e dos lóbulos ópticos. Algumas investigações recentes demonstraram que certos pássaros são sensíveis à franja ultravioleta do espectro luminoso.

Com o aparecimento na biosfera dos mamíferos chega ao seu momento culminante – até agora, pelo menos – o desenvolvimento evolutivo do sistema nervoso. Nesse desenvolvimento, são duas as notas dominantes: 1) A crescente telencefalização, com o crescimento consequente do neopálio, que acaba por cobrir a maior parte do encéfalo, e a constituição simultânea de áreas especializadas e de associação nos córtex do cérebro e do cerebelo; 2) A plasticidade também crescente da actividade funcional. Com esta, a resposta instintiva vai perdendo em rigidez, ao mesmo tempo que se torna possível a sua extensão sob a forma de aprendizagem. Apenas esboçada nas etapas evolutivas anteriores do reino animal, a inteligência vai-se constituindo, até chegar à das espécies que integram a classe dos primatas. Perdem-se, deste modo, algumas das capacidades relevantes que outros vertebrados possuem, como as tocantes à visão, no caso das aves, e ao olfacto, no de certos mamíferos, mas graças ao crescente desenvolvimento da inteligência, a conduta vai adquirindo perfeição vital. Como animal, um chimpanzé é mais perfeito que uma águia, embora os seus olhos vejam menos, e que um leopardo, embora se desloque com menor rapidez.

Em meados do século XIX, Owen e Gratiolet sustentaram que duas formações anatómicas do cérebro, o corno posterior do ventrículo lateral e o *hippocampus minor*, eram exclusivas da espécie humana: o sistema nervoso do homem seria qualitativamente diferente do sistema nervoso dos primatas mais próximos dele. Huxley, baseando-se em dissecações minuciosas de cérebros de antropóides, demonstrou o erro antropocêntrico de Owen e Gartiolet. Na sua configuração macroscópica, existem apenas diferenças quantitativas – na forma e no volume das partes – entre o encéfalo do homem e o dos actuais pongídeos, o orangotango, o gorila e o chimpanzé. Com simples diferenças quantitativas, aquilo que os tratados de anatomia humana dizem sobre o cérebro tem a sua correspondência morfológica na realidade macroscópica do cérebro dos pongídeos. Quererá isto dizer que a estrutura e a dinâmica do cérebro humano não são qualitativamente diferentes da estrutura e da dinâmica de um símio antropóide? Tentarei apresentar a minha resposta.

c) *A vida animal como propriedade sistemática*

Recorde-se que em toda a estrutura há propriedades aditivas e propriedades sistemáticas ou estruturais *stricto sensu*. Naturalmente, a estrutura animal não se afasta desta regra: o peso de um cão é a soma dos pesos das células que compõem o seu corpo, e a sua energia cinética, a soma das energias cinéticas de todas as suas moléculas. Mas, a par dessas propriedades aditivas da estrutura canina, nela – e, como nela, em todas as estruturas animais – há propriedades sistemáticas, essencialmente irredutíveis à soma ou à combinação das propriedades das suas células e das suas moléculas, e impredizíveis antes de se ter evolutivamente constituído a série *Canis familiaris*. Trata-se agora de sabermos com certa precisão quais são as propriedades sistemáticas da estrutura orgânica animal, e como se configuram essas propriedades quando a vida zoológica atinge os seus níveis evolutivamente mais elevados.

Tentarei dar a minha resposta a partir de dois pontos de vista complementares: o descritivo e o essencial, o que se refere apenas ao aspecto da vida animal, e o relativo à sua realidade própria, no interior da realidade em geral.

§ 1. As propriedades sistemáticas da vida animal, descritivamente consideradas.

Ao expor as novidades que a existência dos protozoários acrescenta à matéria pré-biótica informe, fosse qual fosse a aproximação desta relativamente à actividade vital em sentido estrito, enumerei várias: uma configuração morfológica e funcional inédita, a transformação da replicação em reprodução, a elevação do crescimento por justaposição química à verdadeira nutrição, a peculiaridade quisitiva da vida, com uma consequência obrigatória, a conversão da reacção em resposta, um modo novo de realizar a independência em relação ao meio e o controlo específico sobre ele e, em alguns casos contados, um primórdio da diferenciação celular posterior. Naturalmente, todas estas notas subsistem nos metazoários superiores. Como?

Do meu actual ponto de vista, são duas as linhas mais importantes dessa analogia (e homologia, no sentido de Owen e Gegenbaur): a relativa às condições necessárias para que o carácter *quisitivo* da vida se realize nos metazoários superiores, e de modo muito especial nos antropóides, e as que se referem à configuração da vida *quisitiva* nesses níveis elevados da vida animal.

Entre as condições necessárias em causa, são quatro as que me parecem mais dignas de menção:

1. A existência de um meio interno, cuja composição pode ser mantida no interior dos limites correspondentes à vida normal da espécie. Desde Cannon tornou-se habitual chamar-se homeostasia à constância do meio interno, mas é mais adequado à realidade o termo de *homeorresia*, introduzido por Waddington (*reo*: correr, fluir), porque a relativa constância do meio interno não é estática e fixa, mas fluida. A constância do meio interno, na qual cooperam também as reacções imunitárias, aperfeiçoa a ordem bioquímica do citoplasma nos protozoários e confere um nível biológico superior à *mesmidade* do indivíduo, à sua permanente actividade para continuar a ser "o mesmo".

2. A capacidade de manter relativamente constante o tónus dos diversos sistemas e aparelhos ou, mais precisamente, de conservar dentro de limites normais a intensidade da sua acção. Do mesmo modo que se fala de *homeostasia*, não seria impertinente falar de *homeotonia*, como condição da normalidade funcional do organismo no seu conjunto e dos seus órgãos. O tónus orgânico pode ser objectivamente medido pelo observador – registos electrónicos, determinações químicas –, mas o seu modo próprio de expressão é o estado psíquico do animal, sob a forma de fome, cio, alarme, tensão venatória, etc.

3. A existência de uma correlação adequada entre todas as partículas integrantes do organismo, células, tecidos, órgãos, aparelhos e sistemas. As hormonas e os electrólitos – no plasma sanguíneo: iões electropositivos (em proporção muito maior, o sódio, em proporção muito menor, o potássio, o cálcio e o magnésio) e electronegativos (o bicarbonato e o cloro em proporção maior); no líquido intracelular: iões electropositivos (potássio e magnésio) e electronegativos (fósforo e sulfato) – são os principais agentes químicos da correlação interorgânica e da unidade funcional consequente.

À coordenação funcional que os electrólitos e as hormonas executam nos metazoários superiores – procedente, por evolução, da relação bioquímica ordenada entre as diversas partes do organismo do protozoário –

une-se, depois do seu aparecimento nos celenterados, a que o sistema nervoso proporciona. Este *desprende* e eleva a um nível mais elevado não só a actividade de sentir e responder mas também a de conectar funcionalmente entre si as diferentes partes do organismo. Um reflexo medular não é somente, lugar-comum abusivo, a transmissão do impulso de um neurónio receptor a outro efector; através de uma ampla coordenação neural, entra em jogo nele o estado ocasional de outras regiões do organismo. Por maioria de razão deve dizer-se o mesmo no caso dos reflexos tróficos, vasomotores e simpáticos.

4. A conservação, sob a forma de impressão mnésica, do significado biológico que possuem as várias vicissitudes da relação com o meio. Sem essa marca, o curso da relação não poderia converter-se em conduta, não seria mais que uma simples cadeia de reacções. Com sistema nervoso ou sem ele, existe em todos os animais a memória e, em alguns deles, de modo muito subtil [33].

Uma vez suposta a presença destas quatro condições do seu exercício cabal, como se realiza a vida *quisitiva* nos animais superiores, e especialmente naqueles cuja consideração aqui mais importa, os primatas não humanos?

Os termos da resposta devem ser vários. Pelo menos, os seguintes:

1. A elevação do decurso temporal da relação com o meio a um novo nível, a conduta ou comportamento.

No sentido estrito e originário da palavra – "maneira por que os homens governam a sua vida e dirigem as suas acções", segundo o dicionário –, conduta só o homem tem. Na vida humana há uma conduta genérica, a do homem enquanto tal, modos tipificados dessa conduta genérica e condutas pessoais. Mas desde Buffon, pelo menos, a este sentido inicial acrescentou-se outro, que se refere ao modo como fazem a sua vida

---

[33] A par do conhecido exemplo das abelhas, tão magistralmente estudado por Von Frisch, podemos citar o das formigas. Ainda que menos rapidamente que os ratos, as "operárias" de certa espécie de *Formica* aprendem a mover-se num labirinto. As viagens das formigas em busca de alimento seguem de início trajectos sinuosos variáveis, mas assim que a formiga exploradora descobre a comida, a viagem de volta é quase directa. As séries de cálculos necessários para dar razão dos ângulos, direcções, distâncias e velocidades da viagem e para a converter em viagem directa, exigiria, humanamente analisado, o emprego do cronómetro, da bússola e do cálculo integral-vectorial.

os animais em geral (comportamento animal *in genere*) e cada uma das espécies zoológicas (comportamentos específicos). Só em casos muito singulares, como o do cavalo *Hans* ou o dos chimpanzés *Sultan* e *Washoe*, foram descritas condutas animais individuais, embora sejam sempre indivíduos isolados ou em grupo o objecto que os etologistas observam.

Com o aparecimento da vida, já o disse em páginas anteriores, a reacção converte-se em resposta. Na simples reacção – a da bola de bilhar à pancada do taco, a do ácido sulfúrico sobre o cloreto de sódio – o seu termo é determinado com exactidão maior ou menor, em certas ocasiões de modo estatístico apenas, por aquilo que são o corpo reactivo e o corpo receptor no momento em que a reacção se produz. Na resposta – a da paramécia perante um estímulo químico nocivo, a da perdiz-fêmea perante o apelo sexual do macho –, o estado posterior possível do corpo *receptor* condiciona de algum modo o movimento do corpo *reactivo*. A prolepse, a antecipação do futuro – sempre ameaçada, decerto, pelo erro ou pelo fracasso –, é uma nota essencial do movimento biológico e, numa medida muito acentuada, quando se trata de um movimento animal. É por essa razão que existe uma conduta do cão, a própria da espécie *Canis familiaris,* e não de um planeta ou de um cristal de calcite [34].

É de uma variedade fabulosa o modo como as espécies animais executam a condição *quisitiva* da sua vida, segundo as diversas actividades que a integram: busca de alimento, ritos de acasalamento sexual, territorialidade, formação de grupos e relação intragrupal e intergrupal, comunicação, dominância, migração, etc. Perante essas exigências genéricas, a conduta de cada espécie é determinada por três instâncias: a peculiaridade do seu sistema de instintos, geneticamente programada desde que a evolução a fez surgir; as oscilações qualitativas e quantitativas no tónus vital dos indivíduos que a compõem; as motivações ocasionais que o meio lhes vai oferecendo [35].

---

[34] Sobre a prolepse, termo procedente da filosofia epicurista, introduzido em biologia por Prinz von Auersperg e incorporado por V. von Weisäcker na sua doutrina do círculo figural, o leitor poderá encontrar um desenvolvimento acrescido na minha *Antropología médica* (Barcelona, 1984).

[35] A bibliografia sobre a conduta animal é pouco menos que inabarcável. Em *El cuerpo humano. Teoría actual,* creio ter exposto o essencial no que se lhe refere.

No interior da biosfera, a vida de cada espécie zoológica é uma realização peculiar da vida animal *in genere*. Sob cada conduta específica – a da amiba, a da estrela-do-mar, a do cão, a do chimpanzé – haverá, anterior à sua diferenciação na espécie em causa, uma conduta animal universal e básica? Por outras palavras: admitindo que a condição *quisitiva* é a nota mais essencial da vida animal, poderá ser descrito um modo de a realizar comum a todas as espécies zoológicas, da amiba até ao símio antropóide? Penso que sim. Mais adiante exporei as razões em que se apoia a minha opinião.

2. Os objectivos da busca animal.

Aquilo que um animal busca para fazer a sua vida encontra-se determinado pela estrutura genética da sua espécie – para esse fim, cada genoma está especificamente programado –, pelo estado ocasional do seu tónus vital, fome, cio sexual, alerta, etc., e pelo que o meio nesse momento lhe ofereça ou imponha. Para o animal, viver é responder ao meio, mais precisamente, ao *seu* meio, ao *Umwelt* próprio da sua espécie.

Há casos, todavia, em que o movimento do animal não se encontra bem determinado pelo que o meio imediatamente lhe oferece ou lhe impõe, alimento, par sexual ou inimigo ameaçador, mas pelo que o meio não lhe oferece. A busca então converte-se em exploração: o animal procura aquilo de que necessita e não tem diante de si. Há outros casos, por fim, em que o movimento do animal tem como objectivo o próprio movimento, e não qualquer coisa de exterior a ele, é o que acontece no jogo, tão frequente nas espécies superiores. A exploração e o jogo são os dois modos da actividade animal mais próximos da espontaneidade e não se afigura incorrecto chamar-lhes movimentos quase-espontâneos.

3. O aparecimento de uma resposta inovadora.

Há respostas animais rigidamente determinadas pela programação genética e pelo instinto, lembremos a fuga do cão ameaçado, mas essa rigidez pode ser sempre mais ou menos modulada pela aprendizagem. Do protozoário ao símio antropóide, todas as espécies animais são capazes de aprendizagem, e essa capacidade aumenta extraordinariamente quando o animal, pelo facto de pertencer à sua espécie, possui um certo grau de inteligência [36]. A habilidade calculadora do cavalo *Hans* e as

---

[36] Inteligência, é claro, qualitativamente diferente da humana. Voltarei a abordar este tema.

façanhas dialogais dos chimpanzés-fêmeas *Washoe* e *Sarah* tornaram-se mundialmente famosas.

Até onde é capaz de chegar a inteligência animal? Parece que os educadores de chimpanzés não conseguiram fazer com que os seus educandos lhes perguntassem alguma coisa. O animal conhece, evidentemente, a perplexidade, mas não a maneira de sair dela perguntando em termos de futuro. "Pergunto, logo sou homem", poderíamos nós, cartesianamente, dizer. Mas se o animal não é capaz de perguntar, pode inventar subitamente uma solução para a dificuldade vital em que se encontre. Foi o que fez o chimpanzé *Sultan* durante as célebres experiências de Köhler, depois confirmadas e alargadas com outras espécies animais [37].

4. No desempenho da vida *quisitiva*, haverá um modelo operativo comum a todo o reino animal?

Acabo de adiantar que a minha resposta é decididamente afirmativa. Penso, com efeito, que o modelo "ensaio e erro", descrito por Jennings nas suas investigações clássicas sobre a conduta das amibas (*Modelos de Conduta dos Protozoários*, 1904), é a chave de todas as respostas possíveis do animal aos estímulos do meio e o próprio nervo do modo de existir a que tenho vindo a chamar vida *quisitiva*. Todos os movimentos animais, incluindo, se apurarmos a análise, aqueles a que antes chamei quase-espontâneos, têm em meu entender a mesma estrutura temporal. Nesta, são possíveis duas linhas: "estimulação-resposta adequada – êxito consequente do propósito" e "estimulação-resposta errónea – retracção-repetição correctiva da resposta".

Serão também redutíveis a este modelo as formas supremas da conduta animal, como a destreza expressiva de *Washoe* e a invenção quase-técnica de *Sultan*? Na minha opinião, sim. Tentemos reconstituir a estrutura psíquica do procedimento de *Sultan*. Acossado pela fome, descobre e celebra subitamente (*Ahaerlebnis*, "vivência do *aí está!*") que juntando duas canas poderá fazer sua uma banana que de outro modo não alcançaria. Em que consistiu a sua resposta? Em agir sobre o seu meio – originalmente, decerto, mas dentro das possibilidades de percep-

---

[37] Acerca de todos estes temas, remeto de novo para *El cuerpo humano. Teoría actual*. Noutros livros meus *(La espera y la esperanza, Antropología médica)* mostro, de acordo com dados fiáveis, como o desespero e a neurose podem ser produzidos no animal por meio do prolongamento experimental do estado de perplexidade.

ção e de operação próprias da sua espécie – por meio de uma tentativa que o conduzirá ao sucesso ou que, em caso contrário, dará lugar a uma repetição correctiva. Em última análise, observância do modelo "ensaio e erro".

É um problema diferente e mais delicado o que levanta a súbita intuição inventiva de *Sultan*. Ter-se-á dado com ela um salto qualitativo da antecipação *proléptica,* genericamente animal, para a antecipação *projectiva,* especificamente humana? Com a sua façanha surpreendente, *Sultan* terá invadido o domínio superior próprio dos seres humanos, executando um acto habitualmente atribuído à condição humana enquanto tal? Em meu entender, não. Mas com a sua percepção formalizada do meio e com a peculiaridade da sua memória – sem memória não haveria ensaio e erro – *Sultan* mostrou-nos o substrato biológico da grande novidade qualitativa que foi, no *Homo habilis,* a capacidade de projectar. Com a sua tentativa feliz, e sem negar a sua condição essencial de animal não humano, *Sultan* mostrou ser um *animal praeproiectivum*. Quando adiante eu mostrar qual a verdadeira consistência do projectar humano, tornar-se-á clara a significação que neste caso o prefixo *prae* possui.

§ 2. As propriedades sistemáticas da vida animal, essencialmente consideradas.

Da ordem descritiva passemos à ordem essencial. Na sua essência, e como actividades da realidade cósmica e da realidade sem mais, o que são as propriedades sistemáticas da vida animal? Zubiri deu-nos uma resposta com a sua análise daquilo a que chama "dinamismo da mesmidade transmolecular". A molécula possui já uma estrutura dinamicamente estável, certo grau de mesmidade processualmente mantido: "as moléculas são", diz Zubiri, "substantividades que pelo seu dinamismo continuam a ser, numa ou noutra forma, as mesmas". Mas com a associação posterior das moléculas entre si para formarem organismos elementares, a mesmidade da estrutura torna-se transmolecular e – já no sentido estrito do termo – *vivente*. Trata-se agora de saber em que consiste a realidade de uma tal transição e do estado ao qual ela conduz.

Da vitalização da matéria à telencefalização do sistema nervoso e ao seu culminar biológico no cérebro dos primatas, há um amplo processo evolutivo, assinalado pelas etapas descritas nas páginas anteriores. Para o entender filosoficamente, Zubiri introduz, entre outros, os seguintes conceitos fundamentais:

1. Exigência de novidade e subtensão dinâmica.

Em virtude da essencial condição dinâmica e evolutiva da matéria, cada um dos seus estados – o elementar, o atómico, o molecular, o organizado e o vivo – exige a partir do interior de si próprio a produção de um nível estrutural novo e mais complexo, mais elevado, se se quiser. Exige, insisto neste ponto, não um novo princípio de operações – tal foi o "princípio vital" na mente dos biólogos e dos médicos do século XVIII –, mas uma nova estrutura dotada de propriedades sistemáticas também novas e não redutível à mera soma ou combinação das propriedades sistemáticas observáveis nas estruturas precedentes. Invertendo o sentido de uma frase de Santo Agostinho acerca do abismo, poderia dizer-se: *structura structuram invocat*. A estrutura do cordado requer a ainda não existente do vertebrado, e a do peixe a do anfíbio.

Mas a novidade evolutiva não anula as propriedades sistemáticas das estruturas precedentes, assume-as de tal maneira que, convenientemente adequadas ao novo nível estrutural, continuam a permanecer na sua actividade, permanecem activas dentro dele em *subtensão dinâmica*. Citei antes um exemplo muito eloquente. Exigida pelos avatares ecológicos de certos organismos aneurais, o aparecimento do sistema nervoso dá lugar à "libertação do estímulo", isto é, à percepção do estímulo enquanto tal como função própria do novo sistema, função cujo exercício supõe e assume a actividade bioquímica que nos organismos aneurais executava a operação de sentir, incorporando-a no seu nível em subtensão dinâmica. Sem esse substrato bioquímico do resto do organismo, não seria possível a actividade do sistema nervoso.

2. Centralização.

Para executar as duas propriedades primárias das estruturas vivas, a independência relativamente ao meio e o controlo específico sobre ele, a estrutura animal deve constituir-se em centro da porção do cosmos que mais imediatamente a rodeia, tem de converter o *ambiente circundante* em *meio*, no sentido biológico desta palavra – mais ainda, no meio ou *Umwelt* próprio da sua espécie –, e tem de organizar-se interiormente centralizando cada vez mais o governo e a coordenação da sua actividade. Evolutivamente, o aparecimento do núcleo nos protozoários mais primitivos é o primeiro passo da centralização, e a existência de "centros vitais" nos vertebrados superiores, o último. A conquista evolutiva da homeostasia deve ser do mesmo modo entendida como parte integral do processo biológico da centralização.

O animal, por conseguinte, não só tem *locus*, lugar no espaço, como todos os entes materiais, mas tem também *situs*, situação, não concebida como a entende a categoria aristotélica (estar sentado ou deitado), mas como modo habitual e específico de lidar com o meio, de viver e actuar nele. O conceito sociológico, historiológico e antropológico de situação, tópico frequente do pensamento do século XX, tem o seu primórdio biológico nesta aceitação zubiriana do *situs* aristotélico.

3. Formalização.

Mais ou menos influenciado pela doutrina do "círculo figural" *(Gestaltkreis)* de V. von Weizsäcker, Zubiri criou, como chave idónea para o entendimento filosófico da filogénese do sentir e do inteligir, o conceito de *formalização:* a crescente capacidade do organismo animal de perceber, vitalmente isolados dos objectos do seu contorno, o objecto próprio de cada percepção, de o "recortar" com precisão no interior do conjunto sensorial a que pertence. A observação de Katz é clássica: o caranguejo-eremita só é capaz de perceber a sua presa como sendo essa presa quando a vê à superfície de uma rocha; perante a mesma presa pendurada de um fio e colocada no seu campo visual, permanece indiferente. É muito diferente a capacidade de formalização do cão diante do pedaço de carne, seja qual for a situação espacial deste.

A capacidade de formalização vai aumentando com a complexidade da estrutura animal. Lembremo-nos do modo como se encontrava subjacente à façanha inventiva do chimpanzé *Sultan*. Surge agora uma pergunta: de que modo se realiza tal capacidade na espécie humana? Adiante, tentarei dar a minha resposta.

Apoiado nestes conceitos, ao mesmo tempo científicos e filosóficos, Zubiri elabora uma concepção metafísica da vida animal ultimamente fundada na sua ideia da realidade e imediatamente construída sobre dois conceitos: a mesmidade biológica e a autoposse.

Radical e universalmente entendida, a realidade consiste em *ser por si*, e toda a realidade concreta é *por si dando de si*. O quark é real, hipoteticamente real, de momento, porque possui *por si* as propriedades que a cromodinâmica quântica lhe atribui, mas também porque por agrupamento produz a partir *de si mesmo* – *dá de si* – a realidade mais complexa do protão. *Mutatis mutandis*, o mesmo poderia dizer-se da medusa ou do chimpanzé.

O problema actual consiste em saber o que é o *dar de si* no caso de um ser vivo, portanto, o que é o *si* que em tal caso *dá de si* e que é o que, como tal, esse ser vivo dá. Nos termos em que a entendo, a resposta de Zubiri pode ser ordenada nos pontos seguintes:

1. O *si* que no ser vivo *dá de si* não é um sujeito substancial, como pensou Aristóteles, nem um ser que com a sua actividade vai conseguindo a sua própria identidade, como afirmaram Fichte e Hegel, mas uma estrutura material em certa medida dotada de substantividade, cuja actividade primária consiste precisamente em viver: "O *autós* do ser vivo – o que o ser vivo é por ser ele mesmo – não é um resultado da vida, mas princípio dela".

2. A actividade do ser vivo não é uma manifestação do *élan vital* bergsoniano, nem a imanência de que falava o aristotelismo escolástico – a índole de um movimento não transitivo, não promotor de "o outro"; um movimento cuja consequência permanece no sujeito que se move –, nem a suposta espontaneidade de um princípio vital ou uma enteléquia driescheana, mas a realização do dinamismo da mesmidade na sua forma transmolecular: "O ser vivo é aquela realidade cuja forma de realidade – cujo modo de ser realmente activa – consiste em dar-se a si mesmo a sua própria mesmidade". Ao responder vitalmente aos estímulos do seu meio, o animal trata de reconquistar o equilíbrio alterado pela estimulação; e se o consegue, se a tentativa termina sem erro ou se o erro é corrigido, reafirma e enriquece a sua própria mesmidade, o que é. "As coisas não vivas são estáveis apesar do que lhes acontece, resistem aos embates do Universo. O ser vivo, pelo contrário, está a produzir a sua vitalidade sendo justamente *si mesmo,* e não podendo ser ele mesmo senão fazendo efectivamente o que faz. Neste caso, a mesmidade é consecutiva à estrutura".

3. O termo do movimento vital consiste na *autoposse*, e só entendendo-a assim pode aceitar-se a tese da imanência. As estruturas estão

em movimento para – retirando-se desta última preposição toda a conotação antropomórfica e teleológica – ser as "mesmas", tal e como são. "Por isso", escreve Zubiri, "na medida em que as estruturas estão no movimento vital para poderem continuar a ser o que são, é por isso que digo que o dinamismo da vitalidade pertence ao ser vivo, e o ser vivo pertence ao dinamismo da vitalidade, na forma concreta de *se possuir*. Possuir-se não significa agora ser dono de si, o que não passa de uma fórmula vaga, e de resto relativamente falsa, até mesmo no caso do homem. A autoposse do ser vivo consiste em executar formalmente a sua mesmidade".

4. A autoposse sucede necessariamente no tempo, é fluida. A fluência, o que a vida tem de fluido, é a maneira de possuir-se a cada instante. A vida possui-se fluentemente. "A vida de um organismo consiste em *ser ele mesmo* e *possuir-se*. Mas, o ser vivo não se possui a si mesmo senão na mudança; por muito que seja *ele mesmo* ao longo da sua vida, nunca é *o mesmo*... O ser vivo é essa realidade que só pode ser *a mesma* não sendo nunca o mesmo. Tal é o dinamismo da mesmidade: *dar de si* adequadamente, não sendo nunca o mesmo para poder ser sempre ele mesmo".

5. O *dar de si* tem os seus modos e graus. Ao longo da escala biológica, a vida vai ganhando riqueza em graus de realidade, em modos de autoposse, de ser *si mesmo* o ser vivo. A amiba e o chimpanzé, enquanto são os dois algo, enquanto não são o nada, são igualmente reais. Mas se a realidade consiste em "ser por si", o "por si" do chimpanzé é muito mais rico e profundo que o "por si" da amiba. Na vida muda o ser vivo para ser ele mesmo, embora nunca seja o mesmo, e para ser mais si mesmo, para tornar mais perfeita a sua substantividade própria.

6. Seja como for, nenhum ser vivo tem uma substantividade plena. "Todo o ser vivo, numa ou noutra forma, é um momento do Universo inteiro. À medida que ascende na escala biológica, o ser vivo aparece dotado de algo que se aproxima do que é a substantividade real e efectiva, quer dizer, da independência plena relativamente ao meio e o pleno controlo específico sobre ele... Até a mais perfeita e nos seus graus mais perfeitos..., a vida não passa de um *primordium* do que é a plena e formal mesmidade", a mesmidade da totalidade do cosmos ou, como diria um renascentista, da *natura naturans*.

Mas a evolução não termina nos primatas antropóides, a evolução prossegue na espécie humana e levanta-nos assim o problema grave e difícil de sabermos se pode aplicar-se à estrutura do homem tudo o que ficou dito acerca das estruturas materiais. Vejamos.

CAPÍTULO 3
CONDUTA E PSIQUISMO HUMANOS

> "A grandeza do homem é tão visível que até da sua miséria procede."
>
> Pascal

Antes de atacar formalmente a questão que a epígrafe acima enuncia, não será improcedente recapitular o que ficou dito nos dois capítulos anteriores.

Eis um chimpanzé. Enquanto realidade cósmica, a que fragmento peculiar dou eu tal nome? Trata-se à partida de uma estrutura material, a configuração da matéria que faz dele um indivíduo da espécie zoológica *Pan troglodytes*. Os elementos mais imediatos dessa estrutura são os órgãos, os tecidos e as células que a análise anatómica permite distinguir. Depois vêm as diversas moléculas que compõem as células e os humores desse organismo. Em cada molécula, os átomos que lhe correspondem e, em último lugar, as partículas elementares – protões, electrões, neutrões, mesões – de que esses átomos são compostos. Em suma: o chimpanzé é uma estrutura orgânica em última instância resolúvel em partículas elementares, entes materiais que de um modo comprovável, mas por fim enigmático, porque só através de símbolos matemáticos é hoje possível expressarmos a sua consistência real, aparecem diante de nós como certas partículas ou como "pacotes" de ondas electromagnéticas. Relativamente a tais partículas, impõe-se a distinção conceptual de Zubiri entre matéria e corpo: as partículas elementares são matéria, mas não são corpos.

A estrutura peculiar ascendente de partículas elementares, átomos, moléculas, células, tecidos e órgãos a que damos o nome de chimpanzé tem uma actividade básica, existir de modo independente no que se refere ao seu meio e em constante relação dinâmica com ele, actividade animalmente configurada como vida *quisitiva* e específica e individualmente realizada nas notas e nas propriedades estruturais através das quais o chimpanzé executa e controla a relação com o meio. Este estimula-o específica e individualmente, e ele responde segundo um modelo comum a todos os animais, o "ensaio e erro", específica e individualmente modulado pela peculiaridade genética do *Pan troglodytes* e pelas vicissitudes – entre elas, o adestramento – a que o chimpanzé tenha sido submetido. Depois do que fizeram três dos seus irmãos de espécie, *Sultan*, de Köhler, *Washoe*, do casal Gardner e *Sarah*, de Premack [1], imagine o leitor tudo o que qualquer chimpanzé imaginário poderá fazer na sua vida natural ou convenientemente adestrado.

O nosso primeiro problema é: a que termo de atribuição se deve referir a variada actividade deste chimpanzé? Devemos referi-la, evidentemente, a ele mesmo, à sua realidade de indivíduo da espécie *Pan troglodytes*, mas não a um *subiectum*, a uma forma substancial específica e individualmente realizada, mas à substantividade individual do chimpanzé, à estrutura que formam as notas sistemáticas da sua estrutura. Utilizando de modo muito vago o termo "sujeito", não no sentido técnico do *hypokeímenon* aristotélico, poderemos dizer que o sujeito da actividade própria do chimpanzé é a estrutura material, ao mesmo tempo individual e específica, em que ele consiste, pelo que, quando a morte decompuser essa estrutura nas suas moléculas, e estas se integrem no fluxo material do cosmos, a realidade do chimpanzé terá desaparecido para sempre. A nenhum escolástico ocorreu pensar que o *anima brutorum* sobrevivesse depois da morte do animal em questão.

Surge agora um novo problema: como referir à estrutura material do chimpanzé a sua actividade específica e individual? Por outras palavras: como explicar cientificamente o facto de a actividade dessa estrutura produzir os modos de comportamento que a observação científica do chimpanzé permite constatar? O chimpanzé tem uma excelente memória, conhece e reconhece objectos e pessoas, é capaz de responder adequadamente a estímulos novos, sente sensorial e efectivamente. Possui, em suma, um *intus*, uma interioridade de carácter psíquico – uma *anima sensitiva*, diria um escolástico –, à qual analogicamente e com todas as ressalvas necessárias podemos chamar "consciência" [2]. E se o ente

---

[1] A este respeito, veja-se o meu livro *El cuerpo humano. Teoría actual*.

[2] Se de tanto é capaz um chimpanzé, um indivíduo de uma espécie, segundo toda a probabilidade, menos inteligente que a do seu primo biológico o *Australopithecus*, do que não seria capaz o indivíduo desta última espécie que por mutação deu lugar ao primeiro homem? Deveriam reflectir bem neste assunto os que tendem a exagerar a diferença entre o psiquismo animal e o psiquismo essencialmente humano, diferença, de facto, inquestionavelmente essencial.

titular de uma tal consciência é um organismo material, e não mais que um organismo material, como entender cientificamente a sua existência?

A fisiologia do século XX – que tem um precoce testemunho espanhol no livro *La unidad funcional* (1917), de Augusto Pi i Sunyer – opôs à concepção associacionista do organismo animal, imperante na segunda metade do século XIX, uma visão holista ou totalizadora da sua realidade. O organismo animal seria um *hólon* ou *totum*, um conjunto integrado e unitário, cuja radical unidade seria garantida pela actividade sinérgica de três importantes sistemas fisiológicos: os reflexos incondicionados e condicionados que executa o sistema nervoso, as hormonas circulantes e a deslocação dos electrólitos. Reflexos de diversa índole – não entendidos, evidentemente, segundo o consabido esquematismo linear do "arco reflexo" [3] –, acções hormonais e acções electrolíticas seriam os principais agentes da unidade radical do organismo.

Como deve ser concebida a realidade unitária – a do organismo do chimpanzé, neste caso – a que essa série de momentos funcionais dá expressão concreta e observável? Como um *subiectum* unificante ou "forma substancial", à maneira aristotélica e escolástica? Como uma entelequia supramaterial, à maneira de Driesch? Sabemos que não: essa realidade não é senão a própria estrutura na sua totalidade. Considerada em si própria, a estrutura é o que, sendo essencialmente unitária, executa por si mesma a actividade unificante: a estrutura *é* a unidade funcional. Por outras palavras: a unidade funcional não é o resultado da função totalizadora que coordenadamente executa os reflexos, as hormonas e os electrólitos, conforme pensaram numerosos biólogos holistas [4]. Pelo contrário, os reflexos, as hormonas e os electrólitos são os executores de algo ontologicamente anterior a eles, o dinamismo próprio da estrutura a que pertencem.

Tal é, portanto, o verdadeiro problema: de um modo não meramente relacional – a concepção da unidade do organismo como resultado de

---

[3] Com Von Weizsäcker, Goldstein e outros, aprendemos a ver na realidade do acto reflexo, além da linearidade esquemática – via aferente, centro, via eferente – da concepção clássica e estabelecida, a influência de outros momentos fisiológicos do organismo. Um acto reflexo é algo mais que a simples actividade de um arco reflexo, ainda que seja esta que visivelmente predomina.

[4] A tal conduz a frequente interpretação puramente literal da fórmula hipocrática *confluxio una, conspiratio una*.

relacionarem-se entre si as diversas actividades fisiológicas unificantes –, como entender essa realidade primária, radical e actuante do *unum* e do *totum* da estrutura? Como dar adequadamente razão da estrutura dinâmica do chimpanzé ou, mais geralmente, de qualquer organismo animal?

A física e a biologia do século XX confrontaram-nos com a exigência de inventar novos modos de conhecer e de pensar a realidade material. Foi um modo novo de conhecer e de pensar a realidade do cosmos que, frente ao modo de pensar antigo e medieval, a ciência moderna trouxe consigo. Analogamente, a ciência mais actual exige, frente ao moderno, um novo e nada fácil modo de conhecer e pensar a realidade – o que acontece no que se refere tanto à matéria em si (microfísica) como no que diz respeito às estruturas materiais (ciências das diversas realidades cósmicas e cosmologia geral).

Acerca da realidade das partículas materiais, e portanto da matéria *in genere*, ouvimos já em páginas anteriores a opinião autorizada de Heisenberg. Para entendermos o que realmente é, vista por nós, uma partícula elementar – uma coisa invisível, da qual só sabemos algo de enigmático: que pode apresentar-se à nossa observação sob duas formas distintas e que se excluem uma à outra, o pequeno ponto de massa e a onda electromagnética –, temos de recorrer necessariamente a um modo de pensar por completo diferente daquele que, de Galileu e Boyle à mecânica quântica, parecia iniludível e óbvio. Nos termos do tratamento mental e científico das coisas materiais – não, é claro, no tratamento prático e quotidiano que lhes damos –, a matéria não deve ser vista como um conjunto de corpúsculos maciços submetidos à acção de diversas energias, mecânica, térmica, eléctrica, etc., mas pura e simplesmente como um dinamismo matematizável; um dinamismo elementar, apesar da complexidade dos instrumentos matemáticos com que cientificamente o conhecemos, e potencialmente aberto a partir de si próprio à génese de dinamismos cósmicos de ordem superior à sua. De outro modo, a realidade da matéria poderá ser manejada e utilizada, mas não entendida; será objecto das nossas acções vitais práticas, mas não de um conhecimento científico e actual.

Por seu lado, o conhecimento científico das estruturas materiais obriga à criação de um modo de pensamento a que *faute de mieux* * me

---

* Ou seja: "à falta de melhor". Em francês no original *(N. do T.)*.

atrevo a chamar *estruturista*. Do mesmo modo que chamamos "pensamento evolucionista" ao que se refere à evolução, e "pensamento teísta" ao que se funda na ideia de um Deus pessoal, chamaremos aqui "pensamento estruturista" ao correspondente à estrutura, entendida esta nos termos que já referimos. "Estruturista" e não "estruturalista", porque as diversas formas do estruturalismo em uso – o psicológico, o linguístico, o antropológico-cultural, etc. – não são mais que modos conceptuais particulares do *estruturismo* geral e realista em que tenciono mover-me [5].

Através de dois exemplos simples exporei o modo como o *estruturismo* – extensão e radicalização metódicas do conceito zubiriano de "substantividade" – entende a actividade global e unitária das estruturas materiais.

A acetona ou propanona é um composto de carbono, hidrogénio e oxigénio, cuja fórmula estrutural – a visão científica convencional da sua estrutura real – é $CH_3\text{-}CO\text{-}CH_3$. O facto de nessa estrutura haver realmente C, H e O é demonstrado por esse outro facto de a decomposição analítica da molécula de acetona permitir descobrir os elementos em causa. O facto de os conjuntos atómicos parciais existentes nessa molécula – o metilo, CH_3; o grupo cetónico, CO – manterem na sua estrutura certa individualidade é-nos dado a ver por um tratamento químico adequado. O facto de certas propriedades da acetona, como o seu calor molecular, resultarem da simples adição das propriedades que por si próprios possuem os átomos que a compõem – os seus respectivos calores atómicos, no exemplo mencionado – é tornado patente pela experimentação. Mas ao lado das propriedades simplesmente aditivas da acetona, todas as restantes, sejam físicas ou químicas, de modo nenhum podem ser explicadas como resultado da adição ou da combinação das correspondentes a cada um dos três elementos, o C, o H e o O, e dos dois grupos atómicos, o CH_3 e o CO. As propriedades específicas da acetona, as suas propriedades genuinamente estruturais, só podem ser entendidas por atribuição ao todo da própria estrutura, à actividade

---

[5] Sem plena convicção, Zubiri recorreu ao substantivo "materismo" para que esta orientação do pensamento antropológico não se confundisse com o "materialismo", tal como este era entendido no século XIX. Penso que a pouco menos que automática homologação da série verbal "matéria-material-materialismo-materismo" com a série "espírito-espiritual-espiritualismo-espiritismo" foi, tacitamente, a causa principal da sua reserva.

dinâmica de algo que é e não é matéria: é matéria, porque *só* partículas elementares a compõem, e porque *só* partículas elementares a sua análise permitirá descobrir; não é matéria, porque a sua realidade própria é *tão-só* a de um conjunto de elementos materiais e activos presentes nela, decerto, mas *só* em subtensão dinâmica dentro do conjunto ontologicamente superior a que subordinadamente pertencem; conjunto não simplesmente relacional e de modo algum redutível à relação entre esses elementos. Do mesmo modo que a realidade de uma partícula elementar exige, para a sua correcta intelecção científica, uma representação mental *tão-só* dinâmico-matemática, também a realidade de uma estrutura material, neste caso a da molécula de acetona, exige como recurso intelectivo a representação mental de conjuntos ao mesmo tempo materiais e não materiais, devendo entender-se a sua não-materialidade segundo o que antes ficou dito.

Passemos agora ao segundo exemplo, referente a um nível de realidade cósmica superior ao da acetona. Eis uma amiba em movimento, um corpo vivo unicelular que executa três funções básicas: existir com independência no que se refere ao seu meio, exercer sobre ele um controlo específico e mover-se nele segundo o modo quisitivo de viver, e nele submetido à regra "ensaio e erro". A análise científica do corpo da amiba permitirá descobrir as macromoléculas e moléculas que a compõem, todas elas presentes e activas, ainda que apenas sob a forma de subtensão dinâmica, no exercício da sua actividade vital variável: mover-se na direcção da presa alimentar de modo imediatamente certeiro ou após um erro devidamente corrigido, digeri-la e expulsar os seus resíduos não-digeríveis, fugir dos estímulos nocivos, dividir-se por cissiparidade. Uma actividade tão variada faz-nos ver que a amiba é afectada pelo meio, a cujos estímulos responde de modo vitalmente adequado e susceptível de correcção. Como entender, então, a vida da amiba? Torna-se inevitável lembrar um perspicaz texto de Jennings: "Se a amiba fosse um animal grande, suficientemente grande para fazer parte da experiência colectiva dos seres humanos, a sua conduta depressa exigiria a atribuição de estados de prazer e dor, de fome, de desejo e outros semelhantes, exactamente na mesma base em que atribuímos tais coisas aos cães". O que nos obriga a afirmar que o *intus* da amiba, aquilo a partir do qual faz o que vitalmente faz, possui um psiquismo rudimentar a que, dada a índole da sua consistência real, bem podemos chamar *psiquismo bioquímico*. Analogicamente considerada a consciência psicológica, não parece despropositado falarmos, como já antes fiz, da *protoconsciência bioquímica* da amiba.

Qual é a realidade própria do *intus*? Como no caso das propriedades específicas da acetona, essa realidade não pode ser senão a estrutura do corpo da amiba; estrutura de ordem superior à da molécula de acetona, mas cuja unidade deve ser formalmente entendida como a dela, quer dizer, como um conjunto radicalmente unitário de notas, cada uma delas "do" próprio conjunto e "de" cada uma das demais, em cuja actividade global cooperam em subtensão dinâmica todas e cada uma das várias moléculas que o integram: proteínas, ácidos nucleicos, electrólitos, etc.; conjunto cujo conhecimento só parece possível mediante a representação dinâmico-matemática correspondente à realidade de que em cada caso se trate, simples molécula no caso da acetona e organismo bioquímico no da amiba.

A utilização da matemática para dar cientificamente razão da realidade visível tem sido, desde a Grécia Antiga, prática constante da história da ciência. Platão recorreu à matemática do seu tempo para explicar a realidade última dos átomos de Demócrito. Através de diversos recursos matemáticos, entre os quais a geometria analítica e o cálculo infinitesimal, pôde pôr-se em marcha a intelecção moderna do movimento local. E quando a observação e a experimentação puseram em crise o próprio fundamento da física moderna, foi à matemática – cálculo de matrizes, espaços multidimensionais, super-simetrias, topologia – que o pensamento científico teve de recorrer.

Segundo esta linha, atrevo-me a pensar que a teoria matemática dos conjuntos é o instrumento mais adequado para formalizar rigorosamente o conhecimento das estruturas materiais; não só para a explicação do seu comportamento – relação dinâmica do todo com as partes –, mas também, e trata-se agora do ponto decisivo, para a intelecção da sua realidade, porque *só* o conjunto dos seus elementos é a realidade *própria* das estruturas, aquilo que elas realmente são *acima* dos elementos materiais que as constituem [6]. Por isso eu disse antes que uma es-

---

[6] A definição do conjunto matemático que Cantor, o criador da teoria dos conjuntos, formulou pela primeira vez aludia não só ao que neles é conceptual, mas também o que neles é físico: "Agrupamento de objectos bem distintos, procedentes ou da nossa intuição ou do nosso pensamento". A realidade física dos conjuntos materiais, enquanto conjuntos, é a sua estrutura e somente a sua estrutura.

trutura cósmica é algo ao mesmo tempo material, quanto à realidade de cada um dos seus elementos, e não-material, quanto à realidade própria do *unum* e do *totum* que determina a actividade conjunta de todos eles. Não necessitarei de acrescentar que essa não-materialidade não é, no caso da amiba, a de uma forma substancial, um princípio vital ou uma enteléquia é, tão-só, repeti-lo-ei, a do conjunto como tal. A intuição fenomenológica do *todo* das estruturas – recorde-se o texto de Husserl citado no capítulo anterior – adquire assim consistência ontológica, realidade propriamente dita. Por seu lado, na sua revisão inovadora do conceito de "cânone", enquanto recurso para a intelecção *campal* e *principial* da realidade, Zubiri mostrou que a índole desse recurso – concepção do "ser real" como "corpo" na física clássica, ou como "coisa", mais recentemente, entre outros exemplos – muda ao longo da história. Pois bem, vejo no conjunto, tal como Cantor o definiu, o cânone mais adequado para entendermos o carácter unitário das estruturas materiais, a sua condição de entes reais, e não de entes de razão. Trata-se de um tema que voltaremos a encontrar.

Regressemos agora ao nosso chimpanzé. Como explicar aceitavelmente, perguntava eu, a unidade funcional do seu organismo? A resposta só pode ser esta: transferindo para a intelecção de um organismo antropóide o que acerca de um organismo monocelular, o da amiba, acabo de expor. Tendo em conta, por outro lado, que o *intus* do chimpanzé, animal provido de um sistema nervoso muito evoluído, se manifesta num *psiquismo neural*, inteiramente bioquímico, evidentemente, nos seus múltiplos mecanismos elementares, mas formalizado a um nível novo da vida animal, esse nível que as formas superiores do sistema nervoso ao mesmo tempo tornam possível e impõem. Aqui a consciência bioquímica eleva-se a *consciência neural*, sendo a consequência a sua expressão em acções psico-orgânicas conscientes e acções psico--orgânicas não conscientes. Tal facto, repito-o ainda, é atribuível apenas ao conjunto estrutural que *é* o corpo vivo do chimpanzé, e não a um *subiectum* aristotélico ou a um princípio vital à maneira do século XVIII sob qualquer das suas formas. Por isso, da realidade do chimpanzé podemos dizer aquilo que da relação entre a causa e o efeito diz a velha sentença: *sublata structura, tollitur res*; morto o chimpanzé, decomposta a sua estrutura, a sua realidade como chimpanzé extingue-se por completo. Poderemos, deveremos dizer outro tanto da realidade do homem? É o que vamos ver.

Trata-se de entender cientificamente aquilo que o homem enquanto homem faz, a conduta humana enquanto humana. Para conseguirmos esse propósito, creio serem necessárias duas advertências prévias, ambas de carácter metódico. Metodicamente, com efeito, descreverei aquilo que na conduta do homem julgo ser verdadeiramente essencial, contrastando-o com aquilo que também me parece essencial nas formas mais elevadas da conduta animal. O que, e trata-se da segunda advertência, me obrigará a empregar como método aquilo a que mais de uma vez chamei "condutivismo compreensivo", método ao mesmo tempo basicamente condutivista, porque se atém apenas aos factos que a conduta do homem permite observar, e formalmente compreensivo, porque – diferentemente do que advogou o condutivismo de Watson e de Skinner – tem constantemente em conta a iniludível compreensão psicológica dos factos observados [7].

Considerando estas duas advertências, estudarei sucessiva e sumariamente, do meu ponto de vista, a conduta e o psiquismo do homem.

I. A CONDUTA ANIMAL

Como expressão daquilo que na sua essência é a vida animal – vida quisitiva segundo o modelo "ensaio e erro" –, todos os animais, dos protozoários aos pongídeos, têm conduta ou comportamento. Uma amiba tem conduta; um álamo, não. Pois bem: até onde é capaz de chegar, na evolução da biosfera, a conduta dos animais.

Um exame detido do comportamento do chimpanzé, quando graças ao adestramento são levadas ao máximo de perfeição as capacidades do seu sistema nervoso e do seu psiquismo, permite obter as seguintes conclusões [8]:

1. *O chimpanzé sente:* recebe do seu meio estímulos pertencentes à peculiaridade específica da sua vida – afectam-no, por exemplo, os procedentes da franja luminosa do espectro solar, mas não os correspon-

---

[7] Remeto de novo para *El cuerpo humano. Teoría actual.*

[8] Reduzo ao essencial e ao mesmo tempo amplio aquilo que sobre este tema expus no livro tantas vezes já citado. Nele encontrará o leitor descrições e referências que aqui não posso abordar.

dentes à franja ultravioleta – e responde-lhes de uma maneira adequada ao que é especificamente a animalidade do chimpanzé. O chimpanzé sente apenas estímulos: expressando a sua conduta através da nossa linguagem, e observando, por exemplo, o que as suas respostas aos estímulos térmicos nos dizem, poderemos afirmar que o calor é para ele "o termicamente agradável" ou "o termicamente incómodo" – isto é, aquilo que "aquece" de modo gratificante ou desagradável –, mas não algo correspondente ao que para nós é uma "coisa que aquece por *ser* quente", calor como modo de ser termicamente estimulante da realidade do mundo. O chimpanzé, como todos os restantes animais, não percebe "realidades", percebe tão-só "estímulos" (Zubiri).

Sentindo estímulos e respondendo-lhes adequadamente, o chimpanzé mostra ter consciência, "dar-se conta" daquilo que no seu meio o estimula agradável ou desagradavelmente. Nunca poderemos saber o que no interior do animal é esse "dar-se conta", porque só temos experiência do que é "dar-se conta" para nós; mas que isso existe nele, a observação do seu comportamento dá-no-lo a ver com a mais total evidência.

2. *O chimpanzé recorda:* no seu cérebro fica a marca do que sentiu, se o sentir tiver sido suficientemente intenso. De outro modo, nem a conduta segundo o modelo "ensaio e erro", nem a aprendizagem nem, mais geralmente, a coerência da sua vida individual no tempo, seriam biologicamente possíveis.

Só a uma impressão cerebral mais ou menos persistente, chame-se-lhe engrama ou como se quiser, a memória do chimpanzé pode ser atribuída. Em que consiste essa impressão? Indubitavelmente, numa modificação bioquímica e biológico-molecular de um lugar do cérebro. Seja qual for a sua justificação no caso do psiquismo humano, a distinção bergsoniana entre "memória psicofisiológica" e "memória pura" de modo algum é aplicável à memória do chimpanzé.

3. *O chimpanzé busca:* move-se em direcção ao que não tem. Impelido por uma tensão do seu tónus vital mais ou menos especificada – fome, cio sexual, necessidade de abrigo, etc. –, o chimpanzé move-se no seu meio para buscar aquilo que especificamente o satisfará. Disse já várias vezes que a vida *quisitiva* – a actividade constante que vai ao encontro daquilo de que se necessita e se não tem, a capacidade para

perceber algo que no meio ocasionalmente não existe, mas pode existir – é, em meu entender, a nota mais essencial da animalidade.

Quando o objecto da busca se acha distante, como que perdido no meio, a actividade *quisitiva* configura-se como *exploração:* o animal move-se no seu meio – é iniludível a expressão antropomórfica – como se se ocupasse com descobrir se nele existe aquilo que se vê obrigado a buscar. Mas ainda que a sua acção pareça espontânea, não condicionada pelos estímulos do meio, tem o seu fundamento na capacidade de sentir o que de modo imediato o meio não está a oferecer-lhe. No animal e no homem, a exploração é a busca do possível não imediato. Mas esta possibilidade é para o homem algo de essencialmente diferente daquilo que é para o animal. Veremos adiante como e em quê.

4. *O animal espera.* Os escolásticos medievais distinguiram claramente entre a "esperança-paixão", a esperança como movimento do irritável na alma, e a "esperança-virtude", a esperança como hábito da vida pessoal. A primeira, comum aos animais e ao homem, a segunda especificamente humana. Movido por estímulos procedentes de alguma coisa de que tem apetite – o leopardo à espreita de uma gazela, o cão perante um gesto do seu dono –, o animal espera alcançar aquilo que o estimula. Como em tantos outros animais, talvez em todos, há para o chimpanzé situações vitais nas quais ele espera.

5. *O chimpanzé joga:* entra em actividade de um modo aparentemente não transitivo, consistindo apenas no exercício da própria actividade. De todas as acções em que a vida animal se realiza, o jogo é a mais próxima da espontaneidade, porque superficialmente observada só numa determinada exigência do tónus vital – daquilo que no animal é psiquismo, vida anímica – parece ter fundamento. Mas observada com atenção a actividade lúdica em breve mostrará a sua condição reactiva, a parte que a estimulação procedente do meio nela tem. Numa determinada situação, um animal realiza o carácter *quisitivo* essencial da sua vida jogando, buscando aquilo que o jogo pode dar: instante renovador, um retemperamento do tónus vital ou, no caso dos indivíduos jovens, o pleno domínio das capacidades da sua espécie.

6. *O animal comunica:* tanto com os indivíduos da sua espécie ou do seu grupo como com animais de outras espécies. Graças à sua capacidade de comunicação, o animal – neste caso, o chimpanzé – põe em acto a sociabilidade própria da sua espécie.

Em que consiste a comunicação animal? Apesar da enorme variedade dos modos em que se realiza – emissão de substâncias químicas ou de sons e gestos, alguns tão complicados como a dança das abelhas exploradoras ou os ritos variados do acasalamento –, será possível discernir a existência de uma característica comum, e portanto essencial, na actividade comunicativa dos animais, incluindo a do chimpanzé? Na minha opinião, sim. Todos os recursos dos quais o animal se vale para comunicar com outros animais – ou com os homens, se para isso tiver sido adestrado – são puros *signos*, sinais em que existe uma relação perceptível e unívoca entre cada um e o que significa: é isso e não outra coisa para a perdiz-fêma o canto sexual da perdiz-macho, como foram isso e não outra coisa os sinais visuais e tácteis aos quais o casal Gardner recorreu para conseguir que um chimpanzé-fêma, *Washoe*, comunicasse com eles. A comunicação animal não pode passar do nível do signo. Em breve veremos como o homem pôde superá-lo.

7. *O chimpanzé aprende.* Em princípio, todos os animais são capazes de aprender, mas depois dos resultados fantásticos obtidos pelo casal Gardner com *Washoe*, por Premack com *Sarah* e por Howland com os seus macacos, podemos afirmar com toda a segurança que o chimpanzé e o macaco são os animais mais dotados para a aprendizagem. Como não nos sentiremos espantados ante o espectáculo desses chimpanzés que foram adestrados para ajudar crianças deficientes?

A seguir ao espanto, a interrogação. Em que consiste, incluindo nos seus níveis mais elevados, a aprendizagem animal? O seu mecanismo poderá ser assimilado àquilo que a aprendizagem humana permite observar? Em meu entender, não. A aprendizagem humano tem o seu antecedente biológico na aprendizagem animal, mas é essencialmente diferente dela. O animal aprende incorporando signos novos no repertório dos que integram o sistema dos seus instintos, e aplicando-os à resolução idónea da nova situação em que se encontra. Através dos signos visuais e tácteis que aprendeu com os seus educadores, e só através deles, *Washoe*, combinando-os, aprendeu a responder a um considerável repertório de perguntas, correspondentes a outras tantas situações concretas. Daí não pôde passar. O adestramento de *Washoe* "não pôde chegar a um ponto em que ela nos perguntasse os nomes das coisas", dizem os Gardner. "Qualquer tentativa de ensinar a um animal a execução de uma soma aritmética, ainda que fácil, está destinada ao fracasso", escreve Eccles. O ponto máximo que se atinge é aquele a que Howland chegou com os seus macacos: que o animal transponha o seu "saber" para um sistema de signos muito parecidos com os que integram uma primeira aprendizagem e, por conseguinte, ao que nela conseguira aprender; chega, no máximo, a "entender" a significação de signos muito parecidos entre si. Por que é que o animal não pode passar adiante, e por que é que a aprendizagem humana é essencialmente diferente da aprendizagem animal? Em breve o veremos.

8. *O chimpanzé inventa:* pode resolver a dificuldade de uma determinada situação vital inventando recursos até então inéditos na vida da sua espécie. Foi o que fez o chimpanzé *Sultan* nas célebres experiências de Köhler, e foi também o que nessa linha outros etologistas depois observaram.

As façanhas inventivas dos chimpanzés e dos macacos devem ser inscritas no progresso que a formalização da actividade perceptiva – recorde-se o que atrás ficou dito – vai alcançando com a ascensão do animal na escala zoológica. Até ao nível do chimpanzé, a formalização "recorta" no ambiente circundante um dos objectos que o compõem e, com isso, atribui-lhe *uma* determinada significação vital: qualquer que seja a situação de um pedaço de carne no campo visual de um cão, este formaliza-o como um "pedaço de carne" e *só* como "pedaço de carne". *Sultan* fez mais: diante de dois pedaços de cana que até então não passavam para ele, segundo a situação, de "objectos lúdicos" ou "objectos bélicos", brinquedos ou armas, sendo-o cada pedaço de cana por si próprio, o chimpanzé formalizou como "objecto captador" o ainda inexistente conjunto dos dois e, em acto contínuo, passou a prolongar um por meio do outro. Era o primeiro passo no sentido da hiperformalização que a estrutura do cérebro humano experimenta e é capaz de resolver. Como veremos, apenas um primeiro passo inexcedível.

Em *El cuerpo humano. Teoría actual* expus as razões pelas quais, na minha opinião, a façanha do chimpanzé *Sultan* não vai além do modelo "ensaio e erro" que, a partir do nível da amiba preside ao comportamento das espécies animais. Nada de *essencialmente* novo há, a esse respeito, entre os protozoários e os pongídeos. Completando esta tese, indiquei no capítulo anterior a ideia segundo a qual o expediente súbito de *Sultan* perante a banana inacessível e a sua posterior "vivência do *aí está*" não são a consequência de um projecto, na acepção humana do termo, não passam da execução de um pré-projecto. Se o homem é, como veremos, um *animal proiectivum,* o chimpanzé é apenas um *animal praeproiectivum*. Porquê? Porque os objectos percebidos para a realização do seu invento são ainda puros signos e não verdadeiros símbolos, e porque tal facto impede que a acção inventiva do chimpanzé preencha todos os requisitos que o verdadeiro projecto exige. Outro tanto se deve dizer da socialização rudimentar de um invento animal observada por Kawamura: um macaco descobre por acaso que as batatas se tornam mais gostosas se as lavar antes de as comer, e os restantes membros do seu grupo aprendem com ele essa prática. A aprendizagem é agora simples imitação, e embora, na esteira de Tarde, se possa pensar que a imitação é o nervo da vida social, ninguém poderá sustentar – não o faria sequer o sociobiólogo Wilson – que entre a imitação do macaco e a humana não há uma diferença essencial. Mais que imitar, o macaco copia, e a sua cópia não é, por comparação com o que o homem faz, mais que uma pré-imitação.

Sentindo, recordando, buscando, explorando, esperando, jogando, comunicando, aprendendo, inventando, o chimpanzé actual aproxima-se visível e perturbantemente daquilo que são realmente o sentir, o recordar, o buscar, o explorar, o esperar, o jogar, o comunicar, o aprender e o inventar do homem. Nada nos faz notar tão claramente como o perturbador e misterioso sentimento que nos assalta quando o seu olhar se cruza com o nosso, em que medida se aproxima da nossa a realidade do chimpanzé e até que ponto é abissal a diferença que dessa realidade nos separa. E embora, como parece muito provável, o desenvolvimento psíquico do australopiteco mutante fosse bastante maior que o do chimpanzé actual, não creio que a experiência de um hipotético cruzar de olhares entre ele e um de nós fosse diferente. Qual seria esse sentimento se o olhar de um homem actual se cruzasse com o de um *homo habilis*?

II. A CONDUTA HUMANA

Observemos objectivamente, como se fôssemos condutivistas à maneira de Watson e Skinner, a conduta de um homem. Visto de fora, e só de fora, que faz esse homem? Sucessivamente, uma grande multiplicidade de coisas: vai para o trabalho ou divertir-se, conversa com familiares ou com amigos, lê, escreve, passeia... Sob a grande diversidade dos seus conteúdos particulares, haverá alguma coisa de comum em todas estas actividades? A observação diacrónica de cada uma delas, ainda que metodicamente isenta de qualquer propósito de compreensão psicológica, fiel, por conseguinte, à regra da objectividade pura, permitirá concluir que todas elas são execução e termo de um *projecto*: trabalhar, divertir-se, conversar, etc. O que nos levará a uma afirmação ao mesmo tempo básica e inicial: o mais próprio e essencial do comportamento do homem, ainda que reduzamos o seu exame à simples observação condutivista, é a condição projectiva da vida humana. Se a vida animal é, na sua essência, "vida quisitiva", a vida humana é, também na sua essência, "vida projectiva". E se o primata não humano acaba por ser, no nível máximo da sua inteligência, *animal praeproiectivum*, o homem é, entre muitas outras coisas, *animal proiectivum*. Descreverei deste ponto de vista aquilo que em si mesma é a conduta humana.

1. A VIDA PROJECTIVA: O PROJECTO [9]

A concepção e a execução de um projecto exigem o cumprimento dos seguintes requisitos: 1) A capacidade de conceber uma ideia do real não existente (aquilo que como possível aparece no futuro da pessoa projectante) a partir da percepção do real existente (aquilo que a pessoa projectante percebe no seu mundo e em si própria); 2) Consequentemente, a capacidade, rudimentar no inventor do machado de sílex, genial em Newton ou Einstein, de converter em símbolos os signos obtidos na percepção da realidade e da situação [10]; 3) A capacidade de sentir as

---

[9] O tema do projecto foi atentamente estudado por não poucos pensadores do nosso século, entre eles, Ortega, Heidegger, Zubiri e Marías. De uma maneira ou de outra, baseia-se em todos eles o que vou dizer a seguir sobre a vida projectiva.

[10] Signo: alguma coisa de percebido – objecto físico, acção ou acontecimento – que denota a existência oculta de alguma coisa, com que tem um vínculo de relação directa ou indirecta (o fumo, signo do fogo; o tremor, signo do medo). Símbolo: realidade que devido a uma convenção mais ou menos arbitrária e mais ou menos colectiva representa outra (a bandeira, símbolo do país; a letra π, símbolo da relação entre o perímetro e o diâmetro da circunferência; a palavra "neve", símbolo directo da coisa real que cai durante um nevão e símbolo metafórico da brancura de uma cútis feminina).

181

coisas não como simples estímulos, mas como realidades, como entes que são "por si" (Zubiri; recorde-se o que atrás ficou dito). De outro modo, o real não existente não poderia ser concebido a partir do real existente; 4) A existência de um *ensimesmamento* mais ou menos perceptível do indivíduo (Ortega) durante a concepção do projecto. Não parece que o projecto anterior à execução do primeiro machado de sílex tenha podido ser uma excepção a esta regra [11]; 5) A socialização humana do invento, no caso de a execução do projecto a ela conduzir; socialização que, diferentemente da simples cópia animal, quando esta de facto se produz, requer uma comunicação interindividual através de verdadeiros símbolos, não através de simples signos, e tem o seu impulso motor num acto de doação, de livre entrega daquilo que se tem [12]; 6) Até mesmo no caso do êxito mais completo – o lograr feliz de uma iniciativa, a criação de uma obra de arte genial –, o termo de uma acção humana é a inconclusão, seguida de uma opção entre duas possibilidades: "fazer mais" na linha do já feito – Miguel Ângelo na série das suas *Pietà*, da do Vaticano à Rondanini; Beethoven refazendo sete vezes a abertura de *Leonora* – ou "fazer algo muito diferente do já feito", o som do violino no caso do pintor Ingres e do físico Einstein. A socialização *more humano*, a existência desse sentimento de inconclusão e a resposta à interna inquietação que ele denuncia são o fundamento real da vida histórica [13]. Ao contrário das restantes espécies animais, a espécie humana tem e não pode deixar de ter história. O facto de projectar e a atitude perante o projectado e o conseguido fazem com que o homem seja *animal historicum*.

---

[11] Acabo de ler o dúctil e penetrante *Ensaio sobre o Cansaço*, de Peter Handke e descubro que o autor chama "cansaço" – certa forma de cansaço – ao *ensimesmamento* anterior ao projecto e à criação.

[12] Dawkins e Wilson, citados por Eccles, pensaram que nos chimpanzés seria possível conseguir algo de semelhante a uma conduta altruísta. "Mas", comenta Eccles, "a conduta dos chimpanzés assemelha-se pouco ao altruísmo, não é mais que um pseudo-altruísmo. Os chimpanzés não controlam as suas condutas para ajudar os outros de modo consciente."

[13] Portanto, da tradição e do progresso (o homem, *animal progressivum*) e da destruição e do regresso (o homem, *animal labefaciens*, animal destruidor).

2. A MEMÓRIA

Como o animal, o homem recorda e como o animal, o homem recorda para agir no seu presente e para se mover em direcção ao seu futuro. A feliz frase de Ortega acerca da recordação – é o atalho que nos permite dar um pulo até ao futuro – também vale para o animal. Mas o modo humano de a levar a cabo é essencialmente diferente do modo animal, em vários momentos da sua estrutura. Pelo menos, nos dois seguintes: 1) A recordação do homem e a sua projecção em direcção ao futuro requerem, ainda que o sujeito não tenha consciência disso, a redução dos *perceptos* a símbolos e a atribuição de carácter de realidade tanto ao percebido e realizado como ao futuro e não existente. Analise-se, a título de exemplo, o que é a recordação de uma cidade quando alguém projecta viajar até ela. O futuro prefigura-se *nos* e *a* partir dos símbolos e *nas* e *a* partir das realidades que a recordação contém; 2) A recordação do passado perante a impressão sensorial do presente pode conduzir à não aceitação daquilo que de maneira mais agradável estimula o apetite de quem recorda. Frente a um alimento do seu gosto, o animal com fome recorda o que para ele foi esse alimento e lançar-se-á sempre sobre ele. Frente a um prato que é para ele apetitoso, um homem com fome, seja por que razão for, jejum religioso, jejum dietético, etc., poderá abster-se de o comer. "Por comparação com o animal, que diz sempre *sim* à realidade, até quando a teme e evita, o homem é o ser que sabe dizer *não*, o asceta da vida", escreveu Scheler.

3. A BUSCA E A EXPLORAÇÃO

Como o animal, o homem busca e explora para, encontrando o que busca, se realizar e prover a si próprio, mas a vida *quisitiva* torna-se nele vida *projectiva,* e a busca e a exploração convertem-se em projecto. Entre outras, as duas notas seguintes dão carácter humano à busca: 1) Animal ou humana, há em toda a busca uma resposta ao meio e certa representação antecipada do que o termo da resposta possa ser. Na antecipação proléptica do animal, esse termo é antecipado como acção biologicamente adaptada ao que a nova situação poderá ser (a antecipação em termos motores do gato no ar quando tenta evitar uma má queda); ao passo que a antecipação projectiva do homem tem o seu termo intencional numa acção livremente escolhida pela pessoa entre várias possíveis (a variada utilização biográfica que alguém pode dar a um título universitário buscado e projectado); 2) Quando a busca é exploração, a sua conclusão, no caso do animal, é uma situação estimulante concreta, justamente aquela que a exploração persegue (a ave que busca um lugar para o seu ninho), enquanto, no caso do homem, o objecto pode ser algo de totalmente imprevisível e imprevisto (os exploradores do Novo Mundo recém-descoberto, os descobridores das ilhas do Pacífico). Toda a exploração humana é aventura, *adventura,* empreendimento aberto ao que advenha.

4. A ESPERA

Que os animais, muito especialmente os caçadores, são capazes de esperar, sabemo-lo explicitamente desde Aristóteles e dos escolásticos. Mas a espera e a esperança humanas – tema que tratei abundantemente no meu livro *La espera y la esperanza* – são essencialmente diferentes das dos animais. Eis dois factos que expressam bem tal diferença: 1) Movido por um dos instintos em que se manifesta a vida *quisitiva,* o animal espera uma situação em que a sua apetência seja satisfeita. O homem, em contrapartida, espera uma situação futura frente à qual pode comprometer-se livremente ou romper com um compromisso livremente adquirido. "O homem é o único animal que pode prometer", escreveu Nietzsche, afirmação que deve ser completada pela adenda "ou faltar à sua promessa"; 2) Esperamos sempre uma possibilidade que por sê-lo, por não ser objecto de previsão certa, se realizará ou não se realizará. Mas, no caso do animal, a possibilidade consiste em conseguir ou não conseguir uma situação vital integrada por estímulos satisfatórios – o acertar ou o errar como termos possíveis da acção, da amiba ao chimpanzé – e, no caso do homem, em atingir ou não atingir um aumento inédito do seu próprio ser e do ser do mundo. Fracassando sempre, é o que esperam Vladimir e Estragon em *À Espera de Godot,* e gloriosamente triunfando, era o que essencialmente esperava Miguel Ângelo ao pintar a Capela Sistina. Para lá da possibilidade estimúlica da espera e da esperança animais existem, essencialmente superiores a elas, a possibilidade de realidade da espera e a esperança humanas. E assim, realizando, nunca totalmente, as suas esperanças, Miguel Ângelo e Cervantes acrescentaram o ser e o haver do mundo.

5. O jogo

O animal e o homem jogam. Movido a partir de si mesmo – do *intus* do seu instinto e do seu sentir – o animal joga para retemperar o seu tónus vital ou para adquirir plenamente as capacidades e as destrezas da sua espécie. Existe também qualquer coisa de semelhante nas formas mais elementares do jogo humano: na criança que brinca com a mãe – jogo no qual o sorriso é uma componente essencial [14] – e nos rapazes que competem entre si jogando à malha, mas até mesmo tendo em conta que também nestas formas mais elementares de jogo infantil há qualquer coisa de especificamente humano, o jogo do homem é muito mais que isso. Desde a intuição de Schiller (o impulso lúdico como fundamento do impulso artístico) até às numerosas análises histórico-culturais e filosóficas do jogo operadas no nosso século (Huizinga, Buytendijk, Ortega, Fink, Heidegger), o pensamento do Ocidente viu no espírito lúdico, na actividade própria do *homo ludens*, não só um signo do luxo com que a vida humana se pode tornar real, mas também, e até sobretudo, um momento essencial da criação, quando esta não é trágica, mas jovial. Foi tragicamente, embora com intervalos lúdicos, que Unamuno criou a sua obra. Foi jovial e ludicamente, embora com veios de melancolia, que Cervantes compôs a sua.

6. A comunicação

Para mostrar a singularidade da comunicação humana, posso limitar-me a reiterar muito concisamente algo que já disse: que o animal comunica com os restantes animais, especialmente com os da sua espécie e

---

[14] Sobre o sorriso infantil e as suas duas formas principais, o sorriso rabelaisiano e o sorriso virgiliano, veja-se o meu livro *Teoría y realidad del otro*.

do seu grupo, *só* mediante signos, enquanto o homem o faz *também* através de símbolos. As palavras e os seus equivalentes gestuais são símbolos, convenções cuja significação "forte", socializada pela tradição, geral e inconscientemente se atém a imensa maioria dos falantes de cada língua, e cujas significações "fracas" ou "metafóricas" dão a todos um campo de exercício da sua liberdade de expressão. Foi usando ludicamente essa liberdade que Joyce chamou "quarks" aos três filhos de Mr. Mark e, usando ludicamente a sua própria liberdade análoga, Murray Gell-Mann nomeou por meio dessa mesma palavra as partículas elementares da matéria que matematicamente postulara.

O homem fala – usa símbolos como recursos convivenciais – para afirmar a sua própria realidade pessoal, a realidade social do grupo humano em que vive e a realidade total do mundo. Tal é a raiz antropológica e ontológica das análises psicológicas clássicas de Bühler – o homem ao falar, chama, diz e nomeia –, que há alguns anos me dediquei a completar [15]. Há um abismo psicológico e ontológico entre o rouxinol que canta e o homem que fala.

7. A APRENDIZAGEM

Sob qualquer das suas formas – o papagaio que aprende palavras, o urso de circo que dança, os chimpanzés adestrados para o "diálogo" com homens ou para o exercício de certas tarefas de serviço –, a aprendizagem animal consiste no aumento do repertório de signos e acções instintivas correspondente à sua espécie e na combinação adequada dos signos e das acções aprendidos. Não se afigura inadmissível dizer que, descontadas as formas naturais da aprendizagem que tornam adultos o frango e o cachorro em crescimento, o animal que aprende por meio de adestramento deixa em certa medida de ser "ele mesmo", des-naturaliza aquilo que é por natureza. Muito diferentes, até mesmo contrários, são o modo e a função da aprendizagem humana. Aprendendo, o homem aumenta o seu repertório de símbolos (é assim que a criança aprende a linguagem do seu grupo social) e de hábitos (nisso consiste a aprendizagem da mul-

---

[15] Veja-se o meu ensaio "O que é falar" no livro *Teatro del mundo* (Madrid, 1986).

tiplicação aritmética, aquisição de um hábito mental, ou da natação, aquisição de um hábito somático); e fá-lo tanto para ser "mais humano", para aperfeiçoar aquilo que é por natureza, como para ser "mais ele próprio", para enriquecer aquilo que é como pessoa. Novo abismo psicológico e ontológico existe entre a conduta animal e a conduta humana.

8. A INVENÇÃO

Sobre a capacidade inventiva dos animais, evolutivamente superiores, os primatas, é suficiente o que ficou dito até aqui. Glória à façanha pré--técnica do chimpanzé *Sultan*. Mas sem remontarmos às formas superiores da invenção humana – *A Divina Comédia* e o *Quixote*, a *Crítica da Razão Pura* e a *Teoria da Relatividade*, *Las Meninas* e *Os Fuzilamentos de Moncloa*, a televisão e os satélites exploradores do cosmos; os feitos em que a invenção se torna criação genial –, a mais modesta das invenções humanas, a do oleiro que inventa uma nova curva para as tigelas que fabrica, traz dentro de si alguma coisa que transcende essencialmente o acto inventivo de *Sultan* e os de todos os seus congéneres.

A invenção animal tem como fundamento uma formalização do campo perceptivo na qual um sentido vitalmente novo do *percepto* aparece: as canas encaixáveis são percebidas como elementos de um possível "objecto captador". Portanto, através de uma formalização mais alargada, mais precisamente, apenas um pouco mais alargada. A cem léguas dela, a invenção humana traz dentro de si a hiperformalização do campo perceptivo, e com ela a atribuição ao *percepto* de um número ilimitado de sentidos, entre os quais o inventor tem de preferir, talvez errando, apenas um. A invenção animal é a saída de uma circunstância individual sentida como premente. Genial ou modesta, a invenção humana é o resultado de um acto de liberdade: liberdade criadora na atribuição de mil possíveis sentidos ao *percepto,* liberdade de opção no acto de preferir um deles para a entrada em acção. Como diz de si próprio Antonio Machado: "A distinguir separo as vozes dos ecos, e escuto somente, entre as vozes, uma."

Mas deve dizer-se mais. Supondo que a inovação que traz consigo perdure na conduta subsequente do inventor e daí não passe, a invenção animal limita-se a resolver um problema biológico ocasional de um único indivíduo. Sete céus acima dela, a inovação conquistada pela invenção humana enriquece a vida de toda a espécie, aumenta a perfeição histórica e social – a correspondente ao "terceiro mundo" de que fala Popper – da humanidade inteira. Todos nós, homens, somos devedores do nosso congénere anónimo e genial, Prometeu humano, que na noite dos tempos inventou a produção do fogo. A sua invenção, e com ela outras igualmente elementares, iniciaram a senda de criações intelectuais e técnicas que, para glória e pesadelo da condição humana, tornaram o homem governador das causas segundas na evolução do cosmos e co-autor da própria evolução.

Através do projecto, da memória, da busca e da exploração, da espera, do jogo, da comunicação, da aprendizagem e da invenção, a simples observação objectiva da conduta humana mostrou sem margem para dúvidas a sua essencial superioridade sobre a conduta animal, mas ao mesmo tempo, fez ver a certeza de que esta última é, em todos os sentidos, um verdadeiro *praeambulum humanitatis*, um passo no caminho até à evolução humana. Vejamos agora o que nos diz a observação compreensiva desse conjunto de notas e actividades a que tradicionalmente damos os nomes de "psique" e de "psiquismo".

III. O PSIQUISMO HUMANO

Todas as acções do homem são ao mesmo tempo somáticas e psíquicas, umas preponderantemente somáticas, como a digestão ou o trabalho corporal, outras preponderantemente psíquicas, como o pensamento e a volição. Como perceber o psíquico numas e noutras? Foram ideados dois métodos básicos para dar resposta a essa interrogação, dois recursos metódicos frequentemente contrapostos entre si pelos psicólogos, mas *nolens volens* complementares entre si: a introspecção, a observação intuitiva do que acontece no interior de nós próprios, essa zona da realidade própria a que por meio de uma involuntária metáfora jurídica chamam, em Espanha, "foro íntimo", e a observação compreensiva – divinatória e conjectural, em última análise – da realidade e da conduta dos demais homens. Observação compreensiva: conhecimento metódico daquilo que as acções visíveis e externas de um homem nos dizem acerca do que esse homem invisível e intimamente é e faz, detecção dos seus sentimentos, pensamentos e intenções mais estritamente pessoais [16].

Desde Brentano que os psicólogos afirmam que a nota mais característica dos actos psíquicos é a sua intencionalidade, o facto de visarem um objecto interiormente dado. Assim, a consciência psicológica é por essência "consciência-de". E podemos deixar o tema por aqui. O que importa agora não é a formalidade do psíquico, mas a sua realidade. Considerados nos seus termos, o que são o psiquismo e a psique? O psiquismo humano, pois é dele que se trata, deverá ser concebido como a actividade de um ente extracorpóreo real, chame-se-lhe alma, mente, psique ou como se queira, ou apenas como uma expressão peculiar daquilo que o cérebro humano – o cérebro próprio na introspecção, o cérebro alheio na observação compreensiva – por si próprio faz? No que se refere ao psiquismo do chimpanzé, a resposta ao segundo termo da interrogação deve ser decididamente afirmativa. Só na estrutura e no dinamismo do seu cérebro tem realidade e fundamento o psiquismo animal. Acontecerá o mesmo no caso do homem? Adiante exporei as razões que me levaram a dar, também nesse caso, uma resposta afirmativa. Entretanto, devo limitar-me a descrever esquematicamente aquilo que o psiquismo humano é, enquanto facto de observação e de compreensão, e a levantar cientificamente o problema do seu aparecimento na biosfera e o da sua extinção pela morte [17].

1. Descrição esquemática do psiquismo humano

Para um observador que não tenha lançado borda fora o recurso metódico da introspecção, o facto primário do psiquismo é a descoberta da própria intimidade, e nela, por lícita extensão, o da intimidade humana

---

[16] Pode ver-se uma exposição sumária do que é a compreensão assim entendida, um dos grandes temas da psicologia do nosso século, nos meus livros *Teoría y realidad del otro* e *El cuerpo humano. Teoría actual*.

[17] Concebidos e realizados de pontos de vista diferentes, mas não incompatíveis, dois livros espanhóis – *Sobre el hombre*, de X. Zubiri, e *Antropología metafísica*, de J. Marías – estudaram descritiva e filosoficamente o psiquismo do homem. Aqui confio os dois títulos à curiosidade do leitor.

em geral. Em função do que o observador em si próprio percebe e conjectura nos demais, a intimidade é, com efeito, o centro de emergência e o termo de referência de tudo aquilo a que na vida do homem chamamos psiquismo. Desde que a predicação do Evangelho trouxe ao mundo a convicção de que o homem também pode pecar "no interior do seu coração" (Mat. V, 28), a ideia da intimidade como sendo o que há de mais profundo e secreto na realidade humana não se perdeu na cultura do Ocidente.

Foram muitos os modos de a conceber: o metafórico e arquitectural de Santo Agostinho e dos místicos (a "morada" mais interior, a "profundidade da alma"); o jurídico-moral de Kant (o mais íntimo e radical da pessoa, a sua condição de sujeito de actos morais e o facto de cada um de nós poder existir dentro de si próprio *sui juris*, segundo o seu próprio foro); outros mais formalmente psicológicos e metafísicos, como o de Scheler (a intimidade, centro de emergência, núcleo de onde irrompem actos livres); o de Ortega (a intimidade, consciência do carácter executivo dos actos pessoais e reino da "solidão como substância"); o de Zubiri (modo de ser dos actos psico-orgânicos, no qual e pelo qual a vida se torna real e verdadeiramente própria para quem a vive; a intimidade como centro e termo de "autopertença" e apropriação). Mais de uma vez distingui no psiquismo, deste ponto de vista, a esfera de *o-em-mim* e a esfera de *o-meu,* esta é precisamente a que constitui a intimidade pessoal [18].

Seja qual for o modo de conceber a intimidade, e muito especialmente o proposto por Zubiri, todos fazem ver a sua dinâmica como recepção de mensagens procedentes da realidade de si mesmo e do mundo exterior. Mensagens que convertidas em carne e sangue psíquicos da pessoa receptora, ficam de algum modo dentro dela – assim, da frase "Maria guardava todas estas palavras no seu coração", do Evangelho, Lc. 2, 19, às representações e sublimações de que fala a psicanálise – ou dão lugar a acções externas e expressões visíveis da índole mais diversa. E não é difícil dar conta que, em virtude do seu carácter profundo e central, a intimidade é a profundidade da pessoa em que esta, em radical solidão consigo mesma, mas essencialmente aberta ao que não é

---

[18] Remeto o leitor para *Teoría y realidad del otro* e para o ensaio "La intimidad del hombre", publicado no livro *Homenaje a José Antonio Maravall* (Centro de Investigaciones Sociológicas, Madrid, 1986).

ela, pode confrontar-se com todo o real, incluindo a firme realidade do Deus em que se crê, como no caso de Job, ou com a incerta realidade do Deus de que se necessita, como no caso de Unamuno.

Voltemos ao esquema anterior: a intimidade, metafórico "lugar interior" da pessoa em que se recebem as mensagens de si própria e do mundo ou, mais precisamente, modo segundo o qual essas mensagens são recebidas. Na intimidade, com efeito, fazemos "nossos" mais ou menos conscientemente, e muitas vezes inconscientemente, sentimentos e informações procedentes de nós próprios ou do mundo, ou sentimo-los como "não-nossos", ainda que eles tentem impor-se-nos à força. Para mim e minha é a fruição de contemplar uma paisagem formosa, e nem minha nem para mim, ainda que penetre na minha intimidade, a dor de sofrer uma cólica nevrítica. Por deliberação ou sem ela, decidimos na nossa intimidade, se para nós são reais, irreais ou duvidosos os sentimentos e as informações que nela recebemos. Dois exemplos: é ou não é *realmente* um homem o vulto que vejo na bruma? É *objectivamente real* ou só psicologicamente, *subjectivamente real*, o leve mal-estar que creio perceber no meu ventre? Decidir entre "meu" e "não meu" e entre "real" ou "não real", e agir em consequência, é a actividade básica e primária da nossa intimidade.

Como se executa essa dupla decisão? Vejo em tal processo psicológico e metafísico três pressupostos básicos e outras tantas actividades cardeais.

Pressupostos básicos dessa dinâmica constante são a ideia de si mesmo, a vocação pessoal e a liberdade.

Em primeiro lugar, *a ideia de si mesmo*. Mais ou menos clara nos analistas da sua própria vida, como Santo Agostinho, Rousseau, Goethe e Amiel, claríssima em Dom Quixote ao proferir o seu rotundo "Eu sei quem sou", mais ou menos obscura na grande maioria dos homens, todos nós temos uma noção – directa ou interpretativa, certeira ou errónea, consciente ou inconsciente – daquilo que realmente somos: aquilo de que deveras gostamos e de que deveras não gostamos, quem admiramos, invejamos ou desprezamos, o que amamos e o que odiamos, em que cremos e em que não cremos, que esperamos e que não podemos esperar, quais são os nossos talentos e as nossas limitações, por que causas somos ou seríamos capazes de sofrer, e por que causas não... Olivier Wendell Holmes escreveu e Unamuno repetiu que em cada

CORPO E ALMA

Tomás há três Tomases: o que ele crê ser, o que os demais crêem que é, e o que real e verdadeiramente é e só Deus conhece. O Tomás que ele crê ser, Tomás com a sua ideia de si mesmo. Como ele, todos os homens. Surgem aqui vários problemas graves: um metafísico (como tem de ser constituída a realidade do homem para que nela apareça um "eu" de algum modo consciente de si mesmo?); outro psicológico (modos, graus e estrutura do autoconhecimento); outro neurofisiológico (relativo ao que faz o cérebro na génese e na configuração da ideia de si mesmo); outro, por fim, sociológico (relativo à maneira como a vida social condiciona o modo do autoconhecimento). Não posso ir além de enunciá-los. "Conhece-te a ti mesmo", ordenava o velho oráculo. Melhor seria dizer: "Tem uma ideia de ti mesmo que corresponda o melhor possível ao que tu realmente és." Árduo mandamento, que cada um cumpre como pode. Ou como quer.

Até mesmo no que inapelavelmente se nos impõe, a atribuição de realidade e propriedade aos sentimentos e informações que chegam à intimidade pessoal requer, também como pressuposto, *o exercício da liberdade*. Essa atribuição exige decisão, e toda a decisão é em si mesma um acto livre. Desde Kant que se vem dizendo que a liberdade pode ser "de", ser livre de todos os obstáculos que possam impedir o seu exercício, e "para", sermos livres para nos movermos em direcção à meta que nos propusemos. Pois bem, concebido o acto livre segundo o seu momento "para", parecem-me ser quatro os modos cardeais da liberdade: a liberdade de opção, a *facultas electiva* da definição clássica; a liberdade de aceitação ou de recusa; a liberdade de imaginação e de criação, a capacidade de sair de uma situação problemática não escolhendo, mas inovando, saltando criativamente por cima dela; e a liberdade de oferta e de doação, a livre e generosa entrega – ou, pelo contrário, a livre egoísta retenção – do que nos é próprio, trate-se de um saber, de um fruir ou de um ter. "A moedinha da alma / perde-se em não sendo dada", escreveu o generoso Antonio Machado. Analise o leitor em si próprio como fez "seu" e considerou verdadeiramente "real" algo do que há no seu foro íntimo, e em breve descobrirá como nisso interveio a sua liberdade.

Chamamos *vocação*, palavra extremamente significativa, ao silencioso chamamento íntimo, ao modo de viver em que mais pessoal e autenticamente nos realizamos a nós próprios. Ilustres pensadores espanhóis – Ortega, Marañón, Zubiri, Marías – estudaram com profundidade e acerto o tema da vocação. Eu próprio o abordei mais de uma vez. Aqui vou limitar-me a registar algumas das notas descritivas do facto antropológico assim denominado: 1) Quando o chamamento vocacional é pleno, integram-se nele três momentos: a "vocação genérica" ou "do homem" (a leal assunção da condição humana, o facto de não querermos suicidar-nos e aceitarmos sem ressentimento as limitações que o ser homem impõe) [19]; a "vocação específica" ou "talitativa" (ser tal ou tal: matemático, pintor ou corre-mundo); a "vocação pessoal" *strictiori sensu* (pela via da vocação genérica e da vocação específica, ser com autenticidade e força "si mesmo"); 2) Numa mesma pessoa podem dar-se duas ou mais vocações. "Duas almas, ai, habitam no meu peito", confessa Fausto num verso bem conhecido. *"Yo no soy un libro hecho con reflexión,/yo soy un hombre con mi contradicción"* ("Não sou um livro feito com reflexão/sou um homem com a minha contradição"), diz de si mesmo Ulrico de Hutten, traduzido por Ortega, no drama que tem o seu nome; 3) A vocação levanta o problema antropológico do *vocante* (quem é esse secreto "si mesmo" que a partir de "si mesmo" chama aquele que se sente intimamente chamado?); 4) Na medida em que o homem pode ser feliz, a actividade vocacional é o caminho mais curto para a felicidade; 5) Na génese de uma determinada vocação concorrem em proporção variável a disposição constitucional do indivíduo, as instâncias a que a sua situação histórica e social o submetem e o acaso da incidência das segundas sobre a primeira. A ideia que considera espontânea a génese de uma vocação só se pode basear numa análise deficiente da realidade.

Impelida pela sua vontade livre, condicionada pela sua ideia de si mesma e pela sua vocação, esta nem sempre convertida em profissão, a pessoa faz sua ou não aceita no seu foro íntimo a realidade dos sentimentos e as informações que recebe de si mesma e do mundo, ou mais precisamente, a condição real daquilo a que uns e outras se referem. Para o hipocondríaco, os males de que se apercebe no seu corpo são reais, psíquica e subjectivamente reais, ainda que alguém o convença de que não são mais que produtos da sua imaginação. Mas esta operação

---

[19] Para exemplificar os dois sentidos principais do ablativo *voluntate*, Tomás de Aquino usa uma vez a expressão *ego sum homo mea voluntate* (S. th. I, q. 41, a. 2). Aceitando o facto de o ser, o homem é homem com a sua vontade.

dupla e recolhida – apropriação pessoal e juízo de realidade – deve verificar-se segundo a acção conjunta dos três modos básicos de confronto com o real por parte do homem: a crença, o amor e a esperança. Porque a existência humana é radicalmente e ao mesmo tempo *pística, fílica* e *elpídica,* move-se sem cessar no horizonte da crença (ou da descrença), do amor (ou do ódio) e da esperança (ou do desespero e da angústia).

Devido à *crença,* quer dizer, da condição *pística* essencial da nossa vida, chega a ser para o homem efectividade real, perdoe-se a redundância, a realidade do seu mundo [20]. Entendida a crença como fé religiosa – o *credo ut intelligam* de Santo Agostinho e de Santo Anselmo – ou como assentimento profano – o *Belief* dos empiristas ingleses, o *Glauben* de Kant e dos idealistas alemães –, ninguém poderá estranhar que a reflexão a seu respeito tenha sido um tema frequente do pensamento ocidental. Depois de William James, Ortega, continuado por Marías, foi o filósofo que com maior rigor e amplitude estudou o papel das crenças no tecido da existência humana. No que se refere ao meu propósito actual, eis o núcleo verdadeiramente essencial da sua doutrina: as nossas ideias podem dar-nos a evidência, mas não nos dão a realidade; a certeza acerca da realidade das coisas é-nos dada pelas nossas crenças; estas constituem a base da nossa vida, o terreno sobre a qual ela acontece. A primária "impressão de realidade" que, como Zubiri mostrou, outorga ao homem a sua relação com o mundo, não poderia converter-se em plena "convicção de realidade" sem um acto de crença imediato ou mediato. Para nós é real, devido à crença imediata, aquilo que resiste à penetração dos nossos sentidos (a pedra que resiste ao tacto, o objecto opaco que resiste à visão) e tudo o mais só pode ser para nós real se através de uma crença razoável (a do físico teórico a respeito da verdade da sua ideia de matéria, a do psicanalista sobre o acerto das suas interpretações psicológicas) soubermos referir o que pensamos e sabemos ao que de modo imediato se nos apresenta como real. A crença, em suma, é o que vincula a *minha* realidade com *a* realidade.

---

[20] Estudei um pouco mais detalhadamente o tema da crença no capítulo "Creencia y esperanza" do meu livro *La espera y la esperanza,* e no ensaio "Creencia, esperanza y amor" (*Cuenta y Razón,* 11, 1983) publicado no ensejo da comemoração do centenário de Ortega y Gasset.

A par da crença, o *amor*, e como ele, em oposição a ele, o *ódio*. O sentimento de amar – uma pessoa, um país, uma instituição, uma actividade – seria fraco e duvidoso se não trouxesse consigo a convicção íntima de que é real a pessoa ou a coisa que se ama e, *a sensu contrario*, outro tanto deve dizer-se do ódio. De novo Ortega: "A visão amorosa é mais aguda que a do tíbio. Talvez haja em qualquer objecto qualidades e valores que se revelam apenas a um olhar entusiástico... O amor seria vidente, explorador de tesouros recatados... O amor não é pupila, mas antes luz, claridade meridiana que recolhemos para a focarmos sobre uma pessoa ou uma coisa. Graças a ela, o objecto fica favorecido por uma iluminação inusitada e ostenta as suas qualidades com toda a plenitude". Santo Agostinho afirmou que "não se entra na verdade senão pelo amor". Quinze séculos mais tarde, Einstein dirá qualquer coisa de análogo de si próprio, enquanto explorador científico do cosmos. Nada mais certo. Mas, complementar da primeira, não é menos certa esta outra afirmação: "É pelo amor e pela crença que se entra na realidade". Mas também, infelizmente, pela crença e pelo ódio.

Psicologicamente considerada, a *esperança* é uma confiança razoável na possibilidade, através de um esforço adequado, de se conseguir aquilo que se projecta e se espera. Mas também é possível falar de esperança em termos de realidade e não só em termos de psicologia, e procedendo assim, o esperar mostra-se-me como um confiar *realmente* vivido por mim, razoavelmente apegado à *realidade* do mundo, em que através do meu esforço chegarei ao estado futuro da minha *realidade* que projecto e espero. Esperar é, em suma, o hábito psicológico de confiar no futuro do real. Hábito que reage sobre a intimidade de quem o possui e ajuda a viver crentemente – espera-se porque se crê ou crê-se por que se espera?, perguntam-se Unamuno e Moltmann – a realidade efectiva do nosso mundo íntimo.

Nem a crença, nem o amor, nem a esperança, nem a soma destes três momentos essenciais da nossa intimidade podem eximir-nos da *inquietação*. Santo Agostinho disse como crente que o seu coração estava inquieto até repousar em Deus. Como simples homem poderia ter dito que existir humanamente é e não pode não ser vida na inquietação. Ninguém o disse mais radical e precisamente que Zubiri. "Na minha personalização, na constituição da minha própria figura de ser", escreveu Ignacio Ellacuría, resumindo o pensamento do seu mestre, "está em jogo o que vai ser de mim, o que levanta o carácter metafísico da minha inquietação constitutiva. A par da intimidade metafísica que remete o meu ser para a realidade, está a inquietação metafísica da minha realidade, que há-de configurar o que há-de ser dela, o seu próprio ser, na vida que decorre."

Radical e inexoravelmente, a nossa intimidade mostra-se-nos como um contínuo e mutável processo de autoedificação e de autoposse na inquietação, e daí os vários modos concretos por que se manifesta. São sete os modos que dela vejo: 1) A inquietação acerca de saber se é real e verdadeiramente preferível aquilo que prefiro, e se será verdadeiro ou falso o que penso: inquietação pela *possibilidade do erro;* 2) A inquietação a respeito da minha sorte na consecução do preferido, ainda que tal seja o verdadeiramente preferível: inquietação pela *possibilidade do fracasso;* 3) A inquietação relativamente à possibilidade de que não seja verdadeira e duradouramente "meu" – basta pensarmos no facto do arrependimento – o que tenho por "meu": inquietação pela *possibilidade da não-posse;* 4) A inquietação a respeito de saber se continuarei a ser eu quando chegar a realizar-se o por mim projectado, ou se disso serei impedido por uma doença que me invalide: inquietação pela *possibilidade da morte biográfica;* 5) A inquietação acerca de saber se continuarei a viver até levar a cabo a acção que agora estou a executar: a inquietação pela *possibilidade da morte biológica;* 6) A inquietação relativamente à continuidade do meu mundo, a incerteza acerca de saber se ele continuará a existir enquanto eu viver: *possibilidade da catástrofe histórica;* 7) A inquietação, por fim, a respeito de saber se eu, enquanto pessoa, continuarei a existir para além da minha morte, ou se com ela ficarei reduzido ao puro nada: inquietação pela *possibilidade da morte metafísica,* angústia ante a própria aniquilação.

Inquietação por todos os lados. Sempre que o homem passa da quotidianidade à autenticidade, escreveu Ortega, a sua vida manifesta-se-lhe como o esforço do náufrago que nada para não se afogar. Mas não se afoga. Como a divisa de Paris diz da cidade, o homem, do nascimento à morte, *fluctuat nec mergitur,* flutua, mas bóia. "A mesma inquietação edifica", sustentou Kierkegaard.

Cada homem faz real e seu na sua intimidade aquilo que a sua própria realidade e a realidade do mundo lhe dizem. Mas não se fica por aí. A não ser quando guarda para si mesmo o que resulta desta dupla actividade, vai respondendo dia-a-dia a esse resultado por meio das múltiplas acções e expressões psíquicas e somáticas que constituem a sua biografia, a sua vida pessoal na sociedade e na História.

Do primeiro machado de sílex aos sofisticados artefactos da inteligência artificial e ao brilho técnico do telescópio *Hubble,* das primeiras pinturas rupestres aos quadros de Van Gogh e de Picasso, dos sons pré--articulados do *Homo habilis* às palavras e aos símbolos de Rilke, Valle--Inclán, Einstein e Zubiri, da mais antiga gruta paleolítica ao mais moderno arranha-céus da Park Avenue, do tantã primitivo à sinfonia actual, do grupo tribal às Nações Unidas, dos medos ancestrais perante a força da Natureza à possibilidade de a orientar e corrigir, a auto-realização da intimidade humana no propósito de se expressar a si mesma e de conhecer, dominar e recriar o mundo exterior tem sido literalmente fabulosa. Sobre este pequeno grumo infinitesimal de matéria cósmica a que chamamos Terra, o grupo tardio e sucessivo de *parvenus* bípedes – que, na evolução do cosmos, nós, os homens, somos a razão do Universo – colabora, pelo menos parcelarmente, na configuração do seu curso, e através do pensamento, da imaginação e do sonho recria e transfigura genialmente a sua realidade. Mais ainda: em representação de todos os homens, alguns deles, os místicos, mergulham nas profundezas do seu ser, que Agostinho de Hipona considerou *intimior intimo meo,* "mais interior que o mais íntimo de mim", e conseguem entrar num contacto vivo e deificante com esse fundamento último de todo o existente a que a Humanidade deu o nome de Deus. A sabedoria judeu-cristã ensinou que o homem é a imagem e semelhança de Deus, realização finita do absoluto e do infinito. "Pequeno Deus", dirá Leibniz do homem. "Vida prodigiosa, em cuja origem divina creio", escreveu, perante o espectáculo do viver humano, o neurofisiologista Eccles. Com a minha modesta tese acerca da nossa realidade corporal, terei de dar razão de tudo isto.

2. Origem do psiquismo humano

O psiquismo do homem surgiu pela primeira vez com a conversão evolutiva de uma espécie do género *Australopithecus* noutra do género *Homo,* e surge diariamente, desde então, com a transformação intra-

-uterina do zigoto humano em feto. Antes de estudarmos com suficiente pormenor o papel do cérebro no exercício da vida psíquica, parece pertinente uma exposição sucinta das diversas opiniões hoje vigentes acerca da realidade de ambos os processos e uma clara indicação da que considero mais acertada.

Aristóteles afirma numa passagem sibilina do tratado *De generatione animalium* (736b e 737ab), e reitera por outras palavras em *De anima* (430a 18), que o *nous poietikós* – o intelecto agente – vem ao homem "do exterior" *(thýrathen)*. De onde? Da última esfera celeste, onde a matéria é extremamente subtil? Não o sabemos. Portanto, nada de preciso podemos dizer acerca da concepção aristotélica da antropogénese.

Sem a mais pequena relação com a ideia aristotélica, também a *Bíblia* afirma que o princípio animador do primeiro homem lhe veio do exterior: "Então o Senhor Deus moldou o homem com argila do chão, soprou nas suas narinas o hálito da vida, e o homem converteu-se em ser vivo" (Gen., 2, 7). Sobrenaturalmente infundido, um sopro, um hálito divino faz com que seja "homem" o que até então não passava de "terra". O pensamento antropológico do cristianismo permaneceu fiel ao essencial da narrativa bíblica mas, naturalmente, foi-a despojando do seu carácter antropomórfico evidente – Deus como oleiro do corpo humano – e do arcaísmo óbvio da sua expressão literária, e procurará sucessivamente adaptar o seu espírito – origem "especialmente" divina da condição humana, infusão de um princípio hominizador novo no seio da matéria cósmica – às novidades que a ciência e a filosofia ocidentais foram introduzindo: antropologia aristotélica na Idade Média, ovismo e animalculismo nos séculos XVII e XVIII, vitalismo e epigénese em C. Fr. Wolff e nos seus continuadores, etc. A conciliação entre o essencial da narrativa bíblica e as sucessivas situações do saber científico não parecia oferecer dificuldades de maior. Estas surgiram em força quando, na segunda metade do século XIX, Darwin publicou a sua doutrina da evolução das espécies biológicas, e os seus dois sucessores mais imediatos, Huxley e Haeckel [21], decididamente a aplicaram à tarefa de explicar cientificamente a origem do homem.

Seria aqui despropositado expor em pormenor o modo como a biologia comparada e a paleontologia foram introduzindo precisões na ideia

---

[21] Precedidos, naturalmente, por *The Descent of Man*, do próprio Darwin.

evolucionista da antropogénese. Devo limitar-me a dizer que a noção acima apontada é hoje a dominante na comunidade científica: a oportuna mutação de um grupo de hominídeos australopitecos, verosimilmente produzida por uma transformação das condições ecológicas da sua existência, deu lugar à génese dos primeiros indivíduos de uma espécie animal inequivocamente humana e geralmente denominada *Homo habilis*. Julgo ser, em contrapartida, imprescindível registar as duas principais atitudes do pensamento cristão frente a esta convicção universal dos homens de ciência.

A primeira foi a recusa. Não será necessário recordar o desdém entre o trocista e o receoso com que os cristãos bem pensantes de há um século repetiam que "o homem descende do macaco". Tratava-se de uma situação que não podia durar, *nolens volens*, acabou por dar-se a adaptação iniludível e forçosa àquilo que a ciência afirmava de modo tão incontestável. Porque não se pensaria que o *limus terrae* de que falava a *Vulgata* fosse, numa expressão arcaica e metafórica, o organismo de um hominídeo? Com quantas variantes quisermos, tal pareceu ser a solução cristã e actual do espinhoso problema da antropogénese: quando a evolução do reino animal tornou essa acção oportuna, Deus infundiu uma alma espiritual no corpo – ou no genoma – de um símio antropóide e, a partir de então, há homens na Terra.

Solução ideal? Solução definitiva? Exemplar e comovente será a este respeito a sucessiva atitude pessoal de Xavier Zubiri perante as duas interrogações [22]. Distingo nela várias etapas. Na primeira (curso *Cuerpo y alma*, 1950), Zubiri fiel, ainda que com reservas, ao hilemorfismo tradicional da antropologia cristã, tenta conciliá-lo com o que a ciência do nosso século ensinava sobre a antropogénese. Forja duas ideias para lograr o seu propósito: hiperformalização e causa *exigidora*. A formalização do campo perceptivo, crescente nos antropóides superiores, tornaria impossível num determinado momento o facto humano "tomar a cargo a situação" sem a intervenção de uma actividade, a inteligência *sensível,* não completamente redutível à realidade nua do organismo – "o homem não só é corpóreo mas também, *pelo menos parcialmente*, consiste em corporeidade", diz com evidente cautela numa das páginas

---

[22] Remeto o leitor para a "Presentación" que I. Ellacuría compôs para o volume *Sobre el hombre* (Madrid, 1988).

de *Sobre la esencia* (1962) – mas impossível sem ela, pelo que exigiria consequentemente a intervenção *ex novo* de um princípio essencialmente supra-orgânico, a psique, a alma.

O desenvolvimento posterior das noções de "substantividade" e "estrutura", tão centrais em *Sobre la esencia*, conduzirá Zubiri a rever silenciosamente essa concepção da antropogénese. No seu curso *Estructura dinámica de la realidad* (1968; postumamente publicado em 1989), é ainda perceptível o recurso ao expediente mental da causa *exigidora*: "A inteligência [...] não aparece como realidade senão no momento em que um animal hiperformalizado não pode subsistir a não ser assumindo a realidade [...] Sempre insisti em que se considerarmos, por exemplo, os hominídeos que se hominizam, estaremos perante uma causalidade exigidora". Vejo aflorarem aqui duas novidades significativas: a causalidade determinante da hominização "é causalidade efectuadora, não simplesmente exigidora", e não "adicional", mas "intrínseca": não opera "do exterior", mas dentro do Todo do Universo, concebido como *natura naturans* e como substantividade verdadeira e plena. Do dinamismo do Universo no seu conjunto teria sido manifestação ocasional o particular dinamismo da hominização [23].

Dois escritos posteriores, *El hombre y su cuerpo* (1973) e *La génesis de la realidad humana* (1982; inédito até ao momento da sua inclusão no livro *Sobre el hombre*, 1986), mostrarão como na intimidade de Zubiri – secretamente, inquietantemente – continuava a levantar-se este duplo problema, a antropogénese e a verdadeira realidade do corpo humano. No primeiro, atribui ao corpo três funções unitariamente conexas entre si, uma organizadora, outra configuradora e outra somática, de carácter globalizador e biográfico. No segundo, propõe uma alternativa à ideia aristotélica da matéria – concepção da matéria como "princípio de acto": algo que "dá de si" segundo potencialidades estruturalmente diversas, pesar, viver, sentir – e esboça uma visão da antropogénese nova por comparação com a imediatamente anterior.

---

[23] Zubiri acrescenta entre parênteses: "Bem sei que algum leitor estará a franzir o sobrolho, porque me ocorreu dizer que o psiquismo é um produto do Todo. Naturalmente. Só que eu não disse o que é o Todo. Isso é outra questão. Mas não é aqui questão minha. Aqui estou a fazer Metafísica intramundana". *Intelligentibus pauca.*

Nesta tese conserva-se a tese da hiperformalização, mas prescinde-se abertamente da invocação de uma causa *exigidora:* "O corpo não é causa *exigidora* da psique, e isto por uma razão crucial: porque nem o corpo exige uma psique, nem a psique exige um corpo. Exigir é sempre e só exigência da substantividade" [24]. Em que consiste, assim, a hominização da vida puramente animal?

Consiste, diz agora Zubiri, na actualização das potencialidades da matéria num nível estrutural inédito e segundo um modo essencialmente novo na dinâmica do cosmos, que ele designa tecnicamente como *elevação* e *brotar-de*. Sem deixar de ser evolução, o curso evolutivo ascendente do reino animal converte-se em elevação *stricto sensu* ao chegar ao momento da hiperformalização e da hominização: a partir das próprias estruturas da célula germinal humana ou, no caso da filogénese, a partir do genoma do hominídeo mutante, uma e outra estrutura vão constituindo as notas psíquicas, o psiquismo; "fazem *a partir de si próprias* a psique, mas não a fazem nem a podem fazer por *si próprias*". Algo, pois, "faz com que a façam", e isso por cuja virtude as células germinais do embrião humano e o genoma do hominídeo mutante fazem a partir de si mesmas o que por si mesmas não podem fazer é o dinamismo universal e substantivo do cosmos, concebido como *natura naturans:* "uma espécie de melodia dinâmica que se vai fazendo nas suas notas" ou, passando da formalidade à causação, "uma espécie de força, uma espécie de impulso de elevação, um dinamismo". Assim, o "por si" e o "dar de si" dos níveis inferiores ou não humanos da matéria – a molécula, a matéria viva, o organismo vivo – chegam ao nível da apropriação do "seu", e a actividade da estrutura adquire um carácter de "autopertença". O homem é "por si" e "dá de si" enquanto realidade, e é "seu" enquanto *ser humano*. Sobre os dinamismos da transformação e da génese aparece no cosmos um novo dinamismo, o da "autopertença" [25]. "Alcançou-se assim um nível de realidade que não deixa de fora a ordem

---

[24] O que a estrutura específica do australopiteco "exigia" na antropogénese não era um *subiectum* especificamente novo – alma espiritual como *forma substantialis* –, mas uma nova, especificamente nova estrutura, a qual se concretizou no *Homo habilis*. Recorde-se o que ficou dito atrás.

[25] Em *Estructura dinámica de la realidad*, Zubiri analisa exaustivamente a estrutura psicológica e metafísica da autopertença. Devido ao seu especial dinamismo, o animal humano autopossui-se, é essência aberta, pessoa, e converte a potência em possibilidade.

material, nem se lhe acrescenta, mas faz com que o próprio material seja mais que material". Duas proposições de Zubiri exprimem este penúltimo nível do seu pensamento antropológico: a que afirma que "a hominização é uma estrita possibilidade da matéria", e a que, restringindo de algum modo esta afirmação, põe fim às considerações sobre a antropogénese que Zubiri deixou inéditas e Ellacuría acrescentou à sua edição de *Sobre el hombre:* "As potencialidades de elevação são potencialidades de *fazer fazer* a matéria o que por si mesma não poderia fazer. Mas assim trata-se sempre e em tudo de um *dar de si* da matéria. Dizíamos antes que a matéria sente. Agora não podemos dizer... que a matéria entende, mas que a matéria faz entender materialmente. A matéria *dá de si* a intelecção, só que não por si mesma, mas por elevação. Entende, por elevação. A matéria elevada – isto é, o homem – compreende". Terá terminado com estas palavras a batalha mental de Zubiri com o problema científico e filosófico da antropogénese?

A minha relação pessoal com o filósofo e o texto da "Presentación" de Ellacuría atrás mencionado obrigam-me a pensar que a doutrina exposta por Zubiri em *La génesis de la realidad humana* não expressa a configuração definitiva do seu pensamento antropológico. Como não ver uma reserva mental secreta e residual nas seguintes palavras: "a matéria não entende, mas faz entender materialmente"? Passando a expor-me agora aos juízos dos zubiristas mais acreditados, atrevo-me a supor que o último Zubiri, esse que perto já da morte, vivia dentro de si, intelectual e comoventemente reunidas, a ideia científica da "morte total" do ser humano e a fé cristã na ressurreição dos mortos, acharia aceitável a concepção da antropogénese que as teses seguintes declaram:

1. A espécie humana surgiu na biosfera como consequência da transformação evolutiva do género *Australopithecus* no género *Homo*, produzida segundo toda a probabilidade pela mudança de *habitat* – passagem da floresta para a savana – de um grupo de indivíduos do primeiro género, e segundo a regra biológica da selecção natural.

2. Essa transformação trouxe consigo uma formidável novidade essencial no processo da biosfera de modo muito ténue na primeira espécie – ou subespécie – já inequivocamente humana, o *Homo ha-*

bilis [26], mas com nitidez e força cada vez maiores nas etapas subsequentes da humanidade. Em marcado contraste com a total invariância biológica dos pertencentes aos restantes géneros animais, a actividade dos indivíduos do novo género – os homens – deu lugar ao desenvolvimento fabuloso do psiquismo e da vida histórica a que me referi anteriormente. Na evolução da matéria terrestre há dois claros saltos qualitativos, duas singularidades precisamente diferenciáveis: a formação dos primeiros organismos vivos e o aparecimento do género humano. Apesar da enorme diferença entre a amiba e o chimpanzé – ou entre a amiba e o australopiteco –, existe entre eles uma semelhança biológica radical e uma continuidade ontológica profunda. Apesar da leve diferença aparente entre um australopiteco e um *homo habilis*, a distância biológica e ontológica entre eles é rigorosamente essencial. Só sob a influência de um reducionismo radical se pode desconhecer o essencial, abismal hiato existente entre a vida animal e a vida humana. O que, evidentemente, não tira a legitimidade e a fecundidade intelectual à biologia, à psicologia e à sociologia comparadas.

3. De modo algum parece necessário recorrer à hipótese de uma *especial* intervenção criadora de Deus para explicar razoavelmente o mecanismo da antropogénese. Deus criou do nada este Universo, e este, pondo em jogo a vastíssima possibilidade de operação das causas segundas que a *potentia Dei ordinata* lhe conferiu, por si mesmo e a partir do interior de si mesmo vai dando lugar aos diversos dinamismos surgidos na sua evolução: em primeiro lugar, o dinamismo da materialização, devido ao qual se formaram no cosmos as primeiras partículas elementares e, a seguir, os que através de uma estruturação progressiva e ascendente da matéria produziram os protões, os átomos, as moléculas, as móneras, os protozoários e os metazoários, incluindo, sem dúvida, os hominídeos e o homem. Deus, causa primeira de tudo, criou o homem através das causas segundas contidas na evolução do Universo e criou-o *ab initio* à sua imagem e semelhança sem necessidade de uma intervenção criadora especial, coincidente com a mutação hominizante de um determinado homi-

---

[26] As minhas ideias acerca da actividade psíquica mais antiga do homem podem ser lidas no ensaio "Los orígenes de la vida histórica", publicado no volume colectivo *Nuestros orígenes: el universo, la vida, el hombre*.

nídeo ou anterior a ela. Pela sua liberdade e pela inteligência humanas, os homens mais primitivos – tão distantes de um Francisco de Assis, de um Beethoven ou de um Einstein – foram já, como a *Bíblia* afirma, imagem e semelhança de Deus.

4. Outro tanto pode dizer-se da antropogénese embriológica. Auxiliado pelo campo biológico que o rodeia, o dinamismo próprio da matéria do zigoto vai por si mesmo formando as estruturas do embrião e do feto. No texto original de *La génesis de la realidad humana* há, manuscritas à margem por Zubiri, duas interrogações significativas: uma a respeito da sua ideia do "brotar" da psique "a partir das" estruturas da célula germinal ("Mas quando?", diz a nota); outra relativa a saber se é ou não um homem o zigoto resultante da concepção – Zubiri acaba de afirmar que sim – ("A célula germinal é um homem?"). Perguntas às quais não seria inoportuno acrescentar uma terceira, relativa ao mecanismo através do qual a psique "brota-de" as estruturas moleculares da célula germinal: mas como?

Creio que é possível dar uma resposta, senão apodíctica, pelo menos razoável às três interrogações. Pelas razões que expus em *El cuerpo humano. Teoría actual*, e às quais voltarei adiante neste livro, penso que a célula germinal *não* é um homem em acto, e que *só* se pode dizer que é um homem em potência admitindo previamente a noção de "potência condicionada". A condição de que se trata aqui é a de que não seja artificialmente modificado o curso do seu desenvolvimento a caminho das estruturas embrionária e fetal. Considero, por outro lado, que o aparecimento do psiquismo no embrião não tem um *quando* pontualmente determinado. O gérmen vai fazendo o que corresponde ao nível estrutural alcançado na sua paulatina transformação até à realidade do feto: sentir bioquimicamente, sentir neuralmente, responder com uma inteligência incipiente e inconsciente às modificações do meio e, alcançada a vida extra-uterina, mostrar com as suas respostas o início de uma consciência já formalmente humana. O que equivale a dizer que a pergunta pelo *como* do início do psiquismo só pode ter uma resposta estruturista: o embrião possui um psiquismo cuja medida e modo são determinados pela estrutura da sua substantividade envolvente. Por outro lado, a hipótese da infusão pontual ou gradual de uma alma individualmente criada para o gérmen, no decorrer do seu desenvolvimento intra-uterino, parece-me inteiramente estéril. Esse desenvolvimento é a expressão de um dinamismo estruturante, devido ao qual se forma a estrutura material – o conjunto dinâmico – correspondente ao nível humano da vida. Se se excluir o recurso à ideia ocasionalista de um milagre contínuo, não vejo como poderia um ente imaterial ir movendo as moléculas da célula germinal no processo da embriogénese. Tanto filogenética como embriogeneticamente, a génese do psiquismo é um problema de estrutura.

5. Não existe uma distinção essencial entre os actos orgânicos e os actos psíquicos. Enquanto formalmente humanos – deixando de parte os automatismos reflexos –, os actos do homem são *ao mesmo tempo* orgânicos e psíquicos; preponderantemente orgânicos, aqueles em que são objectivamente perceptíveis os movimentos somáticos inerentes à sua execução (a digestão, por exemplo) e que não determinam uma sensação específica na consciência do actor (quando muito, colaboram na génese da cenestesia), e preponderantemente psíquicos, aqueles em que o movimento corporal correspondente mal chega a ser objectivamente perceptível e que dão lugar a uma sensação específica: o homem que pensa sente que pensa e, embora de modo objectivamente muito ténue, a exploração adequada do seu cérebro permite detectar certa actividade orgânica.

Em qualquer caso, preponderantemente orgânicos ou preponderantemente psíquicos, os actos humanos devem ser atribuídos ao conjunto estrutural que é o corpo vivo do homem, por outras palavras, são expressão sistemática da estrutura material a que damos os nomes de "indivíduo humano" ou "pessoa humana". Quer isto dizer que, para mim, a matéria sente estimulicamente no animal e compreende *sensivelmente* – ou sente intelectivamente – no homem; não porque a intelecção seja explicável como uma combinação peculiar de movimentos moleculares, ou como uma secreção do cérebro, mas porque a matéria, que é "matéria elementar" num electrão, "matéria molecular" numa proteína e "matéria sensível" numa amiba ou num chimpanzé, torna-se "matéria inteligente" ou "matéria pessoal" quando evolutivamente se estrutura nos conjuntos operativos que dão a sua realidade própria à condição humana. Ao estudarmos a relação entre o cérebro e o psiquismo, reaparecerá, mais precisamente levantada e tratada, esta visão estruturista dos actos humanos.

3. Extinção do psiquismo humano

Com a evolução do Universo, e antes do sobrevir daquilo a que tradicional e correntemente chamamos "o fim do mundo", extinguir-se-á a espécie humana? E com ela o seu psiquismo, ou para dar lugar a uma espécie sobre-humana, ou pelo facto de o *Homo sapiens sapiens* constituir o termo inultrapassável da evolução da biosfera terrestre? Tudo é possível e, se se dedicarem a essa tarefa, os cultores da ficção científica poderão dar-no-lo a ver.

Mas, independentemente do que venha a ser o destino da nossa espécie, o certo é que o psiquismo de cada homem pode extinguir-se devido a um acidente patológico, o coma irreversível, e extinguir-se-á com toda a segurança como consequência do facto iniludível da morte.

Os médicos estudam com maior ou menor precisão a fisiopatologia do *coma:* quais são e como são as alterações orgânicas no estado comatoso. Em contrapartida, não creio que se preste atenção suficiente à psicologia e à antropologia desse estado. Se o coma é reversível, o indivíduo recupera a integridade do seu psiquismo: as suas recordações, os seus hábitos, a sua ideia de si mesmo, a sua vocação, as suas crenças. Onde e como permaneceram no cérebro do paciente esses ingredientes tão pessoais da sua realidade? E se o coma é irreversível, como se extinguem as impressões cerebrais da vida psíquica no momento da morte biológica do indivíduo? Não consigo apresentar uma resposta cientificamente aceitável.

Considerada como termo incontornável da vida, ou como vicissitude da existência que nos impõe a interrogação – "O que será de mim?" – tão rigorosamente própria da condição humana, ou como facto sócio-cultural, a *morte* deu lugar, ao longo das últimas décadas, a uma bibliografia esmagadora. Devo limitar-me aqui a mencionar o facto. Enquanto momento da existência humana em que o psiquismo se extingue total e definitivamente – pois é assim que se mostra ao nosso olhar –, o que da morte agora importa é a sua realidade como facto biológico.

Se a vida humana é, como insistentemente tenho vindo a afirmar, a realização e a expressão de uma estrutura peculiar da matéria, como poderá ser cientificamente considerado, o facto da morte? Evidentemente, uma decomposição dessa estrutura que, além de afectar o todo da sua actividade específica, seja completamente irreversível. Há mortes parciais na estrutura de um indivíduo, por exemplo a do córtex occipital do cérebro quando um traumatismo ou uma afecção patológica a destroem. Há, por outro lado, mortes aparentes e, portanto, reversíveis. Obviamente, só quando coincidem a totalidade e a irreversibilidade da destruição se poderá falar de morte real.

Na estrutura do organismo, haverá alguma parte cuja exclusão funcional dê lugar à morte irreversível do todo? A ajuizar pelo que a experiência tanatológica actual nos diz, o cérebro é o órgão *ultimum moriens* nos metazoários superiores, sem excluir o homem. O acidente mortal pode iniciar-se no coração ou no fígado, mas só se torna definitivamente mortal quando de maneira irreversível excluiu inteiramente a actividade do sistema nervoso central – é nele que tem o seu *hegemonikón*, diria um filósofo estóico, a dinâmica do corpo humano.

A decomposição da sua estrutura corporal dá lugar à morte do homem. Mas tal facto trará necessariamente consigo a aniquilação definitiva e total da pessoa que morre? Tão grave problema não pode deixar necessariamente de se pôr.

CAPÍTULO 4
CÉREBRO E VIDA HUMANA

> "É muito possível que os seres humanos não possam resolver nunca todos e cada um dos quebra-cabeças que o cérebro apresenta."
>
> HUBEL

O psiquismo e a conduta do homem são, em meu entender, expressão sistemática da estrutura dinâmica do corpo humano. De todo o corpo. Com a sua função própria também o pâncreas e o baço actuam nessa dupla realização – psiquismo e conduta – daquilo que o homem é, recorde-se o conceito zubiriano de subtensão dinâmica. Mas é evidente que entre todos os órgãos do nosso corpo – se se lhe pode chamar órgão quando não o vemos como *órganon*, como instrumento de algo alheio a ele –, é o cérebro que na génese e na execução do psiquismo e da conduta desempenha um papel central. Vejamos, portanto, se a estrutura dinâmica do cérebro pode ou não pode dar razão científica daquilo que em si mesma é a vida do homem.

I. O CÉREBRO, ÓRGÃO DA ALMA

Deixando de lado o incompreensível esquecimento de Aristóteles, desde Alcméon de Crotona que se pensa que o cérebro é o órgão central da vida psíquica, e uma vez que a mais sumária inspecção da sua morfologia permite notar que o seu aspecto exterior e a sua constituição interna estão muito longe de ser uniformes, não é de estranhar que já na Antiguidade tardia se atribuíssem funções psíquicas diferentes às suas diversas partes. Com a afirmação da existência de três ventrículos cerebrais e a distribuição das diferentes faculdades anímicas por cada um deles, Possidónio e Nemésio de Emesa foram, por via puramente imaginativa, os iniciadores da doutrina das localizações cerebrais [1].

Passaram-se séculos. A partir do Renascimento – com Vesálio, Varólio, Malpígio, Lancisi, Willis, Wepfer, Sílvio, Leeuwenhoek, Vieussens, Rolando – o conhecimento anatómico do sistema nervoso irá progredindo mas, excepto num ou noutro ponto isolado, a sua fisiologia continuará a ser puramente especulativa. Já no século XIX, a frenologia de Gall, ao mesmo tempo que ressuscitava pitorescamente a doutrina das localizações cerebrais, referida agora à superfície do cérebro, levou ao seu auge a especulação acerca da sede cerebral das faculdades e das aptidões psíquicas. Só com o rápido progresso da experimentação fisiológica – Bell, Magendie, Flourens, Marshall Hall, Vulpian, Fritsch, Hitzig, Goltz, Ferrier – e com as descobertas anátomo-clínicas decisivas de Broca e de Wernicke, começará a edificar-se sobre bases firmes a nova fisiologia do cérebro. Os incipientes resultados experimentais de Alcméon e a tese científica deles deduzida – o cérebro, órgão central do psiquismo – converteram-se assim em doutrina universalmente admitida.

Universalmente admitida, sim, mas não igualmente entendida. A discrepância produziu-se frente a dois problemas básicos: um de ordem mais filosófica, saber se o cérebro não passa de órgão de um princípio de acção ou de um ente real superior a ele – alma, mente, psique –, ou se é ele que com a sua actividade própria dá lugar ao psiquismo; outro de índole mais científica, saber se a unidade de acção do cérebro é o resultado de se integrarem associativamente entre si as funções das suas diversas partes, chamemos-lhes centros, esferas ou áreas, ou se essa unidade de acção tem como agente um todo anterior e superior à actividade de cada uma das suas partes anatómicas. Num primeiro momento, estudarei como, através de uma mentalidade mais associacionista ou mais holista, foi entendida a actividade do cérebro por aqueles que não deixaram de o considerar órgão da alma. Nos parágrafos seguintes, exporei as expressões antropológicas mais qualificadas do materialismo moderno e da consequente visão do cérebro como autor real da vida psíquica.

---

[1] Pode ler-se uma história sucinta desta primeira etapa das localizações cerebrais – de Possidónio até ao Renascimento – no meu livro *La antropología en la obra de Fray Luis de Granada* (2.ª ed., Madrid, 1989).

1. Alma e cérebro

Até ao aparecimento do monismo materialista dos séculos XVIII (La Mettrie, Holbach) e XIX (Büchner, Vogt, Moleschott, Feuerbach, Haeckel), e a partir de então em batalha ideológica com ele, não deixou de ser afirmada a existência de uma alma espiritual como princípio e fonte da vida psíquica do homem. Entre o Renascimento e os primeiros anos do nosso século, três linhas, de certo modo três etapas, podem ser distinguidas no modo de conceber a relação entre a alma e o corpo ou, com maior precisão, entre a alma e o cérebro: uma, a mais tradicional, formada pelos pensadores que, mais ou menos influenciados pelo pensamento moderno, continuam a ser fiéis ao hilemorfismo aristotélico, tal como no que se refere à realidade humana o cristianizara Tomás de Aquino; outra, também cristã, integrada pelos filósofos que afirmam tematicamente a distinção entre a alma e o corpo (Descartes, Malebranche, Leibniz) e pelos médicos e naturalistas que, influenciados ou não por esses filósofos, elaboram o vitalismo dos séculos XVIII e XIX; outra, por fim, constituída pelos naturalistas e pelos médicos que tácita ou expressamente aceitam a ideia de uma alma espiritual e imortal, mas que na sua investigação e no seu pensamento científico procedem *como se* essa aceitação não operasse de maneira visível.

Sem que se houvesse produzido um eclipse total da sua vigência histórica, a concepção da alma como forma substancial do corpo vivo do homem apresentava vários calcanhares de Aquiles aos olhos dos filósofos e cientistas posteriores ao Renascimento. Pelo menos, os três seguintes: 1) O repúdio cada vez mais enérgico da ideia de matéria como princípio puramente passivo dos corpos visíveis. Um escolástico já influenciado pela modernidade, Suárez, afastar-se-á da tese comum e verá na matéria um "princípio de acto". Mas isso não era suficiente. Seja ou não mecanicamente interpretada, a atribuição de actividade à matéria será uma exigência iniludível do pensamento moderno; 2) A dificuldade de conceber de um modo racionalmente aceitável a intervenção da forma substancial humana – separável da matéria, excepto para um aristotelismo excessivamente ortodoxo, e portanto não cristão – na dinâmica real dos processos materiais do cérebro, como por exemplo, a execução corporal de um acto livre; 3) O problema não só metafísico, mas também teológico, da realidade própria da forma substancial, quando pela morte se converte em "alma separada". Fique aqui esta breve indicação, à espera do que sobre a morte do indivíduo humano se dirá adiante.

Não é surpreendente, por conseguinte, que o hilemorfismo escolástico tenha sido abandonado pela grande maioria dos filósofos e homens de ciência do mundo moderno. A partir da célebre contraposição cartesiana – a alma, *res cogitans*; o corpo, *res extensa* – tornar-se-á corrente na Europa a distinção ontológica e científica entre uma e outro, assim o mostra com toda a clareza o facto de um médico muito representativo do seu tempo, H. Boerhaave, ter composto uma *Disputatio de distinctione mentis a corpore* (1690). Torna-se assim mais fácil o estudo metódico do ser humano, mas com a onerosa contrapartida de suscitar problemas não menos graves que os impostos pela solução hilemórfica. Um deles, o da localização cerebral da alma: a glândula pineal, para Descartes, ou o líquido intraventricular, para Sömmerring. Será necessário todo o talento crítico de Kant para afastar essa peregrina ocorrência do grande anatomista.

O problema da comunicação entre a alma e o corpo não foi menor. Como pode um ente material, o corpo, comunicar realmente – na sensação consciente, na execução corporal dos actos livres – com a alma, ente espiritual? As duas mais célebres respostas a esta interrogação recorreriam à misteriosa omnipotência de Deus: o ocasionalismo de Malebranche (uma intervenção adequada de Deus faz com que em cada ocasião da vida humana se produza no cérebro uma tal comunicação) e a harmonia pré-estabelecida de Leibniz (a infinita sabedoria e o poder infinito de Deus fizeram com que *ab initio* existisse uma perfeita sincronia operativa entre as duas mónadas, por si próprias incomunicáveis, que são a alma e o corpo). Todas as mónadas do corpo humano, pensará Leibniz, são independentes entre si, mas na série dos seus actos todas actuam em concordância com a mónada *alma*, o que explica a harmonia visível do corpo e das suas relações com o pensamento.

Com a reflexão kantiana entrará em crise em muitas mentes europeias a concepção da alma como uma "substância" mais ou menos incompleta, que unida a outra "substância" incompleta sem reservas, o corpo humano, forma a realidade total do homem. Para Kant, só através de um paralogismo da razão pura, só em virtude de um uso sofístico da noção de substância se pode passar, como a psicologia racional afirmava, da percepção do eu consciente à afirmação da ideia de alma, do eu-*fenómeno* ao eu-*númeno*. Mas aquilo que a razão pura não é capaz de fazer como conclusão teorética, acaba por fazê-lo, como norma para viver humanamente, a nossa razão prática. A mente que pensa e sente só como fenómeno se percebe a si mesma. A mente que quer e actua põe-se a si mesma como coisa em si. Para a razão pura, a alma não é senão o fenómeno de uma coisa em si desconhecida e incognoscível. Para a razão prática, a alma é um ente moral, autónomo e livre [2].

Literalmente admitido, através dos pensadores kantianos, este elaborado raciocínio de Kant exerceu a sua acção sobre a história da filosofia. Mas, segundo o meu modo de ver, não se entenderia boa parte do pensamento científico do século XIX, pelo menos na sua dimensão antropológica, se não se visse no seu fundo uma atitude da mente na qual, associada habitualmente à mentalidade positivista, se expressou com precisão ou sem ela a referida reserva de Kant: admitia-se praticamente a ideia da alma – ou antes, ideia-crença –, mas fazia-se ciência do cérebro e pensava-se cientificamente na realidade do ser humano *como se* essa ideia-crença não existisse na mente do sábio. O homem cria, ou pensava que tinha necessidade de crer, na existência da alma, o sábio pensava, ou procedia como se assim pensasse, que podia prescindir dela. Vejamos como.

2. A ALMA, REALIDADE TÁCITA

Aludi antes às duas grandes fontes do saber neurológico actual: a exploração morfológica e fisiológica do sistema nervoso e o estudo necróptico das lesões anatómicas das suas diversas partes.

Na sequência das extirpações do cérebro e do cerebelo realizadas em animais (Duverney, 1697), das investigações clássicas de A. von Haller sobre a irritabilidade do músculo e a sensibilidade do nervo (1752-1757) e a descoberta da chamada "electricidade animal" por Galvani (1792), o estudo experimental da fisiologia do sistema nervoso progrediu a um ritmo e rendimento crescentes.

---

[2] Como é bem sabido, a crítica de Hume foi, a este respeito, o ponto de partida da crítica kantiana.

Num resumo extremamente sumário, eis os principais resultados desse estudo. Até bem entrada a segunda metade do século XIX: Bell e Magendie demonstram a desigualdade funcional das raízes anteriores e das raízes posteriores da espinal medula; Flourens, que afirmou explicitamente a existência de uma alma espiritual, crê poder demonstrar, através de destruições parciais e totais do cérebro, a unidade funcional de todas as suas partes; Marshall Hall – a seguir a Grainger, Volkmann e Wagner – edifica a doutrina clássica do reflexo espinal; Fritsch, Hitzig e Ferrier põem em evidência a acção motora da electrização, quando esta actua sobre a região pré-rolândica do cérebro; Goltz estuda com maior precisão que Flourens os efeitos da ablação experimental de diversas áreas cerebrais e do cérebro no seu conjunto, descobre a acção inibidora deste sobre os níveis inferiores do sistema nervoso e, embora a doutrina das localizações cerebrais se afirme já em termos definitivos, empreende ainda a sua discussão.

A exploração morfológico-funcional do sistema nervoso progrediu não menos eficazmente que a investigação fisiológica. No que se refere à textura da espinal medula e do bolbo raquidiano, bastará recordar a sobrevivência dos nomes de Burdach, Türck, Waller, Clarke, Goll, Flechsig e Gowers nos manuais de Anatomia. E, no que diz respeito ao cérebro, conheceram uma sobrevivência análoga outros tantos nomes: Rolando, Stilling, Gratiolet, Baillarger, Gudden, Giacomini, Meynert. A importância das circunvoluções e a substância cinzenta do cérebro no exercício da actividade psíquica, entrevista por Willis – *inter plicas cerebri, memoria et reminiscentia*, escreveu ele em 1664 –, foi afirmada com convicção crescente, e começou a entrever-se a função dos núcleos cinzentos da base (Rolando, Schiff, Ott). Ao mesmo tempo, Ehrenberg, Gerlach, Remak, Leydig, Deiters, Virchow, Golgi e Betz iniciavam o estudo histológico do tecido nervoso, que imediatamente revelou a sua fecundidade.

O exame metódico das lesões anatómicas determinantes de perturbações neuropatológicas e psicopatológicas foi a terceira estrada real da formulação moderna da relação entre o cérebro e o psiquismo. Como todos sabem, foi Broca, precedido por Bouillaud, a abrir esse caminho, com a sua retumbante descoberta do centro da linguagem articulada na base da terceira circunvolução frontal esquerda (afasia motriz por lesão destrutiva dessa zona do cérebro, 1861), rapidamente seguido por Wernicke (afasia sensorial consecutiva à lesão das circunvoluções temporais), Munk (cegueira psíquica após a destruição do córtex occipital) e tantos mais. Sugerida por Willis, mais ou menos explicitamente afirmada por Prochaska, levada a um ponto de desvario pelas fantasias frenológicas de Gall, negada por Flourens e Goltz, argumentada por Gratiolet, a doutrina das localizações cerebrais impôs-se a partir de então como um facto indubitável e, para muitos, como um dogma científico.

Este conjunto variado de factos e doutrinas levantou iniludivelmente os dois graves problemas que atrás enunciei: para o homem de ciência, é ou não lícita a afirmação da existência de uma alma imaterial? E, uma vez que a localização de certas funções cerebrais é um facto cientificamente irrecusável, como poderá entender-se a unidade funcional do cérebro?

Muito antes de se produzir este importante progresso no conhecimento científico do sistema nervoso, os materialistas do século XVIII haviam dado uma resposta rotundamente negativa à primeira das duas interrogações, e outro tanto farão, com novos argumentos, os seus continuadores do século XIX. Voltaremos a este tema noutro lugar. Desenvolvendo um pouco um aspecto que me limitei atrás a indicar, mostrarei agora como a conjunção de duas instâncias históricas, uma de certo modo secreta, a ampla vigência da atitude anímica subjacente à crítica kantiana do conhecimento, outra perfeitamente visível, a mentalidade positiva [3], se expressou entre os homens de ciência sob a forma anteriormente mencionada, isto é, admitindo-se intimamente, como ideia-crença, a existência real da alma imortal, e mal se aludindo a ela, ou não a mencionando em absoluto, na obra estritamente científica.

Sei, porque ele o afirmou explicitamente, que Flourens acreditava na realidade da alma. Tenho também a convicção de que igualmente Cl. Bernard a admitiu no seu foro íntimo, embora as suas expressões a tal respeito tenham sido menos explícitas. De muitos outros – Broca, Wernicke, Munk, Helmholtz, Ludwig, Virchow... – não posso dizer o mesmo. Faltam-me dados. Mas não creio que a atitude de quase todos

---

[3] Embora poderosamente reforçada pela obra de Auguste Comte, a mentalidade positivista – adesão metódica aos factos de observação e experimentação, formulação de leis neles baseadas, desconfiança perante as construções teóricas da mente – constituiu e continua a constituir um hábito mental de alcance histórico e social muito mais amplo que o correspondente ao positivismo comteano doutrinário e estrito.

eles fosse muito diferente da que empenhadamente assumiram dois neurologistas insignes do século XIX e primeiros lustros do século XX, Paul Flechsig e Santiago Ramón y Cajal.

Flechsig (1847-1929) conquistou renome universal estudando metodicamente a mielinização das fibras nervosas e aplicando os resultados do seu infatigável trabalho à ordenação do córtex cerebral em "esferas de projecção ou percepção" e "esferas de associação ou intelecção". Cajal diz que, quando a sua teoria começou a ser conhecida "por neurologistas, fisiologistas e psicólogos, produziu um estado emocional só comparável ao criado anos antes pela patologia celular de Virchow ou pelos memoráveis estudos bacteriológicos de Pasteur". Com a obra de Flechsig, o problema da relação entre o cérebro e o psiquismo passou a pôr-se de um novo modo, de que seria um testemunho eloquente o discurso do reitorado que, sob o título de *Gehirn und Seele*, "Cérebro e Alma", o grande neurologista proferiu, em 1894, na Universidade de Leipzig [4].

Do meu ponto de vista, são duas as principais descobertas neurológicas de Flechsig: demonstrar que as zonas de associação mudas, isto é, não experimentalmente excitáveis, são tanto mais extensas quanto mais elevada é a situação do animal na escala zoológica (inexistentes nos roedores, chegam a ocupar dois terços do córtex cerebral no homem); e descobrir que a mielinização dos feixes de fibras e, por conseguinte, a actividade dos centros de onde esses feixes procedem ou onde terminam, segue no desenvolvimento do cérebro um curso temporal dotado de sentido biológico (sendo tanto mais precoce quanto mais basicamente vital é a função que serve) e, dada a índole peculiar da actividade cerebral, também psicológico. As zonas de associação seriam, portanto, a sede própria das funções intelectivas.

Não devo expor aqui as observações críticas das quais a doutrina de Flechsig foi objecto por parte de Dejerine, Vogt, Von Monakow e Cajal, nem o que representam na neurofisiologia actual. Aqui apenas me importa assinalar com certa precisão como a ideia da alma e, consequentemente, a concepção do cérebro como seu órgão, aparece na sua obra.

---

[4] Conheço este texto na sua tradução castelhana por D. L. Outes e Edg. González, *Cerebro y alma. El discurso del Rectorado y sus notas aclaratorias* (Buenos Aires, 1989).

Flechsig não renuncia nem ao nome nem à ideia da alma, não só porque a palavra "alma" aparece no título da sua conferência, mas também porque em diferentes passagens desta última lhe é feita referência expressa. A visão do cérebro como "órgão da alma" é muito explícita, com efeito, em mais que um texto: "o órgão da alma mostra claramente uma composição colegial" (alusão às diversas esferas que se podem distinguir no córtex cerebral) e não "republicana", mas "monárquica" (porque as suas diferentes actividades são regidas por uma região superior, a "esfera da sensibilidade corporal", *Körpergefühlsphäre*); as zonas de associação são "os lugares [...] onde o espírito pensante constrói a sua visão do mundo". Como propusera no século XVIII o barão de Holbach, também Flechsig crê que a educação moral deve assentar na fisiologia, mas – acrescenta – "a doutrina científico-cerebral moderna distingue-se da filosofia das Luzes porque não é acompanhada por um ódio instintivo ao dogma da imaterialidade da alma, uma vez que esse dogma de maneira alguma nos impede de considerarmos, a partir do elemento corporal, o melhoramento moral da Humanidade". O verdadeiro sábio, dirá no final do seu discurso, é aquele que "sente que para além do mundo dos fenómenos aparentes imperam poderes aos quais só a força insignificante das meras parábolas pode contrapor-se"[5].

Quem foi, então, o neuro-anatomista e neurofisiologista Flechsig? Um luterano que acreditava na existência da alma imortal e um homem de ciência que, como kantiano mais ou menos consciente de o ser, queria conhecer racionalmente, até onde fosse possível, a realidade do homem? De certo modo, sim. Há uma página sua que contrapõe ao saber conceptual objectivante da ciência natural o saber vivencial e íntimo que a consciência individual oferece, quer dizer, em que professa a atitude dúplice a que antes me referi acerca da realidade da alma. Mas para entendermos como Flechsig foi as duas coisas deveremos ter em conta outras asserções do seu discurso: "explicamos a alma como uma função do corpo"; a consciência não é senão "uma manifestação concomitante dos fenómenos biofísicos"; "a totalidade da nossa participação na cultura depende exclusivamente da nossa organização cerebral"; a anatomia do cérebro é "a chave para a interpretação natural da actividade psíquica";

---

[5] É curioso que Flechsig chama *Gleichnisse* (parábolas, semelhanças, alegorias) às verdades conhecidas pela razão científica.

à actividade própria dos centros de associação, à vida psíquica, por conseguinte, convém perfeitamente o nome que os latinos deram à actividade de pensar, *cogitatio*, termo que tem origem em *co-agitare*, agitar misturando, porque dessa mecânica – isto é, da combinação associativa de todos os impulsos recebidos nos centros em causa – "resulta a unidade das operações cerebrais".

A chave para entendermos a posição pessoal de Flechsig perante a relação entre o cérebro e a alma é fornecida por uma afirmação em que, a par da importância do saber científico já alcançado, proclama a sua esperança no saber que a ciência virá a alcançar: "A investigação do cérebro oferece-nos o recurso para construir uma teoria científica da alma [...]; que partes cerebrais estão em actividade quando pensamos ou sentimos? Que processos físicos e químicos nelas acontecem?" O homem Flechsig confiava na conquista de uma situação do saber e da moral na qual se poderia crer razoavelmente na imortalidade da alma e, ao mesmo tempo, através do avanço da neurofisiologia, seria possível conhecer e governar – "a alma, função do corpo", disse-nos ele – a vida psíquica do homem. Ora bem, em que consistem a realidade e a imortalidade da alma, do ponto de vista do saber neurofisiológico? Que relação existe entre a alma e a actividade do corpo da qual ela é função? Se Flechsig estivesse hoje vivo, não sei o que responderia a estas interrogações. Ao longo da sua vida, que eu saiba, nunca lhes respondeu.

Também Cajal afirmou explicitamente a sua crença na realidade de uma alma imortal. Já em plena e quase declinante maturidade recorda a grave crise anímica a que o conduzira na juventude uma afecção tuberculosa. Chegou ao ponto de pensar no suicídio. Eis as palavras com que esclarece esse episódio da sua vida: "Só a religião me poderia consolar. Por desgraça, a minha fé sofrera uma profunda crise devido à leitura dos livros de filosofia. Decerto, do naufrágio tinham-se salvado dois altos princípios: a existência da alma imortal e a de um Ser Supremo que governa o mundo e a vida."

Poucos anos antes dessa crise profunda, ainda estudante, precipitara-se durante alguns meses na leitura apaixonada de obras filosóficas, sentindo dentro de si "o afã de saber tudo o que acerca de Deus, da alma, da substância, do conhecimento, do mundo e da vida tinham averiguado os pensadores mais ilustres". Pela mesma época compôs um romance de ficção científica, cujo texto se perdeu. Deste sabemos apenas, pelo próprio Cajal, que o protagonista, viajando até ao planeta Júpiter, aí descobre seres vivos semelhantes ao homem, mas dez mil vezes maiores, em cujo organismo consegue penetrar e, uma vez lá dentro, chega ao ponto máximo da sua aventura quando "ao chegar ao cérebro, surpreende – aí mais nada que! – o segredo do pensamento e do impulso voluntário". Mais tarde, já catedrático de Anatomia em Valencia (1884-1887), entrega-se com entusiasmo ao hipnotismo. Porquê? Ele próprio no-lo diz: porque na sugestão hipnótica via a expressão de "surpreendentes e largamente descuradas actividades do dinamismo cerebral". Já decidida e definitivamente histologista (Barcelona, 1887), esforça-se por conseguir um método fiável para explorar cientificamente a textura do sistema nervoso central. "A despeito da impotência da análise – escreverá em seguida –, o problema atraía-nos irresistivelmente. Adivinhávamos o interesse supremo que para a construção de uma psicologia racional o conhecimento exacto da textura do cérebro oferecia. Conhecer o cérebro, dizíamo-nos, equivale a averiguar o leito material do pensamento e da vontade..." "Que triunfo", diz noutro lugar, "limpar do seu mato neurológico a pirâmide cerebral, a enigmática e nobre célula do pensamento!" Por fim, vai buscar a Simarro um método preciso de tingir os cortes do tecido nervoso – a impregnação cromoargêntica de Golgi –, modifica-o pessoalmente e dá início sem mais interrupções, embora não sem problemas, à sua gloriosa carreira de neuroanatomista e neurofisiologista. A sua meta suprema era esclarecer a textura histológica do córtex cerebral: "Como a do entomologista à caça de mariposas de vários matizes, a minha atenção perseguia, no jardim da substância cinzenta, células de formas delicadas e elegantes, as misteriosas *mariposas da alma*, cujo bater de asas talvez venha a esclarecer um dia o segredo da vida mental."

A relação entre a alma, que é explicitamente declarada imortal, e a actividade fisiológica do cérebro foi, como está bem à vista, na vida de Cajal, um problema profunda e gravemente vivido. Como entrevê o nosso sábio a sua possível solução quando, já plenamente instalado no seu trabalho histológico, pensa com calma a seu respeito? Em termos que não variarão até à sua morte, algumas páginas da sua monumental *Textura del sistema nervioso del hombre y los vertebrados* (1904) oferecem-nos as linhas principais da sua resposta cautelosa e meditada. Depois de expor rigorosamente as ideias de Flechsig, Duval, Von Monakow, Vogt, Tanzi, Lugaro e outros acerca da actividade psíquica do cérebro, e após uma leal declaração relativa ao carácter simplesmente conjectural do seu pensamento, apresenta-nos este último segundo uma série de pontos, que passo a resumir como se segue:

1. A actividade psicológica do cérebro humano é, filogenética e ontogeneticamente considerada, o resultado de uma sucessiva "adaptação funcional", cuja consequência visível é o aumento das conexões intercelulares. A este respeito possuem uma importância especial tanto a crescente multiplicação e o crescimento progressivo dos dendritos e ramificações neuronais à medida que o desenvolvimento embrionário avança, e também, muito provavelmente, quando a aprendizagem e o esforço mental do indivíduo vão aperfeiçoando o seu rendimento psíquico, como a extraordinária abundância das células de axónio curto – destinadas a operar a conexão mútua entre as diferentes zonas do córtex cerebral – na textura do cérebro humano, por comparação com o que se passa no de todas as restantes espécies animais. Em certo sentido, esta ideia de Cajal corrobora e completa aquilo que acerca das áreas de associação, e em consequência do seu estudo metódico da mielogénese, Flechsig afirmara.

2. Enquanto o conhecimento morfológico e fisiológico do cérebro não progrida suficientemente, a actividade psíquica do homem deverá ser simultânea e complementarmente estudada pelos neurologistas e pelos psicólogos. Actualmente, pensava Cajal em 1904, conhecemos melhor os fenómenos da consciência que a arquitectónica cerebral, e isso faz com que as observações e as ideias dos psicólogos sejam da maior utilidade para os neurofisiologistas. Tal era também a opinião de Vogt, na qual se apoiava Cajal. O que não era obstáculo para esperar que a investigação neurológica viesse a dar cabal e objectivamente conta do que nos ensinou e continua a ensinar a investigação psicológica.

3. No córtex cerebral há três ordens de centros funcionais nitidamente diferenciáveis, ainda que em comunicação entre si: os centros perceptivos e motores, os associativos e os comemorativos. Os "centros da linguagem" de Broca e Wernicke, por exemplo, não são, diz Cajal, esferas de percepção, mas sim de recordação e reconhecimento de imagens motrizes (circunvolução de Broca), auditivas (porção posterior da primeira circunvolução temporal) e visuais (prega curva). Mais ainda: diversos factos anatomo-clínicos e anatómico-comparados permitem

conjecturar que os centros comemorativos podem ser primários (depósitos de "resíduos da percepção de objectos") e secundários (depósitos de "resíduos de resíduos de imagens comemorativas primárias" e, portanto, sede dos conteúdos psíquicos a que os filósofos chamam "ideias").

4. Os centros perceptivos são simétricos e bilaterais, enquanto os comemorativos primários e secundários são monolaterais. Daí a necessidade funcional do corpo caloso, cuja textura só assim pode ser razoavelmente explicada.

5. Não é de maneira alguma absoluta a peculiaridade morfológica das três ordens de centros, no que se refere à presença neles de fibras de projecção, os centros comemorativos e os perceptivos também as possuem e, por outro lado, existem vias de associação sensório-comemorativas e intercomemorativas. O que permite a Cajal propor uma sugestiva explicação neurofisiológica de certas experiências hipnóticas, de várias características das imagens visuais oníricas e de algumas das formas superiores da actividade intelectual [6].

6. Tudo quanto actualmente – em 1904 – se pode dizer, de um ponto de vista anatomofisiológico, sobre o mecanismo íntimo dos actos mentais é, decerto, conjectural e provisório. Mas nem por isso se deve, seja como for, renunciar ao ideal da explicação neurofisiológica da vida psíquica do homem. Sabendo muito bem que o conhecimento humano da realidade será sempre incompleto e perfectível, Cajal confia plenamente no progresso da ciência.

---

[6] Eis o importante parágrafo que se refere a essa actividade intelectual superior: "Possui também o cérebro humano centros intelectuais, esferas superiores onde se reflectiria a consciência do *eu* e onde residiriam a suprema faculdade crítica e a actividade da atenção e da associação? [...] Em nosso entender pretender localizar em órgãos especiais a consciência do *eu*, bem como a actividade intelectual, a volição, etc., é perseguir uma quimera. A operação intelectual não é o fruto da actividade de um centro privilegiado, mas o resultado da acção combinada de um grande número de esferas comemorativas primárias e secundárias. Apreciada na sua face puramente orgânica, a reacção intelectiva consiste na criação de uma conexão dinâmica entre duas imagens pouco ou nada relacionadas entre si; enquanto considerada na sua face subjectiva traduz-se na crença (formulada ou não por símbolos da linguagem) de que o nexo dinâmico estabelecido no cérebro corresponde positivamente a uma relação de sucessão, de coexistência ou de inerência entre dois ou mais fenómenos do mundo exterior. A atenção, bem como o sentimento e a consciência, representam processos dinâmicos colaterais, e de certo modo acessórios, da relação citada".

O homem Cajal expressou sem reservas a sua crença na existência da alma imortal. Situando-se pela imaginação, como o sábio perante a realização plena do seu ideal científico, como teria concebido a realidade da alma imortal e a sua relação com a actividade de um cérebro consciente, pensante e volitivo, capaz, portanto, de dizer "eu"? Talvez esta interrogação, jamais formulada na sua obra escrita, tenha surgido por mais de uma vez na sua mente, a partir do momento em que o sábio começou a sentir em si próprio o declínio orgânico final.

Não me é aqui possível, nem se torna necessário para o meu propósito, expor o modo como a atitude concordante de Flechsig e de Cajal perante o problema da actividade psíquica do cérebro se manifesta noutros homens de ciência mergulhados na mesma situação histórico-cultural. Mas não resisto à tentação de transcrever um texto da autoria de um fisiologista geral, Augusto Pi i Sunyer. A sua viva preocupação com a unidade funcional dos organismos animal e humano levá-lo-á a escrever em *Los mecanismos de correlación fisiológica* (1920): "Dizer isto – afirmar, com Bechterev e Turró, que a consciência é a face subjectiva de certos processos nervosos objectivamente analisáveis – é descrever a verdade dos factos, mas não explicar o mistério do aparecimento do sentimento do eu: o mistério da minha existência, de saber que vivo diante do mundo exterior, que vive também. Achamo-nos aqui frente ao enigma da vida (humana), perante a impossível explicação do subjectivo pelo objectivo, e vice-versa. Vivemos sitiados dentro do nosso eu, e ergue-se diante de nós o *ignorabimus* desconsolador de Du Bois Reymond! E tentar essa explicação impossível não é o objectivo da Fisiologia, nem o da Psicologia sequer!"

Não parece inadequado pensar que o autor da apóstrofe se referia à metafísica e à religião. O mesmo se diga de outro texto, um pouco anterior e nada patético, do não menos eminente fisiologista Luigi Luciani, no termo do seu mais que excelente *Tratado de Fisiologia Humana* (1901): "Pela investigação das condições materiais da actividade da alma, a fisiologia encontra-se com as ciências morais. Na análise científica dos fenómenos psicofísicos, a fisiologia do século XX avançará tranquilamente, sem preocupações e sem preconceitos. Não guiada, como a do século passado, pelo ódio à fé na espiritualidade da alma. Tal crença não impede em absoluto o reconhecimento de que a manifestação das forças psíquicas, incluindo o que se refere ao sentido ético, depende em grande parte do substrato somático. Quanto mais conseguirmos... mais poderosa se fará em nós a *fé científica* na existência, por trás do *mundo das aparências*, do *mundo das potências*, perante as quais o saber humano e a consciência sensorial não são mais que um simples simulacro"[7].

Diante dos homens de ciência dos primeiros lustros do nosso século reaparecia assim o problema metafísico e teológico da comunicação dinâmica entre o corpo e a alma, concebida esta como ente espiritual e imortal. Sem que disso se dessem conta, duas propostas metafísicas insignes, mas já caducas, o ocasionalismo e a harmonia pré-estabelecida, surgiam confusas para além do seu pensamento científico. Numa tal situação da mente, deveria voltar-se ao hilemorfismo aristotélico tradicional, e entender a alma como a forma substancial da matéria corpórea humana, ou aceitar decididamente a contraposição kantiana entre aquilo que a respeito da alma a razão pura não pode dizer e tem que dizer a razão prática? Ou seria possível outra posição do problema? Teremos de o averiguar. Mas não sem antes sabermos o que sobre a questão pensam o mais destacado defensor actual do dualismo antropológico, o neurofisiologista John C. Eccles, e os representantes mais recentes do monismo materialista.

3. O DUALISMO NEUROFISIOLÓGICO DE ECCLES

Ao longo de uma brilhante carreira científica – recebeu o Prémio Nobel em 1963 –, mas muito especialmente depois da publicação, com K. Popper, do tão conhecido livro *The Self and its Brain* (1977), John C. Eccles, nascido em 1903, converteu-se no maior dos paladinos da antropologia dualista ou, mais precisamente, da concepção da vida humana como resultado da cooperação entre o "si mesmo" *(self)* e "o seu cérebro".

As duas expressões mais recentes do pensamento antropológico e neurofisiológico de Eccles são o livro *Evolution of the Brain: Creation of the Soul* (1989) e o artigo *A unitary hypothesis of mindbrain interaction in the cerebral cortex* (1990). Eloquentes exemplos, ambas, da lucidez mental, do saber vastíssimo e da lealdade intelectual e moral do seu

---

[7] A concordância entre Luciani e Flechsig acerca da relação entre o saber humano e os "poderes" últimos da realidade não pode ser mais evidente.

autor. Vou basear-me nos dois títulos, bem como, evidentemente, em *The Self and its Brain*, para expor a sua ideia da relação mente-
-cérebro.

Eccles inicia a sua resposta a este problema tomando dois pontos de partida iniludíveis: o que hoje se sabe acerca da transmissão da vida e dos caracteres hereditários (dupla hélice de Watson e Crick, código genético) e o que hoje se pensa acerca do aparecimento da espécie humana no decorrer da filogénese. A partir destes dois aspectos, o neurofisiologista procede à formulação do seu pensamento antropológico pelo caminho que os seguintes enunciados delineiam:

1. A evolução humana.

Apoiando-se nas teses fundamentais de Darwin, parcialmente modificadas nas últimas décadas por duas novas noções, o "gradualismo filético" de Mayor e o "equilíbrio pontuado" de Eldredge e Gould, Eccles vê a realidade do homem como o resultado conjunto de um processo evolutivo e de um acto criador: a evolução filogenética, da qual o cérebro humano é resultado eminente, e a criação divina de uma mente imaterial (*self*, mente ou alma). Na sua dimensão somática, o homem descende de um *Dryopithecus*, estirpe que se diferenciou em duas famílias, os póngideos (gorila, orangotango, chimpanzé) e os hominídeos, a esta pertencendo o género antropóide em que o género humano teve o seu antecessor mais imediato, o *Australopithecus*. Da evolução de uma espécie de australopitecos – *A. afariensis* ou *A. africanus* – resultou o *Homo habilis*, primeira especificação do género *Homo*. Aperfeiçoa-se assim a estação bípede, a capacidade craniana sobe de menos de 500 centímetros cúbicos para mais de 600 centímetros cúbicos e, com o fabrico de pedras talhadas e já não apenas partidas, surgem as primeiras manifestações de uma vida psíquica especificamente humana.

Ao longo de mais de dois milhões de anos uma série de mutações intra-específicas sucessivas fará com que o *Homo habilis* dê lugar ao *Homo erectus*, este ao *Homo sapiens neanderthalensis* e este, desde há cerca de cinquenta mil anos, ao actual *Homo sapiens sapiens*. A capacidade craniana alcança ou ultrapassa os 1300 centímetros cúbicos, mas não é o aumento do peso do cérebro o que determina o aperfeiçoamento da estação bípede e o consequente emprego utilitário da mão livre, um e outro são cronologicamente anteriores ao crescimento progressivo da massa cerebral. Recorrendo explicitamente às investigações mais fiáveis e recentes sobre o tema, Eccles faz sua a visão da filogénese do género *Homo* hoje dominante na comunidade científica. Até aqui, o homem de ciência está plenamente com a ciência, em seguida, ao mesmo tempo como cientista e como crente, tentará transcendê-la.

2. A comunicação verbal nos hominídeos.

As funções da linguagem são expostas por Eccles segundo a ordenação clássica de Bühler, modificada por Popper [8]. A comunicação verbal desempenha no homem quatro funções capitais, por ordem ascendente: a função expressiva, a signitiva, a descritiva e a argumentativa. Destas, as duas primeiras são também efectuadas pelo animal (um cão expressa sentimentos, e fá-lo mediante signos sonoros), as outras duas são exclusivamente humanas. A progressão evolutiva da linguagem nos hominídeos torna-se rigorosamente qualitativa com o aparecimento do *Homo habilis*. Assim humanizada, a fala apresenta três níveis, a que Eccles, com Chomsky, chama lexical, sintáctico e semântico.

A especificidade da linguagem humana torna-se objectivamente manifesta ao estudar-se a evolução morfológico-estrutural do cérebro da criança, ao comparar-se a forma e a estrutura do cérebro dos símios antropóides com as do cérebro do homem e, na medida do possível, ao mostrar-se a diferença qualitativa entre o relevo cerebral dos australopitecos e o do *Homo habilis*, nos termos em que nos permitem que o vejamos os restos dos ossos cranianos. Eccles exibe aqui, uma vez mais, a sua informação científica actualizada e abundante.

3. O sistema cerebral límbico e a evolução das emoções.

De há três quartos de século a esta parte, a investigação morfológico-funcional, farmacológica e neuropatológica do sistema límbico (também chamado "cérebro interno") tem vindo a dar lugar a uma bibliografia vastíssima [9]. Eccles baseia-se nesta última para delinear a evolução do sistema nos primatas e para mostrar como o salto qualitativo da sua morfologia e das suas funções é factor co-causal e resultado da homini-

---

[8] Eccles, naturalmente, não conhece a ampliação do esquema de Bühler que há anos propus e recolhi no livro *Teatro del mundo* (Madrid, 1986). Escrever em Espanha à margem da pura literatura continua a ser como viver no fundo de um poço.

[9] Sendo o precedente escrito em Espanha, e principalmente para leitores espanhóis, é de estrita justiça recordar a exposição precoce e extremamente bem documentada deste capítulo da neurofisiologia que foi o livro de J. Rof Carballo: *Cerebro interno y mundo emocional* (Barcelona, 1952).

zação do cérebro. A diversa "estratégia demográfica" das diferentes espécies de hominídeos e, no caso da espécie humana, o aparecimento do altruísmo – entendida esta palavra no seu sentido mais estrito – são os dois principais temas da reflexão de Eccles.

4. A evolução do sistema sensório-motor da visão e o aparecimento da criatividade artística.

Desde as descobertas decisivas de Munk (papel do córtex occipital na visão) e a exploração histológica cada vez mais fina da retina (magistralmente presidida pelos trabalhos de Cajal), até à neurofisiologia actual (com Hubel e Wiesel como figuras dianteiras), o conhecimento do mecanismo neural da visão progrediu incessantemente. As respostas neuronais no córtex occipital, a visão estereoscópica, o papel das áreas visuais pré-estriadas, a relação entre o fluxo sanguíneo cerebral e a capacidade de discriminação visual, são os temas que Eccles escolhe para pôr em evidência a novidade qualitativa que a este respeito introduz, dentro da evolução dos hominídeos, o surgimento da configuração humana do cérebro. De tal novidade são consequência material: o fabrico de pedras talhadas, o emprego dos primeiros sinais simbólicos para registar a passagem do tempo (as placas ósseas gravadas, recentemente descobertas em Blanchard, França), as pinturas de Altamira e Lascaux e, naturalmente, o fabuloso desenvolvimento posterior das artes plásticas.

5. A evolução da aprendizagem e da memória.

A capacidade dos símios antropóides de memorização e de aprendizagem, tão detidamente explorada nas últimas décadas (Goodall, os Gardner, Premack, Lenneberg), é bem descrita por Eccles, e mostra por si só a possibilidade de elaborar uma neurofisiologia comparada de ambas as actividades. Partindo das ideias de Cajal antes expostas (a aprendizagem e o armazenamento de recordações como consequência da proliferação e do robustecimento dos dendritos sinápticos), Eccles expõe pormenorizadamente aquilo que a este respeito foi revelado pela investigação bioeléctrica e bioquímica da actividade sináptica. Relaciona esses dados com os introduzidos pela experimentação e pela clínica (a participação complexa do córtex e da base do cérebro na memória a curto e a longo prazos) e põe em relevo a conexão íntima existente entre a aprendizagem motora e a cognitiva. Mas a validade científica de uma neurofisiologia comparada da aprendizagem e da memória não exclui, naturalmente, a diferença essencial existente entre a memória animal e a humana, mas proporciona antes condições que permitem a sua confirmação. A distinção entre os diversos modos da actividade mnésica – memória explícita e implícita (Popper), declarativa e processual (Squire), de actualização e de referência (Olton), de associação e de reconhecimento (Gaffan e Weiskranz) – e, sobretudo, a consideração do profundo nexo neurofisiológico entre a memória e a linguagem, permitem a Eccles afirmar com argumentos estritamente científicos a peculiaridade específica da memória humana, presente desde o *Homo habilis* até às gerações actuais do *Homo sapiens sapiens*.

Até aqui, o grande neurofisiologista limita-se a dar efectiva e actualizadamente razão científica de um facto correntemente aceite: a diferença qualitativa, essencial, entre a actividade psíquica do animal e a do homem, com a sua consequente expressão na estrutura e na dinâmica do cérebro. Mais ainda: pelo seu modo de proceder, Eccles aceita e proclama a necessidade de apoiar na neurobiologia comparada aquilo que neurobiologicamente se diga e possa dizer-se acerca do psiquismo humano. Suporá isto que para ele seja contínua e homogénea a transição evolutiva da vida geneticamente animal para a vida especificamente humana? De maneira nenhuma. Como cientista e como pensador, Eccles postula e crê poder demonstrar que aquilo que torna a realidade e a vida do homem essencialmente peculiares tem de ser a existência nelas de um princípio supracerebral e supra-orgânico: o "si-mesmo", chame-se-lhe, psique, mente ou alma. Reduzindo-o ao que aqui e agora é essencial, eis os principais pontos do seu pensamento:

1. Quando o observador sabe escapar ao reducionismo abusivo do condutivismo originário, o exame da conduta humana permite afirmar a realidade de actividades humanas qualitativa e especificamente diferentes das observáveis nos antropóides superiores. Outro tanto deve dizer-se da experimentação neurofisiológica: sendo em princípio legítima, a extrapolação metódica dos resultados obtidos no cérebro animal para a dinâmica do cérebro humano não pode fazer-se sem se ter em conta a peculiaridade qualitativa e específica da segunda. Pois bem: para Eccles, como para Popper, a peculiaridade estrutural e funcional do cérebro humano tem o seu fundamento na relação mútua entre aquilo a que chamam Mundo I (a realidade material e física, compreendida no próprio cérebro) e o Mundo II, fenomenicamente constituído pelas experiências subjectivas e mentais (pensamentos, sentimentos, recordações,

sonhos, imaginações, intenções) do sujeito humano. Mundo II cuja existência, pensa Eccles, exige que se admita a de um princípio imaterial (si-mesmo, alma, psique ou ego) como chave ontológica e psicológica da condição humana. O psiquismo e a conduta do homem só poderiam ser científica e filosoficamente entendidos através do "dualismo interaccionista" que Eccles e Popper defendem.

2. A interacção perceptiva e volitiva entre o Mundo I e o Mundo II acontece no cérebro, mais precisamente no córtex cerebral. Não é que a alma tenha aí a sua sede, como a tinha para Descartes na glândula pineal, a alma não tem uma localização espacialmente circunscrita, mas é no córtex cerebral, lugar de onde partem os impulsos motores e onde chegam as impressões sensoriais, que se há-de necessariamente realizar a interacção entre ambos os Mundos. Trata-se, portanto, de conhecer, na medida em que a nossa ciência o autorize, o modo como essa interacção se produz.

3. A investigação neurofisiológica recente permitiu detectar alterações objectivas no córtex cerebral (transformações eléctricas nas zonas motoras, Kornhuber; modificações regionais na quantidade do fluxo sanguíneo, Roland) imediatamente anteriores à produção efectiva do movimento, produzidas, portanto, quando o cérebro "dá a ordem" de produção do movimento. E uma vez que as sinapses são os lugares em que o impulso nervoso se transmite de um neurónio para outro, será para elas e para a sua dinâmica que deverá dirigir a sua atenção o neurofisiologista, se quiser conhecer cientificamente o mecanismo da interacção mente-cérebro.

Apoiando-se nas descobertas de Akert, Kelly e outros, Eccles vê a transmissão sináptica como o processo através do qual as substâncias transmissoras contidas nas vesículas pré-sinápticas de uma terminação axónica (de 5000 a 10 000 moléculas, quase todas de glutamato e de aspartato, em cada vesícula) passam para a espinha pós-sináptica do dendrito a que se encontra encostado o botão terminal do axónio. Cada neurónio piramidal possui entre 10 000 e 20 000 espinhas dendríticas. Em consequência, a acção da mente sobre o cérebro deve ter como pressuposto adequado a possibilidade de aquela intervir na exocitose das substâncias transmissoras e na sua passagem posterior à espinha dendrítica correspondente. As vesículas e os nichos minúsculos da membrana sináptica em que estão alojadas, as micro-sedes (*microsites*, na terminologia de Eccles) são, pois, o lugar onde a interacção mente-cérebro acontece, tanto no caso do movimento voluntário como, *mutatis mutandis*, na percepção do mundo exterior.

4. Para entender a distribuição das micro-sedes no córtex cerebral, é preciso ter em conta a investigação morfológica posterior a Flechsig, Cajal e Brodmann. A este respeito, foram duas noções o seu resultado mais importante: a de "módulo" ou coluna vertical na disposição espacial dos neurónios (Szentágothai, Mountcastle) e a de "pacote dendrítico" *(bundle, cluster)*, a aglomeração ascendente que formam no córtex, reunindo-se por grupos, os dendritos apicais de diversas células piramidais (Fleischhauer, Feldman, Peters e Kara). Para Eccles, as unidades morfológico-funcionais que estes pacotes dendríticos constituem *(os dendrónios)* são o verdadeiro elemento na execução das actividades superiores do cérebro. Em cada dendrónio agrupam-se entre setenta e cem dendritos apicais, e em todo o córtex – só uma metade dos seus neurónios participa na formação do pacotes dendríticos –, cerca de quarenta milhões de dendrónios.

Como actua a mente sobre este abundante conjunto de unidades corticais? Mais precisamente: como é que a rede dos dendrónios intervém na interacção mente-cérebro? A título de hipótese, Eccles propôs a ideia de dividir o todo da mente em unidades psíquicas discretas ou "psicónios" *(psychons)* [10]. Copio as suas palavras: "De acordo com a hipótese das micro-sedes, a rede das vesículas pré-sinápticas oferece à intenção mental a oportunidade de orientar por *escolha*, a partir de um botão terminal, a exocitose de uma vesícula [...] Uma intenção mental que actua através de um psicónio tem no seu dendrónio dezenas de milhares de redes vesiculares pré-sinápticas activadas, com as suas vesículas que esperam a selecção". Em suma: a conexão funcional entre os dendrónios e os psicónios seria o mecanismo interno da interacção mente-cérebro. O Mundo I e o Mundo II, essencialmente diferentes entre si, contra o que a tese monista afirma, relacionam-se cerebralmente na actividade psíquica do homem. É graças a essa relação que a vida humana pode ser aquilo que realmente é.

5. Concebendo o mundo físico como um todo material fechado em si próprio, e consistindo apenas na matéria e na energia que a física

---

[10] O termo "psicónio" já fora usado por M. Bunge.

estuda, os materialistas do nosso século (Ryle, Feigl, Armstrong, Dennet, Hebb, Searle) viram no dualismo antropológico, mais precisamente, na acção modificadora de um ente imaterial estranho a esse mundo e operando sobre ele, uma hipótese que fere o primeiro princípio da termodinâmica. Eccles pensa que tal objecção tem como fundamento tácito a física do século XIX e que, por conseguinte, não é hoje válida: a termodinâmica actual descobriu a existência de sistemas materiais abertos, e a mecânica quântica obrigou a conceber de um modo novo a dinâmica da energia, pelo menos nos sistemas aos quais o princípio de incerteza de Heisenberg pode ser aplicado. No que se refere ao seu problema, a relação mente-cérebro, Eccles descobriu esta novidade no livro *The Miracle of Existence* (1984), do físico Margenau. "Em sistemas físicos tão complicados como o cérebro", escreve Margenau, "os neurónios, cujos elementos constitutivos são suficientemente pequenos para serem governados pelas leis probabilísticas quânticas, o órgão físico está sempre em situação de equilíbrio para uma multiplicidade de transformações possíveis, cada uma delas com uma probabilidade definida. Se tiver lugar uma transformação que requeira energia, ou mais ou menos energia que outra, a intricação do organismo proporcioná-la-á automaticamente e não seria requerida a acção da mente para esse fornecimento de energia [...] A mente pode ser considerada como um campo, no sentido físico habitual do termo. Mas, enquanto campo não material, o seu termo análogo mais próximo talvez seja um campo de probabilidade".

Eccles adere a esta sugestão: a interacção mente-cérebro, *análoga* aos campos de probabilidade da mecânica quântica, sem necessidade de massa ou energia acrescentadas, pode produzir nas micro-sedes uma acção eficaz. "A concentração mental que a intenção e o pensamento planeado trazem consigo", continua Eccles, "causam factos neurais em virtude de um processo análogo aos campos de probabilidade da mecânica quântica." Permiti-lo-ia a grandeza das partículas que a exocitose mobiliza: "O cálculo baseado no princípio de Heisenberg mostra que uma vesícula da rede vesicular pré-sináptica poderia ser escolhida para a exocitose por uma intenção mental agindo de um modo análogo a um campo de probabilidade quântico [...] As micro-sedes do cérebro poderiam ter a propriedade transcendental de ser canais de comunicação entre duas realidades completamente díspares (o cérebro, pertencente ao Mundo I, e a mente, princípio rector do Mundo II)".

6. Eccles não esquece que o cérebro é um todo funcional, apesar da ordenação do seu córtex em módulos e dendrónios, e que a mente, cuja manifestação mais própria é a autoconsciência, que se expressa primariamente pela consciência da identidade pessoal ao longo do tempo, não pode ser um simples agregado de psicónios. A variada conexão estrutural e funcional entre as diversas zonas do encéfalo e a cooperação constante entre os dois hemisférios através do corpo caloso tornam real e efectiva a totalidade unitária do cérebro. Eccles utiliza muito amplamente, a este propósito, os resultados das investigações já clássicas de Sperry acerca da desigualdade funcional do hemisfério esquerdo e do direito, tão especialmente acusada na espécie humana, e interpreta-a filogeneticamente como a expressão e a causa de um incremento evolutivo na capacidade psicofisiológica do cérebro. Parece-me menos convincente a tentativa de conciliar entre si a imaterialidade da mente, una e total por essência, e o seu hipotético parcelamento em unidades discretas. Se o dendrónio tem existência real, o psicónio não deixa de ser um ente de razão, uma construção artificial da mente.

Na pessoa e na obra de Eccles reúnem-se o neurofisiologista eminente e o homem que sente na sua alma a nobre necessidade de afirmar a singularidade do ser humano no cosmos e a dignidade que semelhante condição lhe confere. Porque, entre todos os entes cósmicos que conhecemos, é ele o único que, como diz a *Bíblia,* foi criado por Deus à sua imagem e semelhança. O nosso autor declara-o muito explicitamente: "Cada alma é uma nova criação divina implantada no feto em crescimento num certo momento entre a concepção e o parto." E pouco depois afirma que esta ideia da relação mente-cérebro "reforça poderosamente a nossa crença na Alma humana e na sua origem miraculosa por intermédio de uma criação divina. O que equivale ao reconhecimento não só do Deus Transcendente, o Criador do Cosmos, o Deus em que Einstein acreditava, mas também do Deus de Amor ao qual devemos a nossa existência".

O conteúdo do próximo capítulo fará ver até que ponto e de que modo compartilho as crenças últimas de Eccles. Não posso evitar, todavia, que surjam em mim várias interrogações. Entre elas, as seguintes: a crença cristã na criação do homem à imagem e semelhança do seu Criador, exigirá iniludivelmente a resposta que, a par de muitos outros, Eccles lhe dá? Ou permitirá adoptar pontos de vista e métodos intelectuais mais em conformidade com a ciência e a filosofia do cosmos actuais? Ainda que a reflexão de Margenau e de Eccles resolva a objecção termodinâmica atrás referida, ficará por isso abolida outra, mais radical, que se refere à impossibilidade de entendermos racional e cientificamente a acção modificadora de uma realidade imaterial (a mente) sobre uma realidade material (o cérebro)? A hipótese de Eccles acerca da função das micro-sedes, não imporá o tácito regresso a uma ideia teológico-metafísica da relação alma-corpo, o ocasionalismo de Malebranche, que hoje só os historiadores da filosofia recordam ainda? Pensando racional e cientificamente, poderemos admitir um parcelamento da actividade psíquica em unidades discretas, os psicónios, tão precisamente delimitadas no espaço como os dendrónios? Por meio da concepção *estruturista* do cérebro que adiante proponho, tentarei dar uma resposta já não interrogativa a estas questões.

II. CÉREBRO E PSIQUISMO

Produzida, a respeito do problema corpo-alma, a transformação histórica antes referida, várias atitudes podiam surgir entre os cientistas do cérebro. Duas delas – a que Flechsig e Cajal, talvez sem a isso se terem proposto, insignemente representaram, e a que culminou na obra de Eccles – foram estudadas nas páginas anteriores. Não parece inoportuno recordá-las.

Mais ou menos explicitamente, Flechsig e Cajal acreditavam como homens na existência de uma alma imortal e espiritual, mas como cientistas investigavam a textura e a função do cérebro na esperança de encontrarem numa e na outra a chave do psiquismo humano. Não foram os últimos a guiar-se de modo semelhante perante a realidade do ser humano. Ao lado deles, estão os pensadores, os homens de ciência e os médicos que explícita e consequentemente não só admitem a existência da alma, concebida como realidade imaterial, mas aplicam também essa ideia à intelecção científica da vida humana. Uns por fidelidade à versão cristã tradicional do aristotelismo – a alma como forma substancial do corpo –, outros por adesão intelectual à distinção cartesiana entre a alma e o corpo e, por conseguinte, obrigados a explicar, embora, decerto, já não em conformidade com a proposta de Descartes, a relação interactiva mútua entre uma e outra. Neste grupo duplo há, como já disse, teólogos, filósofos, cientistas e médicos. Sabendo bem que o dualismo de Eccles (a alma como mente não material) não é compartilhado pelos sequazes do unitarismo hilemórfico (a alma como forma substancial e espírito encarnado), considerei pertinente expor com certa demora o pensamento antropológico do seu autor, uma vez que entre os cientistas é Eccles quem mais tematicamente afirma a realidade da alma racional [11].

Outras duas atitudes eram possíveis: uma, estudar clínica ou fisiologicamente, sem uma metafísica explícita prévia, a actividade do cérebro e formular a seguir as ideias resultantes desse estudo; outra, renunciar abertamente à noção de alma e tentar explicar o psiquismo a partir da profissão de um monismo materialista renovado. Na secção seguinte vou expor sinopticamente as principais expressões da primeira atitude e, na secção subsequente, centrando a análise nos nomes de dois neurofisiologistas, Mountcastle e Pribram, e de um filósofo, Bunge, as manifestações mais importantes do materialismo antropológico do nosso século.

1. O TODO DO CÉREBRO: DE JACKSON A GOLDSTEIN

A descoberta clínica e experimental das localizações cerebrais e a interpretação da sua indubitável realidade em benefício do associacionismo, doutrina então imperante entre os homens de ciência, levaram a entender a unidade funcional do cérebro como resultado de uma conexão morfológica e dinâmica dos diversos "centros" do córtex e da sua base. Cada "centro" – o de Broca, o de Wernicke, as circunvoluções pré-rolân-

---

[11] Renunciei deliberadamente à tarefa de expor em pormenor o vasto panorama actual das concepções hilemórfica e dualista da relação corpo-alma. Com variantes pessoais, a primeira predomina entre os teólogos (Rahner, Schillebeeckx, Metz), mas não deixa de ter representantes entre os cientistas e os médicos (dois nomes espanhóis: o do anatomista P. Gómez Bosque e o do psiquiatra D. Barcia Salorio). Veja-se informação mais ampla em J. L. Ruiz de la Peña, *Las nuevas antropologías* (Santander, 1985) e *Imagen de Dios. Antropología teológica fundamental* (Santander, 1988). Dualistas são, como ficou dito, Popper, Eccles e, de modo menos explícito, Penfield. Foi-o também Sherrington. Por meio da sua rotunda declaração de princípios *(Mentalism, yes; Dualism, no)*, Sperry situa-se, à sua maneira pessoal, entre as duas concepções.

233

dica e pós-rolândica, etc. – teria uma função específica, abolida, danificada ou simplesmente perturbada pelas lesões nele localizadas. A soma das actividades respectivas de todos eles, garantida pela existência de vias de associação, daria a chave de uma explicação científica da fisiologia do cérebro. Foi na ordenação cito-arquitectónica do córtex cerebral (as áreas de Brodmann) que tal visão do cérebro teve a sua mais acabada expressão morfológica; na *Gehirnpathologie* de Kleist teria, por outro lado, a sua manifestação clínica mais elaborada.

Ao mesmo tempo que ganhava influência a concepção localizacionista e aditiva da fisiologia cerebral, alguns clínicos iam descobrindo que os quadros sintomáticos consecutivos a lesões cerebrais bem delimitadas, a par dos sintomas de défice ou de hiperactividade correspondentes a cada uma delas, ofereciam outros que teriam de ser necessariamente referidos a uma reacção patológica da totalidade do sistema nervoso central. O que punha em evidência que na actividade própria do cérebro, quer puramente neurológica quer manifestamente psíquica, se fundem duas ordens de processos fisiológicos: os que acontecem num centro ou numa área dotados de função própria, e os que de um ou de outro modo afectam a totalidade do órgão. A partir da clínica, J. H. Jackson, C. von Monakow e K. Goldstein foram os neurologistas que mais se destacaram na afirmação desse carácter de totalidade da actividade cerebral.

Jackson não negava – como poderia fazê-lo o autor da descrição da epilepsia que tem o seu nome? – a existência de actividades específicas em determinadas regiões do córtex cerebral, mas com a sua distinção de níveis anatómico-funcionais *(levels)* no sistema nervoso central, colocou fisiológica e antropologicamente acima delas uma entidade que unitariamente as engloba. Mais marcadamente holista e biológica, e portanto transmecânica, é a neurologia de Von Monakow, a sua expressão central, em termos de pensamento nosológico, foi o conceito de *diásquisis:* a reacção do cérebro na sua totalidade após a agressão localizada, concebida como uma "luta activa, na qual a totalidade do organismo intervém, em vista da criação de um estado que permita uma nova adaptação do indivíduo ao seu meio". Será, todavia, um livro de Goldstein, *Der Aufbau des Organismus* (1934), o testemunho maior e mais claro da concepção do cérebro como um todo funcional, relativamente autónomo, no interior do todo global que é o organismo [12].

O repúdio da concepção aditiva e associacionista da actividade cerebral é nítida: "O sistema nervoso", escreve Goldstein, "funciona sempre como um todo, um estímulo deve produzir modificações em todo ele." O que não impede que na estrutura de qualquer reacção biológica se deva distinguir entre a parte que nela está mais próxima do estímulo *(Naheteil)* e a parte *(Fernteil)* que depende da totalidade do organismo reagente e, em última análise, da totalidade do sistema nervoso; nem que na função deste e no comportamento do organismo correspondente possam ser separadamente estudadas as respostas e funções de maior importância vital *(Lebenswichtigkeit)* e as de maior valor essencial *(Wesenswertigkeit)*, isto é, as que manifestam específica e individualmente a essência do organismo em questão. Daí que o conhecimento científico da actividade de um organismo exija uma referência metódica e ordenada das suas acções eficazes *(Leistungen)* ao seu comportamento específico e individual *(Verhalten)*. Cl. Bernard afirmou que nos seres vivos "os elementos últimos são físicos, mas que a ordenação do seu conjunto (o seu *arrangement*) é vital". Goldstein chamará "organismo" à realidade em que esse *arrangement* tem o seu substrato, "comportamento" ao modo em que aquela realidade se expressa, e "referência à totalidade" *(Ganzheitsbezogenheit)*, ao método destinado a conhecê-la.

O sistema nervoso e muito especialmente, no seu interior, o cérebro, é o agente principal da totalização em causa. Por isso, perante um quadro clínico neurológico, é necessário distinguir entre o seu "conteúdo" (o que o doente faz ou não faz), dependente em primeira linha da localização e da gravidade da lesão, e a sua "forma" (o modo como o doente faz ou não faz o que pode ou não pode fazer), testemunho da totalidade unitária do sistema nervoso e, em primeiro lugar, do cérebro. A essa forma, perturbação da "expressão simbólica", para Head, da "função representativa", para Woerkom, chama Goldstein "desordem no comportamento categorial", quer dizer, no que confere figura espacial e temporal

---

[12] Sobre o pensamento neurobiológico de Jackson, Von Monakow e Goldstein, veja-se a exposição detalhada que dele faço no meu livro *La historia clínica. Historia y teoría del relato patográfico* (2.ª ed., Barcelona, 1961).

própria *(Gestalt)* às acções que compõem o comportamento de um organismo pessoal. Além de governar, em virtude da sua diferenciação morfológica e funcional, acções particulares (falar, recordar, etc.), o cérebro na sua totalidade executa – ordenadamente nos sujeitos saudáveis, desordenadamente nos afectados por uma enfermidade cerebral – essa função superior do comportamento categorial.

O organismo e o cérebro executam uma tal actividade por si próprios, ou movidos por uma alma essencialmente superior a eles? No livro de Goldstein só uma vez aparece a palavra "alma" *(seele)* e o termo espírito *(geist)*, em mais algumas ocasiões. Vejamos em que sentido. Para exprimir o fenómeno da vivência podemos empregar com maior ou menor adequação, segundo as ocasiões, o verbo "ter" ou o verbo "ser"; no primeiro caso, para tornar patente a separação entre o eu e o mundo exterior, no segundo para nomear o nosso "ser no mundo" essencial. Na continuação, Goldstein distingue na realidade dos fenómenos orgânicos mais diversos – expressões, atitudes, etc. – três momentos constitutivos, um corporal, outro anímico e outro espiritual, e acrescenta: "Estas três ordens (da actividade visível do organismo humano) são habitualmente descritas sob os termos *espírito, alma* e *corpo*. Nada há a objectar a esse procedimento, contanto que se observe a condição de fazer notar muito claramente que por meio das três palavras não se está a aludir a três esferas do ser (isto é, a três realidades ônticas) que secundariamente se encontram em certa relação mútua, mas que se trata de uma caracterização de três abstracções, cada uma das quais representando um momento artificialmente isolado do suceder organísmico total. Surgem singularizadas, porque em cada caso uma ou outra se mostram como *figura* no primeiro plano (do comportamento), enquanto as restantes constituem o seu fundo". A alma é explicitamente nomeada, mas não como ente real, constitutivo, a par do corpo, da realidade humana, mas como um modo peculiar de realização da vida do organismo, só metodicamente discernível daquilo que na actividade deste é manifestamente corporal (movimentos do corpo no seu conjunto ou de algumas das suas partes) ou manifestamente espiritual (actos em que o pensamento e a liberdade intervêm visivelmente).

Como na obra escrita de Flechsig e Cajal, por um lado, e na de Eccles e dos filósofos e teólogos hilemorfistas, por outro, no livro de Goldstein aparece com todas as letras o termo "alma", mas já não como realidade imaterial na que se crê (Flechsig e Cajal) ou a que se recorre para explicar a conduta do homem (Eccles), mas como nome de um dos modos descritivamente tipificáveis na actividade total do organismo humano, tal como Goldstein a entende. Goldstein, como veremos, não foi o único a adoptar essa atitude intelectual [13].

2. A ALMA, SIMPLES MODO DE AGIR E SER: ORTEGA

Foi muito frequente entre os pensadores do século XX renunciar à concepção tradicional da alma, e empregar esse nome para designar um dos aspectos da actividade humana e, portanto, do ser do homem, bastando-nos mencionar aqui Scheler, Jaspers, Ortega, Klages e Noltenius. Quaisquer que sejam as suas diferenças no modo de conceber a função da alma dentro da integridade da vida humana, é em todos eles perceptível esse modo básico de a entender. Por razões de espaço e de proximidade limitar-me-ei a expor agora o "animismo" pessoal de Ortega.

Dada a polissemia coloquial e literária da palavra "alma", é bem compreensível que apareça com certa frequência nos escritos de Ortega, mas só num deles, o ensaio *Vitalidad, alma, espíritu* (1924), o filósofo nos diz o que tal palavra para ele significa. Vejamos.

Frente à psicologia associacionista do século XIX, com a sua consideração obrigatória das sensações como "elementos psíquicos", Ortega quer "partir do todo psíquico para explicar as suas partes"; e a simples observação do psiquismo, próprio ou alheio, faz-nos distinguir nele três partes ou zonas: a vitalidade, a alma e o espírito. Nomes, reiteradamente o diz Ortega, que "não fazem mais que denominar diferenças patentes que encontramos nos nossos acontecimentos íntimos: são conceitos descritivos, não hipóteses metafísicas". Não estamos, portanto, perante "realidades ocultas que postulamos por trás dos fenómenos manifestos". Alma e espírito são para Ortega modos da pessoa humana se apresentar e agir, discerníveis na unitária realidade do homem.

---

[13] Goldstein dedica um capítulo inteiro do seu livro, sob a epígrafe *Leben und Geist (Vida e Espírito)*, vida no ser humano, não no animal, a expor o modo como a actividade espiritual se integra na vida do homem. Não posso entrar aqui numa exposição detalhada do pensamento antropológico de Goldstein, nem demorar-me a discutir a sua redução temática e discutível da vida humano a organismo.

A vitalidade "nutre a partir do seu interior todo o resto da nossa pessoa e, como uma seiva animadora, ascende aos pontos mais altos do nosso ser". Esses pontos mais altos constituem o espírito, primordialmente realizado na vontade, nos actos livremente executados, e no pensamento, nos actos de entender e de raciocinar. Entre a vitalidade assim entendida e o espírito encontra-se a alma, a zona da nossa intimidade onde os sentimentos prevalecem. Mas não deve pensar-se que esta ordenação triádica das actividades psíquicas suponha a existência de uma separação bem definida entre elas: fundindo-se com a vitalidade, a alma aparece como "alma corporal" ou "carnal", psicologicamente manifesta na percepção do intracorpo [14]. Estendendo-se até ao espírito, os sentimentos tornam-se pensáveis e os pensamentos revestem-se de um matiz afectivo e sentimental, por exemplo, agradam ou comovem mais ou menos quem os efectua.

A auto-observação permite notar que entre a actividade da alma e a do espírito há uma importante diferença cronológica: os actos da alma duram (o estar triste ou alegre, por exemplo), ao passo que os actos do espírito são instantâneos (o entender que 2 + 2 são 4 realiza-se num instante).

Deve acrescentar-se algo mais, a respeito do diverso modo da pertença das três actividades psíquicas em causa, à pessoa que as executa e sente. No caso da alma, a pertença é imediata e total: os meus sentimentos são meus e de mais ninguém. Também os meus pensamentos e as minhas volições são meus, mas de outro modo, porque a verdade dos meus pensamentos pode ser vivida por muitos outros, pertence, como Verdade com maiúscula, à humanidade inteira, e o acerto das minhas volições é real quando o que eu quero – tal é a essência do imperativo categórico kantiano – pode ser elevado a Norma universal. Com modificações de conteúdo, outro tanto cabe afirmar da entrega à pura vitalidade, ao que em nós é instinto, sob diversas formas – a orgia da embriaguez e da dança, o orgasmo sexual, a fruição elementar no comer e no beber –, essa entrega subsume-nos no que em nós e para nós é mais específico e colectivo que pessoal, a nossa pertença à espécie viva da qual somos indivíduos. Por isso, Ortega pode dizer que, frente à natureza e ao es-

---

[14] Sobre a noção orteguiana de "intracorpo", veja-se o meu livro *El cuerpo humano. Teoría actual*.

pírito, a alma é "vida excêntrica". Para o bem e para o mal: "O homem que sente a delícia de ser ele mesmo, sente ao mesmo tempo que com isso comete um pecado e recebe um castigo. Dir-se-ia que essa porção de realidade que é a sua alma, e que reservou irremediavelmente para si, a subtraiu de modo fraudulento à imensa vulgarização da natureza e do espírito. Fica assim condenado, como Ugolino, a pensar eternamente na sua presa, que é ele mesmo, e a morder-lhe sem descanso a nuca."

O que aqui expusemos é o essencial da ideia orteguiana da alma. Surge sem se fazer esperar uma pergunta: se a alma não é "uma hipótese metafísica", nem "uma realidade oculta que postulamos por trás dos fenómenos manifestos", qual é a sua verdadeira realidade? E passando da ordem ontológica à ordem psicológica e neurofisiológica, o que é que na realidade humana imediatamente observável, isto é, no corpo do homem, nos permite entender cientificamente a actividade anímica? Ortega não dá resposta explícita a estas interrogações, mas é bem significativo que taxativamente encomende a dois médicos especializados no conhecimento do psiquismo patológico e da relação indubitável entre ele e a actividade do cérebro, os seus amigos Lafora e Sacristán, a indagação do que é anormal no sentimento do corpo próprio. A concepção daquilo a que chamamos "alma" como uma actividade estrutural, especificamente humana, do cérebro, e o consequente projecto de elaboração de uma psicologia e de uma antropologia que, tendo devidamente em conta os dados procedentes da introspecção e da observação da conduta alheia, se fundassem teoricamente nessa visão estrutural do cérebro, teriam sido admitidos pelo autor de *Vitalidad, alma, espíritu*? Penso que sim.

3. Lição vária

Desde há algumas décadas, a bibliografia relativa à fisiologia cerebral tem crescido de modo fabuloso. Só a registada no livro de Eccles antes citado e, poucos anos antes, no artigo de *The Mindful Brain* (1980), de V. B. Mountcastle, e nos livros *The Mind-Body Problem* (1980), de M. Bunge, *De la materia a la razón* (1979), de J. Ferrater Mora, e *O Homem Neuronal*, de J. P. Changeux, para referir apenas estes cinco exemplos, mostra-se capaz de esmagar o leitor mais corajoso. Ultrapassaria largamente a intenção e os limites do meu propósito uma exposição em pormenor de tudo o que recentemente se escreveu sobre o problema mente-cérebro ou alma-corpo. Limitar-me-ei, pois, a um exame rápido de várias contribuições, em meu entender significativas, para o conhecimento científico desse abismo da realidade humana.

a) Em primeiro lugar, as procedentes de neurofisiologistas. Entre os muito possíveis, escolherei J. M. Rodríguez Delgado, P. Chauchard, R. Llinás e um dos participantes na Dahlem-Konferenz *(Animal Mind-Human Mind)* de 1982.

Depois dos seus importantes trabalhos experimentais sobre a ordem cerebral da conduta, Rodríguez Delgado dedicou a sua atenção aos graves problemas psico-sociológicos, educativos e antropológicos que a actual ciência do cérebro levanta, tarefa que necessariamente o viria a confrontar com o que constitui o nervo deste capítulo: a possibilidade de uma interpretação neurofisiológica do psiquismo humano.

Como neurofisiologista, Rodríguez Delgado procura explicar neurofisiologicamente as múltiplas formas do psiquismo: a distinção entre o imaginário e o real, os níveis mais complexos da recordação, o exercício da liberdade, o movimento voluntário, os estados emocionais. Mas na referência da explicação neurofisiológica à integridade da vida humana atém-se à sua concepção pessoal da realidade do homem, a que chama "triunismo". Na génese do psiquismo superior integrar-se-iam três momentos: o cérebro, o mental e a alma ou espírito. O cérebro é material; o mental, "elaboração intracerebral da informação extracerebral", é transmaterial, mas pode ser objecto de experimentação científica; a alma e o espírito são "conceitos metafísicos, entidades não corporais, imortais, com possibilidades de salvação e de condenação". Em todo o caso, Rodríguez Delgado não se pronuncia de modo explícito acerca da realidade da alma: "A ciência", escreve, "conquistou o mental como tema de investigação empírica, mas o espírito fica fora do campo da investigação científica. Os cientistas podem considerar a alma como um mito criado por necessidades psicológicas e o espírito como uma interpretação religiosa do mental sobre a qual recai a responsabilidade da vida futura, ou podem aceitar a sua existência como verdade religiosa. Seja como for, o espírito existe na cultura humana como um conceito que não deveria ser ignorado." O neurofisiologista não vai mais longe. A sua atitude perante o problema corpo-alma acaba por ser, eu pelo menos assim a vejo, um prolongamento actualizado da que encontrámos em Flechsig, Cajal e Goldstein [15].

P. Chauchard mostra-se mais abertamente monista. Tanto no seu livro *Les mécanismes cérébraux de la prise de conscience* como na sua contribuição para a *XXe Semaine de Synthèse* ("Structures cérébrales et intégration consciente", 1956), a afirmação do protagonismo do cérebro na génese do psiquismo humano não pode ser mais explícita. "Desenredando a enorme complexidade do funcionamento cerebral", escreve P. Chauchard, "o estudo do sistema nervoso deve propor-se a tarefa de nos fazer compreender como pensamos e actuamos, como estamos e como somos livres." Por outras palavras, a mesma ambição científica que há meio século esporeou as mentes de Flechsig e Cajal. Mas o enorme avanço que se produziu no conhecimento da neurofisiologia do psiquismo nas últimas décadas permite dar passos novos e importantes na direcção da meta que Flechsig e Cajal queriam alcançar.

Chauchard, com efeito, esboça uma concepção neurofisiológica da consciência, do pensamento e da liberdade. Regida a partir da base do cérebro por um "centro regulador", cuja existência fora demonstrada por Lapicque, a actividade sinérgica dos circuitos neuronais filogeneticamente produzidos e os que o decorrer da vida do indivíduo vai estabelecendo, dá lugar às diferentes formas em que se realiza e manifesta o psiquismo superior do homem.

Quaisquer que sejam as atitudes dos neurofisiologistas actuais perante a existência desse "centro regulador", o pensamento de Chauchard acerca da neurofisiologia do psiquismo situa-se de modo mais firme na orientação monista geral dos investigadores actuais. Mais ainda, alarga-a mediante uma visão filogenética decidida do problema. Sirva como exemplo a sua visão da consciência psicológica. Ao longo do curso da evolução, dizia ele em 1956, a actividade consciente dos seres vivos aparece a três níveis sucessivos: a *biociência*, já existente na amiba; a *zoociência*,

---

[15] Entre as muitas publicações de Rodríguez Delgado em relação ao problema mente-cérebro, devem ser especialmente mencionadas "Les bases neurobiologiques des activités spirituelles", *in L'esprit et la science* (Paris, 1983); "Bases biologiques du réel et de l'imaginaire", *in Imaginaire et réalité* (Paris, 1984), e a conferência *Libertad y condicionamiento neuronal* (Fidia Farmacéutica, Madrid, 1990).

cada vez mais marcada na série evolutiva das espécies animais, e a *neurociência* dos hominídeos, que alcança um nível máximo e uma qualificação inovadora específica no *Homo sapiens*. E acrescentava: "Sem fazer metafísica de qualquer género, o que o cientista comprova é o progresso paralelo do comportamento e da complexidade estrutural quando se passa do inanimado à célula viva, e desta aos organismos superiores e ao homem. O grau de integração do comportamento que define a qualidade do indivíduo é uma propriedade comum a todos os escalões, apesar disso, estes revelam-se-nos muito diferentes entre si: uma integração de átomos das propriedades moleculares; a integração da matéria viva conduz ao comportamento celular, e a integração dos neurónios do cérebro é a fonte da verdadeira consciência." Não é de admirar que no termo da sua exposição, saltando bruscamente da ciência para o salmo, Chauchard faça suas as seguintes palavras de Teilhard de Chardin: "Misteriosa matéria, constituinte de um universo carregado de amor na sua evolução."

R. Llinás, um dos neurofisologistas mais prestigiados da actualidade, deu especial relevância à decisiva importância da actividade cerebral para uma formulação científica do chamado "problema mente-corpo". A sua contribuição para o livro colectivo *Mindwaves* (1987), "Mindness as a Functional State of The Brain", e o artigo "The Intrinsic Electrophysiological Properties of Mammalian Neurons: Insights into Central Nervous System Function" (*Science*, 1988) declaram sem reticências a sua concepção monista da realidade do homem e, aludindo reiterada e aquiescentemente às ideias neurológicas de Cajal, expõem de modo conciso as suas próprias ideias acerca do problema.

Assim, Llinás introduz o termo *mindness* ("mentidad", mentalidade, entendida esta no seu sentido básico de "qualidade do mental") para designar "um dos vários estados fisiológicos e computacionais que o cérebro pode gerar" – outro seria o "estar adormecido" –, e vê na predição a força das actividades próprias do sistema nervoso. Em rigor, a predição de que Llinás fala, conceito largamente análogo ao de antecipação proléptica de Prinz von Auersperg, é uma propriedade genérica do organismo animal. O que o sistema nervoso especificamente faz é assumir, aperfeiçoando-a, a actividade antecipativa dos organismos animais que dele carecem, como os espongiários, e o que o cérebro faz, quando aparece evolutivamente na biosfera, é centrar e organizar a conectividade dos neurónios integrantes de todo o sistema nervoso. Daí as duas interrogações que Llinás considera fundamentais: 1) Se as redes nervosas representam a corporalização funcional de propriedades universais, como se efectua essa corporalização?; 2) Ainda que se encontre um mecanismo que explique a interiorização das propriedades do mundo exterior numa geometria funcional, como pode esta dar-lhes sentido "universal", para além da transformação cega da aferência sensorial em eferência motora? E, consequentemente, como podem essas redes neuronais entender (no sentido em que nós, homens, entendemos) enquanto conjuntos cerebrais? Ou, mais precisamente, como pode a semântica desenvolver uma rede neuronal?

A resposta de Llinás ordena-se segundo os três pontos seguintes: desenvolvimento da conectividade neuronal como um processo em que se integram os condicionamentos genético e epigenético do desenvolvimento embrionário, a *regulator hypothesis* de Edelman e a "estabilização selectiva" de Changeux; o estabelecimento de um "encadeamento dinâmico" *(dynamic linkage)* baseado na oscilação e na ressonância eléctricas dos neurónios, actividade que pode ser matematicamente estudada (Pellionisz e Llinás); a formação de "proto-redes" funcionais. Seria aqui ociosa uma exposição pormenorizada do modo como Llinás, apoiado nessa série de conceitos neurofisiológicos, explica o desenvolvimento da capacidade semântica do nosso cérebro, interpreta o pensamento como movimento interno e dá razão da autoconsciência do indivíduo humano. O leitor interessado pelo tema poderá consultar os textos originais.

Em 1982, celebrou-se em Berlim-Dahlem um colóquio internacional acerca da relação entre a mente animal e a mente humana *(Animal Mind- -Human Mind)*. Dos seus trabalhos, e apenas como um testemunho suplementar acerca da posição actual perante o problema mente-cérebro, extrairei o resumo de alguns aspectos da intervenção de S. A. Hillyard e F. E. Bloom ("Brain Functions and Mental Processes").

Hillyard e Bloom propõem-se "examinar, através das distintas espécies animais, semelhanças na organização e na função do cérebro", para assim "determinarem que actividades são essenciais nos diferentes modos da actividade mental, e conhecerem com precisão a sua diversificada incidência no reino animal". A organização dos sistemas de neurotransmissores, o estabelecimento de modelos nas respostas electrofisiológicas, as semelhanças e as diferenças na especialização de cada um dos hemisférios cerebrais e o exame qualitativo e quantitativo das áreas neocorticais de associação, são os principais capítulos do seu estudo. A atitude dos seus autores perante o problema mente-cérebro é decididamente monista. "Se bem que", confessam eles lealmente, "ainda não saibamos com certeza que níveis e aspectos da estrutura e da função do cérebro são decisivos para a maior parte dos fenómenos mentais."

A conclusão a que conduz este panorama incompleto e conciso de factos, de atitudes e de ideias não pode ser mais evidente: quaisquer que sejam as diferenças pessoais no modo de abordar o problema mente-cérebro, a grande maioria dos cientistas actuais pensa que o psiquismo superior do homem pode ser razoavelmente explicado através dos resultados experimentais e conceptuais da investigação neurofisiológica, ainda que, como é óbvio, só os primeiros passos tenham sido dados na direcção de uma meta tão elevada. Habitará essa convicção a tese de que – como no dealbar do nosso século postulara Loeb – deverão ser os homens de ciência os dirigentes da vida social, moral e política da Humanidade? Não o creio. Mas tão-pouco creio que a vida social, moral e política da Humanidade possa ser satisfatoriamente edificada sem que se tenha em conta aquilo que os homens de ciência progressivamente descobrem e ensinam.

b) Será conveniente acrescentar ao quadro anterior mais algumas opiniões, provenientes de pensadores e ensaístas. Entre estes últimos não são poucos os que, movidos por razões de ordem preponderantemente filosófica ou preponderantemente religiosa, continuam a ser fiéis ao hilemorfismo tradicional: a alma espiritual, forma substancial do corpo. Sem a mais pequena reserva admiro a seriedade intelectual e a importância histórica do seu pensamento. Penso, todavia, que nem o dualismo nem o hilemorfismo são capazes de explicar satisfatoriamente o papel do cérebro – da estrutura material viva a que chamamos cérebro – na génese e na dinâmica do psiquismo humano, e que foi por essa razão que, tanto de um como do outro se afastaram senão a totalidade, pelo menos a grande maioria dos filósofos e dos ensaístas verdadeiramente sensíveis às conquistas da ciência, sejam quais forem as suas crenças ou descrenças últimas.

Sabendo perfeitamente que as atitudes contempladas pela minha selecção estão muito longe de esgotar o panorama extenso e variado do pensamento actual, e sem prejuízo da minha intenção de ampliar consideravelmente esse panorama na próxima secção, limitar-me-ei a expor a seguir as posições de um homem de letras brilhante, Arthur Koestler; de um psicólogo, J. L. Pinillos; de um filósofo, J. Ferrater Mora, e de um teórico da cibernética, L. Ruiz de Gopegui.

Para além de outras alusões ocasionais ao problema alma-corpo ou mente-cérebro, um livro, *The Ghost in the Machine* (*O Fantasma na Máquina*, 1967) e um ensaio de fôlego, *Whereof One Cannot Speak...?* (publicado sob o título "Física, filosofía y misticismo" na tradução espanhola do livro colectivo *Life After Death (A Vida Depois da Morte)*, 1977), expõem tematicamente a reflexão de Koestler acerca do problema da alma ou, mais precisamente, da realidade última do homem [16].

Apoiando-se excelentemente no estado da física em 1975, ano do qual data o segundo dos textos que acabo de referir (Einstein, Bohr, De Broglie, Heisenberg, Schrödinger, Pauli, Wheeler, Feynman e Gell-Mann são correctamente citados na sua reflexão), Koestler faz do princípio de complementaridade o ponto de partida da sua reflexão, e com Heisenberg e Pauli pergunta se a relação que segundo esse princípio existe entre a partícula elementar e a onda electromagnética não poderá ser licitamente alargada à relação entre a matéria e a mente. Koestler pensa que sim, mas não se limita a estabelecer a analogia. Se existe energia pura e incorpórea – continua ele a perguntar-se –, porque não admitir, ao menos como possibilidade, também a existência de uma energia mental desencarnada? Não disse o grande astrónomo Jeans que "o Universo começa a ter mais o aspecto de um grande pensamento que de uma grande maquinaria"? Não falou Eddington, outro grande astrónomo, da *matéria mental (mind-stuff)*? E tanto Heisenberg como Schrödinger não afirmam várias vezes que as partículas elementares "não são coisas"?

Une-se a tudo isto uma concepção holista da realidade do cosmos e das estruturas que o compõem. O holismo começou a vigorar em termos de física com o princípio de Mach, segundo o qual as propriedades da

---

[16] O meu conhecimento do ensaio referido deve-se à amabilidade de Antonio Buero Vallejo.

inércia de um corpo material são determinadas pela massa total do Universo. Com Heisenberg, Capra e Bohm, a física quântica confirmou esse princípio: enquanto parte do cosmos, uma partícula elementar não pode ser correctamente conhecida se a não virmos como parte solidária do Universo inteiro. Koestler vê um parentesco longínquo entre o holismo dos físicos actuais e a *sympátheia ton holon* dos neoplatónicos, e relaciona-o em termos de sentido com o misticismo da recente "gnose de Princeton". A teoria do holograma – à qual, como veremos, recorre também o eminente neurofisiologista K. H. Pribram – serve a Koestler para aplicar o pensamento holista à neurofisiologia da memória e, muito mais alargadamente, à conexão entre o microcosmos e o macrocosmos.

É para Koestler especialmente sedutora a surpreendente inflexão mental de Schrödinger, quando, na última etapa da sua vida – a que se seguiu à publicação do seu célebre livro *What is Life?* (1944) –, esse físico genial proclamou a sua proximidade a uma espécie de misticismo panteísta e, através deste, ao pensamento hindu (*Science, Theory and Man*, 1957; *Mind and Matter*, 1958; *Meine Weltansicht*, 1961). A mente, única na sua realidade última e transcendente ao tempo, manifesta-se individualizada na concreta realidade corpórea de cada homem: "A consciência", escreve Schrödinger, e Koestler concorda, aplaudindo, "é um singular cujo plural se desconhece. Só há uma realidade, e o que parece pluralidade é meramente uma série de aspectos diversos da realidade, produzida por um engano (o Maya hindu). É uma ilusão idêntica à que se produz numa galeria de espelhos." E interpreta Koestler: "A física quântica revelou ser uma galeria de espelhos em que as partículas elementares se reflectem sem possuir identidade real. E a consciência pessoal mostra-se como uma entidade igualmente ilusória, como o fragmento de um holograma, conteúdo do todo e continente de uma miniatura do todo. A sua essência – a sua componente supra-individual – é indestrutível e atemporal, pois só a sua individualidade ilusória está submetida ao corpo na vida e na morte, quer dizer, submetida ao tempo."

Concebida assim a realidade do homem, o que faz o seu cérebro? "A mente", responde Koestler, "não é gerada pelo cérebro, mas está vinculada ao cérebro." O problema consiste em saber como. Koestler vê a resposta numa hipótese formulada por Bergson e largamente utilizada pelos teóricos da percepção extra-sensorial: "O cérebro actua como um filtro protector da consciência. A vida seria impossível se prestássemos atenção aos milhões de estímulos que constantemente bombardeiam os nossos sentidos [...] Este sistema de filtragem e de cômputo protege a consciência da matizada desordem das mensagens extra-sensoriais, das imagens e das impressões que flutuam no éter psíquico em que se encontra imersa parte da nossa consciência individual".

O propósito de conjugar num corpo de doutrina a física quântica, a cosmologia, a neurofisiologia, a psicologia normal e a parapsicologia salta à vista. Do mesmo modo que, para o historiador do pensamento, a tácita actualização da antropologia de Averróis, o aristotélico que afirmou a unidade do intelecto agente de todos os homens, embora este agora já não seja situado na Lua, como pensou o filósofo muçulmano, mas na totalidade do cosmos. Assim, a superação da polémica entre o dualismo antropológico cartesiano e o rígido materialismo fisiológico do século XIX, terá a sua via mais satisfatória no panpsiquismo e na parapsicologia propostos por Koestler? Não o creio. Quando expuser a tanatologia sumária de Koestler darei mais detalhadamente razão da minha discordância.

O psicólogo J. L. Pinillos (*Lo físico y lo mental*, 1978) expressou também a sua atitude pessoal perante o problema mente-cérebro ou, para o dizermos por meio das suas próprias palavras, perante o problema da relação entre "o físico" e "o mental". Com uma documentação magnífica e uma inegável lealdade intelectual, Pinillos confronta-se no seu estudo com as diversas formas com que o reducionismo fisicalista – a negação da existência própria aos actos mentais e a tentativa de explicar, através dos recursos da ciência natural, e da física em última instância, a actividade da qual procedem esses actos – pretendeu negar toda a validade científica à subjectividade e à introspecção, isto é, aos "dados imediatos da consciência", para usarmos os termos de Bergson, em que desde Maine de Biran e Brentano, ou até mesmo desde Aristóteles, a psicologia tinha metade do seu fundamento e do seu conteúdo: a reflexologia de Sechenov, Pavlov e Bechterev, a psicologia experimental de Wundt, o condutivismo de Watson e Skinner, o fisicalismo de Carnap e Feigl, os reducionismos de Nagel, Hempel, Quine e Hull, o epifenomenismo. Em estreita conexão com a psicologia cognitiva, Pinillos propõe como tese mais plausível o "interaccionismo emergentista"[17], acerca do qual textualmente diz: "O interaccionismo emergentista que defendemos não entende que o físico e o mental sejam duas substâncias distintas e heterogéneas. Não supõe, evidentemente, que a consciência seja um sistema fechado, auto-suficiente, que não necessite de sair de si para dar razão de si próprio. Crê antes que a mente pode considerar-se como um grau superior (de actividade) que a matéria executa sobre si mesma no seu processo de organização e que, por conseguinte, esta continuidade de origem torna possível a acção recíproca de um nível e outro. Trata-se, portanto, de uma interacção entre momentos ou níveis de uma realidade emergente, mas não de interacção entre elementos heterogéneos e sem origem comum. O que, sem dúvida, não implica a negação de diferenças qualitativas importantes entre os diferentes níveis de realidade que se produziram na evolução." A física mais recente (Wheeler, Prigogine, Wigner) e o testemunho de alguns neurofisiologistas eminentes (Sperry, Eccles) tornam plausível a "recuperação da experiência interna" para a edificação de uma psicologia autêntica e actual. Os actos mentais existem realmente e requerem métodos de estudo diferentes da neurofisiologia e da experimentação em animais. Basta, para o demonstrar, o simples facto de os estímulos poderem converter-se em representações sem repercussão na conduta observável. Neste breve resumo, tal é o pensamento de Pinillos acerca do problema mente-cérebro.

Creio também que os actos mentais não são "ilusões da subjectividade" que, pelo contrário, existem realmente na vida do homem, e que o seu estudo, rigorosamente indispensável para a construção de uma psicolo-

---

[17] O emergentismo – conceito e termo introduzidos em filosofia por uma série de pensadores ingleses, como G. H. Lewes, S. Alexander, C. Lloyd Morgan – afirma essencialmente que a realidade evolutiva do cosmos se ordena segundo três níveis ascendentes: a matéria inanimada, a matéria viva e a consciência: "Emergindo" cada um deles do anterior com propriedades especificamente novas, não redutíveis às que possui o nível de realidade do qual emergem, e impredizíveis, portanto, através do conhecimento dessas propriedades anteriores, por mais científico e exaustivo que esse conhecimento pareça ser. A semelhança entre o emergentismo assim entendido e a cosmologia de Zubiri em *Estructura dinámica de la realidad* é evidente, embora a génese da segunda tenha sido completamente alheia a tal precedente histórico. A minha simpatia pelo emergentismo é bem notória nas páginas deste livro, mas pelas razões que em breve terei de expor, e apesar da sua indubitável força de atracção e da sua influência actual, penso que os termos "emergente" e "emergentismo" não exprimem bem aquilo que com eles se pretende exprimir.

gia digna desse nome, requer o emprego de métodos adequados – introspecção, compreensão do outro e das suas acções – complementares dos habituais na investigação neurofisiológica e na psicologia e na etologia comparadas. Também recuso o dualismo antropológico sob todas as suas formas e, como a seguir se verá, penso que a mente e a sua expressão básica, a consciência de si mesmo, são "um grau superior (de actividade) que a matéria executa sobre si mesma no seu processo de organização". Mas se a mente não é uma "substância distinta e heterogénea" em relação ao corpo, que outra coisa poderá ser senão um modo peculiar da actividade humana, como era a "alma" para Ortega e Goldstein? E se for assim entendida, como não pensarmos que o termo da sua atribuição, a realidade do homem, é uma estrutura material que surgiu na evolução do cosmos e especificamente dotada *ex novo* das propriedades sistemáticas que a caracterizam, entre elas a de executar actos mentais? E se tal é a realidade do homem, não deveremos entender de outro modo aquilo que parece ser a interacção entre a mente e o corpo? Na próxima secção, vou expor as razões deste modo de entender a génese do psiquismo e mostrarei como vejo o seu fundamento científico e filosófico.

Apontei numa observação precedente a minha ligeira discordância frente ao uso dos termos "emergente" e "emergentismo". Segundo o dicionário, "emergir" é "brotar, sair da água ou de outro líquido": uma bolha gasosa produzida no fundo de um charco emerge à sua superfície, Vénus emerge do mar por entre a espuma e, por extensão metafórica, a ira de uma multidão emerge por vezes em actos de violência. De um ou de outro modo, o emergente existia já no interior da matéria na qual e da qual emerge. Será o que sucede na realidade do cosmos? Nem a primeira protocélula emergiu da sopa pré-biótica, nem a inteligência humana do cérebro de um australopiteco mutante. A protocélula e o cérebro humano, ou melhor, o genoma específico do homem, constituíram-se *ex novo*, como estruturas qualitativamente novas, a partir de outras nas quais não se achavam de maneira nenhuma incluídas [18]. Mais ajustada,

---

[18] Na minha opinião, só mediante um considerável alargamento de duas antigas noções filosóficas, a de "potência" e a de "causa segunda", pode ser razoavelmente entendida a novidade de cada um dos níveis estruturais do cosmos e a sua constituição efectiva a partir dos precedentes. Penso também que o alargamento dessas duas noções se acha implicitamente contida no "por si" e no "dar de si" zubirianos. Veja-se o que digo a esse propósito noutros lugares deste livro.

mas não inteiramente ajustada à realidade, parece-me ser a expressão "brotar-de" proposta por Zubiri; porque, sempre segundo o dicionário, brotar é o "nascer ou sair da planta da terra" ou o "manar, sair da água dos mananciais", conceitos cujo sentido é muito próximo do da emergência. Não seria preferível falarmos de um "constituir-se-a-partir-de" e, por conseguinte, de "constitucionismo", em vez de "emergentismo"? Constituir-se é "formar-se ou compor-se": a primeira célula que se formou ou compôs *ex novo*, como estrutura, a partir dos materiais moleculares que havia na sopa pré-biótica, e o corpo possuidor de um cérebro humanamente inteligente, a partir de uma anterior ordenação da matéria, a própria do hominídeo mutante do qual o primeiro homem procedia. Mas a palavra emergentismo soa bem, conseguiu impor-se e não parece provável que, para dizer o que com ela se quer dizer, outra a substitua.

No seu livro *De la materia a la razón* (1979), o filósofo J. Ferrater Mora expôs muito explicitamente o seu pensamento acerca da relação entre "o mental" e "o orgânico". Ferrater não nega legitimidade científica ao emprego dos nomes "mente" e "consciência", como fizeram os condutivistas ortodoxos, mas pensa que "o mental" não tem realidade autónoma, porque se identifica inteiramente com "o neural". A mente, para ele, não é mais que o conjunto dos dados da consciência individual percebidos pelo sujeito como seus – pensamentos, volições, sentimentos, crenças, etc. – e cientificamente investigáveis através dos métodos da psicologia não condutivista. Declara-o muito explicitamente. A ideia de que, "mais que de coordenação e interacção entre *processos mentais* e *processos neurais*, trata-se de uma identidade entre ambos", é aos seus olhos a que melhor se ajusta à realidade da vida humana, tal como a ciência actual no-la faz conhecer. A posição que melhor concorda com o que sabemos hoje acerca dos "*mecanismos neurais* consiste em identificá-los com os chamados *mecanismos mentais*", afirma Ferrater numa outra página. E, desde logo, a única coisa que legitimamente convém dizer é que "entre o *mental* e o *neural* pode haver uma diferença intensional, mas não uma diferença extensional", porque um e outro modo de actividade "têm o mesmo referente".

Como consequência desta atitude intelectual decidida e clara, o autor de *De la materia a la razón* recusa abertamente uma opinião do último

Wittgenstein, segundo a qual é possível que certos fenómenos psicológicos não possam ser investigados fisiologicamente – uma afirmação, conclui Ferrater, que "só pode fazer-se quando se goza de uma ignorância absoluta" a respeito do que a ciência actual ensina –, e ataca com grande intensidade polémica os defensores do dualismo e do interaccionismo. A própria consciência de si mesmo, "a *mais mental* de todas as *operações mentais*", é para ele "a operação que um organismo executa quando liga diferentes processos neurais no contexto a que para abreviar (e ao mesmo tempo confundir) chamamos *si-mesmo*. Não há, *dentro* do organismo, um pequeno organismo suplementar que ao mesmo tempo funciona como director das suas próprias operações e estados".

Aceitando ironicamente o recurso aos "ismos" como marcas de identidade de um pensamento filosófico, por pessoal que este seja, Ferrater Mora declara-se a si próprio sujeito activo dos seguintes: materialismo, emergentismo, evolucionismo, continuísmo, realismo epistemológico crítico, empirismo, racionalismo, relativismo, integracionismo e sistematismo. Todos eles entendidos segundo a significação que o filósofo lhes atribui.

A referência da actividade fisiológica e psicológica do cérebro à dinâmica interna do computador, e a seguir a identificação entre elas, tornaram-se frequentes na literatura científica actual. A expressão "inteligência artificial" acabou por se tornar um lugar-comum, depois dos inumeráveis artigos e livros que lhe foram consagrados. Do conjunto dessa bibliografia, escolherei apenas um livro espanhol, intitulado *Cibernética de lo humano* (1983), de L. Ruiz de Gopegui. Com uma confiança absoluta na certeza e nas possibilidades da cibernética, o seu autor reitera e radicaliza o que os tratadistas anteriores (Armstrong, Mackay, Turing) tinham já dito acerca do tema. Para Ruiz de Gopegui, a actividade mental não é mais que a actividade combinatória do cérebro, e o cérebro não mais que um computador extremamente complicado, surgido no decorrer de uma evolução biológica mecanicamente interpretável. O monismo fisicalista de Feigl torna-se assim tematicamente cibernético. O homem, em suma, não seria mais que um autómato consciente. Descartes pensava que a simples aparência dos viandantes que em silêncio passavam diante da sua janela não lhe permitia distingui-los de autómatos muito bem construídos, mas cria ao mesmo tempo que o contacto com eles levaria rapidamente a detectar a diferença essencial existente entre um autómato e um homem. Os teóricos da cibernética referidos vão mais longe, e afirmam sem rodeios que essa diferença não existe. Pensar, em seu entender, é elaborar ciberneticamente os impulsos que a relação com o mundo envia ao cérebro.

Será possível construir robôs que simulem a consciência humana? Não o creio. Mas ainda que se admita que tal possibilidade exista e venha a realizar-se, deverá continuar a dizer-se dela o que diz Pinillos: "Boa parte das tentativas especulativas e práticas visando demonstrar que uma máquina de Turing [...] pode chegar a pensar e a ter consciência de si, constituem na realidade uma homenagem aos acontecimentos mentais. O facto de estes serem produzidos artificialmente ou de forma natural é na realidade o que menos importa. O que conta é que, sem consciência de si, qualquer simulação do comportamento humano se limitaria, por isso mesmo, a ser simples simulação, e daí o esforço, deveras digno de elogio, de dotar os autómatos de consciência a fim de que deixem de o ser. Saber se um dia será ou não possível construir robôs dotados de consciência reflexa é uma questão em aberto. Mas é indubitável que, sem consciência, continuarão a ser autómatos, por mais que a sua conduta se assemelhe à nossa." Certíssimo. É, sem dúvida, assombroso aquilo que *mentalmente* podem fazer hoje os computadores bem programados. Será imaginável um computador capaz de autoprogramação? –, e será ainda mais o que no futuro poderão fazer. Penso, todavia, que a construção de um robô dotado de autoconsciência e de liberdade é *fisicamente* impossível. Não, um robô nunca será capaz de escrever o *Quaestio mihi factus sum,* de Santo Agostinho, nem de se sacrificar pelos restantes robôs, nem de compor o *Quijote,* a *Chama de Amor Viva* ou a *Crítica da Razão Pura.* Nem de inventar sequer o machado de sílex.

Hilemorfismo, dualismo, fisicalismo, emergentismo, antropologia cibernética. Será possível uma visão mais satisfatória do problema mente-cérebro? Penso que sim. Mas antes de a propor, considero necessário expor brevemente o pensamento de alguns dos filósofos e homens de ciência em que de maneira mais temática se expressou e desenvolveu a tese da identidade entre a mente e o cérebro.

III. O CÉREBRO, AGENTE, ACTOR E AUTOR DO PSIQUISMO

As vicissitudes históricas do monismo antropológico começaram com o materialismo mecanicista do século XVIII, prosseguiram com o materialismo fisiológico do século XIX e, com uma formulação científica renovada e mais rigorosa, culminaram no materialismo neurofisiológico – cibernético ou não – de tantos e tantos pensadores e homens de ciência das últimas décadas. Atendo-me aos dados essenciais deste processo histórico, passarei a expô-lo nos três pontos seguintes:

1. O MONISMO MATERIALISTA DOS SÉCULOS XVIII E XIX

É muito provável que tenha sido a fé cristã íntima e nunca negada de Descartes o que secretamente o levou a afirmar, concebendo-a como *res cogitans*, a realidade de uma alma espiritual e imortal e, consequentemente, a preservar a actividade psíquica do homem da visão mecanicista radical do cosmos que a sua *cogitatio* pessoal postulava. A localização da alma na glândula pineal, não terá sido talvez a involuntária concessão inicial a uma psicologia mecanicista? Mas para aqueles cuja adesão à fé cristã se tornou mais fraca ou desapareceu por completo, a alma rapidamente acabaria por se dissolver na associação de sensações elementares concebida pelo empirismo inglês (Locke e Hume) ou por se converter integralmente numa forma peculiar da actividade mecânica do corpo (La Mettrie, d'Holbach).

O empirismo de Locke é mais crítico que conclusivo: a substância do corpo, diz ele, é o suporte das ideias simples (as sensações) que nos vêm do exterior, sem que conheçamos o que (na sua unidade real) é esse suporte, ao mesmo tempo que a substância espiritual é considerada como o suporte das operações que a experiência interior nos faz descobrir em nós próprios, suporte que também nos é por completo desconhecido, por conseguinte, "não estamos mais autorizados a concluir a não existência dos espíritos que a negar a existência dos corpos". E acrescenta: "Temos ideias da matéria e do pensamento, mas talvez nunca sejamos capazes de perceber se um ser puramente material pensa ou não, do mesmo modo que nos é impossível descobrir por meio da simples contemplação das nossas próprias ideias, portanto sem revelação, se Deus não terá dado a um montante de matéria, disposto segundo o que Ele julgava necessário, o poder de perceber e de pensar, ou reunido à matéria assim disposta uma substância imaterial pensante."

Como é sabido, o empirismo de Hume vai mais longe que o de Locke. Por meio da sua aguda crítica das noções de substância e de causalidade, Hume põe em causa a possibilidade de conhecermos de modo seguro a identidade real e a simplicidade real do sujeito pensante e constitui-se em precursor imediato do pensamento kantiano a respeito da alma: impossibilidade objectiva da razão pura para afirmar legitimamente a realidade de uma alma substancial, e necessidade subjectiva da afirmação pela razão prática da existência da alma, ou pelo menos da sua postulação. Vimos em páginas anteriores como esta maneira de entender o problema da alma e, por conseguinte, a relação alma-corpo, influenciou tacitamente muitos homens de ciência eminentes do século XIX e princípios do século XX.

Os materialistas franceses do século XVIII foram menos subtis e mais cortantes. Cada um a seu modo, La Mettrie e d'Holbach combinaram o cepticismo religioso de Bayle com a cosmologia mecanicista de Descartes. Em *L'homme machine*, a sua obra mais conhecida, La Mettrie diz: "Leibniz espiritualizou a matéria, em lugar de materializar a alma." A alma, para ele, não passa da mola da máquina material que é o homem; "Tão compatível com a matéria é o pensamento que este parece ser uma propriedade sua, como a electricidade, a mobilidade, a impenetrabilidade e a extensão, numa palavra: o homem é uma máquina, e no Universo não há mais que uma substância diversamente modificada." Mais sistemático, mas não menos radical, é o materialismo do barão d'Holbach no seu *Système de la Nature*: "O Universo", escreve, "não nos oferece onde quer que seja mais que matéria e movimento. O seu conjunto mostra-nos apenas uma cadeia imensa e não interrompida de causas e efeitos." E numa outra página: "Da ostra entorpecida ao homem activo e pensante vemos uma progressão não interrompida, uma cadeia perpétua de combinações e movimentos, da qual resultam seres que não diferem entre si a não ser pela variedade das matérias elementares e das proporções desses mesmos elementos."

Na Alemanha, a reacção contra o idealismo de Hegel e Schelling, a afirmação incipiente da fisiologia experimental e da mentalidade subjacente à revolução industrial também incipiente deram lugar a um segundo surto de materialismo. Feuerbach abre o fogo: verdade, realidade e mundo sensível são coisas idênticas; o ente sensível é o único verdadeiro, o único real, e o mundo dos sentidos, a única verdade real; "O corpo forma parte do meu ser, mais ainda, o corpo no seu conjunto é o meu eu, o meu *ser mesmo*." No entanto, Feuerbach tende mais para um sensualismo idealista que para o materialismo puro [*Grundsätze der Philosophie der Zukunft (Princípios Fundamentais da Filosofia do Futuro)*, 1849]. O materialismo mais radical será em breve professado por Moleschott, Vogt e Büchner. "A matéria está indissoluvelmente unida à força, e ambas são eternas", escreve Moleschott em *Kreislauf des Lebens (Circulação da Vida*, 1852) e, como que possuído por um entusiasmo quase religioso, compara a alimentação com "uma Ceia Sagrada, na qual metamorfoseamos uma substância sem pensamento em homem pensante, e na qual tomamos na realidade a carne e o sangue do espírito, para expandir o espírito por todas as partes do mundo e, através dos filhos dos nossos filhos, por todos os tempos". Oriunda talvez de Cabanis, uma frase sua tornou-se célebre: "O pensamento tem, no que se refere ao cérebro, a mesma relação que a bílis tem com o fígado e a urina com o rim." Menos sumariamente, Vogt dirá a mesma coisa dois anos mais tarde: "As actividades espirituais não são mais que funções do cérebro, de uma substância material [...]; a fisiologia declara-se categoricamente contra uma imortalidade individual, como, em geral, contra todas as hipóteses relativas à existência de uma alma distinta" [*Köhlerglaube und Wissenschaft (Fé de Carvoeiro e Ciência)*, 1854]. Büchner não se fica atrás: "O pensamento, o espírito, a alma, são um conjunto de forças diversas convertido em unidade, o efeito do concurso de várias matérias dotadas de forças ou de propriedades". A génese do pensamento é comparada com a actividade de uma máquina a vapor, cuja força é invisível, inapreensível, ao passo que o vapor que se desprende é uma coisa secundária e alheia "à finalidade da máquina" [*Kraft und Stoff (Força e Matéria)*, 1855]. À pretensão de todos eles, opôs-se resignada e dolorosamente o célebre *Ignorabimus* de Du Bois Reymond. Mas não pouco do pensamento dos três materialistas alemães permaneceria na mentalidade da época, pois vemos que o cauteloso Darwin, ele próprio, chega a escrever: "Por que é que o facto de o pensamento ser uma secreção do cérebro nos deverá surpreender mais que o facto de a gravidade ser uma propriedade da matéria?"

2. O monismo materialista do século xx.
Neurofisiologistas: Mountcastle, Pribram e Changeux

Ainda que tenham existido (Penfield) e continuem a existir (Eccles) neurofisiologistas eminentes fiéis ao dualismo interaccionista, o fabuloso avanço da investigação neurofisiológica, unido ao não menos espectacular progresso da etologia e da psicologia comparada, tem dado lugar, de há meio século a esta parte, à génese e à ampla difusão de um materialismo muito mais científico e subtil que o dos séculos xviii e xix. Na secção anterior já resumidamente o encontrámos nos termos em que é afirmado por Chauchard e Llinás. Vamos agora descobri-lo, mais tematicamente desenvolvido, por outros três neurofisiologistas não menos eminentes: Mountcastle, Pribram e Changeux.

V. B. Mountcastle expôs o essencial do seu pensamento em *An organizing principle for cerebral function: the unit module and the distributed system*, contribuição para o volume colectivo *The Mindful Brain* (*O Cérebro Diligente*, 1978). O tema que mais imediatamente preocupa Mountcastle é de ordem rigorosamente neurofisiológica. Como expressa com toda a clareza o título citado, o que Mountcastle pretende é saber com certeza experimental se a organização colunar do neocórtex – morfologicamente entrevista por Von Economo, valorizada fisiologicamente por Lorente de No e definitivamente estabelecida de pontos de vista diferentes por Szentágothai e pelo próprio Mountcastle – permite entender de modo cientificamente satisfatório a actividade própria e a interconexão funcional das diferentes áreas do córtex; por outras palavras, averiguar se a coluna e a minicoluna neuronais constituem a unidade elementar irredutível de tudo o que o cérebro faz para governar a vida do organismo a que pertence.

São três as bases conceptuais da investigação de Mountcastle: a concepção evolucionista da função do sistema nervoso (Spencer, Jackson, Sherrington), a extensão dessa doutrina à intelecção da estrutura microscópica do cérebro, a partir do duplo ponto de vista, o filogenético (iniciado pelos estudos histológico-comparativos de Cajal) e o ontogenético (trabalhos de Rakic e dos seus colaboradores sobre a emigração das células nervosas na embriogénese), e a ideia de que a estrutura citoarquitectónica do cérebro (estratos e colunas corticais) é dotada de significação funcional. Baseando-se nos seus próprios resultados e nos de outros autores, Mountcastle demonstra que a hipótese da unidade morfológico--funcional da coluna neuronal contribui muito eficazmente para a compreensão da actividade das áreas somático-sensorial, visual, auditiva, motora e parietal do córtex.

Eis as palavras com que expressa o seu propósito e resume o seu pensamento: "Pressinto um punhado de ideias que no seu conjunto compõem um princípio organizador ou paradigma da compreensão da função cerebral. Baseia-se no conhecimento adquirido mediante a experimentação, na teoria evolucionista, no seu princípio hierárquico, e inclui a concepção do cérebro como uma máquina de informação e processamento. Costuma pensar-se que os aspectos mais subtis e complexos da conduta são iniciados e controlados por níveis *superiores* do neuro-eixo, especialmente a percepção, a recordação, o pensamento, o cálculo, o forjar de planos para a acção presente e futura e a consciência de si. Considero-os dependentes da acção conjunta de amplas populações de neurónios do cérebro anterior, organizadas em sistemas interactivos complexos e, consequentemente, produzidos por estes. Vejo-os, portanto, como acontecimentos do comportamento internamente vividos e, por vezes, externamente observáveis... Este princípio coincide exactamente com a doutrina da identidade psiconeural, e opõe-se abertamente ao dualismo cartesiano, tanto na sua versão original como nas suas formulações mais recentes."

Mountcastle pensa que, embora acessível à investigação científica, a confirmação desta ideia requer todavia muitos esforços. Vejam-se as palavras finais do artigo que estou a comentar: "A leitura interna da informação internamente armazenada e a sua conexão com a replicação neural do mundo exterior, parece constituir o mecanismo objectivo do conhecimento consciente, mecanismo que não está fora do alcance da pesquisa científica."

A atitude de K. H. Pribram perante o problema da relação mente--cérebro encontra expressão no seu livro *Languages of the Brain* (*Linguagens do Cérebro*, 1971), no seu opúsculo *What makes man human* (*O Que Torna o Homem Humano*, 1971) e na sua contribuição para o colóquio internacional de Fez sobre *L'esprit et la science* (*Cerveau, conscience et réalité*, 1983). Mostrarei sumariamente o essencial do que nestas publicações diz respeito ao nosso problema.

Sob o título *Languages of the Brain,* Pribram expôs a sua visão pessoal de uma multiplicidade de questões relativas à actividade psíquica do cérebro: memória, imagens do mundo, consciência, aspectos elementares e formas globais da percepção, hologramas, sentimentos, apetites e afectos, interesse, motivação e emoção, movimentos, acções, competência e cometimento, realização, signos, símbolos, fala e pensamento. No exame de todas estas questões ficam bem patentes a profundidade da análise psicológica e a referência metódica da realidade psíquica aos dados oferecidos pela neurofisiologia. Uma vez que para o neurofisiologista Pribram – como, várias décadas antes, para o filósofo Cassirer – é a capacidade de simbolizar o que primariamente "torna humano o homem", limitar-me-ei a copiar aqui o resumo do modo como ele a entende: "Os processos simbólicos aparecem como derivados da interacção dos mecanismos motores com o córtex frontal e com as formações límbicas. Estas partes do cérebro são caracterizadas pela multiplicidade das suas interconexões, organização esta que na programação computorizada dá lugar a comunicações contextuais de carácter sensitivo. É necessário uma conduta contextualmente dependente para a solução de certos problemas que implicam a memória a curto prazo (recordação), como reacção e alternância demoradas, e que conduzem às várias respostas interpessoais adequadamente comunicativas, habitualmente descritas como emocionais e motivacionais. A implicação do córtex frontal e das formações límbicas na comunicação intelectual e emocional (isto é, no emprego de símbolos) é atribuída, por conseguinte, à sua função nos processos contextualmente dependentes".

Vejo três novidades importantes de índole conceptual no livro de Pribram: a proposta de um esquema – o processo TOTE, *test-operate-test-exit* (teste-operação-teste-eferência) – para a integração do tónus orgânico na conversão do estímulo em resposta; a aplicação metódica dos mecanismos de retroacção *(feedback)* e de anteacção *(feedforward)*, com as suas estruturas neuronais correspondentes, para explicar neurofisiologicamente a estabilidade do comportamento e a sua projecção orientada para o futuro; o recurso à holografia para dar razão neurofisiológica da percepção em três dimensões da realidade exterior, tanto na visão directa como na visão memorativa, e portanto na relação sensorial com o mundo.

Uma análise matemática da radiação luminosa, em que se combinavam as interpretações quântica e ondulatória, levou D. Gabor à invenção do holograma (1969). A aplicação à neurologia da mais apelativa das suas propriedades, o facto de uma pequena parte da imagem conter a totalidade desta, foi original e brilhantemente realizada por Pribram. Copiarei aqui as palavras com que ele a recordava em 1983: "As imagens (sensoriais) são produzidas por um mecanismo cerebral caracterizado por uma disposição anatómica de notável precisão, que mantém um isomorfismo topográfico entre os receptores e o córtex capaz de persistir inclusivamente depois de uma lesão a ter destruído em 90%. Estas características levaram-me a pensar que, para além do computador digital, os modelos do cérebro devem ter em conta o tratamento executado pelos sistemas ópticos. A este tratamento óptico da informação dá-se o nome de holografia, e os hologramas mostram exactamente, no que se refere à formação de imagens, as mesmas propriedades que se observam no cérebro. Neste último, a disposição anatómica desempenha o papel do condutor da luz nos sistemas ópticos, e as redes horizontais de inibição lateral, perpendiculares a esta disposição, o papel das lentes." E depois de expor detalhadamente os processos electrofisiológicos que a este respeito têm lugar, acrescenta: "A ideia de que a construção da imagem, processo mental, se produz no homem por meio de um mecanismo neuronal holográfico [...] não se afasta da neurofisiologia clássica a não ser pela importância que dá à influência recíproca entre os potenciais lentos e graduais, entidades neurofisiológicas bem estabelecidas. Nenhum princípio de interacção mente-cérebro deve ser considerado [...] Parece absurdo, portanto, pôr a questão do *locus* da consciência. O mecanismo da consciência está evidentemente localizado no cérebro, mas embora não pertença em si própria ao mecanismo cerebral em si, a experiência subjectiva resulta das funções deste. Como não se encontraria a gravidade perfurando a terra, também não se encontrará a consciência dissecando o cérebro."

O carácter englobante das imagens cerebrais holograficamente produzidas afecta não só as dimensões espaciais da realidade, mas também a sua dimensão temporal. Isto permitiria dar uma explicação neurofisiológica ao que nas experiências extra-sensoriais havia de certo. "Nos finais do século XIX", conclui Pribram, em 1983, "a Humanidade tinha de escolher entre Deus e Darwin. Pouco depois, Freud afirmava que o Céu e o Inferno existem dentro de nós próprios, e não na nossa relação com o mundo natural. As descobertas da ciência do século XX... não se adaptam bem a este molde. As descobertas da ciência e as experiências espirituais da Humanidade finalmente concordam. Bom presságio para o próximo milénio."

Não é de surpreender que, como apontei em páginas anteriores, tenha ocorrido a Koestler a ideia de aplicar ao seu panpsiquismo pessoal a concepção holográfica de Pribram, portanto, a explicação panpsíquica da unidade do cosmos e das mentes individuais: "Não há razão válida que nos impeça de aplicar os resultados da holografia aos fenómenos mentais", escreve Koestler, "e de os entendermos em paralelo com o princípio de Mach, o paradoxo de Einstein-Podolsky-Rosen, os buracos do super-espaço, fenómenos, segundo os quais, também, entre as mentes individuais as suas supostas barreiras cairiam." A comunicação entre as consciências pessoais põe em evidência que, com efeito, alguma coisa de comum tem de existir na realidade de todas elas. Mas poderá esta conclusão razoável anular o facto psicológico e metafísico da mesmidade radical de cada uma dessas consciências? *Mysterium realitatis, mysterium naturae hominis.*

Perante o problema mente-cérebro, Pribram declara-se sem rodeios monista, "monista pluralista", segundo as suas próprias palavras. Mas, ao mesmo tempo, pensa que a ciência obriga o biólogo a superar, através de uma concepção a que chama "biologista", a antinomia entre o dualismo cartesiano e a identidade radical entre a mente e o cérebro que os fisicalistas postulam. Uns e outros, os cartesianos e os fisicalistas, partem de construções mentais *a priori*: os cartesianos, da sua crença na realidade de uma alma espiritual, os fisicalistas, da sua pretensão de considerarem unicamente reais as explicações que a física e a química dão da realidade. Em resposta a uns e outros, acrescenta Pribram, "a chave da visão biologista do problema mente-cérebro é a estrutura". É segundo esta que Pribram entende e afirma o seu monismo. Chama--lhe "pluralista" porque, sendo objectiva e cientificamente assim a realidade do cérebro, as formas em que teoricamente é interpretada variam com as diferentes situações históricas e as diferentes culturas. "No quadro dos conceitos newtonianos", escreve, "não há senão dualidade, mas no contexto das teorias modernas, em concordância com a noção de complexidade no seu sentido matemático, o formalismo alarga os meios de representação e, utilizando esses novos quadros do pensamento, permite novos desenvolvimentos no que se refere à invenção de modelos mais elaborados." É na mesma linha que se situa a visão *estruturista* do cérebro que este livro propõe.

O livro de J. P. Changeux, *L'homme neuronal* (1983), conheceu em França um êxito editorial notável e, embora em menor medida, o mesmo se passou em Espanha com a sua versão castelhana, êxito muito compreensível, porque sendo cientificamente rigoroso o seu conteúdo, põe ao alcance do leitor culto os factos e as ideias que expõe, acabando até mesmo por o contagiar com entusiasmo intelectual que informou a sua concepção e a sua escrita.

A ambição e a capacidade sugestiva de *O Homem Neuronal* manifestam-se bem no texto de Lucrécio que como *mote* preside ao livro inteiro e nas palavras emocionadas que rematam o seu prólogo. Diz o primeiro: "Para dissipar os terrores, essas trevas da mente, não são necessários os raios do sol nem os clarões luminosos do dia, mas o estudo racional da Natureza." Dizem as segundas: "O homem é uma das raras espécies de animais que mata os seus semelhantes de maneira deliberada. Melhor dito: por um lado condena o crime individual e, por outro, condecora os responsáveis por homicídios colectivos e os inventores de máquinas de guerra atrozes. Este louco absurdo persegue-o ao longo da sua história... Mas o homem também pintou a Capela Sistina, compôs *A Consagração da Primavera*, descobriu os segredos do átomo... Que tem, então, na cabeça este *Homo* que sem o mínimo pudor atribui a si mesmo o epíteto de *sapiens*?"

Para responder a esta interrogação, Changeux passa em revista boa parte dos problemas que hoje ocupam os neurofisiologistas, da oscilação neuronal ao mecanismo da antropogénese, passando, claro está, pela formação intracerebral daquilo a que chama "objectos mentais": *perceptos* procedentes do mundo exterior, consciência, emoções e sentimentos, pensamentos. A difusão e a fácil acessibilidade do livro eximem-me de expor pontualmente o seu rico conteúdo. Direi apenas que o capítulo consagrado à formação dos objectos mentais foi para mim de especial utilidade.

É evidente, pelo que fica dito, o monismo antropológico de Changeux. Em certa ocasião afirma que, com a sua consideração puramente neural dos objectos mentais, a única coisa que pretendeu foi "destruir as barreiras que separam o neural do mental, construir uma passagem, ainda que frágil, capaz de levar de um a outro". Mas escreve ao mesmo tempo, opondo-se a Bergson: "Será o cérebro uma máquina de pensar? Bergson dizia em *Matéria e Memória* que o sistema nervoso nada tem de instrumento apto para fabricar e até mesmo para preparar representações. A tese desenvolvida neste capítulo é exactamente oposta à de Bergson: o encéfalo do homem que se sabe (a si mesmo) *contém*, na organização anatómica do seu córtex, representações do mundo que o rodeia, e é igualmente *capaz de* as construir e de as utilizar nos seus cálculos." Tão capaz, para Changeux, que o capítulo referido termina assim: "Estes encadeamentos e ajustamentos (entre os neurónios), estas subtis teias de aranha funcionam *como um todo*. Deveremos dizer que a consciência *emerge* deste todo? Sim, se tomarmos a palavra *emergir* à letra, como quando se diz que um *iceberg* emerge da água. Mas não nos basta dizer que a consciência *é* esse sistema de regulações em funcionamento. A partir deste momento, o Espírito de nada serve ao Homem, basta-lhe ser Homem Neuronal." Sim, mas com uma dupla condição: não esquecer que a morte destruirá o sistema dos seus neurónios e esforçar-se profundamente por alcançar quanto os seus talentos e a sua vocação lhe permitam atingir.

3. O MONISMO MATERIALISTA DO SÉCULO XX.
   PENSADORES: FEIGL E BUNGE

A expressão mais ampla e mais influente do monismo fisicalista foi, muito provavelmente, o livro de H. Feigl *The "Mental" and the "Physical"* (1958 e 1967).

Procedentes termo e conceito do Círculo de Viena (Neurath, Carnap), o "fisicalismo" no seu sentido forte, a afirmação da identidade total entre o físico e o mental, penetrou com certa força nos Estados Unidos da América. É nessa linha que se inscreve o pensamento de Feigl. Mas, para o entendermos na sua peculiaridade, talvez seja conveniente que o situemos numa das quatro formas do monismo antropológico que

M. Bunge distingue: 1) Tudo é mental: idealismo, panpsiquismo, fenomenalismo – Berkeley, Fichte, Hegel, Mach, James, Whitehead, Teilhard de Chardin [19]; 2) O mental e o físico não são senão aspectos distintos de uma entidade única: monismo neutral, duplo aspecto do real – Espinosa, James, Russell, Carnap, Schlick, Feigl; 3) O mental não existe: materialismo eliminativo, condutivismo – J. B. Watson, B. F. Skinner, A. Turing, R. Rorty, W. B. Quine; 4) O mental é físico: materialismo redutivo ou fisicalista – Epicuro, Lucrécio, Hobbes, K. S. Lashley, J. J. C. Smart, D. Armstrong, P. E. Feyerabend; 5) O mental é um conjunto de funções e actividades cerebrais emergentes: materialismo emergentista – Diderot, C. Darwin, T. C. Schneirla, D. Hebb, D. Bindra.

Feigl, com efeito, não desconhece ou nega tematicamente, como fazem os condutivistas e as correntes radicais da informática, a existência de fenómenos mentais; admite-a, e reconhece explicitamente a validade de mencionar, pelo menos descritivamente, a actividade em que se tornam perceptíveis, bem como a experiência interior do sujeito. Pensa, todavia, que tanto os fenómenos mentais como as acções corporais objectivamente comprováveis têm um mesmo e último termo de atribuição, a realidade material do cérebro. E, por conseguinte, só na actividade da matéria consistem, e só segundo os pressupostos e os métodos das ciências naturais devem ser compreendidos e estudados. "A tese da identidade que eu defendo", escreve Feigl, "afirma que os estados de experiência directa que os seres humanos conscientes experimentam [...] são idênticos a certos aspectos, presumivelmente configuracionais, dos processos neurais do seu sistema nervoso [...], especialmente no córtex cerebral." Por conseguinte, a futura investigação neurofisiológica e biológico-molecular – pois a actual não tem ainda essa possibilidade – dar-nos-á a conhecer a verdadeira realidade da vida psíquica.

Uma experiência mental sugestiva concebida por Feigl, a autocerebroscopia, ilustra com extrema clareza esta concepção da realidade do homem. Aquilo que de maneira imediata nos permite conhecer a matéria, mais ainda, a única coisa que legitimamente pode dar origem a um juízo positivo de realidade, é a impressão que a matéria produz nos nossos sentidos. Pois bem, conclui Feigl: se dispuséssemos de auto-

---

[19] Poderá dizer-se que para James, Whitehead e Teilhard de Chardin "tudo é mental"? Recorde-se o hino à matéria deste último.

cerebroscópio, isto é, de um aparelho que nos permitisse ver exaustivamente os processos físicos e químicos em que a actividade do nosso cérebro e do cérebro de outrem consistem conheceríamos também, exaustivamente, a verdadeira realidade dos nossos actos mentais – poderíamos dizer a outrem, comenta Rorty: "Agora estás a multiplicar (mentalmente) 47 por 25" –, e até mesmo predizer as nossas acções futuras. Não é difícil darmo-nos conta de que duas utopias do mundo moderno, a "análise infinita" de Leibniz e o determinismo cosmológico de Laplace, operam na visão do problema mente-cérebro nos termos desta sofisticada e irrealizável experiência mental, esta posição imaginária de uma técnica capaz de converter o "conhecimento por familiaridade" (*knowledge of acquaintance*; Feigl recorre a esta distinção conceptual de W. James) em conhecimento cientificamente rigoroso.

A tese da identidade fisicalista foi objecto, entre outras, de três objecções certeiras. Uma, epistemológica e metodológica, de Pribram e Pinillos: essa tese é uma construção mental procedente de uma hipótese *a priori*, não baseada na experiência – a hipótese segundo a qual a realidade só pode ser cientificamente conhecida em termos físico-químicos. Outra, igualmente dirigida *ad hominem* e *ad artefactum*, ao inventor do autocerebroscópio e ao próprio autocerebroscópio, enunciada por C. V. Smith: a acção futura de um cérebro não poderia ser a mesma conforme se conhecesse ou não o mecanismo da sua actividade presente. "Na medida em que o autocerebroscopista conheça o estado futuro do seu cérebro", escreve C. V. Smith, "isso afectará o seu estado psíquico presente e, em virtude do postulado da identidade cérebro-mente, o estado presente do seu cérebro. Por conseguinte, o estado presente do seu cérebro transformar-se-á noutro estado futuro que nunca se produziria no caso de o sujeito não ter podido conhecer esse estado futuro, pelo que este último não se produzirá *necessariamente*". Por outras palavras: entendido como Feigl o entende, o conhecimento neurofisiológico do cérebro não pode negar a existência da liberdade. Tanto uma crítica como a outra me parecem incontestáveis.

Embora não inscreva o seu nome entre os adeptos do materialismo emergentista, M. Bunge é, sem dúvida, o autor da exposição mais qualificada dessa doutrina, e o seu livro (*The mind-body problem*, 1980), o mais completo e sistemático estudo do problema mente-cérebro, tal como o formula o saber científico actual.

Páginas atrás referi a origem histórica do emergentismo como doutrina cosmológica, e expus as suas linhas fundamentais. Bunge resume-as assim: para o materialismo emergentista, a conduta é a expressão motora de acontecimentos ocorridos no sistema nervoso central, explicável mediante o auxílio de leis biológicas, algumas das quais contêm predicados novos. A actividade mental é a actividade biológica de subsistemas plásticos do sistema nervoso central, explicável mediante o auxílio de leis biológicas que contêm predicados novos. Neste sentido, trata-se de saber agora como entende Bunge as leis biológicas em que se fundam a conduta e a actividade mental do homem.

Bunge rejeita energicamente o dualismo, a identidade fisicalista e a concepção cibernética da actividade cerebral.

São múltiplas as razões que mobiliza contra o *dualismo:* embora tradicionalmente admitido por várias religiões, não é parte essencial de nenhuma; explica tudo da maneira mais simples, ao passo que a ciência nunca explica o bastante e raramente oferece explicações fáceis; a ideia de que a mente é imaterial porque não a conhecemos como conhecemos a matéria, é falsa, como o são a tese da irredutibilidade dos predicados fenoménicos ("azul", "quente", "suave", "doce") a predicados físicos, e a suposta impossibilidade de percepção do contínuo pelo facto de o cérebro ser composto de neurónios, entidades materiais discretas; é inadmissível, por fim, deduzir a existência de uma alma imperante sobre a matéria da experiência de saber que o meu braço se move quando eu quero movê-lo. Conclusão: o dualismo é impreciso *(fuzzy)* quando se ocupa da explicação do mecanismo real dos processos mentais, viola o princípio da conservação da energia, desconhece o que a citologia e a biologia molecular ensinam acerca das aptidões e das desordens do sujeito agente e passivo, não é compatível com o evolucionismo, não é capaz de explicar as doenças ditas "mentais", não observa a regra científica de responder – ou tentar responder cada vez melhor – aos seis W que o saber científico exige (*What*, ou o quê e como; *Where*, ou onde; *When*, ou quando; *Whence*, ou a partir do quê; *Whither*, ou em que direcção; *Why*, ou porquê) e não é fiel à ontologia da ciência.

Menos pormenorizada, nem por isso é menos enérgica a argumentação de Bunge contra a identidade matéria-mente postulada pelo *fisicalismo*. Reduzir a actividade mental à simples complicação de processos físicos e químicos é desconhecer a múltipla diversidade qualitativa dos entes e das propriedades oferecidas pelo cosmos, em última análise, é também atentar contra a mais elementar norma do pensamento científico, o fiel ater-se à realidade. Merece menor atenção da parte de Bunge a pretensão de equiparar sem reservas a actividade do cérebro à do computador, postulada pelo *doutrinarismo cibernético*. O cérebro não é uma máquina, é um sistema biológico dotado de plasticidade, capaz de se autoprogramar e é regido na sua actividade por leis qualitativamente diferentes das que presidem ao funcionamento das máquinas, incluindo daquelas a que chamamos "computadores".

O que é então o materialismo emergentista? A resposta de Bunge pode ser resumida nos termos seguintes:

1. De um ponto de vista epistemológico, a actividade do cérebro não pode ser entendida sem uma distinção metódica e precisa entre os conceitos de "propriedade", "processo", "acontecimento" e "estado". Foi a essa distinção que Bunge se consagrou nos anos que precederam a publicação de *Mind and Body*.

2. O cérebro humano é um sistema de subsistemas celulares que por evolução emergente gradual surgiu na biosfera e é o culminar terrestre do processo que vai do organismo da primeira célula ao organismo humano. Cada um dos níveis orgânicos surgidos neste processo é qualitativamente novo relativamente a todos os anteriores, ainda que a sua parecença com aquele a partir do qual emerge possa ser grande. Consequentemente, e sem prejuízo da grande diferença qualitativa entre a morfologia e a actividade do cérebro humano e as dos cérebros dos antropóides superiores, a semelhança entre o primeiro e os segundos não deixa de ser considerável.

3. A interacção de que os dualistas falam não tem lugar entre duas entidades mais ou menos autónomas, uma alma imaterial e um cérebro material, mas entre dois ou mais dos subsistemas morfológico-funcionais do cérebro. Os actos mentais não são, neste sentido, actos da mente comunicados ao corpo, são o resultado da combinação entre si das actividades biológicas – não simplesmente intermoleculares – de vários subsistemas cerebrais. O que não impede que os psicólogos possam estudar com os métodos próprios da sua disciplina – observação do comportamento, experimentação, introspecção – a aparência fenoménica desses actos.

4. Em suma, e para o dizer traduzindo as palavras do próprio Bunge: "I. Todos os estados, acontecimentos e processos mentais são estados *de,* ou acontecimentos e processos *nos* cérebros dos vertebrados superiores. II. Estes estados, acontecimentos e processos emergem por referência aos componentes celulares do cérebro. III. As relações chamadas psicofísicas ou psicossomáticas são interacções entre subsistemas diferentes do cérebro, ou entre alguns deles e outros componentes do organismo. A psicologia torna-se assim neurociência. IV. Uma vez que evita contar com uma misteriosa substância mental (ou mente independente), o materialismo emergentista é mais compatível com o ponto de vista científico que o dualismo e que o materialismo eliminativo e redutivo. V. O materialismo emergentista encontra-se livre da confusão que caracteriza o dualismo, quando este fala de entidades e processos objectivamente inapreensíveis. VI. Diferentemente do dualismo, o materialismo emergentista é perfeitamente compatível com os conceitos gerais de estado e de acontecimento. VII. Diferentemente do dualismo, o materialismo emergentista promove a interacção entre a psicologia e as restantes ciências. VIII. Diferentemente do dualismo, que postula uma mente imutável, o materialismo emergentista casa-se bem com a psicologia e a neurofisiologia evolutivas e permite entender a maturação gradual do cérebro e da conduta. IX. Diferentemente do dualismo, que abre um fosso intransponível entre o homem e o animal, o materialismo emergentista concorda com a biologia evolucionista, a qual, afirmando o desenvolvimento gradual do comportamento e das aptidões mentais ao longo de certas estirpes, rejeita a superstição segundo a qual só o homem possui mente. X. Diferentemente do materialismo redutivo, que ignora as propriedades e as leis emergentes do sistema nervoso e as suas funções, e confia quixotescamente em que um dia a física venha a explicar tudo, o materialismo emergentista reconhece a qualidade emergente do mental e sugere que o conhecimento da mente pode ser abordado com o auxílio de todas as ciências, porque o cérebro é um sistema com diferentes níveis na sua constituição".

Apoiado num excelente conhecimento da investigação neurofisiológica, Bunge vai expondo *more spinoziano* o modo como a neurofisiologia actual torna razoável a aceitação desta série de teses. O estudo sucessivo da estrutura e da actividade do cérebro, da sensação e da percepção, da conduta e da motivação, da memória e da aprendizagem, do pensamento e do conhecimento, da consciência e da personalidade, da sociabilidade dos animais e do homem, constitui assim o corpo do livro. O leitor interessado poderá consultá-lo directamente.

Já declarei antes a minha simpatia pelas teses emergentistas. Todavia, prefiro dizer que o nível estrutural do organismo humano, e portanto do cérebro, mais que "emergir de", "se constitui a partir de", e penso que, tanto científica como filosoficamente, o *estruturismo* proposto no presente livro proporciona uma visão ontológica da realidade cerebral mais satisfatória que a implícita nas construções teoréticas de Mountcastle, Pribram, Changeux e Bunge. *Liceat experiri* [20].

IV. CONCEPÇÃO ESTRUTURISTA DO CORPO HUMANO

Não sei se a minha ideia da actividade do cérebro e da sua relação com a vida humana acrescenta alguma coisa às de Pribram, Mountcastle e Bunge anteriormente consideradas, e muito menos sei como será admitida ou rejeitada pelos adeptos do dualismo, seja este entendido nos termos interaccionistas de Penfield, Eccles e Popper ou nos termos hilemorfistas mitigados tradicionais a que recorrem numerosos filósofos e teólogos cristãos. Para que os leitores de boa vontade possam julgá-la pelo que é, passo a expô-la metodicamente segundo os pontos seguintes:

1. O cérebro é uma estrutura parcial – uma subestrutura – no interior da estrutura total do corpo humano, estrutura física, material, e portanto caso particular daquilo que universalmente são todas as estruturas materiais. Não será inoportuno resumir brevemente a este respeito o que ficou dito nos dois primeiros capítulos.

Enquanto realidade material, o corpo humano é constituído pelas partículas elementares, os átomos e as moléculas que compõem as diversas partes do organismo: células, tecidos, órgãos, sistemas e aparelhos. Obviamente, a sua actividade deve ser entendida segundo aquilo que

---

[20] Quero exprimir aqui o meu agradecimento aos Profs. J. M. Rodríguez Delgado, A. Fernández de Molina e F. Mora. Ajudaram-me os três muito eficazmente a consultar a bibliografia necessária para a elaboração deste capítulo. Com grande pesar meu, não me foi possível ler a prometedora *Anatomía del hombre emergente* que o Prof. Miguel Guirao publicou.

nele respectiva e conjuntamente fazem os seus sistemas e aparelhos, os seus órgãos, os seus tecidos e as suas células e, desde logo, as moléculas de que as células e os líquidos intercelulares são compostos. Tal é o que com resultados magníficos têm feito e continuam a fazer as diversas disciplinas morfológicas e fisiológicas. Mas nunca poderá chegar-se a um conhecimento dessa actividade, que aspire a ser verdadeiramente profundo e integral, sem que se leve devidamente em conta a base e o todo da sua realidade: aquilo que enquanto matéria são os vários elementos do corpo humano e o que no seu conjunto é a sua estrutura dinâmica, o todo anatómico e funcional em que esses elementos se integram e actuam.

Enquanto matéria, repeti-lo-ei, o corpo humano encontra-se ultimamente composto por partículas elementares. Para entendermos cientificamente a sua realidade – o objecto cósmico que nele se vê e toca – não basta, pois, saber o que fazem nela os seus órgãos (fisiologia tradicional) e as suas moléculas (bioquímica e biologia molecular), é também preciso não esquecer que cada um dos átomos integrantes das moléculas se encontra por sua vez formado por um sistema de partículas elementares. Consequentemente, para falar com rigor da realidade física do corpo humano dever-se-á necessariamente considerar o último nível analítico a que conduziu o estudo científico da matéria, de qualquer matéria.

A bioquímica e a biologia molecular postulam uma visão da dinâmica do corpo humano segundo a qual este seria um conjunto de moléculas em interacção que – excepto nos iões e nas conjunções homopolares das moléculas orgânicas – só como tal aparecem aos olhos mentais do cientista. Foi nesta ideia de matéria que teve o seu fundamento intelectual o hoje anacrónico materialismo do século XIX e é a ela que devemos referir a sumária visão do pensamento como uma secreção do cérebro, inteiramente homologável à secreção biliar do fígado (Cabanis, Moleschott) e, ainda que aparentemente menos sumárias, todas as formas de apresentação do epifenomenismo, a concepção da consciência psicológica como um acrescento à dinâmica molecular do cérebro.

Mas hoje sabemos que os átomos – como, de resto, já o facto da ionização o dera a entrever – são conjuntos estruturados de partículas elementares, o que nos obriga a entender nesses termos a realidade das moléculas e, em consonância, a realidade particular que nos importa agora. Primeira conclusão: o corpo humano é, radicalmente considerada a sua realidade, um conjunto ordenado de partículas elementares que se apresenta aos nossos sentidos como corpo material visível, tangível e vivo.

Sem esquecermos o nível anatómico-molecular da realidade física do nosso corpo, sem cairmos num reducionismo elementarista, tal realidade deve ser entendida de acordo com o que a física das partículas elementares nos permita dizer e, à espera do que no futuro possa dizer--nos, segundo o que essa mesma física hoje nos diz:

a) Ao tornar-se tecnicamente observável, uma partícula elementar pode mostrar-se-nos como certa partícula dotada de massa – o electrão, o neutrão e o protão que compõem os átomos – ou como onda electromagnética, como energia radiante. Do ponto de vista da sua realidade, a partícula elementar é *algo que pode ser* matéria em sentido estrito ou energia, *algo* de essencialmente enigmático, porque, para a nossa inteligência, esses dois modos da realidade, embora lhes chamemos complementares, não são unitariamente compatíveis, em última análise, é *algo* do qual só em termos matemáticos podemos falar. Cientificamente considerada, a realidade da matéria que se vê e toca resolve-se num conjunto de símbolos matemáticos harmoniosamente relacionados entre si, para nós um enigma matematizável. A ciência actual obriga-nos a conceber a realidade última da matéria, seja esta partícula elementar ou galáxia, através do exercício de uma *forma mentis* qualitativamente diferente da aristotélica, da cartesiana e daltoniana, e até hoje inédita.

b) Sabemos do mesmo modo que a partícula elementar, como consequência da sua colisão com a antipartícula correspondente, pode converter-se *total e definitivamente* em energia radiante ou, dito de outro modo, voltar à sua origem, porque nas etapas mais remotas da cosmogénese de uma espécie de condensação da energia radiante, se assim se pode dizer, nasceram as primeiras partículas elementares. Contra a visão da matéria como princípio passivo da realidade sensível – passividade ontologicamente entendida no hilemorfismo aristotélico e interpretada como pura reacção mecânica a um impulso exterior na cosmologia de Descartes, Dalton e Laplace –, a ciência actual obriga-nos a vê-la como actividade radical e constitutiva, um pouco à maneira de Leibniz (a *vis*, a força, sujeito da realidade material e termo de atribuição das várias propriedades dos entes materiais), e um pouco à maneira de Zubiri (o dinamismo, princípio constitutivo do real, não uma *vis* leibniziana e mecanicamente concebida). Recorde-se que já manifestei expressamente a minha adesão ao modo zubiriano de conceber a realidade da matéria.

Em resumo: enquanto objecto material, e sob a realidade visível e tangível que formam os seus órgãos, os seus tecidos, as suas células e as suas moléculas, o conjunto do corpo humano é o radical dinamismo enigmático e matematizável em que necessariamente desemboca a análise científica das partículas elementares que o compõem. Mas não o é apenas, porque os seus elementos constitutivos – as partículas elementares, as moléculas, as células, os tecidos e os órgãos de que se compõe – se acham espacial e temporalmente ordenados nas suas estruturas correspondentes. Vejamos o que significa isto.

2. As partículas elementares – excepto as que existem e se movem isoladamente: sempre, como o neutrino; nem sempre, como o electrão – oferecem-se ao observador como componentes de um conjunto estruturado: os quarks, no protão; os electrões, protões, neutrões e mesões, nos átomos; os átomos, nas moléculas e depois nos numerosos entes multimoleculares do cosmos, entre os quais se inclui o corpo humano. Se quisermos conhecer o que este física e realmente é, teremos necessariamente de saber o que é uma estrutura física, porque a estrutura do nosso corpo é física e não conceptual.

Para além dos diversos estruturalismos hoje em voga – o psicológico, o linguístico, o literário, o cultural, o logístico –, atenhamo-nos exclusivamente àquilo que são em si mesmas as diversas estruturas físicas: a do protão, a do átomo, a da molécula e a dos conjuntos multimoleculares que são as coisas visíveis e tangíveis. Genericamente considerada, sob as diferenças específicas que as suas distintas configurações trazem consigo, o que é uma estrutura física? E, mais concretamente, uma vez que o significado do termo "físico" é mais amplo que o do termo "material", o que é uma estrutura material?

O leitor deverá recordar agora o que acerca deste tema ficou dito nas páginas anteriores. Limitar-me-ei, pois, a repetir muito concisamente aquilo que para o meu actual propósito considero essencial.

Enquanto modo de uma substantividade se tornar presente e activa, a estrutura é o conjunto clausurado, cíclico e inter-relacional das notas constitucionais que singularizam a substantividade particular quer se trate do protão, átomo, molécula, cristal ou organismo vivo. Essas notas, cujo número vai crescendo à medida que com mais pormenor e maior profundidade conhecemos o objecto a que pertencem, acham-se numa relação de dupla inter-relacionalidade: são inter-relacionais tanto pela sua situação no todo da estrutura como pela relação desse todo com o todo do cosmos, porque nele e dele é parte activa a substantividade da qual são notas, são portanto "notas de", de um e de outro todo. A realidade particular dos elementos que compõem uma estrutura – o cloro e o sódio, na molécula de cloreto de sódio; a glicose, a tiroxina e tantas mais, no organismo humano – é activa segundo a sua peculiaridade física e química, mas é-o dentro da actividade total da estrutura de que se trate, os elementos actuam, portanto, em subtensão dinâmica no que se refere a ela, e ganhando assim virtualidades operativas que não teriam isolados do todo estrutural. No organismo vivo do homem, a glicose *é* glicose, continua a ser glicose, mas é-o dinamicamente integrada na totalidade desse organismo e, por conseguinte, executando actividades não predizíveis através do estudo da glicose dissolvida em água num tubo de ensaio.

A actividade de uma estrutura torna-se patente nas suas propriedades, que podem ser: aditivas (a energia cinética de um objecto multimolecular é a soma das energias cinéticas das moléculas que o compõem, o calor molecular de uma substância é a soma dos calores atómicos dos elementos químicos que integram as suas moléculas); e sistemáticas (as especificamente próprias da totalidade da estrutura, por exemplo, andar sobre duas extremidades, digerir humanamente ou pensar, no caso do homem). As propriedades sistemáticas, por conseguinte, não são redutíveis à soma ou à combinação das propriedades de cada um dos elementos da estrutura, nelas o todo é mais que a soma das partes. Deve concluir-se, portanto, que o termo de atribuição das propriedades sistemáticas não pode ser senão o conjunto unitário dos elementos integrantes da estrutura, enquanto tal conjunto, e que essa unidade não deve ser entendida de um modo puramente relacional.

Continuando uma das tradições intelectuais mais constantes da história da ciência, a expressão matemática do observado na realidade, propus páginas atrás a aplicação da teoria dos conjuntos à intelecção racional daquilo que os elementos integrantes de uma estrutura constituem e que deve ser o termo de atribuição das suas propriedades sistemáticas.

Aqui está um protozoário unicelular, uma amiba. Que a realidade da amiba é uma estrutura – um conjunto de moléculas que salvo variações acidentais se mantém unitariamente idêntico ao longo do tempo – é coisa de que ninguém duvida. Que a figura complexa e a actividade variada da amiba – textura constante do seu organismo, captura e digestão de uma presa, fuga daquilo que a ameaça, divisão por cissiparidade – não podem ser entendidas como resultado da soma ou da combinação das propriedades e das actividades das suas moléculas, também isso é igualmente indubitável. Em tal caso, a que atribuir essa unidade e essa diversidade? A uma forma substancial específica, a um princípio vital, a uma enteléquia driescheana, isto é, a um ente de razão artificiosamente acrescentado à realidade que os nossos sentidos percebem e que o estudo científico descobre? Não será preferível atermo-nos sobriamente ao que através da evidência empírica e racional podemos conhecer no corpo vivo da amiba e tratar de entender, sem recorrer a *entia praeter necessitatem*, a unidade e a diversidade da sua anatomia e da sua actividade vital?

O conjunto das notas e das propriedades de uma substantividade, diz Zubiri, não tem outro princípio unitário além da co-determinação cíclica mútua dessas notas e dessas propriedades. Nos entes do cosmos não opera um *subiectum* concebido como princípio substancial, só há estruturas unitariamente constituídas e notas em que a sua essência se manifesta. Pois bem, por que não pensar que tal unidade é a de um conjunto matemático, e não outra coisa?

Matematicamente, um conjunto é uma colecção de objectos que possui entidade unitária, não dependente da índole dos objectos que a compõem e dotada de propriedades matemáticas inferíveis de modo intuitivo (teoria ingénua dos conjuntos) e susceptíveis de redução a um sistema de axiomas (teoria axiomática dos conjuntos). Um cacho de uvas, uma alcateia de lobos e um bando de pombos – é com estes exemplos que P. R. Halmos inicia a sua *Naive Set Theory* – são conjuntos matemáticos e, apesar da evidente diferença real entre os seus elementos respectivos, os três coincidem em corresponder aos axiomas que compõem a teoria dos conjuntos, dos de extensão e especificação aos de Fränkel-Zermelo. E se perguntassem a um matemático qual é a consistência real da unidade de um conjunto, ele decerto responderia que essa unidade, ainda que visivelmente actualizada em elementos reais – os bagos de uva do cacho, os lobos da alcateia, os pombos do bando – só tem em si mesma a realidade que lhe outorga a vinculação unitária dos seus elementos na totalidade do conjunto que formam e que essa série de axiomas expressa.

O mesmo pode e deve dizer-se das estruturas físicas, quer se trate de um cristal ou um organismo vivo. A unidade evidente e não simplesmente aditiva que constitui a conjunção dos seus elementos tem, evidentemente, a não menos evidente realidade material dos elementos: moléculas ou átomos, no cristal, moléculas, células e órgãos, no organismo vivo. Mas a condição real imaterial ou transmaterial do seu conjunto é apenas a que manifesta o seguinte facto: que o conjunto dos elementos integrantes do cristal e do organismo vivo, cristalograficamente no primeiro, bioquímica e fisiologicamente no segundo, cumpre os axiomas que a teoria dos conjuntos formula; teoria na qual, sob a epígrafe de "conjuntos de conjuntos", se encontra formalmente contemplado o caso das estruturas físicas complexas, como a do cristal, em cujo interior os átomos são conjuntos de partículas elementares, e o da amiba, a cujo corpo pertencem como subconjuntos materiais as macromoléculas e as micromoléculas que formam a membrana, o citoplasma e o núcleo e os diversos orgánulos descobertos e descritos pela investigação citológica [21].

O que foi dito acerca do conjunto das notas e das propriedades da amiba pode dizer-se, *mutatis mutandis* e *servatis servandis*, de qualquer organismo pluricelular, o do cão, o do chimpanzé ou o do homem. Todos eles se oferecem aos nossos sentidos e à nossa razão como realidades materiais cuja descrição e intelecção exige distinguir três modos cardeais no acto em que se nos tornam presentes, três níveis na impressão de realidade que produzem em nós:

a) O nível da percepção sensorial directa. Um cristal, uma amiba, um cão e um homem são corpos materiais perceptíveis pelos nossos sentidos. A sua realidade, por conseguinte, manifesta-se-nos e impõe-se-nos na resistência que através da sua opacidade e da sua dureza opõem

---

[21] Aconselhado pelo matemático Sixto Ríos, abordei a teoria dos conjuntos nas monografias de P. R. Halmos, *Naive Set Theory* (Nova Iorque, Heidelbergue, Berlim, 1960), e K. J. Devlin, *Fundamentals of Contemporay Set Theory* (Nova Iorque, Heidelbergue, Berlim, 1979). A relação entre a teoria dos conjuntos e a dos sistemas pode ver-se em G. J. Klir, *Teoría general de sistemas* (Madrid, 1980). Como vimos, também Pribram postula a necessidade de um modo "transnewtoniano" de entender a realidade material.

à vista e ao tacto e no impulso que através do seu som, do seu cheiro e do seu sabor exercem sobre nós. As ciências baseadas neste modo de conhecimento – anatomia, zoologia, botânica – são puramente descritivas e taxonómicas.

b) O nível da percepção sensorial técnica. Um cristal, uma amiba, um cão, um chimpanzé e um homem, enquanto realidades materiais são compostos por moléculas, átomos e partículas elementares, quer dizer, por componentes reais cuja existência pode tornar-se sensorialmente perceptível através dos recursos da técnica, do microscópio electrónico, do contador de Geiger, das câmaras de nevoeiro, etc. Uma vez que tais entes materiais não podem ser tocados nem ouvidos, a constatação da sua realidade, a sua resistência à penetração dos nossos sentidos, só visualmente pode ser observada. O estudo da ordenação estática e dinâmica destes elementos no todo estrutural que os nossos sentidos directamente percebem, o corpo a que enquanto tal tais elementos pertencem, dá lugar a ciências que além de serem descritivas e taxonómicas são explicativas e causais, no sentido em que a causalidade é cientificamente entendida: as fisiologias vegetal, animal e humana, no caso dos corpos vivos.

c) O nível da intelecção mais ou menos matematizável. É necessário recorrer a ele quando apenas mediante uma redução do observado a símbolos matemáticos, ainda que razoavelmente apoiada, sem dúvida, nos dados que a percepção sensorial directa e técnica oferece, a nossa razão pode tornar para nós inteligível algo que aparece como enigma perante o modo sensorial de conhecer a realidade: a realidade própria de uma partícula elementar, uma vez que só matematicamente é inteligível o seu simultâneo e complementar "poder-ser" massa material e energia; a realidade daquilo que concede a uma estrutura física a sua unidade peculiar, uma vez que só mediante conceitos matemáticos, o de conjunto e o de sistema, é possível dar razão do que essa unidade seja em si própria. Se reservarmos o nome de matéria ao modo de ser real daquilo que directa ou tecnicamente impressiona os nossos sentidos, deveremos concluir que os entes materiais, precisamente pelo facto de o serem, são *ao mesmo tempo* estritamente materiais e rigorosamente imateriais ou transmateriais: materiais, na sua presença empírica e nos elementos que os compõem; imateriais ou transmateriais, na realidade última desses elementos e na unidade da estrutura a que constitutivamente pertencem e em que dinamicamente actuam.

Em resumo: segundo o meu modo de ver, *só* como conjunto estrutural, cuja unidade de acção, enigmática em si própria, *só* como conjunto matemático pode ser cientificamente entendida, *só* assim é possível conceber de um modo ao mesmo tempo empírico e racional a realidade dos entes cósmicos, sejam animados ou inanimados. Por conseguinte, *só* assim pode ser validamente interpretado aquilo que com maior ou menor habilidade queriam dar razão, no que se refere aos seres vivos, a forma substancial dos aristotélicos, o princípio vital dos vitalistas, a enteléquia de Driesch e o *élan vital* de Bergson. Como Heisenberg tão subtil e lucidamente indicou, a intelecção científica da realidade do cosmos exige hoje a aquisição – nada fácil, por certo – de uma nova mentalidade. No nosso caso, a que em consonância pedem a teoria das partículas elementares, no tocante à consistência última da matéria, e a teoria dos conjuntos, no tocante à unidade dinâmica das estruturas.

Tudo isto obriga a pensar que a unidade do sistema dinâmico de inter-relacionalidades em que ultimamente consiste toda a estrutura física – cristal ou organismo vivo, seja este vegetal, animal ou humano – é real e não material para a nossa mente, no sentido em que costuma empregar-se o adjectivo "material"; porque essa realidade não é a realidade empírica que nos oferecem os nossos sentidos, mas a realidade postulada que os juízos matemáticos exprimem. As estruturas físicas são empírica e racionalmente reais na medida em que a sua existência afecta os nossos sentidos, e são racional e imaterialmente reais na medida em que a sua unidade como sistema de inter-relacionalidades não tem nem pode ter para a nossa mente outra realidade que não a postulada pelos entes matemáticos, essa realidade que Zubiri tão subtilmente conceptualizou. A realidade das partículas elementares, afirmou Heisenberg, é a que postulam os cálculos matemáticos que nos permitem conhecê-las, e no fundo unificante das notas que no-las revelam, as estruturas físicas têm como própria a realidade imaterial postulada pelo conjunto matematizável dos seus respectivos elementos, entenda-se a unidade desse conjunto segundo o teorema de Gödel ou em conformidade com a teoria não cantoriana dos conjuntos de Cohen [22]. Para a nossa mente, e enquanto não surja um novo modo de compreender a realidade cósmica,

---

[22] Devo aqui remeter uma vez mais para a penetrante reflexão de Zubiri acerca da realidade do matemático no seu livro *Inteligencia y logos*.

tal é, em meu entender, o paradigma conceptual exigido pela actual situação do pensamento científico e filosófico perante o problema de entender o real. Paradigma este, repeti-lo-ei ainda, que exclui como artificial e desnecessária a concepção da unidade da estrutura como princípio substancial, chame-se-lhe forma, à maneira aristotélica, ou qualquer outra coisa.

Por outro lado, as estruturas materiais nascem e morrem. Da mais antiga e mais simples, o protão, que se formou durante as primeiras etapas da cosmogénese, à que, de entre as que conhecemos, é a mais complexa, o corpo humano, toda uma série de estruturas foi aparecendo: o átomo, a molécula, o cristal, a macromolécula, a célula, o organismo pluricelular. A partir do cosmos energético que foi a etapa radiante do Universo, o dinamismo em que radicalmente consiste a realidade cósmica foi-se configurando evolutivamente na série dos dinamismos que deram lugar às estruturas observáveis na superfície do nosso planeta: os dinamismos da materialização, da estruturação, da variação e da alteração, seja esta simples transformação ou verdadeira génese e, em meu entender, também o da autopertença.

Tudo isto quer dizer que cada etapa da cosmogénese – e, dentro desta, cada uma das etapas sucessivas da geogénese – constituem novidades inteiramente impredizíveis a partir do mais completo conhecimento das anteriores a ela. Perante a realidade da sopa pré-biótica, nem o mais competente e genial dos biólogos moleculares teria sido capaz de predizer que no seu interior se formaria uma célula. Perante a realidade viva do australopiteco, nenhum zoólogo teria podido anunciar a produção posterior e consecutiva do *Homo habilis*. O máximo a que um e outro teriam chegado seria a uma asserção imaginária de possibilidade, isto é, à prefiguração mental do que, dada a condição evolutiva do cosmos, poderiam *dar de si* no futuro a sopa pré-biótica e os australopitecos.

De modo totalmente imprevisível, mas dotado de sentido quando as contemplamos *a posteriori* – isto é, quando por via de uma crença razoável referimos a sua existência e a sua peculiaridade à totalidade do cosmos –, as várias estruturas cósmicas vão surgindo evolutivamente em virtude dos sucessivos dinamismos em que se realiza e manifesta aquilo que para a nossa inteligência radicalmente *é* a realidade originante e última do cosmos. Se chamarmos "natureza" ao conjunto das estruturas produzidas por esse universal processo evolutivo – natureza naturalmente originada, *natura naturata* –, poderemos sem reserva afirmar com os Antigos que o cosmos é na sua raiz *natura naturans*, e que na sua integridade total possui plenamente a substantividade que só de maneira parcial vão tendo as estruturas cósmicas particulares surgidas na sua evolução. Assim deve ser científica e filosoficamente entendida a *évolution créatrice* de Bergson – evolução não "criadora", mas só "reveladora" daquilo que potencialmente era um cosmos criado *in principio* – e, do mesmo modo, o hino entusiástico de Teilhard de Chardin à Matéria Universal: "Eu te bendigo, Matéria, e te saúdo, não como desvalorizada ou desfigurada, te descrevem os pontífices da ciência e os pregadores da virtude, uma massa, dizem, de forças cegas ou de baixos apetites, mas como na tua totalidade e verdade me apareces hoje. Saúdo-te, inesgotável capacidade de Ser e de Transformação..."

Tal é, portanto, o nosso problema: partindo do que foi exposto, será possível compreendermos em termos de estrutura a actividade específica do corpo humano, a sua conduta e, consequentemente, a actividade própria do cérebro?

3. Essencialmente condicionada pela sua estrutura própria, a função do cérebro é parte da actividade do organismo na sua totalidade. Sem o conjunto das substâncias químicas, desde o oxigénio até aos nutrientes multiformes, as diversas hormonas e os múltiplos impulsos neuroeléctricos e neuroquímicos de que necessita e que o resto do corpo lhe envia, o cérebro não poderia fazer aquilo que efectivamente faz. É certo que as funções cerebrais podem ser normalmente executadas dentro das situações vitais mais díspares e depois de extirpados os mais diversos órgãos. Não obstante, uma análise suficientemente profunda dessas funções permitiria notar que todas as restantes, a hepática, a tiroideia, a renal, etc., influenciam de algum modo a actividade do cérebro. *Conspiratio una*, diria um velho hipocrático perante a conexão funcional do cérebro com o resto do organismo.

Ora bem, não só a vida de relação do nosso organismo, mas também o sentimento do viver próprio e a inter-relação viva das diversas partes da nossa anatomia – ainda que nela intervenham as hormonas e os electrólitos –, têm no cérebro o seu órgão rector mais importante. Não parece inadequado dizer que é ele o órgão da conduta nos animais que o possuem. Simples órgão instrumental, enquanto agente, ou também órgão autor? Vê-lo-emos melhor adiante. Entretanto, tentemos compreender com algum rigor o que dentro da estrutura dinâmica total do corpo é a estrutura particular do órgão rector da conduta humana.

De um ponto de vista ao mesmo tempo morfológico e funcional, anatómico e dinâmico, devem distinguir-se três níveis na estrutura do cérebro: o macroscópico, o microscópico e o submicroscópico.

Chamo *nível macroscópico* ao composto pelos sistemas de recepção e de projecção, as áreas de associação, o sistema límbico, os núcleos da base, o centro oval, o corpo caloso, o hipotálamo e as diversas formações da superfície inferior do cérebro (tubérculos quadrigémeos, corpos mamilares, hipófise, glândula pineal, corpos geniculados). Em breve veremos a participação de cada uma destas regiões e partes no dinamismo total do cérebro.

Morfológica e funcionalmente, todas elas possuem um *nível microscópico* cuja textura, como o seu nome indica, só pode ser percebida com a ajuda dos microscópios óptico e electrónico. Integram-na células e fibras. Entre aquelas, os neurónios e os vários tipos celulares da neuroglia – astroglia, oligodendroglia, microglia – são as de maior importância biológica. As fibras, dispostas em feixes ou fascículos mais ou menos espessos, são constituídas pelos prolongamentos axónicos ou cilindro-axiais dos neurónios, em estreita ligação entre si. Na substância branca do cérebro – centro oval, corpo caloso –, as fibras são o elemento dominante.

Os neurónios do córtex cerebral são, juntamente com os da formação reticular, os mais importantes na actividade psíquica do cérebro. São as "mariposas da alma", segundo a metáfora alada de Cajal. Dou por conhecidas a morfologia do neurónio (soma com as suas neurofibrilhas, dendritos com as suas espinhas, axónio com as suas terminações), a variedade da sua configuração (principalmente, a que estabelece o comprimento do axónio; neurónios de axónio longo ou de projecção, nuerónios de axónio curto ou de interconexão, neurónios estrelados), a estrutura do contacto entre as formações terminais do axónio e o soma ou dendrito de outro neurónio (sinapses: membranas pré-sináptica e pós-sináptica, vesículas sinápticas, espaço intermédio), a ordenação estratificada dos neurónios no córtex cerebral (estratos de Baillarger, cito-arquitectónica de Meynert e Brodmann), a sua disposição em módulos verticais mais ou menos entretecidos (colunas de Szentágothai e Mountcastle), a formação de conglomerações dendríticas verticalmente dirigidas para a superfície do córtex (os dendrónios de Fleischhauer, Felman e Peters). Basicamente estabelecida a partir dos anos de maturidade de Cajal, a morfologia do cérebro não deixou de oferecer importantes novidades ao afã de saber dos investigadores e até mesmo ao público cultivado.

Tanto mais que à exploração microscópica do cérebro se veio somar há já vários lustros o exame do *nível submicroscópico* da sua textura. Com o auxílio do microscópio electrónico, a electrofisiologia, a bioquímica molecular e, evidentemente, o raciocínio biofísico e bioquímico, estuda-se hoje submicroscopicamente, entre outras coisas, a transmissão do impulso nervoso nas sinapses. A electrofisiologia e a bioquímica da sinapse, a medida, através da câmara de positrões, das variações no fluxo sanguíneo das diversas áreas do cérebro e – pense-se o que se pensar da interpretação dualista de Eccles – a aplicação da mecânica quântica à intelecção fisiológica das micro-sedes dendríticas, mostram com total evidência a necessidade de estudar o nível submicroscópico do cérebro se quisermos compreender cientificamente a sua função.

Antes de expor, tal como é hoje vista, a actividade do cérebro, e de propor a esse respeito algumas ideias pessoais, não será inoportuno apresentar alguns dados quantitativos acerca da sua morfologia. Calcula-se que no córtex cerebral haja cerca de 146 000 neurónios por milímetro quadrado, o que significa que a totalidade da superfície cerebral acaba por conter, pelo menos, 30 000 milhões de corpos neuronais. E uma vez que as espinhas de cada dendrito alcançam em média um número de 20 000, teremos de concluir que no córtex cerebral do homem há entre 10^{14} e 10^{15} conexões sinápticas. "Se se contassem mil por segundo", escreve Changeux, "decorreriam entre 3000 e 30 000 anos antes de serem todas contadas." E acrescenta: "Mais difícil ainda: essas sinapses formam-se a partir de terminações axónicas e dendríticas, de corpos celulares sobrepostos de um modo à primeira vista confuso; uma selva onde, num dado ponto, se emaranham centenas, ou até milhares de árvores diferentes"; a "impenetrável e indefinível floresta adulta da substância cinzenta" da qual falou Cajal para explicar a invenção daquilo a que chamou "método ontogénico".

Toda esta estrutura extremamente complexa entra em jogo na execução das diversas actividades do cérebro. Concebendo-a como estrutura dinâmica e plástica, estudemos com certo método o modo da sua actuação no governo da conduta humana.

4. A actividade do cérebro tem como base os seguintes processos elementares: a excitação da extremidade terminal de um axónio, quando o neurónio é aferente (caso típico, a excitação que se produz nos órgãos dos sentidos), e a acção do impulso nervoso sobre o órgão efector, quando o neurónio é eferente (caso típico, o papel da placa motora de um nervo motor na contracção do músculo que inerva); a transmissão do impulso nervoso da extremidade terminal do axónio aferente ao do axónio eferente, através das sinapses axónico-dendríticas e do citoplasma do neurónio; a participação das colunas e das faixas de neurónios corticais na fisiologia da substância cinzenta; a formação de circuitos funcionais entre neurónios diferentes.

Desde há algumas décadas, a electrofisiologia da actividade neuronal e a bioquímica da sinapse têm-nos fornecido dados extremamente seguros e de grande valor acerca da natureza e da transmissão do impulso nervoso. De modo diverso, segundo a índole do processo fisiológico de que se trate – óptico na retina e nas diferentes estações intermédias da percepção visual, da retina ao córtex occipital; motor no movimento reflexo ou voluntário dos músculos, etc. –, na actividade das sinapses podem ser distinguidos três momentos essenciais: um eléctrico (variações nos potenciais de repouso e de acção), outro bioquímico (deslocamentos e transformações dos diferentes neurotransmissores) e outro significativo (codificação do estímulo, sua expressão como mensagem).

Uma descrição técnica e pormenorizada da electrofisiologia e da bioquímica da sinapse seria aqui improcedente. Limitar-me-ei a dizer que uma e outra constituem a base iniludível de qualquer teoria acerca da actividade e da função do cérebro e a elas recorrerei quando se torne necessário. Devo examinar mais detidamente o terceiro dos três momentos em causa: a codificação que materialmente servem os processos electrofisiológicos e bioquímicos necessariamente implicados na percepção de um impulso nervoso ou, como antes disse, a expressão desses processos em forma de mensagem.

A título de exemplo, contemplemos o facto da percepção visual. Como que confirmando fisiologicamente aquilo que sobre a visão humana

Aristóteles pensava, é ela que predomina na nossa relação viva constante com o mundo exterior, não menos de 40% das fibras nervosas que chegam ao cérebro têm uma função visual.

Incidindo no olho, os fotões da radiação luminosa atravessam a câmara anterior, refractam-se no cristalino e, agindo sobre os cones e bastões da retina, produzem neles uma alteração química e eléctrica que através das células ganglionares retinianas, o nervo óptico e o quiasma passa para os corpos geniculados e atinge o córtex do lóbulo occipital. Contudo, acontece algo mais. A existência de neurónios corticais que actuam retroactivamente sobre os corpos geniculados e a posterior projecção do impulso visual a outras zonas do córtex e a certas formações da base do cérebro complicam, com efeito, esse esquema simples.

Como codifica o cérebro o estímulo eléctrico e químico que lhe chega das células ganglionares da retina? A concordância entre investigações neurofisiológicas (Hubel e Wiesel) e psicológicas (Shepard e colaboradores) obriga-nos a admitir que as imagens produzidas por esse estímulo no córtex occipital adoptam uma determinada ordem espacial: de algum modo codificada, a estrutura visual do objecto estimulante *reaparece* nos neurónios da área primária do córtex occipital e, com a intervenção de outras zonas do cérebro, é memorativamente conservada e torna possível a posterior identificação do objecto percebido, ainda quando a situação deste no espaço mude, uma cadeira de pernas para o ar continua a ser cadeira para quem a vê. Por outro lado, esse mecanismo perceptivo torna também possível que uma mesma imagem visual seja interpretada de modo diferente pelo sujeito perceptor, bastará a este propósito recordar a bem conhecida ilusão de óptica de Müller-Lyer, segundo a qual atribuímos a um segmento de recta quando os seus extremos se prolongam em linhas divergentes um comprimento maior que ao mesmo segmento em que os extremos desenham pontas de seta.

Tudo isto quer dizer: *a)* Que a codificação de um estímulo óptico complexo – por exemplo, a correspondente à visão de uma cadeira ou de um livro – não é uma nota *acrescentada* ao estímulo quando chega ao córtex occipital, mas um processo que de algum modo começara na retina. Desde a sua própria origem, a percepção visual é uma função da totalidade viva do organismo, e assim, o que realmente acontece nos cones e bastões da retina encontra-se de algum modo condicionado pelo que biologicamente é a relação entre a retina e o córtex cerebral; *b)* Que no conhecimento e no reconhecimento de uma imagem visual codificada intervém a totalidade morfológica e funcional do cérebro. Hubel diz: "Especular *in extenso* acerca do modo como pode funcionar o cérebro não é a única via aberta aos investigadores. Explorar o cérebro é mais divertido e parece ter resultados mais proveitosos". Bem consciente desta verdade, mas também de que só através da interpretação, ainda que esta seja provisória, se torna possível entender o que os exploradores descobrem, tentarei dizer como entendo essa relação funcional entre as diversas regiões do cérebro e a sua totalidade viva.

Voltemos por um momento ao tema da codificação. Em biologia geral codificar é converter um estímulo num sistema de sinais que de maneira adequada representam a realidade do objecto estimulante. A respeito da transmissão dos caracteres hereditários, não é outra coisa o código genético, e o mesmo é também, no que se refere aos caracteres visíveis de um objecto, a imagem resultante da codificação do estímulo visual. Biologicamente, um código é um sistema de signos, um signo de signos, algo que significa apenas o imediatamente sinalizado ou, no caso dos animais superiores, algumas coisas mais. Foi o que pôs em evidência o chimpanzé inventor nas experiências de Köhler. Em ocasiões muito exigentes, o animal é capaz de uma formalização do estímulo sensorial visivelmente diversificadora. Mas no caso da biologia humana, a codificação é antes de mais a conversão do estímulo em símbolo, num sistema de sinais que pode significar uma indefinida multiplicidade de coisas diferentes, e é nisso que precisamente consiste a hiperformalização que o cérebro humano executa. Enquanto símbolo do objecto visto, não como simples signo seu, a imagem cerebral desse objecto não só permite reconhecer uma cadeira em qualquer das suas posições possíveis, e não só induz a ver mais comprido ou mais curto, segundo a orientação dos seus extremos, um mesmo segmento de recta; mas deixa-se interpretar também segundo um número indefinido de possibilidades. Baste-nos recordar aqui os resultados extremamente diversificados da exploração psicológica – em rigor, biopsicológica – obtidos pela aplicação do bem conhecido teste de Rorschach. O que quer dizer que, através do todo vivo do cérebro, na interpretação do código visual intervém o todo vivo do corpo, incluindo-se neste a sua constituição individual e a marca biográfica de tudo o que até então tenha experimentado.

A percepção visual de um objecto consiste, pois, num processo que engloba unitariamente, ainda que à nossa análise se apresente como uma série temporal, a recepção de um estímulo químico e eléctrico, a formação de uma mensagem-símbolo (o *percepto*, a imagem codificada), a conservação mais ou menos duradoura dessa imagem e a interpretação daquilo que ela, sob a forma de ideia mais ou menos conceptualizada, nessa situação significa para o indivíduo *percipiente*. Só neste quadro de referência pode ser bem interpretada a função que a actividade de cada uma das sinapses implicadas no exercício da visão – desde as que na retina põem em conexão os cones e bastões com as células ganglionares, até às que se estabelecem nos corpos geniculados, o córtex occipital e o resto do cérebro – desempenha na complexa realidade total desse mesmo exercício.

Este breve exame da psicobiologia da visão permite-nos notar que no estudo da actividade do cérebro devem ser metodicamente distinguidos dois modos complementares: a actividade relativa aos actos que dependem inicialmente de uma função regional do cérebro e a referente àqueles de cuja existência só uma harmoniosa intervenção do cérebro no seu conjunto pode dar razão. Consideremos um e outro modo sucessivamente. Mas não sem descrever antes, ainda que muito rapidamente, os dois restantes processos elementares da actividade cerebral: a existência de unidades funcionais intermédias entre o neurónio e o centro ou área a que pertence e a formação de circuitos intercelulares.

A exploração neurofisiológica permitiu descobrir no córtex cerebral disposições funcionais dos neurónios não observáveis através da investigação morfológica. A excitação do córtex dá lugar a uma resposta electricamente diferente segundo o eléctrodo seja introduzido perpendicularmente à superfície do cérebro ou obliquamente a ela, quer dizer, quando o estímulo actua, não sobre uma série vertical de neurónios, mas tão-só sobre o neurónio com o qual o micro-eléctrodo pôde tomar contacto. Isto faz pensar que o manto cortical do cérebro exerce a sua actividade através da mediação básica das unidades funcionais que formam essas colunas dos seus neurónios (Szentágothai, Mountcastle). Investigações posteriores demonstraram que as coisas não são tão simples. No córtex occipital, pelo menos, a disposição funcional das células não é a coluna, mas a faixa ou lâmina de duas dimensões, e até mesmo o agrupamento em microconjuntos mais ou menos semelhantes a redes cristalinas (Hubel e os seus colaboradores, Changeux). Em qualquer caso, a velha ideia da conexão funcional entre os neurónios corticais – camadas celulares e contactos sinápticos neurónio a neurónio – tem de ser substituída por outra bastante mais complexa.

O circuito neuronal constitui outro componente da dinâmica do cérebro de nível superior à conexão axónico-dendrítica individual. Em termos gerais, o circuito neuronal é a estrutura morfológico-funcional de uma relação de ida e volta entre neurónios que pertencem a centros ou áreas aparentemente distintos entre si, por exemplo, o que se estabelece entre a circunvolução do cíngulo, a do hipocampo, a amígdala, o septo e o bolbo olfactivo, e que desempenha um papel tão essencial na produção e no governo das emoções (circuito de Papez ou sistema límbico). Sem prejuízo das suas relações com outras regiões do córtex, este circuito especializado funciona enquanto tal na actividade própria do cérebro. Certos circuitos, como o de Papez, por exemplo, formam-se na filogénese específica e na ontogénese individual do organismo, actuam desde o nascimento do indivíduo, embora estejam submetidos a mudanças no decorrer da sua biografia. Outros, pelo contrário, surgem como consequência dos diversos processos de aprendizagem que a vida social do indivíduo traz consigo. Teremos adiante ocasião de os exemplificar.

5. Integrada a partir da sua base pelos elementos morfológico-funcionais que acabo de mencionar – conexões sinápticas, módulos estruturais, circuitos; a rede dos milhões de milhões de unidades que formam estes componentes básicos da morfologia e da estrutura morfológico-funcional do cérebro –, a actividade cerebral oferece ao observador dois níveis perfeitamente diferenciáveis, ainda que estreitamente unidos entre si: as funções a que a investigação fisiológica e clínica pôde atribuir certa localização na textura anatómica do encéfalo e as que, como disse antes, parecem exigir a intervenção de todo o cérebro. Examinemos brevemente as primeiras.

Na minha *Antropología médica* propus que se visse na dinâmica do corpo humano – naquilo que o corpo faz para que o homem seja o que é – o resultado da integração de oito subestruturas morfológico-funcionais diferentes: estruturas operativas *sensu stricto* (morfogénese, persistência do corpo no tempo, execução de acções locomotoras, visceromotoras e psicomotoras); impulsivas (seja o seu carácter físico-químico, instintivo ou voluntário); signitivas (as que através de signos e símbolos despertam a consciência e nos permitem perceber a nossa situação no espaço e no tempo, a nossa identidade pessoal, a condição moral dos nossos actos e a dimensão efectiva das nossas situações); cognitivas (em estreita conexão com as signitivas, são as que nos fazem conhecer o que o mundo é e pode ser e o que nós mesmos somos); expressivas (seja voluntário, involuntário ou inconsciente o modo de expressão); pretensivas (as que se orientam para os fins e para as metas da nossa existência) e possessivas (aquelas por meio das quais nos podemos apropriar da realidade).

A leitura desta lista sumária e condensada é suficiente para mostrar que em todas estas actividades do corpo o cérebro intervém de um ou de outro modo, e que nessa intervenção podem distinguir-se as duas formas que anteriormente apontei: a correspondente às acções que implicam o exercício de uma zona do cérebro funcionalmente localizada, e a relativa aos actos que por sua natureza são alheios a qualquer localização morfológico-funcional. A acção de ver e a de ouvir, o movimento no espaço, a somato-estesia e a fala, entre outros exemplos, são acções regidas por partes do cérebro experimental e clinicamente localizáveis. O pensamento, a autoconsciência, o exercício da liberdade e a criação intelectual e artística, em contrapartida, de modo nenhum podem ser referidas a um centro ou a uma área bem delimitados.

Esta distinção não supõe, todavia, que o exercício próprio de uma determinada parte do cérebro – o córtex occipital, na visão; o centro de Broca e o de Wernicke, na expressão falada, etc. – não traga consigo a intervenção simultânea ou consecutiva de outras regiões do cérebro, e também do cérebro na sua totalidade. Deveríamos falar, pois, de duas ordens de actividades cerebrais: as *imediatamente localizadas e mediatamente totalizadas* e as *imediatamente totalizadas*. No que se refere a algumas das primeiras vejamos, a título de exemplo, como se produz a totalização.

Voltarei ao caso da visão. As investigações de Hubel e Wiesel descobriram, recorde-se, como o estímulo químico-eléctrico produzido pela acção da luz sobre a retina é codificado a vários níveis neuronais do córtex occipital – em rigor, dizendo as coisas mais precisamente, a partir da própria retina – para produzir a imagem e o engrama cerebrais da forma visualmente contemplada. Mas a visão de um objecto não nos oferece apenas a sua forma, dá-nos também a sua luminosidade e o seu brilho, a sua cor, o seu relevo, a sua distância, o seu movimento, notas estas cuja percepção requer a actividade de partes extra-occipitais do cérebro. Mais ainda: se o objecto foi visto em ocasiões anteriores e deu lugar à produção de um engrama memorativo, a sua percepção suscitará de modo imediato sensações relativas à sua maciez ou à sua dureza, qualidades alheias à visão, evocará o nome por que é designado e dará lugar a sentimentos em que se actualizará o que para o sujeito *percipiente* tenha sido a anterior experiência de o ver. Em resumo: ver um objecto não só implica o exercício normal da via óptica, da retina ao córtex occipital, mas traz também consigo a intervenção integradora e não simplesmente subsidiária do lóbulo frontal, o córtex somato-estésico, a área de Wernicke, o hemisfério direito, este enquanto agente e agente rector da tonalidade afectiva do que é visto – uma paisagem, por exemplo, é um objecto que esteticamente nos agrada ou nos desagrada – e o sistema límbico. Uma vez que ver é alguma coisa mais que perceber formas, cores, luzes e sombras, a actividade da visão requer praticamente a de todo o cérebro e, inclusivamente, a de todo o encéfalo.

Outro tanto se deveria dizer, *mutatis mutandis*, acerca da actividade dos diferentes órgãos sensoriais: embora as respectivas áreas cerebrais tenham o papel principal, ouve-se, toca-se e cheira-se com o cérebro todo, e todo o cérebro promove a acção de aproximar a mão do objecto que se vê. Qualquer leitor culto poderá delinear a estrutura desses diversos modos de totalizar a operação de sentir os diversos aspectos do mundo. Mas talvez não seja inoportuno expor nas suas linhas gerais a função do cérebro em duas das actividades em que se torna mais patente a ascensão funcional da parte ao todo: a consciência e a memória.

O facto da consciência não poderá ser correctamente compreendido sem uma consideração atenta das seguintes precisões: 1) Estar consciente de algo, por exemplo, ter consciência clara de que estou agora a ver a folha de papel em que escrevo – supõe em primeiro lugar a existência de certa lucidez no sujeito *percipiente*, e se se quiser, o estabelecimento da claridade em virtude da qual é clara a percepção dos objectos de cuja existência "nos damos conta". É a consciência como vigília, na qual, nada mais óbvio, pode haver muitos graus de claridade, todos os que possam distinguir-se entre a vigília e o sonho, entre a normalidade sensorial e o coma, entre a lucidez e a obnubilação; 2) A percepção dos vários conteúdos da vida própria pode ser não só consciente mas também inconsciente ou subconsciente. Na vida vígil, e muito mais durante o sono, quando nele há sonhos, temos consciência inconsciente ou subconsciente, passe esta expressão tão paradoxal, de algo que nos afectou ou nos afecta. É evidente que a apresentação do percebido ou rememorado pode às vezes ter um carácter estritamente simbólico, e tal é a realidade com que deve confrontar-se a interpretação dos sonhos; 3) Como Zubiri fez insistentemente notar, na consciência não deve ver-se qualquer coisa como um ecrã interior em que vão aparecendo as imagens, as intenções e os sentimentos dos quais nos damos conta, mas a qualidade dos actos que de modo lúcido, subliminar ou onírico se nos tornam presentes e conscientes. O que obriga a distinguir na actividade consciente duas formas iniludivelmente complementares: a consciência como lucidez envolvente antes referida e a consciência como "dar-se conta" concreto dos conteúdos particulares da nossa vida; 4) A "corrente da consciência", para o dizermos com a bem conhecida expressão de W. James é, portanto, a aquisição sucessiva de carácter consciente – directo ou simbólico, claro ou turvo – por parte dos actos que a execução do viver pessoal traz consigo; 5) Tanto da consciência vígil como do acto de dar-se conta deve distinguir-se a consciência da realidade própria (a que se expressa ao dizer-se "eu", "me" ou "mim": "sou eu quem te chama", "agrada-me tal coisa" ou "a mim não me importa") e a da própria identidade (a que se manifesta quando cada um de nós percebe continuar a ser o mesmo que antes era). Perceber que somos capazes de dizer "eu" ou, como Dom Quixote, "eu sei quem sou", é algo qualitativamente diferente de darmo-nos conta de que aquilo que estamos a ver é uma árvore.

 Qual é a actividade do cérebro nesses diversos modos da consciência? Desde as descobertas já clássicas de Magoun e Moruzzi, sabemos que a vigília dos animais que dormem, incluindo o homem, é produzida e mantida pela actividade da formação reticular, em si mesma e na sua relação com diferentes regiões do córtex. Em conexão com elas, a formação reticular desperta-nos para a percepção do mundo e torna possível assim que o mundo penetre sensorial e imaginativamente em nós. A impressão de realidade que para o homem é o facto psicológico de sentir requer como iniludível requisito a actividade desse sistema neuronal mesencefálico. Sem ela não poderia produzir-se o fenómeno da atenção.

Mas o exercício da atenção, via régia para a génese do dar-se conta – tanto mais vivamente nos damos conta de uma coisa quanto mais atentamente a contemplamos –, exige de modo imperativo a intervenção do córtex cerebral. Por exemplo, a das suas zonas implicadas na visão. Hernández Peón, Scherrer e Jouvet descobriram no gato que a reacção eléctrica consecutiva a uma excitação súbita do núcleo coclear – aparecimento de um acusado pico na curva levemente ondulante do registo gráfico – desaparece quando se põe diante do animal observado um frasco com ratos, quer dizer, quando a atenção do gato se encontra fortemente absorvida pelo conteúdo da percepção visual. Como era de supor – todos nós sabemos que a atenção intensa a um objecto nos impede de perceber tudo o que não seja esse objecto –, o fenómeno de dar-se conta põe em jogo, a par da actividade básica e iniludível da substância reticular, amplas zonas do córtex cerebral, e inclusivamente o cérebro no seu conjunto. Tanto mais quando se trata da autoconsciência. Várias perguntas surgem: em que consiste essa participação do cérebro no seu conjunto? Como pode actuar e actua de facto o todo do cérebro? Será preciso admitir que na actividade do cérebro opera uma instância supracerebral, quer se lhe chame mente ou alma?

São idênticas as perguntas que a neurofisiologia da memória suscita. Seja breve ou longo o lapso temporal entre a constituição do engrama memorativo e o acto de recordar o objecto que o produziu, qualquer recordação supõe a existência fugaz ou duradoura do engrama em questão e, portanto, a produção da impressão material correspondente numa determinada região do cérebro: o córtex motor quando o que se recorda é a execução de um movimento, o córtex occipital quando o recordado é o aspecto visual de um objecto ou de um rosto humano, e assim também nos restantes modos da recordação. É uma nota essencial dos seres vivos a possibilidade de conservarem selectivamente a marca das vicissitudes de alguma importância vital para o indivíduo que as experimenta. A imunidade adquirida e a memória são as duas formas principais – uma mais orgânica, outra mais psíquica – de exercer essa peculiar actividade biológica. Mas quer seja mais orgânico ou mais psíquico o modo de execução dessa actividade, poderia ter realidade sem a produção de uma impressão corporal transitória ou permanente do objecto ou da situação que inicialmente a determinaram? A imunologia e a neurofisiologia da memória foram a dupla resposta da ciência do nosso século a esta interrogação exigente [23].

Tanto os psicólogos como os neurofisiologistas se viram obrigados a distinguir entre a memória a curto prazo ou recente e a memória a longo prazo ou remota. A recordação de um objecto percebido pouco tempo antes – a memória a curto prazo – parece depender do estabelecimento de circuitos reverberantes que tendem a ser lábeis entre os neurónios da zona cortical directamente afectada pela sensação de que se trata, visual, auditiva, etc., e os neurónios da circunvolução do hipocampo e de vários centros ou estações intermédias da base do cérebro, amígdala, tubérculos quadrigémeos e tálamo. A lesão bilateral destes subsistemas cerebrais torna impossível a aquisição de recordações novas e a memória fica limitada à vida anterior à lesão.

Obviamente, a génese da memória a longo prazo e a aquisição permanente de saberes e hábitos novos em que a aprendizagem consiste, exige a constituição de engramas cerebrais também permanentes. No princípio do século, Cajal teve a feliz ideia de referir a aprendizagem à multiplicação das conexões dendríticas dos neurónios correspondentes à zona cerebral mais afectada pela peculiaridade do recordado – objectos visuais, melodias, desempenhos somáticos, saberes diversos – e, em última análise, ao aumento da relação sináptica de cada neurónio com todos os que actuam na conservação da recordação em causa. O mesmo afirmaria Hebb, a título de postulado, em 1949: "Quando uma célula A excita por meio do seu axónio uma célula B, e de modo repetido e persistente participa na génese de um impulso em B, estabelece-se numa das células ou nas duas um processo de crescimento ou uma transformação metabólica, o que aumenta a eficácia de A no desencadear de um impulso em B." O conhecimento progressivo da fisiologia da sinapse confirmou a hipótese de Cajal e o postulado de Hebb. Seria aqui desnecessária uma exposição detalhada daquilo que hoje se sabe acerca

---

[23] Como será óbvio para o leitor atento, a distinção que estabeleço aqui e noutros lugares entre "o orgânico" e "o psíquico" não corresponde a uma concepção dualista da realidade do homem. Para mim, o psiquismo é expressão de uma actividade orgânica, cerebral, entendida como tenho vindo a dizer. Apenas segundo a aparência dessa actividade e o método que a estuda se pode estabelecer uma distinção modal entre "o orgânico" (o preponderantemente orgânico) e "o psíquico" (o preponderantemente psíquico).

da neoformação de dendritos e sobre o estabelecimento de conexões sinápticas permanentes, umas de excitação e outras de inibição. Limitar-me-ei a formular a conclusão que, sob reserva do que a investigação posterior venha a dar-nos a conhecer, a neurofisiologia alcançou: todas as formas da memória, e não só aquela a que Bergson chamou "de repetição", têm como fundamento real a existência de alterações materiais mais ou menos duradouras em zonas diferentes do cérebro. Animalizada no animal bruto, humanizada no animal racional – tão escassamente racional em certas ocasiões –, é a matéria que recorda.

Mas, considerado na sua integridade, o acto de recordar é algo mais que o pôr em marcha destes ou daqueles circuitos reverberantes e mais que o resultado funcional da neoformação de dendritos e conexões sinápticas. Ao recordar alguma coisa, não me limito a evocar imagens sensoriais mais ou menos fiéis ao objecto que as produziu e hábitos operativos mais ou menos bem aprendidos, acertada ou equivocadamente, actualizo de modo mental e afectivo o que esse objecto representou e representa na minha vida. A minha recordação da minha mãe não é apenas a evocação do seu rosto, segundo o engrama que dele ficou na minha memória, é também a vivência daquilo que a minha mãe foi para mim e daquilo que, dada a sua morte precoce, não pôde ser. O que me revela que nessa minha recordação intervêm partes do cérebro não directamente implicadas na conservação do engrama de um determinado rosto. Como no caso da consciência psicológica – em rigor, no de qualquer actividade psico-orgânica –, é o cérebro no seu conjunto o que real e efectivamente intervém. Sem a produção de reflexos condicionados, nem no animal nem no homem haveria conduta. É certo. Mas tentar explicar a conduta, animal ou humana, através de uma combinação de reflexos condicionados, é incorrer no vício mental detestável do reducionismo. Alargando à ciência da conduta a célebre frase de Hamlet, poderíamos aqui dizer: "Entre a base e a abóbada do crânio há mais coisas do que ensina a reflexologia." Em todo o movimento reflexo, e mais ainda em todo o acto consciente e em todo o acto memorativo, vibra operativamente a vida inteira do indivíduo ao qual um e outro pertencem. Mas a actividade do cérebro no seu conjunto, e com ela a do corpo inteiro, permitirão explicar razoavelmente este entrelaçado complexo de acaso, destino e carácter, de liberdade e de necessidade, de reflexos e de sonhos, a que chamamos vida humana?

6. Para dar uma resposta adequada a esta grave interrogação, examinemos com atenção a execução das múltiplas actividades do homem que não podem ser referidas a regiões do cérebro bem determinadas, nem sequer aceitando a crítica da noção de "centro" posterior à neurologia do século XIX: o pensamento simbólico e abstracto, a autoconsciência, a imaginação criadora, a liberdade.

Devemos tomar como ponto de partida a recordação de duas ideias centrais da teoria da estrutura material que antes expus, relativa uma à expressão fenoménica do conjunto estrutural (a noção de "propriedade sistemática") e respeitante a outra ao termo de referência de tais propriedades (a unidade real desse conjunto, enquanto tal).

São duas as características mais essenciais das propriedades sistemáticas de uma estrutura: uma negativa, a sua não referibilidade à soma ou à combinação das propriedades dos elementos que a compõem; outra positiva, a sua novidade radical, quando a estrutura apareceu no decorrer de um processo evolutivo, por comparação com as propriedades observáveis nas etapas anteriores desse processo. Examinemo-las no caso que agora nos ocupa: a estrutura dinâmica do cérebro humano.

O cérebro é composto por células neuronais e gliais e, por sua vez, as células compõem-se de moléculas. Em vista de uma maior simplicidade, deixarei de parte a composição atómica e subatómica das moléculas. Pois bem, nem as propriedades do neurónio podem ser explicadas através da simples combinação das propriedades das suas moléculas, nem as do cérebro pela soma e combinação das propriedades individuais dos seus neurónios. Sem termos em conta a índole e as propriedades das diversas moléculas que integram uma célula – água, electrólitos, proteínas estruturais e enzimáticas, fosfolípidos, ácidos nucleicos, etc. –, não poderemos construir uma biologia celular verdadeiramente científica, mas só através delas, isto é, sem considerarmos o que o organismo celular no seu conjunto faz, também não.

Nos últimos anos da sua vida (*Neuronismo ou reticularismo?*, publicado postumamente em 1935), Cajal expôs à maneira de programa os diferentes modos em que se manifesta a individualidade celular do neurónio: o anatómico, o genético, o funcional, o trófico e regenerativo, o patológico, a constância da polarização axípeta do impulso nervoso. Tudo avança muito bem até ao momento em que aparece o tema da unidade funcional. Então Cajal dá-se conta de que a função do sistema nervoso no seu conjunto não pode ser concebida como a soma das unidades funcionais dos neurónios, e escreve: "A ideia de uma unidade fisiológica do neurónio carece ainda de precisão suficiente e proporciona pontos de vista que não se deixam ordenar sob um princípio comum [...] No segundo elo da cadeia sensível" – acrescentará – "a unidade funcional extingue-se ou dispersa-se, e perde-se nos neurónios de terceira ordem." Certíssimo, porque se existisse essa "unidade funcional", se a actividade fisiológica de cada centro ou cada área fosse o resultado da soma ou combinação entre elas das unidades funcionais dos seus neurónios, os centros e as áreas do cérebro – e *a fortiori* o cérebro no seu conjunto – não seriam o que são. Em toda a estrutura, viva ou inanimada, o todo é mais que a soma das partes. Foi por ter esquecido esta verdade que o monismo materialista do século XIX foi tão sumário e se tornou hoje tão anacrónico.

Por outro lado, e em estreita relação com o que ficou dito, as propriedades sistemáticas de uma estrutura material são essencialmente novas no curso evolutivo do cosmos. Assim, as propriedades sistemáticas da célula são essencialmente novas por comparação com as propriedades físicas e químicas das moléculas que a formaram, como o são as do cérebro humano por comparação com as dos cérebros de todos os vertebrados, sem excluir os hominídeos mais próximos do homem.

A novidade essencial em causa pode ser tão espectacular como a das asas das aves por comparação com as patas dos répteis, ou como a da inteligência de Aristóteles por relação com a de um pongídeo actual. Nada mais evidente. Pode sê-lo, e é-o em muitas ocasiões, mas não tem de o ser. Se em lugar de Aristóteles pusermos – na medida em que possamos reconstruir a sua vida – um indivíduo hirsuto da espécie *Homo habilis*, e se colocarmos ao seu lado um australopiteco, e não um pongídeo, não é certo que a diferença entre um e outro, sem deixar de ser qualitativa e essencial, se torna menos espectacular? Porque, pelo que dele sabemos, o australopiteco que por mutação deu lugar ao *Homo habilis* teve de ser mais inteligente que o mais inteligente dos nossos chimpanzés. Submetido à aprendizagem a que os Gardner e Premack submeteram os seus respectivos chimpanzés, até onde teria chegado um desses australopitecos? Tenhamo-lo em conta quando se trata de compreendermos a diferença – essencial e qualitativa, sem dúvida – entre a actividade do cérebro animal e a do cérebro humano.

Consideremos agora a unidade estrutural do cérebro e, portanto, o termo de referência das suas propriedades sistemáticas. Em que consiste realmente essa unidade? De que são propriedades as propriedades sistemáticas do cérebro, como as de executar actos de autoconsciência e de liberdade? O "quem", e não só o "quê" de uma pessoa, poderá ser atribuído à actividade do cérebro?

Seja hilemorfista, dualista ou monista o seu pensamento, nenhum filósofo actual ousará negar a essencial e iniludível participação do cérebro nos actos superiores do psiquismo. Muito menos os neurofisiologistas, qualquer que seja a sua ideologia, uma vez que todos eles têm experimentalmente prova dessa participação. A alteração eléctrica e hemodinâmica do córtex cerebral no acto de decidir a execução de um movimento voluntário, a sua não menos evidente modificação durante o exercício da atenção, o que são além de demonstrações irrecusáveis da sua actividade psíquica? O problema consiste em escolher entre duas hipóteses: trata-se de saber se o cérebro não é mais que o executante idóneo das actividades superiores do psiquismo, chame-se alma espiritual, forma substancial ou mente à realidade supracerebral que na verdade pensa, imagina e decide, ou se é por si mesmo, não o simples executante das actividades em causa, mas – na medida em que o homem possa ser autor de si mesmo – seu verdadeiro autor.

Foi para esta segunda hipótese que tenderam, enquanto neurologistas, Flechsig e Cajal, mas um e outro viam na unidade de acção do cérebro o resultado da combinação entre si das diversas actividades do órgão cerebral. Flechsig, recorde-se, acha altamente plausível o verbo latino *cogitare*, pensar, porque a sua etimologia, *coagitare*, agitar conjuntamente várias coisas, reflecte na perfeição o facto psicofisiológico da formação de ideias gerais a partir de sensações e ideias simples adequadamente *coagitadas* e unitariamente ligadas entre si devido à sua combinação mútua. A "unidade das operações cerebrais", tais são as suas palavras, não seria senão o resultado da combinação associativa de todos os impulsos recebidos no cérebro. Cajal pensou algo de análogo. Cajal negava terminantemente, é certo, a existência de "centros intelectuais, de esferas superiores onde se reflectiria a consciência do *eu* e residiria a autoridade crítica suprema". Mas acrescentava: "A operação intelectual não é o fruto da actividade de um centro privilegiado, mas o resultado da acção combinada de um grande número de esferas comemorativas primárias e secundárias." As ideias seriam, por conseguinte, "resíduos de resíduos de imagens comemorativas primárias", isto é, consequência final da fusão entre si e da transfiguração das imagens produzidas pela percepção directa dos objectos reais.

Com o progresso da neurofisiologia, a visão materialista do problema mente-cérebro ganhou radicalidade e subtileza: o *"mindful brain"* de Mountcastle e Edelman, o "materialismo emergente" de Bunge, o "homem neuronal" de Changeux, os ensaios de C. V. Smith e de Rodríguez Delgado, entre outros exemplos, provam-no sobejamente. Cajal teria visto em todas essas concepções da actividade cerebral passos importantes no caminho que a sua mente visava seguir. Mas, em meu entender, falta a todas elas uma reflexão temática e metódica acerca do mais central dos problemas que a ciência do cérebro levanta: a consistência real daquilo que faz com que haja *unidade funcional* na sua actividade, seja esta promovida por uma estimulação localizável na morfologia cerebral, como a visão, a audição e o estado consciente, ou pela execução dos actos que como a afirmação do eu, o pensamento criador e a livre iniciativa, não pressupõem, aparentemente pelo menos, a existência prévia dessa estimulação. Seguem-se agora os pontos principais da minha resposta pessoal a esse problema:

a) A estrutura complexa do cérebro só pode ser correctamente entendida se for vista como uma subunidade, tão eminente quanto se queira, na estrutura total do corpo. O homem não é um cérebro que governa a actividade do resto do corpo, como o capitão a do navio sob as suas ordens. O homem é um corpo *vivente* cuja vida no mundo – vida pessoal, vida humana – requer a existência de um órgão perceptor do mundo e rector da acção pessoal sobre ele: o cérebro. Sem o nosso coração e o nosso aparelho digestivo, a actividade do nosso cérebro não seria o que é e sem o nosso cérebro, a actividade do nosso coração e a do nosso aparelho digestivo não seriam o que são. Uma rã descerebrada não é uma rã, é apenas o resto artificial de uma rã. Um corpo humano descerebrado – esse que em coma profundo só artificialmente respira – não é um homem, não é mais que uma quase-mecânica e por vezes remota possibilidade de o ser. Quem seria capaz de fazer um cérebro anatómica e fisiologicamente isolado?

b) As propriedades sistemáticas do cérebro, como as de qualquer estrutura física, não são o resultado da soma ou combinação das partes ou regiões nele discerníveis, mas a actualização da capacidade de as executar que o cérebro, enquanto estrutura, possui. E uma vez que a estrutura do cérebro se vai constituindo gradualmente ao longo do desenvolvimento do embrião, gradualmente também irá enriquecendo ao mesmo tempo que, no decorrer do desenvolvimento, se irá diversificando a lista das suas propriedades sistemáticas. Em resumo: assim que se forma uma estrutura, aparece nela a unidade de acção que as suas propriedades sistemáticas revelam. A unidade de acção de uma estrutura tem prioridade ontológica e cronológica sobre as propriedades em que se manifesta.

Quando, ao evaporar-se a água dissolvente, se vão formando numa solução cristais de sulfato de cobre, cada cristal possui em si e por si, a partir do momento em que se forma, a capacidade necessária para manifestar nas suas propriedades – cor, forma cristalina, índice de refracção, etc. – aquilo que realmente é; e possui-a tanto devido à índole dos elementos químicos que o compõem, enxofre, oxigénio e cobre, como pela estrutura espacial e dinâmica do cristal assim formado. Do mesmo modo, quando a partir do tubo neural embrionário o cérebro se vai pouco a pouco constituindo, também vai pouco a pouco adquirindo as propriedades sistemáticas correspondentes a cada configuração e, como no caso do sulfato de cobre, possui-as tanto pela natureza das suas moléculas como pela estrutura espacial e dinâmica que elas constituem. Se a estrutura se vai transformando gradualmente, como acontece no caso do cérebro embrionário, gradualmente também se irá transformando a unidade de acção e as propriedades em que se manifesta. Se a estrutura se transforma por saltos, como sucede nas mutações biológicas, constituir-se-ão descontinuamente a unidade de acção e as propriedades correspondentes a cada nível estrutural. Mas, como já disse antes, mantém-se a prioridade ontológica e cronológica da unidade de acção sobre as propriedades em que esta se torna visível e experienciável.

Só através das propriedades de uma estrutura podemos coligir a existência da sua unidade funcional, e só à luz da unidade funcional de uma estrutura – unidade só racionalmente coligida e não passível de demonstração experimental – poderemos entender a peculiaridade do conjunto das suas propriedades. O que nos confronta directamente com o nó do nosso problema: a consistência real daquilo que, com prioridade sobre as notas e as propriedades de uma estrutura, lhe concede a sua unidade funcional.

c) Na dinâmica do cérebro, o que é que dá unidade às várias funções que ele executa, ver, ouvir, falar, gerar impulsos motores, produzir tristeza ou alegria na vida da pessoa? Para respondermos adequadamente, procedamos por graus ou, se se quiser, por níveis estruturais.

No caso do cristal de sulfato de cobre, a resposta é óbvia: a unidade peculiar das suas propriedades é dada pela índole química dos átomos que compõem a sua molécula e pela estrutura espacial e dinâmica do cristal que as suas moléculas formam, nada mais. Dissolvido o cristal de sulfato de cobre, as suas propriedades como cristal desaparecem. Decomposta nos seus elementos a molécula de sulfato de cobre, este último deixa de existir.

Outro tanto podemos dizer do cérebro do chimpanzé. O chimpanzé pode sentir, recordar, buscar, explorar, esperar, brincar, comunicar, aprender e inventar, mais ainda, é capaz de se reconhecer a si próprio olhando-se num espelho e faz tudo isso através da actividade oportuna do seu cérebro. Pois bem, o que é que dá unidade a essas diversas acções? A resposta foi mudando ao longo do tempo: os aristotélicos medievais falaram de uma *anima sensitiva*; Van Helmont atribuiu-a a um arqueamento especial; os vitalistas do século XVIII, a um princípio vital cerebralmente modulado; Driesch, a uma enteléquia providente...

Se exceptuarmos os historiadores, quem recorda hoje essa série de asserções? Ninguém. A unidade das várias actividades cerebrais do chimpanzé é conferida, como acontece no caso do sulfato de cobre, pela índole das moléculas que compõem o seu cérebro e pela estrutura espacial e dinâmica que sob a forma de neurónios, células gliais, fibras, centros e áreas funcionais, vasos sanguíneos, etc., essas moléculas constituem. Nada mais. Morto um chimpanzé, o seu corpo e o seu cérebro decompõem-se, e o chimpanzé desaparece para sempre.

Em que consistem, pois, a unidade estrutural do sulfato de cobre e a do cérebro do chimpanzé? O que é *isso* que faz com que, operantes em subtensão dinâmica, as propriedades dos átomos no cristal de sulfato de cobre, e as das moléculas, células, fibras, centros e áreas do cérebro do chimpanzé formem um conjunto funcional unitário? Dei, páginas atrás, a minha resposta: *isso* não é outra coisa senão o conjunto matematizável dos elementos constituintes da estrutura em questão, quer dizer, uma entidade transmaterial, a unidade do conjunto, realizada nos seus componentes materiais e só apreensível quando a inteligência do cientista foi capaz de transcender a mentalidade "corporalista" ou "coisificante" que nos impôs, a nós, homens do Ocidente, uma velha tradição intelectual; foi com essa tradição intelectual que, para dar razão suficiente da realidade das partículas elementares, Heisenberg tentou romper.

Um simples exemplo material mostrará a relação entre a realidade transmaterial de um conjunto físico e a realidade material dos elementos ou membros que o constituem. Pensemos no voo de um bando de grous. Muito perto uns dos outros, todos os grous avançam no ar agrupados em triângulo ou em ponta de flecha. Rapidamente, o voo da formação desvia-se da linha recta. Que se passou? Nada de misterioso. Os grous situados na ponta da flecha do triângulo perceberam uma alteração da atmosfera pouco favorável, comunicaram aos restantes, através do sistema de sinais próprio da sua espécie, a existência dessa perturbação, e todos os grou, mantendo disciplinadamente a figura do conjunto, prosseguem o seu voo na direcção mais conveniente. A conduta do grupo triangular que os grous formam pode ser analiticamente reduzida à combinação espacial de uma série de sinais, seguidos de uma resposta que está como possibilidade biológica inscrita no código genético do género *Grus* e adquire a sua realidade modulada no curso vital de cada um dos seus indivíduos. Mas esta realidade excluirá porventura que na conduta colectiva do bando, considerada essa conduta como a alteração espacial sucessiva de um conjunto matemático, existam regularidades cujo termo de referência é o próprio conjunto na sua unidade, o *totum* de uma estrutura que, como diria Zubiri, opera segundo o que é "por si", e que não resultam da soma ou da combinação linear das respostas individuais dos grous que o integram?

Terceiro grau, terceiro nível do problema: a unidade funcional do cérebro de um homem, enquanto subunidade rectora da estrutura total do corpo humano. O cérebro permite ao homem sentir, estar consciente, ver, ouvir, falar, recordar, mover os membros e por acréscimo dizer "eu", pensar abstracta e simbolicamente, criar invenções intelectuais e artísticas, decidir com liberdade. Actividades nas quais o homem, estimulado ou não por uma operação cerebralmente localizável, funciona como um todo unitário. Em que consiste em tais casos a unidade funcional do cérebro? A que podemos atribuí-la de modo verdadeiramente razoável?

Até ao século XVIII, e para muitos, até hoje, a resposta foi a seguinte: através de tão variadas operações, o cérebro actua unitariamente graças a um ente imaterial, a que uns chamam "alma espiritual", a alma como realidade autónoma ou como *forma humani corporis*, e outros "mente", a *mens agitat molem* de que falavam os Antigos. Mencionei repetidamente esta tese antropológica e metafísica que, em meu entender, é dificilmente sustentável quando a consideramos com verdadeira exigência científica e filosófica. Senão, examinemos as duas formas mais representativas dessa ideia da realidade humana, o dualismo radical e o hilemorfismo.

Trate-se de Descartes ou de Eccles, o dualismo antropológico não permite explicar satisfatoriamente a génese dos actos humanos. A título de exemplo, contemplemos mentalmente a produção de um movimento muscular voluntário. Entendida em termos dualistas, em que consiste ela? Retrospectivamente, numa modificação peculiar da matéria, chame--se a esta *res extensa* ou agregado molecular, por obra de um agente imaterial; facto em si mesmo inconcebível para uma inteligência rigorosamente científica, a não ser invocando a eficácia de uma miraculosa intervenção divina na execução de cada acto humano (teísmo excessivo, diria Einstein) ou invocando a engenhosa mas artificiosa hipótese da acção de um psiciónio, ente de razão pouco ou nada admissível, por sobre a realidade material de um dendrónio (animismo excessivo, em meu entender). Não, científica e filosoficamente considerado, o dualismo interaccionista não resolve razoavelmente o problema da unidade funcional do cérebro.

Resolvê-lo-á o dualismo moderado que encontramos na concepção hilemórfica da realidade do homem? A simples passividade da matéria que o hilemorfismo postula não pode ser admitida no nosso século. E se a análise é exigente, a operação informadora ou animadora da forma substancial levantará o mesmo problema que a interacção dualista entre a alma e o corpo. Como é que a forma substancial de um indivíduo humano – uma alma espiritual que a visão cristã do homem obrigou a conceber como "forma separável", uma vez que depois da morte do indivíduo será "forma separada" – põe em acto, como movimento muscular efectivo, a decisão mental de agarrar um objecto? Não consigo compreendê-lo. Mas se uma neurofisiologia das operações da forma substancial sobre a matéria do cérebro puder dar a essa interrogação uma resposta verdadeiramente razoável, aceitá-la-ei de bom grado.

CORPO E ALMA

Bem consciente dos problemas que o monismo antropológico levanta a qualquer mente cristã, eu – como muitos outros, cristãos ou não – vejo-me obrigado a admiti-lo. No meu caso, no quadro da cosmologia *estruturista* que as páginas anteriores expõem, cosmologia na qual, tanto para o cosmos na sua totalidade como para os entes que ao longo da sua evolução vão aparecendo, incluindo o homem, o conceito aristotélico de "forma substancial" foi radical e metodicamente substituído pelos conceitos zubirianos de "substantividade" e de "estrutura dinâmica". Vejamos, pois, como a visão *estruturista* da realidade cósmica pode dar *razão razoável* – não, evidentemente, razão apodíctica – da diversificada actividade psíquica do cérebro.

d) Como se produz no cérebro humano a consciência de "si-mesmo" a que costuma dar-se o nome de autoconsciência? Para respondermos com o rigor necessário, comecemos por examinar o que pode fazer a esse respeito o cérebro das espécies animais superiores.

O chimpanzé dá sinais de se reconhecer a si mesmo quando é repetidamente colocado diante de um espelho. O que se passa então nele? O que nos diriam os seus grunhidos se fôssemos capazes de os entender? Não sabemos. Sabemos apenas que o chimpanzé, além de se "dar conta" dos objectos que lhe são exteriores, isto é, além de ter consciência do estímulo que esses objectos produzem nos seus sentidos, "dá-se conta" também de si mesmo, tem consciência da sua individualidade intransferível. Hegel falaria de uma reflexividade da matéria sobre si mesma. No caso da matéria cerebralmente estruturada do chimpanzé, é indubitável que essa reflexividade existe: o cérebro, o conjunto estrutural peculiar que as suas moléculas organizadas em neurónios, fibras e centros formam, é capaz dessa flexão sobre si mesmo em que consiste o ter consciência de si.

Quererá isto dizer que entre a autoconsciência do chimpanzé e a do homem há apenas uma diferença de grau e não um salto qualitativo essencial? De maneira nenhuma. A autoconsciência do chimpanzé é a consciência de uma vida individual dentro do seu grupo e da sua espécie. A autoconsciência do indivíduo humano é a consciência de uma vida pessoal, de um "eu" cuja actividade primária consiste em sentir-se a si mesmo como realidade autónoma, capaz de intimidade (de recolher-se em si mesmo e consigo mesmo) e de liberdade (de decidir a sua atitude perante o que sente). O chimpanzé sente-se a si mesmo como indivíduo, o homem sente-se a si mesmo como pessoa. Nada podemos e nada poderemos dizer com segurança acerca da autoconsciência de um *homo habilis*, mas por rudimentar que fosse, por comparação com a de qualquer actual *homo sapiens sapiens* sensível e em meditação, tenho por certo que também dessa autoconsciência poderia dizer-se o que atrás ficou dito, pois de outro modo, não seria concebível o seu acto de fabrico ao talhar a pedra. Demos agora um passo mais, e vejamos como pôde surgir a autoconsciência no cérebro do indivíduo humano.

Excepto nos casos de coma profundo ou de sono profundo e sem sonhos, o homem está consciente de si mesmo, está-o também no sono com sonhos. A noite passada tive um pesadelo angustiante. Estava em Paris e percorria um bairro cheio de pátios monumentais e de esculturas de mármore brilhantes. Em breve me senti perdido e lancei-me à procura de um táxi que me levasse para perto de casa. Corri de uma rua para outra, não encontrei o táxi e, cheio de um sentimento de impotência, despertei. À margem da interpretação que desse sonho possa dar um psicanalista – eu dou a minha própria –, o que importa agora é que, profundamente adormecido, tinha uma intensa consciência de mim mesmo. Eu, a minha pessoa, era o protagonista da aventura onírica. Como surgiu em mim essa consciência a partir da inconsciência hípnica anterior ao meu pesadelo? Que outra coisa além do meu cérebro, e só do meu cérebro, foi seu autor e seu cenário?

Passemos agora da génese da autoconsciência em estado vígil. Produzida a consciência-claridade ou consciência-quadro que a actividade da substância reticular traz consigo – mais precisamente, adquirida a qualidade consciente por parte dos actos integrantes da quotidianidade da minha vida –, nem por isso me vivo a mim mesmo como "eu"; limito-me a ir realizando esses actos sem que na minha consciência se produza o confronto com o mundo exterior – confronto algumas vezes deliberado, outras não – que o acto de cada um se viver a si próprio como "eu" essencialmente traz consigo. Para que isto suceda é preciso que uma determinada situação, percebida por mim, pelo menos predominantemente, através de um determinado sentido corporal, suscite em mim certa necessidade de me auto-afirmar, de me afirmar a mim mesmo como eu. O que se passou então no meu cérebro?

Vejamo-lo à luz de um exemplo. Passeio por uma rua distraidamente, isto é, sem me sentir a mim mesmo explicitamente como "eu", e de repente vejo algo que choca de maneira violenta com os meus gostos pessoais. De um modo súbito e automático, sinto-me incomodado e sem que pronuncie no meu íntimo o pronome "eu", esse "me" inexpresso de me sentir incomodado actualiza-me como quem sou eu e segundo o que eu sou. Repetirei a minha pergunta: o que se passou então no meu cérebro? Como se produziu na minha realidade individual esse vago, mas inequívoco e básico modo de me viver a mim mesmo? Disposto, sem dúvida, a aceitar sem reservas outra resposta melhor, tentarei dar aqui a minha.

No decorrer de um lapso temporal extremamente breve, produziram-se em mim – no meu cérebro – os seguintes processos: 1) A codificação de um estímulo visual, com a formação consequente do *percepto* correspondente à cena vista; 2) O pôr em actividade, através desse *percepto*, e a partir da zona do córtex em que se produziu, de quase todo o restante cérebro: hemisférios direito e esquerdo, cada um deles com a sua modalidade perceptiva particular, córtex frontal, sistema límbico; 3) A percepção consciente dessa actividade total do cérebro em virtude de um acto de reflexividade da estrutura cerebral sobre si mesma, acto no qual, obviamente, não deve ver-se um deslocamento local das células integrantes dessa estrutura, mas um vago ou bem marcado sentimento da minha existência própria, do meu eu, especificamente modulado pela índole visual do *percepto* que pôs em acção essa silenciosa comoção cerebral. Aquilo que na mudança de direcção do bando de grous foi o movimento espacial inconsciente de um conjunto de elementos materiais, é agora a reflexividade consciente sobre si mesma, no interior da estrutura dinâmica total do cérebro, da actividade dos sistemas neuronais implicados na percepção da situação vivida. No chimpanzé, esta reflexividade dá lugar à consciência de uma identidade meramente individual e, no homem, à consciência de uma identidade formalmente pessoal.

Surgem agora dois problemas neurofisiológicos: dar argumentadamente conta do modo como teve lugar a participação da totalidade do cérebro no processo da autopercepção e explicar razoavelmente a diferença qualitativa, essencial, entre o modo da autoconsciência assim produzido, o modo humano, e aquilo que perante uma situação para ele desagradável se produz no cérebro do chimpanzé.

Para a globalização da actividade cerebral a partir de uma estimulação localizada contribuem em medida desigual a operação de circuitos neuronais geneticamente pré-estabelecidos, a função intercomunicante dos neurónios de axónio curto e a existência de neurónios eferentes nos sistemas aferentes e de neurónios aferentes nos sistemas eferentes. Foi Cajal quem, além de mostrar a existência dos neurónios operantes a contracorrente, pôs em evidência o forte contraste entre a grande quantidade dos neurónios de axónio curto no córtex cerebral do homem e o número muito menor dos que apresenta o cérebro dos vertebrados superiores e foi ele também quem pela primeira vez viu nisso uma das razões, talvez a principal, da especificidade funcional do cérebro humano. Por efeito conjunto destes três factores, a unidade de acção do nosso cérebro tem o seu fundamento na actividade sinérgica, ainda que modulada pela peculiaridade fisiológica da região cerebral que a activou – córtex occipital, córtex auditivo, etc. – de milhões de milhões de conexões sinápticas; complexidade estrutural e dinâmica que, sendo enorme como é, não nos permite, a nós, homens, competir com a eficácia combinatória e calculadora dos computadores, mas sim construí-los, programá-los e, o que é muito mais, realizar actividades que para eles nunca serão possíveis, como compor a *Nona Sinfonia*, idear a teoria da relatividade e perceber a identidade da existência própria ao longo do tempo.

Os neurofisiologistas recordam-nos várias vezes o que, a respeito da morfologia externa do cérebro, já Huxley demonstrara há mais de um século: que na textura do cérebro humano nada há que o distinga qualitativamente do cérebro dos animais superiores. Os neurónios do homem só parecem distinguir-se dos neurónios do animal pelo número e pela arborização dos prolongamentos dendíticos. As sinapses do nosso sistema nervoso, em nada de essencial se distinguem das observáveis no sistema nervoso dos vertebrados superiores, e outro tanto se pode dizer das células gliais. A diferença entre o cérebro de um homem e o de um chimpanzé é apenas quantitativa, relativa apenas ao seu volume total, à proporção das suas partes, ao número das camadas corticais e das áreas de Brodmann e ao número dos neurónios de axónio curto das sinapses. Em tal caso, não deveremos concluir que a diferença entre o psiquismo humano e o psiquismo animal é somente de grau, que a antropogénese foi o resultado de um salto evolutivo não mais importante que aquele que diferenciou os driopitecos em pongídeos e hominídeos?

Se na realidade do mundo houvesse um axioma inexorável seria talvez a sentença escolástica *magis et minus non mutant speciem*. Mas tanto na evolução do cosmos como nas produções do engenho humano dá-se mil vezes isso a que os marxistas chamam "o salto qualitativo". A envergadura maior ou menor de um cavalo não faz com que ele deixe de ser cavalo. Certíssimo. Mas embora a actividade de uma pequena loja e a de um grande armazém seja genericamente a mesma, vender mercadorias, quem poderá negar que uma e outro sejam qualitativa e especificamente diferentes entre si? O mesmo, na minha opinião, pode dizer-se da diferença no número dos neurónios de axónio curto e no montante total das sinapses cerebrais entre os símios antropóides e o homem. Através de um salto tão considerável no plano do número e da quantidade, a evolução das espécies cumpre a chamada "lei da transformação da quantidade em qualidade", e na biosfera surge o *novum* maravilhoso e inesgotável que são o psiquismo e o comportamento do homem; e no interior deste, o facto de a autoconsciência individual dos antropóides se converter *per saltum* na autoconsciência pessoal dos seres humanos, na consciência que cada um de nós tem de si mesmo e da continuidade do seu "quem" próprio no curso em transformação da sua biografia.

e) Na actividade criadora da inteligência humana enquanto *logos*, Zubiri distinguiu o *percepto*, o *ficto* e o *conceito*. No *percepto*, a inteligência limita-se a constatar a realidade de uma coisa segundo o "isto", quer dizer, segundo a diferença específica da imagem cerebral codificada pelos sentidos ("isto é vinho"); no *ficto*, a criação intelectual e a asserção que lhe corresponde expressam-se no "como" daquilo que se percebe ("os espanhóis são como os romances de Galdós os apresentam"); no *conceito*, a inteligência cria e expressa-se segundo o "quê" (quando, por exemplo, se diz "o que é o vinho"). O nosso problema é: como se produzem no cérebro os *perceptos*, os *fictos* e os *conceitos*, as imagens, as metáforas e as ideias das coisas?

São *perceptos*, como se disse, as imagens que suscita no cérebro a percepção sensorial e que naquele permanecem mais ou menos duradouramente armazenadas. A neurofisiologia – lembre-se o conseguido por Hubel e Wiesel, no que se refere às imagens visuais – começou a ensinar-nos cientificamente como se formam os *perceptos*. O caso dos *fictos* e dos *conceitos* é mais complexo. Como se formou no cérebro de Galdós o *ficto* a que o seu autor deu o nome de Ángel Guerra? Como puderam surgir no cérebro de Einstein os conceitos que integram a teoria da relatividade?

Por meio de uma elaboração da doutrina aristotélica dos entendimentos passivo *(nous pathetikós)* e agente *(nous poietikós)*, os escolásticos medievais responderam a este conjunto de questões com a sua distinção entre as "espécies sensíveis" ou "impressas" e as "espécies inteligíveis" ou "expressas". O intelecto passivo recebe as espécies impressas que os sentidos lhe enviam e o intelecto agente transforma-as nas espécies inteligíveis que são as ideias, os conceitos e, em geral, as noções abstractas. O corpo (a matéria sensível) dá lugar às primeiras, a alma (a forma substancial) produz as segundas. O que suscita em qualquer mente rigorosa a mesma observação que páginas atrás suscitava a explicação hilemórfica do movimento voluntário. Salvo um recurso ao milagre, em termos ocasionalistas, poderemos considerar possível a acção transformadora de um ente imaterial, a alma, sobre a actividade de um ente material, o cérebro? Em meu entender, e no de muitos, não. Parece necessário, portanto, concebermos de um modo mais razoável a génese dos *fictos* e dos *conceitos*.

Cajal viu as ideias como "resíduos de imagens comemorativas primárias". E uma vez que as imagens comemorativas primárias se encontram localizadas na região cerebral em que se formaram – o córtex occipital para as imagens visuais, o córtex temporal para as palavras ouvidas, etc. –, teremos de concluir, em consonância com aquilo que a respeito dos hipotéticos "centros intelectuais" o próprio Cajal afirmou, que as ideias não são nem podem ser "resíduos de resíduos". Não, a formação das ideias e dos *conceitos*, propriedade sistemática do cérebro, só pode ser razoavelmente atribuída à actividade de uma porção muito vasta do seu conjunto estrutural e dinâmico. Como?

Eu vejo a formação cerebral de ideias gerais e conceitos nos cinco termos seguintes:

1.º Não existem *perceptos* puros. Quando se produz um *percepto*, funde-se instantaneamente com um *conceito* – ou preconceito – mais ou menos explícito. Quem à vista do vinho diz "isto é vinho" mostra possuir uma ideia puramente empírica – não racionalizada, não científica – daquilo que segundo a sua aparência sensorial é a realidade a que se chama "vinho" na área idiomática a que pertence. O facto de nomearmos o que percebemos – "vinho", "mesa", "água", etc. – é a melhor demonstração do carácter pré-conceptual que o *percepto* tem. Quando o *percepto* se converte em engrama, quer dizer, quando o sujeito *percipiente* não vê o vinho pela primeira vez e sabe que um líquido com estas e aquelas características aparentes é vinho, a coisa não pode ser mais evidente. Mas é-o também, ainda que em menor medida, quando se percebe pela primeira vez um objecto. Quem, por exemplo, vê um animal que nunca vira, não só vê e sabe que está a ver um animal, o que torna já a sua percepção incoactivamente conceptual, mas vê também "um animal que nunca vira", mas que se parece em alguma coisa ou em nada com os animais que já conhecia, constituindo actividades cerebrais de indubitável carácter mental, além de perceptivo. Os nomes dados pelos conquistadores da América às espécies animais ou vegetais que viam pela primeira vez mostram até à evidência a realidade que descrevemos.

2.º Tanto a formação desse preconceito como a componente afectiva que acompanha qualquer *percepto* – o que se vê, se ouve, etc., produz sempre um sentimento mais ou menos agradável ou desagradável em quem o percebe – mostram sem margem para dúvidas o carácter global que a actividade do cérebro possui no processo da percepção sensorial e na evocação memorativa do já percebido. Voluntária ou involuntariamente suscitada a revivência de um *percepto,* a descodificação do engrama localizado envia instantaneamente para todo o cérebro a mensagem consequente, e esta última adquire para o sujeito significação vital. Podemos sem exagero afirmar que o acto de vermos conscientemente um objecto, formando por exemplo a visão, tem o seu agente na totalidade do cérebro, e não só na via óptica.

3.º A percepção ou a rememoração repetidas de um objecto dão consistência crescente ao engrama perceptual e fazem com que a sua actualização consciente adquira para o sujeito, modulada pela situação em que uma e outra se tenham produzido, a sua significação vital plena e definitiva.

4.º A transformação do *conceito* só incoactivamente racionalizado – "este líquido que vejo é vinho" – em *conceito* plenamente racionalizado – "por ser vinho, sei que este líquido possui estas e aquelas propriedades e esta e aquela composição" – varia segundo a capacidade pessoal do sujeito em termos de inferência e de criação intelectuais, capacidade cuja grandeza depende do maior ou menor talento inato do sujeito, em última análise, da constituição inata do seu cérebro, e da maior ou menor aptidão que a educação lhe tenha dado. Conjuntamente o génio original do cérebro de Einstein e a sua educação como físico do século XX, converteram criadoramente em *conceitos* científicos os *perceptos* visuais correspondentes à experiência de Michelson e Morley, *perceptos* directa e imediatamente formados no cérebro dos autores dessa experiência, e imaginativamente suscitados pela leitura no cérebro de Einstein. Menos genial que o de Einstein, o cérebro de qualquer homem culto está repleto de conceitos nascidos segundo este esquema.

5.º Em resumo: qualquer *conceito* é o resultado de uma actividade global do cérebro, suscitada pela actividade local do *percepto* e diversamente intensificada e qualificada pela capacidade intelectual inata – genial em alguns homens, quase nula num idiota profundo – que o cérebro humano possui. Procedente de um acto criador ou de um processo de aprendizagem, o *conceito* pode permanecer duradouramente impresso, no todo funcional do cérebro, como permanente possibilidade de acção de um sistema de circuitos neuronais. A memória não conserva apenas engramas de imagens, conserva também engramas de hábitos intelectuais, esses engramas a que dá lugar na dinâmica do cérebro a criação de um *conceito* ou a sua aquisição por aprendizagem.

Deduz-se do exposto que os dois modos mais especificamente próprios da inteligência humana, o pensamento abstracto e o pensamento simbólico, não são actos de uma entidade supra-orgânica, uma alma espiritual activa como intelecto agente, mas propriedades sistemáticas da estrutura material e dinâmica que é o cérebro humano. Com toda a sua realidade corpórea o homem *é* homem, com toda essa realidade é *animal rationale* e vive humanamente, mas de maneira eminente o homem pode ser o que é e viver como vive, por obra do seu cérebro. De tal maneira que, se se realizasse um dia algo que hoje não parece ser tecnicamente possível, o transplante para a pessoa A do cérebro da pessoa B, aquela transformar-se-ia nesta última.

Disse antes, com Zubiri, que a inteligência do homem cria *perceptos, fictos* e *conceitos.* No que se refere à conversão do *percepto* em *conceito,* fica exposto o essencial. A menção do pensamento simbólico obriga-me a dizer agora, ainda que com brevidade, como vejo a génese do acto *ficto.*

Enquanto símbolo, todo o símbolo – algo que devido a uma convenção mais ou menos arbitrária e mais ou menos amplamente compartilhada representa outra coisa: a cor de uma bandeira nacional, a letra π, qualquer nome substantivo – é um *ficto,* um ente de ficção. Outro tanto cabe dizer da metáfora, consequência da atribuição de um sentido translaccional a uma palavra, e do personagem literário, resultado do imaginar da possível existência real de uma pessoa não existente. Em qualquer destes três casos, como se forma o *ficto*? Em meu entender, devido a um acto de vontade: dar nome e condição representativa a um conjunto de *conceitos* e *perceptos* (os representados pela letra π, por um nome substantivo ou pelas cores de uma bandeira), unir sob uma mesma expressão aspectos parciais de duas coisas realmente distintas (chamar rubi a uns lábios) e conceder entidade fictícia a um conjunto de experiências pessoais perante a realidade do mundo (as que no cérebro de Shakespeare tornaram possível a criação do personagem Otelo). Os conceitos e os *fictos* procedem sempre de *perceptos,* e são expressão consciente da actividade de circuitos neuronais estabelecidos a partir da região do cérebro em que o *percepto* se formou e capazes de conservar como engrama de ordem superior a possibilidade de rememorar o *conceito* e o *ficto* inicialmente criados.

f) Acabo de dizer que a transformação dos *perceptos* em *fictos* e em *conceitos* exige a execução de um acto de vontade, enérgico em alguns casos, como a criação intelectual ou artística – "Fiquei extenuado de esquadrinhar a realidade", diz Platão no *Fedro* –, e leve noutros, como em tantas situações da vida quotidiana. Para compreendermos como na sua totalidade o cérebro é o agente do psiquismo superior é necessário indicar esquematicamente o que pode ser a neurofisiologia da liberdade.

O problema de explicar neurofisiologicamente a liberdade deve partir de três pontos básicos, um negativo e dois positivos: que na conduta do homem não há espontaneidade absoluta; que o homem é real e verdadeiramente livre, ainda que a sua liberdade seja condicionada; que a vida em geral, e de modo muito particular a vida humana, tende constitutivamente para o futuro.

Muitos atribuem espontaneidade ao animal. A exploração do terreno em busca de sustento, por exemplo, seria um acto espontâneo, determinado apenas a partir do interior do indivíduo com fome. Alguns negam a espontaneidade do animal, mas afirmam a do homem, assim, seria inteiramente espontânea a livre decisão de dar um passeio. Mas se, em rigor, chamarmos espontaneidade à qualidade dos movimentos produzidos, como diz o dicionário, "de moto próprio", isto é, devido apenas à iniciativa do ente que se move, teremos necessariamente de concluir que também não a poderemos atribuir ao indivíduo humano. Todo o acto humano, incluindo a criação mais inovadora e mais livre, é uma resposta à situação psico-orgânica na qual e da qual surge. A *Nona Sinfonia* foi uma resposta do músico Beethoven à sua situação psico-orgânica pessoal no momento de a conceber, situação na qual, como é óbvio, havia motivos de carácter histórico e social. Outro tanto poderia dizer-se das *Demoiselles d'Avignon* ou dos *Sonetos a Orféu*. Apesar das aparências, Beethoven, Picasso e Rilke não agiram espontaneamente.

É o carácter de resposta e não puramente espontâneo do acto livre que condiciona o exercício da liberdade, mas, ainda que condicionadamente, o homem é real e verdadeiramente livre, tanto no "dizer sim" ou no "dizer não" da escolha, como, sobretudo, na ruptura com o presente que a verdadeira criação traz consigo. Explicar a escolha ou a criação por meio da doutrina dos reflexos condicionados é um reducionismo que até mesmo a experimentação animal desautoriza. É certo, como diz Zubiri, que "se eu executasse a ficção leibniziana da análise infinita, se fosse capaz de determinar até ao infinito todas as condições precedentes e concomitantes de uma decisão livre, veria que a decisão é rigorosamente determinada pelos seus factores antecedentes e concomitantes". "Mas", acrescenta Zubiri, "não é esse o problema da liberdade. O problema da liberdade está em saber quem põe os antecedentes e qual o modo como são postos. Dada a decisão, eu poderia fazer uma análise, determinar todas as suas condições e pô-las numa equação diferencial. Ora bem, é uma coisa completamente diferente saber quem pôs os antecedentes. Estão simplesmente aí como realidades que derivam do Cosmos? Ou é um Eu a pôr propriamente tais motivos que, por isso, nunca poderão chamar-se antecedentes?... O acto livre é rigorosa e deterministicamente determinado por todos os seus antecedentes. O que se passa é que nem por isso deixa de ser livre, porque esses antecedentes são em certa medida postos pelo próprio sujeito... E, portanto, resultam do esquema *antecedente-consequente*". Condicionadamente, decerto, o homem é livre.

A liberdade do homem, enfim, tem como fundamento a seguinte realidade essencial: que a vida humana – como a vida em geral, mas a seu modo próprio – tende constitutivamente para o futuro, ou como diz Marías, essencialmente "futuriza". Através das suas idades, dos seus ritmos e das suas acções instintivas, a vida do animal move-se na direcção do futuro segundo o modo da relação entre o *feedback* (retroacção) e o *feedforward* (anteacção) a que desde Prinz von Auersperg se chama tecnicamente "prolepse" (os movimentos do gato que cai no ar antecipam, a fim de o tornar minimamente nocivo, o termo da queda). No movimento do homem para o futuro há também actos prolépticos mas, como sabemos, assumidos e dotados de sentido num modo de comportamento essencialmente superior, o "projecto". Nele, a relação, ao mesmo tempo consciente e inconsciente, entre o *feedback* e o *feedforward* traz consigo o exercício da liberdade, sob a forma de acção e de criação. *Ideando* e executando projectos que são respostas, sentindo constantemente dentro de si que a sua liberdade é condicionada, o homem move-se livremente rumo ao seu futuro pessoal e histórico.

No movimento do homem em direcção ao futuro, o que faz o cérebro? Será apenas o executor de projectos forjados fora dele por uma alma espiritual, ou o órgão da vida humana que por si mesmo os concebe e executa? Não são poucos os filósofos que optam pela primeira das duas hipóteses e que a convertem em tese. Frente a eles, a maioria dos neurofisiologistas inclinam-se em favor da segunda. É com estes últimos que estou.

O que se passa no cérebro para que a sua actividade seja a execução de um acto livre? Seria inteiramente disparatado pensar que no cérebro humano há um "centro da liberdade". Não. O acto livre é obra da totalidade do cérebro, do cérebro no seu conjunto, mas na actividade desse todo estrutural e dinâmico têm um protagonismo notório, quando a meta é a execução e a ideação de um acto livre, o lóbulo frontal e a diferença funcional entre os dois hemisférios cerebrais.

Na livre elaboração e na livre execução de um projecto há, evidentemente, momentos psicomotores, sensoriais, somato-estésicos, memorativos e afectivos, o que supõe a intervenção das áreas cerebrais correspondentes na acção de projectar. Todavia, todos eles se encontram subordinados à actividade rectora do lóbulo frontal. Tanto as lobotomias terapêuticas como as experimentais mostram que é nele que mais notoriamente se promove e se elabora o movimento do sujeito em direcção ao futuro. Temos de concluir, portanto, que é a extrema telencefalização do cérebro humano que na ordem da conduta dá lugar à conversão da actividade proléptica em actividade projectiva. Embora o exercício da liberdade seja obra do todo do cérebro, e até mesmo do cerebelo, segundo alguns (Pribram e outros), só muito deficientemente seria possível na ausência dos lóbulos frontais.

A configuração total desse exercício resulta do mesmo modo da combinação, através da função comunicativa do corpo caloso, da actividade diferente e complementar dos dois hemisférios posta em evidência por Sperry e pelos seus colaboradores. Mais intuitivo, sentimental e figurativo o hemisfério não dominante, mais analítico, intelectivo e lógico o hemisfério dominante, ambos contribuem para que a atitude de um homem perante a realidade patente e perante a realidade possível seja o que efectivamente é.

O protagonismo do cérebro na génese dos actos livres torna-se sobremaneira evidente, como mais de uma vez fez notar Rodríguez Delgado, considerando diacronicamente a gradual constituição da liberdade no indivíduo humano. A criança recém-nascida não é livre, limita-se a expressar por meio de movimentos e sons a sua complacência ou o seu desagrado frente aos estímulos do meio e do seu próprio corpo. A liberdade, a capacidade de ser livre, vai aparecendo na criança à medida que o desenvolvimento das estruturas cerebrais adequadas a tornam possível. E a criança é real e efectivamente livre – deixemos de lado o problema de saber se era ou não já livre em potência – apenas na medida em que a estrutura do seu cérebro o permita e o imponha. É essa estrutura, com efeito, que nos permite ser livres quando na vida social o queremos ser e que nos impõe a liberdade – o homem é livre à força, queira-o ou não, escreveu Ortega –, quando como verdadeiros homens existimos.

g) A vida proporciona ocasiões em que súbita e fugazmente cada um de nós sente que o presente assume o passado e o futuro, e que dentro de si transcende a essencial temporalidade da existência humana rumo a uma forma de acabamento ou perfeição transtemporais: os lances extáticos da comunicação amorosa, os "grandes meio-dias" de que falou Nietzsche, o "instante eminente" e o "presente eterno" das descrições de Jaspers, a descoberta desse "gosto, como que estelar, de eternidade", que Ortega via nos actos que por um momento parecem dar satisfação consumada à vocação pessoal. Nesses momentos, dissera Goethe,

> o passado então faz-se permanente,
> adianta-se o porvir e faz-se vivo,
> o presente é eternidade.

Poderá dar-se uma explicação neurofisiológica desses instantes sublimes? Do ponto de vista da neurofisiologia, será possível uma vivência na qual pareçam fundir-se o passado, o presente e o futuro da pessoa? Penso que sim.

A vida psíquica é corrente, fluente. A consciência, diriam em uníssono W. James, S. Freud e X. Zubiri, é o fluxo dos actos da pessoa que pela sua intensidade ou pela sua qualidade acabaram por tornar-se intimamente perceptíveis. Por conseguinte, a actividade do cérebro tem um antes, um agora e um depois. É certo que toda a realidade material, da partícula elementar à galáxia, tem antes, agora e depois, ou seja, sucessão temporal, mas o modo desta varia segundo o nível estrutural da matéria: simples sucessão nos entes inanimados, memoração e antecipação proléptica nos seres vivos não pessoais, memoração, antecipação projectiva e realização de projectos no ser vivo pessoal, no homem. O decorrer vital do organismo é por essência, como disse Pribram, *time-binding*, "enlaçador de tempo", e o sistema nervoso é a estrutura que de modo eminente executa essa função.

Como é que acontece esta execução no cérebro humano? A neurofisiologia ensina que na projecção da vida em direcção ao futuro tem um papel principal o lóbulo frontal do cérebro, e estando este ligado aos sistemas da memória a curto e a longo prazos, fica garantida a instalação no tempo: a pessoa é capaz de projectar normalmente o seu futuro e de seguir adequadamente o curso temporal da execução do projecto. O nosso problema consiste em saber o que é que se passa na vida e no cérebro quando a meta de um projecto pessoal foi satisfatoriamente conseguida.

Em meu entender, passa-se o seguinte. Se o projecto era verdadeiramente importante para a pessoa que o concebeu – amar em acto e sem entraves a pessoa amada, levar a cabo uma criação intelectual ou artística de especial valor para o seu criador, cair no êxtase da droga [24], mergulhar na contemplação de uma paisagem íntima –, a actividade cerebral expressa-se numa vivência de conclusão, de acabamento: a vida parece ter chegado à sua plenitude, e confere a sensação de "não necessitar de

---

[24] Ninguém descreveu tão vivamente a vivência de intemporalidade – melhor: de supratemporalidade – conferida pela droga como Baudelaire em *Les paradis artificiels*. Veja-se o meu ensaio "Metafísica bodleriana de la droga", em *Teatro del mundo* (Madrid, 1986).

futuro". Sem que seja explicitamente recordado, o passado, todo o passado, torna-se assumido no presente. E o futuro? O futuro, não, porque, ainda que inexoravelmente o venha a ter, quem assim vive não sente tal necessidade. A imaginação do futuro conferirá, no melhor dos casos, muito mais que uma esperança mais ou menos tingida de inquietação ou de angústia? O segundo termo da estrofe de Goethe há pouco citada não se observa, porque por um momento não há lugar para ele.

Numa afirmação muito conhecida, Boécio definiu a eternidade como "a total e perfeita posse de uma vida interminável". Se, assim concebida, a eternidade é ou não possível para nós, homens, só o "para além da morte" no-lo pode fazer saber. Mas a actividade do nosso cérebro permite-nos por vezes, ainda que muito fugazmente, viver como se tivéssemos transcendido a dupla limitação que são para nós o espaço e o tempo; como se, por um momento, tivéssemos chegado a uma posse total e perfeita da nossa vida.

7. Embora as funções cerebrais mais notoriamente localizadas – fala, sensibilidade, memória – tenham nos seus respectivos centros o ponto de partida do seu exercício, a actividade de todas elas traz consigo, quando se tornam psiquicamente efectivas, a sua extensão ao todo da estrutura dinâmica do cérebro. A par destas funções e sobre elas, estão as funções não localizáveis, essas que podem unicamente ser referidas à actividade do todo cerebral: a autoconsciência, a conceptualização, o pensamento simbólico e abstracto, o agir livremente. A expressão consciente, a aventura mística e a religiosidade – a "virtude de religião" de que falam os teólogos escolásticos – poderiam ser somadas a essa série, por que também se fundam na actividade do cérebro no seu conjunto. O que no transe místico não é misterioso e gratuito, a doação divina, o que nele é pura e simplesmente humano, a progressão ascética até ele, que outra coisa são senão obra do cérebro no seu conjunto?

Insisto, o cérebro no seu conjunto é o agente do psiquismo superior. Seria um erro pensar, com Flechsig, que os conceitos gerais nascem da "co-agitação" de engramas particulares, ou com Cajal, que "a operação intelectual é o resultado da acção combinada de um grande número de esferas comemorativas primárias e secundárias" e da "conexão dinâmica entre duas imagens pouco ou nada relacionadas entre si". Não. Procedente ou não da excitação de uma área determinada, a actividade psíquica do homem e, evidentemente, a do animal, têm como sujeito agente o cérebro no seu conjunto. A unidade estrutural e dinâmica do cérebro não resulta da associação entre si das mensagens das diversas áreas funcionais do córtex, mas da actualização da totalidade unitária dessa estrutura, assim que alguma estimulação externa ou interna a suscita. Totalidade que, como disse mais de uma vez, tem prioridade ontológica e cronológica sobre as funções em que se realiza e diversifica. Repetirei a fórmula consabida: em toda a estrutura física, e o cérebro é-o, o todo é mais que a soma das suas partes, mais que elas e anterior a elas. E, é regida pelo cérebro, a estrutura do corpo inteiro. Viu-o certeiramente e certeiramente o soube descrever *don* Miguel de Unamuno: "O eu, o eu que pensa, quer e sente, é imediatamente o meu corpo vivo, com os estados de consciência que suporta (e cria, acrescento eu). É o meu corpo vivo que pensa, quer e sente." "Pensa-se com a vida", escreveu Julián Marías. Sim, com a vida, enquanto realizada e operante como actividade cerebral.

Como o bando de grous no que se refere ao seu movimento unitário, o conjunto estrutural que as células nervosas do cérebro formam é o agente da sua actividade global e a instância rectora das suas propriedades sistemáticas; conjunto formalmente matematizável, material nas células que o constituem, imaterial ou transmaterial na sua unidade operativa, dinamicamente realizada esta última em actividades diversas – autoconsciência, conceptualização, expressão, liberdade, etc. – segundo a situação que o põe em acto. Quem não se decida a imitar a ousadia mental de Heisenberg ante a realidade das partículas elementares, e não seja capaz de exceder a visão coisificante do mundo, a concepção deste como uma composição interactiva de "coisas materiais" e "coisas espirituais", quem não deixe de ver o cosmos como sintaxe de coisas singulares e as estruturas do cosmos como conjuntos simplesmente relacionais, quem perante os entes materiais não se arrisque a substituir os conceitos de "forma substancial" e de "soma associativa" pelo de "estrutura dinâmica" – não compreenderá adequadamente o que é a realidade do mundo para a nossa inteligência. À unidade dinâmica da estrutura material a que chamamos amiba pertence como propriedade sistemática o viver segundo o esquema "ensaio e erro" e, portanto, a posse de uma elementaríssima "protoconsciência bioquímica". Da unidade dinâmica da estrutura material a que chamamos chimpanzé são expressão as propriedades sistemáticas antes descritas e um novo e mais elevado nível da consciência psíquica, a "consciência neural". Pois bem, a um nível essencialmente mais elevado, à unidade dinâmica da estrutura material a que chamamos "homem" pertence, devido a um salto qualitativo na evolução do encéfalo, a conversão da "consciência neural" em "consciência pessoal". Humanamente estruturada, a matéria faz-se pensante, autoconsciente, livre, desejante de imortalidade e talvez realmente imortal.

O que é, portanto, a alma? Admitida a sua não existência como ente real contraposto ao corpo – tal é a alma do homem no dualismo cartesiano e até mesmo no hilemorfismo, ainda que se fale neste último de forma substancial –, deverá ser por isso suprimida da linguagem científica, como quis Watson e querem os seus seguidores, e da linguagem literária e coloquial, se quisermos que esta seja intelectualmente rigorosa? De maneira nenhuma. Uma longa e poderosa tradição cultural deu--lhe capacidade estética e ética, e tornou-a literária e coloquialmente imprescindível. Renunciaria Antonio Machado a dizer que "a alma do poeta se orienta para o mistério"? Os homens generosos e cheios de entusiasmo deixarão de dizer que vão fazer algo "com toda a alma" ou "com a alma e a vida"? O problema é mais delicado no caso da linguagem científica, porque sem certas precisões semânticas, estou longe de querer juntar-me aos que declaram cultivar uma "psicologia sem alma".

A psicologia que postulo opõe-se energicamente à "psicologia sem alma" dos condutivistas ortodoxos. Os condutivistas à maneira de Watson e Skinner dispensam tematicamente a introspecção e a observação compreensiva do outro. Frente a eles, embora valorizando em não parca medida a contribuição do condutivismo ortodoxo para a psicologia, venho desde há anos propondo, como único método adequado ao conhecimento científico da conduta humana, o "condutivismo compreensivo", um estudo do outro em que metodicamente se combinem a observação objectiva do comportamento alheio – visando tanto a obtenção de modelos de comportamento como a investigação biológico-molecular do organismo –, as descobertas da psicologia experimental comparada – ainda que mediante a precaução constante de evitar a confusão entre o rato e o homem – e os resultados da introspecção, sem a qual não seria possível a compreensão psicológica dos homens que vemos diante de nós. Acabo de ler em Pribram a sua também já antiga proclamação de um "condutivismo subjectivo" (Miller, Galanter e Pribram, *Plans and the Structure of Behavior*, 1960). O meu reúne-se ao dele, e também ao movimento científico ascendente designado pelos seus adeptos como "psicologia cognitiva".

É neste sentido que deve ser entendida a psicologia neurofisiológica, mas não só neurofisiológica, em que se baseia a teoria *estruturista* da vida humana esboçada neste livro. De modo algum digo aqui que o conhecimento do homem deva reduzir-se ao que a neurofisiologia e o condutivismo clássico possam ensinar. A vida humana é intimidade e acção no mundo, amor e ódio, criação artística e criação intelectual, religiosidade e arreligiosidade, heroísmo e cobardia, alegria e dor, sociabilidade e história, diversão e tédio e muitas coisas mais. O que não nos impede de pensar que, ao nível actual do pensamento e da ciência, se torna altamente razoável referir todas essas formas de vida à actividade psíquica do cérebro do homem, tal como evolutiva e estruturalmente se configurou no actual *Homo sapiens sapiens*, mais razoável, evidentemente, que atribuí-las a uma alma concebida como ser imaterial contraposto ao corpo e superior a ele. E se alguém acabar por demonstrar que, ao nível actual do pensamento e da ciência, uma visão dualista da realidade do homem é mais razoável que a *estruturista* que aqui proponho, apressar-me-ei a subscrevê-la com todo o gosto.

Evidentemente, tal não exclui o emprego do termo "alma" na linguagem filosófica e científica, não como denominação de uma "entidade metafísica" existente por trás dos fenómenos observáveis na conduta do homem, para o dizer segundo as palavras e o pensamento de Ortega, mas como nome do conjunto de manifestações da vida humana em que a afectividade e o sentimento predominam. Alma, poderia dizer-se, como denominação daquilo que o hemisfério não dominante do cérebro e o sistema límbico trazem à intimidade e à conduta do homem. Como vimos, é neste e só neste sentido que falam da alma Ortega e Goldstein – e, com eles, não poucos mais – quaisquer que sejam os seus respectivos modos de entender a realidade do homem.

O cérebro, maravilha do cosmos, quando vemos o cosmos da Terra. Talvez venhamos algum dia a saber se existem noutros astros estruturas comparáveis ao cérebro dos habitantes da Terra. Hoje apenas sabemos certamente que, há quatro ou cinco mil milhões de anos, no nosso planeta se formaram os primeiros seres vivos extremamente elementares e que, através deles, se pôs em marcha a evolução da biosfera que conduziu à génese dos cérebros humanos actuais. E o nosso cérebro acabará por ser o órgão do animal que, como um refinado "fim de raça", será o último resultado e o culminar da evolução biológica, ou simplesmente o antecedente do *Homo supersapiens* ou "super-homem" a que poderá conduzir o processo evolutivo da biosfera terrestre? O tempo o dirá.

Completando o modelo de Zubiri, vi páginas atrás o curso da evolução do cosmos como o aparecimento sucessivo de uma série de dinamismos: os dinamismos da *materialização,* da *estruturação,* da *variação,* da *alteração* e da *génese,* da *mesmidade,* da *autopertença* e, nos termos desses pressupostos, o da *convivência.* Devido ao dinamismo da autopertença, da hominização, a matéria estruturou-se no ente cósmico a que chamamos "corpo humano" e, dentro deste corpo, na maravilha do seu cérebro. Novidade cosmológica em virtude da qual a *mesmidade* – o modo de ser das substantividades que se tornam estruturalmente estáveis; estabilidade molecular nas moléculas e transmolecular nos seres vivos – se eleva a autoposse, à posse de cada um de nós por si mesmo. Com o aparecimento do corpo humano a nova estrutura da matéria torna-se essência aberta (aberta ao mundo como conjunto de coisas reais, aberta à realidade, não só aos estímulos do meio, como acontece no animal), sente encontrar-se no centro das coisas e do mundo, ser "eu" (portanto, pessoa), percebe o possível no real (transcende por meio da sua acção o modo aristotélico de entender a potência) e é capaz de se apoderar criativamente da realidade e das suas possibilidades (de se apropriar delas, de as fazer suas, frente ao mundo, tal é a essência da autopertença). Este apontamento sumário terá que ser aqui suficiente, tanto mais que o leitor poderá alargá-lo lendo por sua conta as páginas de *Estructura dinámica de la realidad.* Quero acrescentar que: só pelo seu cérebro e com o seu cérebro o homem pode exercitar e manifestar a autopertença essencial da sua estrutura.

E, uma vez que vive dentro de um mundo material, também pelas suas mãos e com as suas mãos. Não se enganava o velho Galeno quando definia o homem como animal racional e manidestro. Apenas com o seu cérebro, portanto com a sua inteligência peculiar e com as suas mãos, ou seja, com a sua recém-nascida capacidade de manejar os objectos do mundo, o homem iniciou há três milhões de anos a sua marcha fabulosa em direcção a tudo o que depois veio a ser. A diferença entre o *Homo habilis* e o australopiteco era profundíssima quanto à essência, mas não muito relevante quanto à aparência. No decorrer dos séculos demonstraria a grandeza daquilo que essa diferença, aparentemente tão pequena, podia *dar de si*. Disse uma vez que se hoje se visse na rua um desses nossos primeiríssimos antepassados, todos os transeuntes o tomariam por um símio evadido do jardim zoológico. Com o seu ainda tosco mas já humano cérebro, que pensaria esse remoto antepassado, pelo seu lado, vendo um astrónomo actual com o seu telescópio ou contemplando as imagens de um televisor? Provavelmente, que esse homem e essas imagens eram algo de absolutamente exterior em relação a ele e aos seus companheiros de grupo. A partir de um e outro destes dois juízos devemos medir o muito que, sob a sua modesta aparência, havia em potência dentro do reduzido hiato biológico existente entre o *Homo habilis* e o australopiteco.

Crescendo e complicando-se devido a mutações intra-específicas sucessivas, esse primitivo e ainda pequeno cérebro ia criar a série ascendente de feitos intelectuais, artísticos e técnicos que desde a produção do fogo e da invenção da linguagem articulada tem vindo a ser a história da Humanidade. O homem chegará a julgar-se tão importante que, vendo despontar e pôr-se diariamente o disco vermelho do Sol, e olhando depois na escuridão da noite a abóbada do céu estrelado, acabará por se considerar centro e resumo do Universo, microcosmos dentro do macrocosmos. Copérnico destruir-lhe-á essa ilusão, mas por meio da sua inteligência e da sua técnica, o homem alargará portentosamente o poder dos seus olhos e das suas mãos, dominará a Terra cada vez mais, demonstrará que a sua mente pode envolver, dando razão da sua realidade, o cosmos que o envolve, que tal é o último termo da cosmologia actual, e começará até a governar a sua própria evolução na biosfera, pois é isso que, entre outras coisas, traz consigo a biologia actual. A maravilha do seu cérebro foi e vai criando a maravilhosa epopeia do seu progresso histórico.

Maravilhosa, sim. Mas só maravilhosa? Diante da obra enorme do cérebro humano, necessitará a humanidade que o grandiloquente optimismo de um novo Victor Hugo cante no nosso século uma outra *légende des siècles?* Dois mil e quinhentos anos depois de ter sido escrito, um enigmático adjectivo da *Antígona* sofocleseana dar-nos-á a resposta adequada. O coro da tragédia imortal canta majestosamente aquilo que o homem, como inteligente e poderoso dominador da natureza, havia feito até então. Com um optimismo entusiástico apenas? Atrevo-me a pensar que o verdadeiro sentimento de Sófocles nem sempre foi transposto com fidelidade pelos seus tradutores. O termo comparativo *(deinóteron)* por meio do qual o poeta pondera a grandeza do homem só é habitualmente traduzido segundo as suas acepções mais optimistas. O adjectivo *deinós* significa, sem dúvida, "maravilhoso", "espantoso", "poderoso", "assombroso", mas também, e em primeiríssimo lugar, "terrível", que inspira terror. Dirá Sófocles, sem mais, que "o homem é o que há de mais maravilhoso no mundo"? Quem, continuemos a ler o texto, "armado contra tudo, não está desarmado contra nada do que lhe possa oferecer o porvir, e só frente à morte carece de remédio eficaz" – maravilhosa coisa é, decerto. Mas será o homem unicamente maravilhoso? Ao compor a sua *Antígona*, Sófocles não podia esquecer que "mais terrível" era o sentido que de modo mais forte e imediato deveria ser atribuído pelo seu auditório ao adjectivo comparativo *deinóteron*. Penso que, tendo isso em conta, quis fundir no seu verso, que tão célebre viria a ser, todas as significações que o termo *deinós* veiculava consigo: maravilhoso, sim, mas também terrível, à força de ser poderoso. Como grego do seu tempo que era, Sófocles sabia muito bem que a *hybris*, a desmesura é, enquanto possibilidade, nota essencial e tentação constante da condição humana.

Mais do que nunca o sabemos hoje. Movido pela *hybris* fáustica do homem moderno, o homem está a destruir o seu ambiente natural – os golfinhos mortos no mar de Ulisses, o ameaçador buraco na camada de ozono sobre a almejada Antárctida! – e, como os seus antepassados remotos que manejavam o machado de sílex, usou e pode voltar a usar o seu domínio da energia atómica não só para viver melhor, mas também para matar melhor. Maravilhoso e terrível era e continua a ser o homem. E no centro rector da sua estrutura, o cérebro. Apoiando-se nas descobertas inovadoras de Alcméon de Crotona, o próprio Sófocles teria podido dizer o que nós podemos com maior e melhor fundamento dizer hoje: que coisa maravilhosa e terrível, é o cérebro humano [25].

---

[25] Só na edição do texto grego da *Antígona* feita por A. Tovar (CSIC, Madrid, 1962) descubro uma nota relativa ao verso 334 que refere explicitamente em termos semânticos *tó deinón* à condição de "monstro" própria do homem. O homem é um monstro *(monstruo)*, com efeito, nos dois sentidos que o termo possui em castelhano (e também em português): monstro devido à sua sabedoria e monstro devido ao seu comportamento, tantas vezes terrível. Pascal escreveu: "Que quimera é, pois, o homem? Que novidade, que monstro, que caos, que motivo de contradição, que prodígio!", Sófocles puro.

CAPÍTULO 5
O MEU CORPO: EU

"Tornei-me questão para mim mesmo."

Santo Agostinho

"Estou cara a cara comigo, e é este o maior trabalho que me poderia caber."

Larra

"Que rosto a rosto límpido e sombrio/um coração tornado seu espelho!"

Baudelaire

Não "o meu corpo e eu", mas "o meu corpo: eu". Não a auto-afirmação de um "eu" para o qual algo de extremamente unido a ele, mas diferente dele, o corpo, fosse um servidor rebelde ou dócil – e é isso que implicitamente significa a expressão "o meu corpo" –, mas a auto-afirmação de um corpo que tem como possibilidade dizer de si mesmo "eu". Na sua expressão quintessencial, tal foi a tese que no capítulo anterior tentei, senão demonstrar como certa, pelo menos mostrar como razoável.

O meu corpo, eu. Falei até aqui da estrutura dinâmica do corpo humano *in genere* e do que, dentro dele, faz o seu órgão mais especificamente humano, o cérebro. Devo agora falar do meu corpo enquanto meu e enquanto estrutura material capaz de dizer de si mesma "eu". Os analistas da percepção do corpo próprio – de Husserl e Ortega a Sartre e Merleau-Ponty – descrevem e tentam compreender filosoficamente essa percepção a partir da qual cada um de nós oferece e impõe o seu corpo, mas com a convicção tácita ou expressa de que os resultados da sua análise poderiam fazê-los seus todos os homens, se a sua mente fosse capaz de considerar adequadamente a realidade de tal percepção. O que do corpo próprio – do seu corpo próprio – diz Merleau-Ponty é também válido, em princípio, para qualquer servente de pedreiro. Foi por isso que expus noutras páginas os aspectos essenciais dessas análises coincidentes. O caso é agora diferente. Nestas páginas quero falar do meu corpo não pelo facto de ele ser o corpo próprio genericamente humano, mas pelo facto de ele ser eu mesmo, portanto, daquilo que sou eu e é a minha vida, se é verdadeira a concepção corporalista da realidade humana que acabo de propor, a realidade de mim mesmo, segundo as certezas e as ideias, os desejos e as crenças que me fazem ser o que sou. Tanto como um *scholar* alimentado de leituras e de pensamentos, falará aqui, mais ou menos à maneira de Unamuno, o homem de carne e osso que sou.

I. AQUI E AGORA

Sou corpo *vivente* e pensante, homem de carne e osso, e precisamente por sê-lo vivo e penso a partir do meu aqui e agora. Uma vez que o meu corpo ocupa espaço, é espaçoso, pertence à percepção de mim mesmo radical e inexoravelmente a consciência de um "aqui", o lugar do espaço em que vivo e penso. Uma vez que o meu corpo é temporal, flui no tempo, a percepção de mim mesmo remete-me imediatamente para um "agora", para o instante do tempo cósmico e do tempo histórico em que estou a exercer a actividade de viver e de pensar. E uma vez que de modo tão radical e inexorável são notas da minha existência pessoal a consciência do meu aqui e do meu agora, talvez não seja impertinente começar pela minha análise de uma e de outra a autovisão pessoal que da minha realidade corporal – da minha realidade pessoal – pretendo fazer. Mas não posso proceder a essa análise antes de uma reflexão preliminar.

 A expressão "o meu corpo", já o referi antes, pressupõe a existência de um centro extra e supracorpóreo – chamemos vagamente "centro" a esse presumível componente do meu ser –, a partir do qual afirmo que o meu corpo é meu, que me pertence; em última análise, que eu tenho um corpo, o meu, pertencente sem dúvida ao meu ser, mas não tão íntima e essencialmente como esse centro a partir do qual, dizendo "eu", e mais ainda dizendo "eu mesmo", estou a proclamar a minha íntima identidade pessoal, a minha realidade como pessoa. Outro tanto acon-

O MEU CORPO: EU

tece em todas as línguas que consideramos cultas, no *mon corps* dos franceses, no *my body* dos anglófonos, no *mein Leib* dos germânicos e no *mio corpo* dos italianos. Pois bem, este modo comum de falar, que parece ter como pressuposto tácito uma concepção dualista – alma e corpo, espírito e matéria, mente e cérebro – da realidade do homem, expressará o facto de ser intrinsecamente dual a nossa realidade como homens? Esta locução será, como diria Letamendi, uma secreta "pré--noção vulgar" dessa realidade pressuposta, ou a expressão inconsciente de uma ideia do homem surgida no curso da História e sucessivamente configurada num *modus dicendi* comum a muitas línguas, mas não a todas elas? Os linguistas especializados que respondam. Por mim, que estou longe de o ser, atrevo-me a pensar que a consciência de um "eu" extra e supracorpóreo ao qual pertence um organismo corporal não é, em termos de Bergson, um dado imediato da consciência, ou em termos de Zubiri, a expressão imediata de uma impressão primordial da realidade. E uma vez que escrevo em castelhano, continuarei a dizer "o meu corpo" quando me referir a este que aqui e agora pensa e escreve, mas com a íntima convicção de que quem diz "o meu corpo" é um corpo a cujo modo de ser específico, o modo humano, pertencem a consciência da autoposse e a capacidade de auto-expressão.

Consequentemente, direi o que eu, meu corpo, penso que sou e creio ser aqui e agora.

1. O MEU AQUI

Sou e estou aqui. Onde? Sou e estou imediatamente no lugar do Universo que agora vejo – a estância onde penso e escrevo – e naqueles que deslocando-me espacialmente posso ver: a cidade onde resido, a paisagem que a rodeia, as mil e uma cidades e as mil e uma paisagens onde poderia ir e em que poderia estar. Sou e estou mediatamente, por outro lado, no seio desta abóbada azul ou negra que me ensinaram a chamar firmamento. Desde que existem na Terra ou, pelo menos, desde que há documentos escritos dando testemunho da sua existência na Terra, os homens tiveram diversas ideias e crenças acerca das duas dimensões do seu "aqui": a superfície terrestre e a abóbada do firmamento. Observando a mesma regra, tenho também as minhas.

No que se refere ao firmamento, as minhas ideias são as que os actuais astrónomos ensinam. Portanto, as que, como preâmbulo de uma meditação ascética sobre a nossa pequenez humana, sugerem os nomes de Copérnico, Shapley e Baade. Copérnico tirou ao homem a ilusão de ser, enquanto habitante do planeta Terra, o próprio centro do Universo. Já no nosso século, Shapley destruiu a ilusão posterior de ocupar, como parte do sistema solar, o centro da galáxia a que o sistema solar pertence; com o seu séquito de planetas, o Sol não é mais que um astro quase-marginal no interior da Via Láctea. As coisas não se ficaram por aqui. Prosseguindo a tarefa de explorar telescopicamente o Universo, Baade retirou à nossa galáxia, a Via Láctea, o privilégio hipotético e infundado – última ilusão do velho antropocentrismo cosmológico – de ocupar um lugar central no cosmos; a nossa galáxia não passa de uma entre muitas, e não é uma das maiores.

Como habitante do Universo, o meu aqui remoto, o firmamento que vejo, é composto por cerca de dez milhões de galáxias e a minha galáxia pessoal, a Via Láctea, por cerca de duzentos mil milhões de estrelas, uma das quais é aquela a que chamamos Sol. Mais ainda, o firmamento que vejo não é a realidade actual do firmamento, como na minha mente é actual a realidade do livro que tenho agora à minha frente. Exceptuando o caso dos astros mais próximos, o firmamento que vejo é a imagem daquilo que foi há milhões e milhões de anos.

O meu corpo, esta mão que vejo, este torso que toco, é o *aqui* quase infinitamente pequeno de um espaço estelar quase infinitamente grande. Por maior que seja a minha humildade, nunca será proporcional ao que, para minha admiração e espanto, me dizem estes números. Enquanto realidade física eu sou, senão um quase-ninguém, porque um "alguém" não pode ser "quase", um quase-nada, um "algo" material que tem necessariamente de se admirar e de se espantar perante a pequenez da sua realidade individual. Sem conhecer os números de que nos falam os astrónomos actuais, foi admiração e espanto o que sentiram ante o espectáculo do firmamento Pascal como cana pensante, Kant como cosmólogo newtoniano e Unamuno, autor do poema "Aldebarán", como homem de carne e osso que contempla o tremular das estrelas.

Um grão de poeira mínimo, tal é o que sou, tal é o meu corpo, quando o olho como parte do Universo a que pertence. Mas no secreto interior da minha pequenez, sou também a minha admiração e o meu espanto, como Pascal, como Kant, como Unamuno, ainda que a meu modo, alguém capaz de se confrontar intelectualmente com a imensa realidade material que o envolve e condiciona. A que conclusão – ou a que perplexidade – me conduzirá um tal confronto? Sinceramente exporei uma e outra. Mas antes devo considerar o que me diz, quando a contemplo, a dimensão primeira do meu aqui, a realidade daquilo que em meu redor imediatamente vejo.

Sou um corpo entre corpos visíveis e tangíveis, artefactos alguns, como esta mesa e estes livros, e naturais outros, como a água que me disponho a beber e a árvore que vejo da minha janela, corpos todos eles com cuja dimensão a minha concorda. Pois bem, em que consiste a realidade desses corpos, partes do imenso cosmos que os astrónomos vêem e calculam? Os dois primeiros capítulos deste livro já nos deram resposta suficiente. Como os astros que compõem as galáxias, como a matéria da poeira cósmica, esses corpos são configurações visíveis, naturais umas, artificiais outras, de partículas elementares ordenadas em átomos e moléculas. Partículas cuja realidade é o enigma matematizável de um "algo" que pode apresentar-se-nos como esta partícula ou como radiação electromagnética, e que, submetido a determinadas condições, se pode converter integralmente em pura radiação, "aniquilar-se", no sentido que os físicos actuais – e não os metafísicos de todos os tempos – deram à palavra. Com a pequenez infinitesimal do seu volume, a visão do meu corpo como parte do cosmos enchia-me de admiração e de espanto. Com a referência ao seu aqui imediato e à sua configuração dentro dele, a realidade do meu corpo enche-me de perplexidade e de pasmo. Como é possível que o meu corpo, este pedaço de massa material que sente, pensa e quer, não seja analiticamente considerado, mais que a ordenação espacial e temporal de biliões e biliões dessas enigmáticas partículas elementares que os físicos do meu século deram a conhecer? É certo que, sem dúvida, como vimos em páginas anteriores, a agregação sucessiva e ascendente das partículas elementares as ordena em estruturas e que as estruturas vão adquirindo propriedades sistemáticas imprevisível e incompreensivelmente novas, das próprias do átomo de hidrogénio às específicas dos primatas superiores. Mas poderei esquivar o pasmo e a perplexidade ao ver que uma estrutura de partículas elementares sente, pensa, quer e se situa perante o mundo?

Admiração e espanto, pasmo e perplexidade perante uma visão da minha realidade, do ponto de vista do meu aqui, na qual se fundem inexoravelmente ideias e crenças. Tenho de me confrontar com umas e outras se quiser dar razão de mim mesmo. Mas, para que o ponto de partida da minha consideração seja completo, tenho necessariamente de me ver a mim mesmo a partir do segundo dos momentos que me situam, a partir do meu agora.

2. O MEU AGORA

Também no meu agora tenho de distinguir dois momentos, não de distância, como no caso do meu aqui, mas sim de qualidade, de modo: o meu agora segundo o curso temporal de todo o cosmos, o meu agora cosmológico, e segundo a minha situação no curso temporal da Humanidade, o meu agora histórico, e no decurso da minha vida pessoal, o meu agora biográfico.

O que sou eu como realidade fluente, o que é este corpo infinitesimal que agora pensa e escreve, no imenso fluir do tempo cósmico? Dizem-me os astrofísicos que o Universo começou a ter realidade material e evolutiva entre há dez mil e vinte mil milhões de anos. Pois bem, se assim é, e eu creio que sim, a realidade viva do meu corpo, minúsculo habitante de um planeta minúsculo, apenas teve existência durante um lapso temporal muito menor que o do mais rápido pestanejar, e por referência à duração actual do cosmos, a sua expressão aritmética seria a unidade dividida por um *um* seguido de uma enorme quantidade de *zeros*. Se a pequenez da minha massa corporal me enchia de admiração e de espanto quando a comparava com a do Universo do qual faz parte, o mesmo se pode dizer quando penso naquilo que, por comparação com a duração do Universo, é a duração da minha vida. "Hoje é o homem, e amanhã não parece", dizia Frei Luis de Granada para ponderar a fugacidade da vida humana. Uma vez que o hoje e o amanhã continuam a ser para nós unidades cronológicas, a validade e a força expressiva destas palavras permanecem intactas. Mas, se compararmos com o tempo do cosmos o tempo de qualquer existência pessoal, bem poderemos dizer que não é mais que um brevíssimo agora, do nascimento à morte, a duração da nossa existência terrena.

O MEU CORPO: EU

Não sou mais que um instante no curso temporal do Universo, muito menos que o rápido tique-taque de um relógio capaz de medir milhões de anos. Evidentemente, o mesmo não posso dizer da minha pertença ao tempo histórico, à história iniciada, apenas há três milhões de anos, pela vida do *Homo habilis*. Mas também deste ponto de vista é inquietante para mim a notícia da minha instalação no tempo. A partir do momento em que a consciência histórica do homem ocidental adquiriu precisão e profundidade, não houve acaso pensadores insignes – um Nietzsche, um Dilthey, um Ortega – que, movidos pela mesma inquietação tácita, negaram abertamente a existência de uma "natureza humana"?

Com a sua mente que calça botas não de sete, mas de mil séculos, o homem actual deve ver-se a si mesmo como titular de uma vida em cuja trama de algum modo perduram maneiras de viver iniciadas pelos *homines habiles* que há trinta mil séculos talhavam a pedra para caçar e se defenderem. Guiado pelo que me ensinam os livros e pelo que vejo em mim, quando me examino historicamente, devo distinguir não menos de dez etapas no processo que, conferindo um conteúdo invisível ao meu agora, tornou actual a actividade do meu corpo.

1. A vida pré-histórica. Herdeiro inconsciente daquilo que houve de realmente essencial na vida inventada pelo *Homo habilis*, eu sou um indivíduo de outra espécie – ou simples subespécie, deixemos intacto o problema – do género *Homo*, desta espécie ou subespécie a que os paleontologistas chamam *Homo sapiens sapiens*, espécie ou subespécie cuja existência começou há cerca de oitenta mil anos. Desde o aparecimento do *Homo habilis* à do *Homo sapiens sapiens* – quase três milhões de anos, imenso lapso temporal do qual existem apenas restos ósseos, utensílios diversos e pinturas rupestres – o que terá acontecido na vida do género humano para que aqui e agora eu seja o que sou? Com grande probabilidade, todo o conjunto dos factos seguintes: aumentou consideravelmente o volume da cavidade craniana e o peso do cérebro, em consequência de uma série de mutações intra-específicas; tornou-se mais definida a postura erecta do corpo; a linguagem foi evoluindo do grito-signo e do grito-símbolo para a sua condição de linguagem articulada; através do aperfeiçoamento consequente da sua confecção, o fabrico de utensílios percorreu as etapas tecnicamente denominadas Idade da Pedra, Idade do Bronze e Idade do Ferro; inventou-se a produção

do fogo; teve início o culto dos mortos e a vida sedentária foi-se consolidando; surgiu a necessidade de figuração visível da experiência do mundo e da própria vida humana. Sem tudo isto, que não é sem dúvida pouco, eu não seria o que sou. Mas a imaginação perde-se quando consideramos a duração do lapso temporal em que tão decisivas novidades foram aparecendo no planeta: milhares e milhares de anos para se chegar a algo que podemos enunciar numas quantas palavras apenas.

2. Paulatina transição progressiva no sentido de formas de vida mais ou menos próximas das observáveis entre os povos que os etnólogos têm vindo a estudar desde o século passado e a que correntemente damos o nome de "primitivos": magia como modo da relação operativa e cognoscitiva do homem com o mundo e consigo próprio; passagem do símbolo pictórico (Lascaux, Altamira) ao símbolo literal (as primeiras palavras escritas) no que se refere à expressão da experiência da vida; incremento da consciência da individualidade própria; complexidade crescente da vida moral (distinção entre as "leis escritas no coração" e as "leis ditadas pelos que mandam"); maior profundidade consequente do sentimento de responsabilidade; organização gradual das crenças religiosas; diversidade dos utensílios fabricados; configuração tribal das relações sociais. Não são poucas, entre estas novidades, as que perduram na vida actual e, portanto, na minha vida.

3. Diversificação e organização das formas da convivência em grupos culturais ao mesmo tempo políticos e religiosos, surgem nos povos e nas culturas a que hoje chamamos arcaicos: Suméria, Egipto Antigo, China Antiga, os diferentes povos indo-europeus e semitas. Dos povos indo-europeus (Grécia Antiga) e dos semitas (Israel enquanto povo da *Bíblia*) sinto-me herdeiro directo, e dos restantes, apenas na medida em que a investigação histórica ocidental mostrou o modo da sua contribuição para a cultura universal.

Uma tradição contínua do meu mundo faz com que considere antepassados meus Ésquilo e Sócrates, bem como Job e o Salmista. Poderei dizer o mesmo dos homens que levantaram a pirâmide de Kéops e talharam a esfinge de Gizé? É indubitável que não. Mas a sensibilidade e a reflexão dos egiptólogos fizeram-me perceber nessa pirâmide e nessa esfinge mensagens enigmáticas que, por serem humanas, cheguei ou posso chegar a sentir como minhas.

4. A partir desta etapa, devo repeti-lo, a minha condição de europeu e ocidental delimita aquilo que directamente recebi da história da Humanidade, só de Israel e da Grécia me sinto descendente directo. De Israel chegaram até mim o monoteísmo, a ideia de um Deus transcendente em relação ao mundo e seu criador, uma concepção ao mesmo tempo personalista e ligada ao mundo da religiosidade e a comovente lição do livro de Job. Por seu lado, a Grécia legou-me, entre muitas outras coisas, a tragédia, a arte, as ideias de "natureza" e "razão", a noção de "ser", a concepção do conhecimento enquanto actividade especificamente humana e, portanto, comum a todos os homens. À minha maneira e com as minhas limitações, sou – tento ser – bíblico e grego.

5. Aparecimento do cristianismo no interior de Israel e sua difusão posterior pelo mundo helenístico e romano. O nascimento, a predicação e a morte de um homem, Jesus de Nazaré, foram rigorosamente decisivas para a configuração do mais fundamental e íntimo da minha vida. Na ordem histórica, o cristianismo faz-me ver a minha existência pessoal como parte mínima de um drama que é ao mesmo tempo *historia mundi* e *historia salutis,* existência não destinada à morte, mas à ressurreição. Na ordem cosmológica, trouxe-me a ideia-crença na criação *ex nihilo* do mundo e, por isso também, uma nova noção do nada. Na ordem antropológica, devo ao cristianismo a descoberta em mim de uma dimensão secreta da minha realidade como pessoa – a minha intimidade – a partir da qual posso tornar-me questão a mim próprio e a tudo o que existe. É a partir dela, por mim entendida como um modo extremamente subtil da actividade do meu corpo, que estou a escrever esta autovisão do meu aqui e agora. Por meio do seu célebre *quaestio mihi factus sum*, Santo Agostinho foi o percursor supremo de uma tão essencial novidade antropológica. Na ordem ética, o cristianismo ensinou-me uma ideia da relação inter-humana, a proximidade, baseada numa nova concepção do amor: o amor resultante de fundir-se entre si o *ágape* (amor de efusão) e o *eros* (amor de aspiração). De todas estas novidades, conforme foram originariamente e do resultado vário e sempre problemático da sua difusão no mundo helenístico, sinto e penso ser indigno herdeiro. E, embora a minha consciência política e jurídica seja menos aguda e tenha sido menos cultivada que a minha consciência intelectual e ética, também sou herdeiro do muito que Roma trouxe à edificação posterior da história do mundo. Dê-se ou não conta disso, todo o homem do Oci-

dente poderia dizer, como São Paulo, ainda que num outro sentido: *civis romanus sum.*

6. A Alta Idade Média. Em torno do Mediterrâneo, durante ela convivem mais ou menos polemicamente o cristianismo bizantino, o nascente cristianismo europeu e o Islão. Não posso negar que sem disso me dar conta estejam operando em mim, na actividade sentimental, estética e intelectual do meu corpo, marcas procedentes de Bizâncio (certas consequências helenizantes do nestorianismo de Edessa e Nisibis) e do Islão (na primeira linha, as inerentes à minha condição de espanhol). Mas, ante o espectáculo desses séculos, aquilo de que me sinto depositário pessoal não é o remoto legado bizantino, nem a hoje renascente cultura islâmica, é a incipiente Europa de então. Essa Europa devido à qual a Idade Média foi, mais que "enorme e delicada", segundo a conhecida sentença de Verlaine, enormemente brutal e enormemente delicada: o germén obscuro da Europa que mais tarde levantou as catedrais góticas e deu início à gradual reconquista mental da Antiguidade Grega.

7. A Idade Média ocidental e europeia. Olho aquilo que dessa Idade Média conheço, olho-me a mim mesmo, e sinto-me a seu respeito mais cheio de admiração que seguidor. Herdeiro seu? Segundo e como. Dela herdei, segundo creio, aquilo que de essencialmente cristão houve no mundo medieval, com Francisco de Assis à cabeça, e – no interior do iludível eclectismo estético que hoje opera nas almas do Ocidente – a minha sensibilidade que se compraz na realização românica e gótica da arte. Nela admiro e só em parte sigo a imensa e subtil construção do pensamento escolástico, em parte, porque só por parcelas essa construção me serve para ser deveras o que intimamente quero ser, homem e cristão do século XX. E não só admiro, mas também sinto e quero sentir em mim, ante o espectáculo histórico da Idade Média, alguma coisa sem o que a Europa não teria sido o que historicamente foi: a ousadia fáustica, o afã constante de "ser mais" que os povos germânicos introduziram no legado grego, romano e cristão do Mundo Antigo. O pensamento, a ciência, a arte, a religião, o habitar na terra e a convivência social e política dos europeus tiveram desde a Alta Idade Média um papel motor extremamente importante nessa sede inextinguível de mudança e de progresso, cuja expressão mais penetrante talvez seja a de Dante frente ao espectro do seu antepassado Caccia Guida: "Eu sou mais que eu."

8. O mundo moderno. Não só o mundo moderno cristão – católico ou protestante –, mas também o não cristão, a partir do momento em que, no século XIII, numerosos europeus começaram a pensar e a agir à margem de qualquer religião positiva. *Sapere aude*, "ousa saber", foi para Kant o nervo intelectual das Luzes, e foi num tácito *agere aude*, "ousa agir" que tiveram o seu nervo político todas as revoluções que se lhes seguiram. Ousar saber e ousar agir: as duas manifestações modernas mais importantes do espírito fáustico radical dos europeus e dos americanos. Nelas tiveram motor e fundamento o pensamento moderno, a ciência e a técnica modernas, a democracia e o cosmopolitismo modernos, a religiosidade e a irreligiosidade do Ocidente, a secularização progressiva do mundo e da vida. Sem a sua poderosa influência sobre mim, sobre o homem cristão e espanhol que sou, eu não seria o que agora se sente e se olha a si mesmo a partir do seu *aqui* e do seu *agora*.

9. A falência das utopias inerentes à ideologia moderna, primeiro em alguns espíritos isolados (Marx, Nietzsche, Bergson, Unamuno), depois, bem mais sangrenta e universalmente, após a deflagração da Primeira Guerra Mundial. Assim aconteceram na história do Ocidente a ambição soviética de uma nova ordem universal, versão marxista da reacção perante a crise do mundo burguês e, do lado estritamente ocidental, o optimismo do pós-guerra, os *happy twenties* alegres e confiantes, e a proclamação, tão patente em pensadores como Scheler e Ortega, de um modo de viver "nada moderno e muito século XX". Tais foram, sem dúvida, os que deram início à mentalidade a que alguns chamaram – e parecem ter deixado de chamar – pós-moderna. Sinto-me seu filho histórico e, na medida em que eles e os seus contemporâneos tenham chegado a vivê-la, com eles senti em mim a ruína desse nobre optimismo que a partir de 1930 a história da Humanidade trouxe consigo: o auge dos totalitarismos, a Segunda Guerra Mundial, a Guerra Fria, o desprezo pelos direitos humanos, a deterioração da dignidade de se ser homem. Entretanto nós, os cidadãos do Ocidente, uns como criadores, outros como receptores, conhecemos um desenvolvimento fabuloso da ciência e da técnica, ao mesmo tempo estimulante (informática e inteligência artificial, nova física, nova biologia, fabrico de substâncias que não existiam na natureza) e opressivo (o facto de o artificial, o técnico, o "não natural" nos envolver e condicionar em grau superla-

tivo), o aparecimento de novas formas do niilismo e a premente necessidade de construção de uma nova ideia disso a que desde os gregos tínhamos vindo a chamar "natureza" e, por conseguinte, da realidade. Mais de metade da minha vida está nestas linhas.

10. Com a transformação do Japão em grande potência industrial e económica, uma nova configuração da universalidade – existente como ideia secularizada, e não como facto real, desde o século XVIII – impôs-se no mundo. Com o avanço contínuo em direcção à unidade política e intelectual dos povos da Europa, sem prejuízo do seu conúbio essencial com os da América, surgiu em muitas almas uma nova esperança histórica. Com o rápido desmantelamento do chamado "socialismo real", parece possível – apenas possível – que o nervo dessa esperança seja a conquista de uma aliança inédita entre a justiça social e a liberdade política, enquanto prossegue e se acelera o progresso fascinante da ciência e da técnica e, embora sejam escassos, não faltam pensadores e artistas dispostos a substituir o lamento e a crítica pelo trabalho e pela criação. Neste nível do tempo vejo o meu agora histórico e sinto a perplexidade e a vertigem – não a angústia – da minha situação pessoal no interior da imensidão e da evolução do cosmos.

3. A partir do meu aqui e do meu agora

Olhar-me aqui, ver o meu corpo num lugar minúsculo e irrelevante dentro do imenso conjunto das galáxias que os telescópios descobrem e o cálculo conjectura, mergulha-me num estado de abatimento. Saber que o meu corpo, cientificamente estudado, se resolve numa aglomeração de enigmáticas partículas elementares, enche-me de perplexidade. Medir o inimaginável, a quase instantânea duração da minha vida no curso da que os astrónomos atribuem ao Universo que me rodeia, transborda a minha capacidade para a humilhação. Contemplar-me como herdeiro forçado de trinta mil séculos de história, desconcerta e problematiza até à perturbação a minha existência. *Vermis sum*, dizia um homem humilde e piedoso, para ponderar a pequenez vivida da sua pessoa, e dizia muito pouco, porque é muito, muitíssimo menos que o mais pequeno dos vermes quem deste modo se vê como morador da sua casa cósmica. E, contudo...

Copérnico, Shapley e Baade tiraram para sempre aos homens a ilusão de serem o centro do Universo. Nada mais certo. Mas também é certo que, fazendo o que fizeram, nos deram a possibilidade de o sermos de um modo não geométrico, mas mental. Ao fotografar galáxias e ao calcular as distâncias a que se encontravam, Baade sabia muito bem que não era o centro geométrico do Universo, entre outras coisas, porque o Universo não tem centro, mas sabia também que era o titular de uma mente – melhor, de um corpo pensante – a partir do qual e em torno do qual via e ordenava a imensa realidade galáctica do Universo, envolvendo-a intencionalmente por meio da sua inteligência. Como antes, não enquanto astrónomos, mas simples calculadores, o mesmo haviam feito Einstein, De Sitter, Friedman e Lemaître. Não sei se Baade pensou alguma vez nesta dimensão intelectual do seu ofício. Todavia, estou certo de que a teria aceite sem reservas. Com Baade e todos os seus companheiros de armas da astronomia e da astrofísica, com Hubble à cabeça, sinto-me eu próprio centro intencional do cosmos, pelo menos, quando a partir da minha ciência parca e da minha pequenez cósmica penso no que eles fizeram e me ensinaram.

A recordação de Pascal é aqui iniludível. Num dos primeiros pensamentos que consagra aos *philosophes* forja e comenta a sua frase famosa: "O pensamento dá ao homem a sua grandeza. O homem não é mais que uma cana, o mais fraco da natureza, mas uma cana pensante. Não é necessário que o Universo inteiro se ponha em movimento para o esmagar, um vapor, uma gota de água bastam para o matar. Mas, ainda quando o Universo o esmagasse, o homem seria mais nobre que aquilo que o mata, porque sabe que morre e conhece a vantagem que o Universo tem sobre ele, ao passo que o Universo nada sabe do homem. Toda a nossa dignidade consiste no pensamento... Pelo espaço, o Universo envolve-me e devora-me como um ponto, pelo pensamento, sou eu quem o envolve." Foi algo semelhante que pensaram Kant olhando o céu estrelado – e juntavam-se na sua mente veneração e intelecção – e Unamuno perante o misterioso cintilar de Aldebarã.

A superioridade do homem sobre o Universo não radicava para Pascal apenas no facto de o primeiro entender o segundo humanamente, mas também na capacidade humana da sua inteligência saber que o Universo, ainda que sem se precipitar, pode matá-lo, e de se dar conta do sentido que essa sua morte pode ter. Convertido pela imaginação em cana pensante, Pascal conserva crenças que lhe permitem atribuir algum sentido à sua morte por esmagamento. O contraste entre Pascal e o autor de *La ginestra* não pode ser mais claro. Transformado metaforicamente na giesta indefesa que a lava do Vesúvio vai esmagar, Leopardi, privado de semelhantes crenças pelo moderno exercício da razão – *all'apparir del vero,/tu, misera, cadesti,* diz da fé da sua infância –, sente como invencíveis e absurdas a dor imerecida e a morte não procurada. Mas o autor do *Canto notturno di un pastore errante dell'Asia,* teria deixado de se sentir centro intelectivo do Universo, no caso de ter conhecido o que do Universo nos ensinaram os sábios deste século?

Outro tanto se pode dizer quando consideramos o enigma da relação estrutural entre as propriedades das partículas elementares de que é composto o cérebro humano e o exercício da sua actividade pensante, e o abismo que separa a quase instantaneidade da nossa duração e a quase sempiternidade do cosmos, e a grande diferença entre as possibilidades mentais do cérebro de um *homo habilis* e as do cérebro de Einstein. Frente à indubitável realidade de contrastes tão descomunais, levanta--se um tácito clamor na intimidade de quem sensível e conscientemente viva o nível histórico deste fim de século: "Sim, sou insignificante perante o Universo que vejo. Sou um verme, sou um micróbio, não sou nada. Mas da minha insignificância sou capaz de compreender humanamente a imensidão do Universo, e de imaginar razoavelmente como se pôde chegar da partícula elementar, ao fim de tantos séculos, à maravilhosa estrutura do cérebro humano, bem como de medir o tempo decorrido entre a origem do cosmos e o dia em que nasci, e de compreender de maneira aceitável porque e como são irmãos o genial e escanhoado Einstein e o homem incipiente e coberto de pêlos que há três milhões de anos talhava a pedra." Olhando-se a si próprio, e pensando segundo o que lhe fora ensinado, Fray Luis de Granada dizia: "É a nossa alma que por meio do corpo digere e engendra como um cavalo e que, por outro lado, contempla como os anjos." Um centauro de cavalo e de anjo: assim via o homem o autor da *Introducción al Símbolo de la Fe.* Não sei se ao fim de quatro séculos o encantador dominicano Luis de Granada, pondo definitivamente de lado os dualismos antropológicos e as metáforas centáureas, se teria atrevido a dizer: "É o nosso corpo que por si mesmo digere e pensa, engendra e contempla, e não como cavalo e como anjo, mas pura e simplesmente por ser o que é:

corpo humano". É o que, embora não como tese apodíctica e apenas como tese razoável, eu tenho, sem a menor ousadia, vindo a dizer ao longo destas páginas.

Mas a razoabilidade desta tese para qualquer homem, nos termos das ideias de qualquer homem, não basta. Na aceitação de asserções doutrinais ou de teorias que vão para além dos factos e das leis, e tal é aqui o caso, seja ou não dualista a doutrina antropológica professada, as crenças de quem as aceita intervêm sempre ou de modo expresso ou de modo tácito. Sem o termos em conta, não seriam compreensíveis as vicissitudes históricas, tão coloridas por vezes, das mais variadas teorias científicas: a celular, a evolucionista ou a da relatividade. Pois bem, frente à concepção do corpo humano que este livro expõe, surgem três interrogações:

1. Para aquele que, perante a realidade última do mundo e da vida, professa crenças não cristãs – ateias, agnósticas, judaicas, muçulmanas, panteístas, etc. –, que coerência razoável pode existir entre elas e essa concepção do nosso corpo?

2. Para quem professe ideias cristãs, existirá e poderá ser demonstrada a referida coerência razoável?

3. Para um cristão intelectualmente apegado ao pensamento e à ciência deste século, a concepção *estruturista* da realidade do homem será ou não mais razoável que a concepção dualista tradicional?

Uma vez que, apesar das minhas falhas, dúvidas e reservas, quero ser e creio ser cristão, pesa sobre mim o dever de dar uma resposta aceitável à segunda e à terceira destas três interrogações. Passo a fazê-lo agora.

II. O MEU CHEGAR AO QUE SOU

Sou um corpo *vivente* que no nível de um determinado tempo histórico, este em que vive, tenta entender-se a si mesmo. Sou, por isso, um homem que se confessa cristão e que como tal deve mostrar que existe uma razoável coerência entre as suas ideias e as suas crenças. Fá-lo-ei expondo clara e lealmente como vejo o meu chegar ao que sou e como nessa visão se articulam razoavelmente, embora não sem problemas, as minhas ideias e as minhas crenças.

Nesta tarefa devem distinguir-se cinco momentos: o que sou como resultado de um acto criador (eu e a cosmogénese); o que sou como resultado de uma evolução biológica (eu e a filogénese); o que sou como resultado de um desenvolvimento embriológico (eu e a ontogénese); o que sou como resultado de um devir histórico (eu e a história); o que sou como resultado de um processo biográfico (eu e a minha personalidade).

1. O QUE SOU, RESULTADO DE UM ACTO CRIADOR

Sou, vou repeti-lo, um corpo *vivente* que sente, pensa e quer. Como chegou este corpo a ser o que é? Decerto, em consequência de dois processos: um imediato ou ontogenético e outro remoto ou filogenético. Direi em páginas posteriores como compreendo um e outro. Por agora, quero limitar-me a expor como concebo o aparecimento da matéria da qual se forma o meu corpo.

Levando a análise às suas últimas consequências, o meu corpo é uma estrutura de partículas elementares. Qual é a sua origem? Mais precisamente: como vejo eu essa origem, como se juntam e se combinam as minhas ideias e as minhas crenças na minha resposta a essa iniludível interrogação?

Uma vez que não cultivo a astrofísica, as minhas ideias não passam de aceitar *bona fide*, porque as creio razoáveis, as que me comunicam acerca dos primeiros instantes do Universo os astrofísicos actuais, com o que pretendo apenas demonstrar que, até mesmo sem sair do terreno das ideias, estas costumam misturar-se subtilmente com as crenças. Aceito as ideias que os astrofísicos me oferecem, não porque tenha prova da sua verdade – também eles não a têm –, mas porque me parecem razoáveis, dentro dos saberes que constituem a minha modesta formação científica, e porque acredito na validade intelectual daqueles que cientificamente as consideram certas ou plausíveis. Com esta ressalva direi que as minhas ideias acerca da primeira origem do meu corpo consistem em pensar que as partículas elementares que compõem a sua matéria procedem, em última análise, do estado inimaginável de pura radiação imediatamente consecutivo ao *big bang*, e do que ele terá sido na sua realidade não mais que conjectural. Remeto o leitor para aquilo que a propósito do tema fui expondo ao longo das páginas anteriores.

Mas estas ideias não bastam para satisfazer inteiramente as minhas necessidades. A minha mente – quero dizer, a actividade mental do meu corpo – continua a perguntar-se: e como chegou a existir a realidade, qualquer que tenha sido, que o facto hipotético mas plausível do *big bang* tornou manifesto? Pergunta que me obriga a transcender decididamente o campo das ideias – para mim, neste caso, de empréstimo – e a mover-me no campo das crenças. Creio, com efeito, que o Universo que vejo, e como ele, se existem, os universos que não vejo e ninguém pode ver, teve a sua primeira origem num acto de criação *ex nihilo*, obra gratuita de um Deus que transcende o mundo, o que, sendo embora uma asserção razoável, se refere a um facto essencialmente misterioso e, portanto, admissível e admitido apenas por via da crença. Nem a existência de um Deus criador e transcendente, nem a não sempiternidade do Universo, nem a realidade originante desse acto criador, podem ser afirmadas com evidência plena, a sua verdade será tão razoável quanto se queira, mas não mais que razoável.

A tese da criação do mundo *ex nihilo sui et subiecti* foi por mais de uma vez negada no curso da história, sempre com argumentos da ordem da crença ou da razão filosófica. Muito recentemente, mas agora de um ponto de vista científico, tendem para essa mesma negação certas reflexões recentes do físico Stephen Hawking. Hawking pensa que se, como ele supõe, o *big bang* é um ponto *não singular*, e o Universo um todo finito sem fronteiras, este, o Universo, "não teria princípio nem fim, simplesmente seria". Bem. Admitamos que Hawking tem razão, mas a sua razão, em que consiste? Simplesmente em afirmar que tal como a física conhece a realidade do Universo, a mente do físico dá-se conta de não ser necessário atribuir-lhe um começo pontual. Não nega, todavia, que o Universo tinha realidade nesse ponto não singular. E se do seu modo físico-matemático de conhecer o real quiser passar para o modo filosófico de o conceber, necessariamente acudirá à sua mente, mas não em termos de "ser", e sim em termos de "realidade", a solene interrogação de Leibniz e Heidegger: "Porque é que há realidade – proto-realidade, neste caso – e não antes nada?" Interrogação cuja resposta não pode ser estritamente racional, como pensou Hegel, nem tem de conduzir ao absurdo, como pensou Sartre. Eu respondo-lhe assim: – a realidade primeira do cosmos, e com ela o tempo com princípio e fim ou sem princípio nem fim, que para o homem os acontecimentos cósmicos têm, chegou à existência de um modo essencialmente alheio à consideração cronológica do ser, e surgiu de algo, se é lícito empregar na circunstância o termo "algo", que não devemos nem podemos conceber como simples não-ser, o nada, mas que deve ter sido obra misteriosa de um Deus omnipotente e criador. As conjecturas dos físicos acerca da singularidade ou não singularidade da explosão inicial do Universo – as de Hawking ou as de qualquer outro – de modo algum excluem essa ideia da *creatio ex nihilo*, à qual só antropomorficamente podem ser aplicados o nosso "antes" e o nosso "depois". Não sei o que pensarão outros. Não encontro maneira diferente de conciliar a tal respeito as minhas ideias e as minhas crenças [1].

Que resultou desse acto criador? À partida, uma realidade sobre cuja consistência os astrofísicos conjecturam algo, em qualquer caso, uma realidade essencialmente dinâmica e evolutiva, cujo dinamismo originário e radical se foi realizando segundo os vários modos que anteriormente distingui, e cujo esboço de estrutura mais primitivo – a dos protões existentes no termo das etapas hadrónica, leptónica e radiante do cosmos – se foi configurando nas estruturas já formal e sensivelmente materiais que através do telescópio ou da simples vista podemos contemplar.

Situo-me imaginariamente nos começos do Universo, e penso nas origens da galáxia a que pertence o meu corpo, a Via Láctea. Perto de um dos seus bordos, e em virtude de processos físicos e químicos em cujo pormenor não tenho de entrar aqui, começou a formar-se o pequeno conjunto de astros a que hoje chamamos "sistema solar". Aí estavam, agitando-se desordenadamente no espaço, os átomos e as moléculas que por si próprios e pelos complexos moleculares que deles resultaram iriam constituir, milhares de milhões de anos antes do seu nascimento, o corpo que agora pensa e escreve. Como? Por obra de um acaso, que sendo em si próprio incompreensível deu lugar a estruturas que *a posteriori*, tal como eu as vejo, possuem um sentido no interior do conjunto a

---

[1] Desde logo, a cosmologia de Hawking não reduziria o Deus do cristianismo à condição de *deus otiosus*. A "via cosmológica" não é a única nem a mais idónea de acesso à crença em Deus.

que pertencem. Se a minha inteligência se ativer apenas aos saberes científicos relativos à matéria cósmica, o aparecimento dos seres vivos foi obra do acaso. Olhado esse aparecer a partir daquilo que hoje lhe confere o seu termo evolutivo, o aparecimento dos seres humanos – mais precisamente, a partir da inteligência do homem que eu sou, a partir de um eu no qual tem um seu termo de referência iniludível toda a realidade que experimento –, devo atribuir-lhe necessariamente algum sentido [2]. Através da crença posso afirmar, mais ou menos antropomorficamente, a existência de um "plano da criação" na mente divina – é o que faz a teologia cristã tradicional. Através da experiência, tenho de me limitar a converter a teologia em teonomia e, portanto, a descobrir *a posteriori* o sentido objectivo possível daquilo que natural e evolutivamente apareceu no cosmos, a sua significação possível na economia do Universo, e a perceber e interpretar o sentido subjectivo que para mim, para a minha vida, tem o facto da sua existência; porque tudo o que se refere à minha vida – a qualquer vida humana – tem sempre um "para".

Assim vejo o que sou, como resultado do acto criador que deu realidade ao cosmos de que procedo e em que existo.

2. O QUE SOU, RESULTADO DE UMA EVOLUÇÃO FILOGENÉTICA

Num dos astros do sistema solar, a Terra, a evolução da matéria cósmica deu lugar ao aparecimento das estruturas vivas a que chamamos seres vivos. Saber se, noutros astros, as coisas também se passaram assim, como é bem possível que tenha sido o caso, é um problema de que não devo agora ocupar-me. Para mim, o facto subjectivamente importante é que sobre a superfície da Terra se formaram um dia seres vivos extremamente elementares, móneras e que, segundo ideias que aceito sem reservas, da sua gradual evolução resultou o género humano. Eu sou o que sou como resultado de uma biogénese e de uma filogénese. Devo dizer, portanto, como as minhas ideias e as minhas crenças se articulam nessa convicção.

---

[2] Ainda que, como Sartre se professe a doutrina do absurdo. O facto de ser como era, tinha para Sartre o sentido de poder dizer e fazer o que dizia e fazia.

As minhas ideias são, em linhas gerais, as que apenas com ligeiras variantes a comunidade científica hoje afirma. Eis os seus pontos essenciais:

1. Por efeito conjunto da pressão de selecção do meio e da capacidade de evolução constitutiva das estruturas vivas – o seu dinamismo genético –, as móneras primitivas deram lugar a duas linhas divergentes de organismos vivos, o reino vegetal e o reino animal.

2. Numa e noutra linha, a transformação evolutiva produziu-se por saltos, aos quais correspondem, quando se encontram bem estabelecidas, as múltiplas espécies vegetais e animais.

3. O processo em virtude do qual aparecem espécies novas é basicamente aquele a que desde Darwin chamamos selecção natural, e o mecanismo através do qual esta se torna efectiva é a produção de mutações biologicamente eficazes no genoma de determinados indivíduos mais aptos, os indivíduos mutantes.

4. No que se refere ao reino animal, o único que me interessa agora – *animal sum* –, o processo evolutivo das espécies deu lugar, dos protozoários aos primatas superiores, a todos os grupos zoológicos, géneros, famílias, ordens, classes, que integram a biosfera.

5. De um ponto de vista estritamente biológico, o aparecimento do género humano não constitui uma excepção a esta regra: o *Homo habilis*, a primeira espécie, ou subespécie, do género *Homo* apareceu no planeta como consequência da mutação que ao mudar de *habitat* outro primata superior, segundo toda a probabilidade um *Australopithecus*, experimentou.

6. Em suma: filogeneticamente, eu sou o resultado de um processo evolutivo devido ao qual apareceu na Terra um modo de viver dotado de propriedades específicas, essas que caracterizam todas as espécies, ou subespécies, do género *Homo*.

É agora que começam a surgir problemas, graves problemas. As propriedades específicas do género humano serão redutíveis às que genericamente caracterizam todas as espécies animais, dos protozoários aos primatas superiores? Por outras palavras: a conduta dos seres humanos poderá ser explicado como a da amiba e do chimpanzé segundo os modelos "vida quisitiva" e "ensaio e erro"? Penso que não, e expus em capítulos anteriores as razões pelas quais assim penso: com o homem aparece na biosfera um modo de viver – um comportamento – essencialmente novo, ainda que, também pelas razões já ditas, eu não acredite que a intelecção razoável desse comportamento exija a admissão de um princípio imaterial e extracorpóreo no interior da estrutura material própria da nossa espécie. E uma vez que professo ser cristão, como posso tornar compatíveis tais ideias com as crenças do cristianismo? Responderei em dois tempos, relativo um deles às espécies vivas não humanas e dizendo o outro respeito à minha espécie.

Até aos sucessores imediatos de Linneu e Cuvier, pelo menos, e expressa ou tacitamente influenciado por uma interpretação literal do *Génesis*, o pensamento cristão recorreu à ideia das criações sucessivas para compreender o aparecimento das diferentes espécies da biosfera; criação de espécie em espécie ou, como no caso das "catástrofes" de Cuvier, de grupo em grupo de espécies. Como Newton pensava crentemente que um Deus relojoeiro devia intervir de quando em quando para corrigir certas ligeiras desordens ocorridas na marcha do Universo por Ele criado – um teólogo escolástico falaria de uma *reordinatio periodica* da *potentia Dei ordinata* –, os biólogos cristãos criam-se obrigados a admitir uma intervenção criadora especial de Deus no caso de cada inovação qualitativa no mundo dos seres vivos.

As coisas mudaram muito ao longo do nosso século. Após a obstinada e muitas vezes pitoresca resistência à tese da biologia evolucionista – triste capítulo da cultura religiosa do século passado e também da do presente –, os pensadores cristãos foram aceitando o evolucionismo biológico e, conscientes ou não conscientes disso, actualizaram uma vez mais a noção filosófico-teológica que no interior do cristianismo medieval permitira a assunção da cosmologia antiga e o nascimento da cosmologia moderna: a noção de "causa segunda".

Deus é a causa de tudo o que acontece no Universo e, portanto, causa do facto de o fogo queimar. Mas, por que queima o fogo? Perante a ideia ingénua da ignição como consequência de uma acção imediata da potência divina, os teólogos medievais acabarão por pensar que o fogo queima porque os corpos combustíveis, como propriedade inerente à sua natureza, por si próprios possuem a potência de arder, de produzir fogo: Deus quis, decerto, que o fogo queime, mas o que na realidade dispôs ao criar o mundo – assim se manifestou como *potentia ordinata* a sua *potentia absoluta* – foi que o fogo queime por ser fogo, em virtude de uma *causa secunda* incluída na sua natureza peculiar. A virtualidade das causas segundas tem o seu fundamento, sem dúvida, na causa primeira de todo o real, em Deus. Mas, uma vez criadas, as causas segundas actuam por si, sem intervenção directa e imediata da causa primeira.

Milhares, milhões de anos passaram desde a origem da Humanidade até ao momento em que os gregos da Antiguidade pensaram e ensinaram que as propriedades das coisas – o facto de o fogo queimar, de o sol brilhar, de os fármacos curarem, etc. – dependiam daquilo que por natureza as coisas eram. O ópio faz dormir porque por natureza possui em si próprio uma *virtus dormitiva*, a potência de fazer dormir. Noção perfeitamente óbvia, a partir de então, para os herdeiros da mentalidade helénica, mas esquecida pelos cristãos do Ocidente até ao momento em que os teólogos medievais a fizeram sua através da noção de *causa secunda*. Essa noção parecia tão evidente a partir da Baixa Idade Média, que Molière, já no século XVII, despertará o riso dos espectadores que ouvirão o doutorando da sua comédia dizer que o ópio faz dormir *quia est in eo virtus dormitiva*, mas desconhecendo ao mesmo tempo, com um orgulho inconsciente, o facto de a Humanidade ter tardado milhares, milhões de anos a conquistar um saber tão elementar.

Deus criou *ab initio* – *ab initio*, para nós, salvo a melhor opinião de Hawking – a realidade do mundo. Pois bem, porque não admitir que o acto criador concedeu a essa realidade, como causa segunda sua, a capacidade de ir produzindo espécies biológicas segundo o mecanismo considerado certo pela ciência actual? Por efeito da potência ordenada de Deus – porque Deus assim o quis ao criar o mundo –, os protões e os electrões da era galáctica do cosmos possuíam como causa segunda a capacidade de formarem átomos, e os átomos de formarem moléculas, e estas de formarem matéria viva, e a matéria viva de formar móneras, e os répteis de formarem aves. Houve, decerto, uma criação originária e originante, mas não a seguir a ela toda uma série de pequenas criações complementares e sucessivas. O Deus criador das aves num mundo de répteis, não como corrector de pequenas desordens na marcha do Universo, mas como aperfeiçoador do mundo por Si criado, é inteiramente equiparável ao Deus relojoeiro de Newton, um e outro são invenções de uma mente que, querendo salvaguardar a crença num Deus criador, não tinha ousadia suficiente para conceber o mundo segundo a plenitude da omnipotência divina.

Não creio que na actualidade haja teólogos que para compreenderem a vária realidade do mundo se sintam obrigados a defender a hipótese das criações sucessivas. Com Tomás de Aquino, Descartes e Leibniz, o máximo que a tal respeito admitirão é a ideia de uma "criação contínua", a acção divina de manter no ser os entes criados. Surgidos estes do nada, ao nada poderiam voltar se assim dispusesse um decreto da potência absoluta do Criador que, todavia, ordenando com absoluta liberdade o exercício da sua potência absoluta, tornando-a *potentia ordinata*, os mantém no ser. Mas deixemos estas subtilezas para os teólogos eruditos e consideremos o segundo momento da minha reflexão: o relativo à génese do homem [3].

Como surgiu o animal humano no processo universal da filogénese? Imediatamente influenciada pela letra do *Génesis*, a teologia cristã entendeu o aparecimento do homem na história do cosmos como resultado de uma especial operação criadora de Deus. No sexto dia da Criação, e como soberana coroação dela, Deus criou o homem à sua imagem e semelhança (*Gen.*, 1, 26), e fê-lo infundindo alento de vida num bocado de argila adequadamente moldado (*Gen.*, 2, 7). A exegese bíblica moderna ensinou a ler o *Génesis* libertando-o do antropomorfismo constante e ingénuo da sua letra, mas considerando sempre que a fidelidade ao seu espírito exige que se mantenha firme a crença nessa especial acção criadora de Deus como causa do aparecimento do homem na Terra. Nenhum teólogo actual se sentirá obrigado a sustentar a tese das criações sucessivas para explicar o aparecimento das múltiplas espécies vivas e admitirá sem esforço que só *by means of natural selection*, como Darwin ensinou, dos peixes podem resultar os anfíbios, mas poucos aceitarão com facilidade que através da letra da doutrina possa, ou deva, ser explicada a formação da espécie humana no decorrer da evolução das espécies animais.

De um modo tácito ou expresso – deixemos de lado as belas mas pouco precisas ideias de Teilhard de Chardin sobre a antropogénese –, o pensador cristão do nosso século concebe o aparecimento do *Homo habilis* como a consequência da infusão de uma alma espiritual e imor-

---

[3] Que dose de antropomorfismo existe nesta conceptualização das operações divinas? Não sei se os teólogos profissionais se questionam sobre este assunto.

tal no genoma de um australopiteco. Deus, misterioso criador dessa alma, misteriosamente a infundiu num organismo antropóide, e não num pedaço de argila moldada, quando a evolução da biosfera o tornou naturalmente oportuno, quando, precise-se melhor, se produziram os factos paleontológicos descobertos e descritos pelo casal Leakey. Deste modo tornar-se-iam facilmente conciliáveis a fé cristã e a ciência actual.

Devo lealmente confessar que semelhante maneira de compreender a conciliação – tão desejável, aliás – não me parece demasiado satisfatória. Aceito sem reservas que o homem tenha chegado à existência por meio de um acto criador gratuito de Deus, mas resisto a ver esse acto como a infusão de uma alma espiritual e imortal recém-criada no genoma de um antropóide e a hominização subsequente do antropóide como o resultado de uma modificação hábil do seu genoma por efeito da alma assim infundida. Einstein disse que a ideia de um Deus a jogar aos dados com todos os electrões do Universo seria "demasiado ateísmo". Limitemo-nos a evocar aqui a resposta posterior de Bohr. Por mim direi apenas que essa engenhosa visão da antropogénese me parece pouco respeitadora da majestade infinita e sagrada do Ser Supremo.

Valha a minha ideia o que valer, limito-me a aplicar de novo a fecunda doutrina das causas segundas e a pensar que nos australopitecos mutantes dos quais procederam os primeiros homens operava como causa segunda a potência para que assim fosse; potência concedida por Deus à matéria do Universo no próprio momento da sua criação e actualizada como hominização milhares de milhões de anos depois. O australopiteco mutante que deu origem ao primeiro *Homo habilis* pulsava misteriosa e imprevisivelmente na matéria inicial da nossa galáxia. Quererá isto dizer que entre os símios antropóides e o homem não exista uma diferença essencial? De maneira nenhuma, e de resto os capítulos anteriores deram-no bem a ver. Uma diferença essencial também existiu entre as macromoléculas da "sopa primordial" e a primeira mónera e entre esta e o primeiro protozoário. Negará a mesma tese que o homem seja, como dizem o *Génesis* e toda a tradição da antropologia cristã, "imagem e semelhança de Deus"? De maneira alguma, se nos decidirmos a compreender essa "imagem e semelhança", não como consequência da posse de uma alma espiritual e imortal, mas como capacidade para a execução de um comportamento regido pela liberdade, a inteligência e o amor. Não sei o que quis dizer com a expressão em causa o autor do *Génesis*, atrevo-me contudo a pensar que, se vivesse hoje, talvez não rejeitasse a interpretação que dela aqui proponho.

Sem segurança jactanciosa, com temor e tremor, porque falo de Deus e perante Deus, assim entendo aquilo que sou como homem, enquanto termo da evolução biológica, mais precisamente, da filogénese da espécie viva a que pertenço.

3. O QUE SOU, RESULTADO DE UM DESENVOLVIMENTO EMBRIOLÓGICO

Os meus pais engendraram-me e do zigoto resultante da sua união sexual procede aquilo que sou. Como? Deixarei intacta a questão de saber se, para responder à pergunta, devo ou não modificar e em que medida a célebre "lei biogenética fundamental" de Haeckel. Fique do mesmo modo sem discussão o problema acessório de se saber quando o zigoto humano se converte em embrião, e este em feto. Seja como se quiser, o importante para mim, não só como observador intelectual da vida do homem mas também, e muito especialmente, como indivíduo humano que sou, é saber como o zigoto do qual procedo acabou por ser a criança recém-nascida que fui. E, uma vez que me declaro cristão, de que modo se conjugam a esse respeito as minhas ideias e as minhas crenças.

A resposta provável dos pensadores cristãos fiéis à teologia e à antropologia mais tradicionais diz o seguinte: por obra da infusão de uma alma espiritual – ficou bem para trás, entretanto, a ideia das três "almas", a *vegetativa,* a *sensitiva* e a *intelectiva,* com as suas respectivas e sucessivas infusões –, a matéria embrionária adquire a virtualidade necessária e suficiente para se configurar e agir humanamente. Mas mais que uma resposta concludente, esta afirmação correntemente admitida é, bem vistas as coisas, uma sementeira de problemas graves. Ao longo do desenvolvimento embrionário do zigoto humano, quando tem lugar a infusão da alma? E como acontece realmente essa infusão? Quando se pode, em suma, dizer que é um ser humano, um homem, a massa celular resultante da multiplicação do zigoto e da diferenciação posterior das células assim formadas? Diferem um tanto entre si as respostas dos teólogos a esta série de perguntas, robustas perguntas, como lhes chamaria Ortega. Mas a linha geral que aqui vemos ser comum às diversas respostas consiste em afirmar que o zigoto humano é um homem em potência e que no decurso do seu desenvolvimento intra-uterino se converte em homem em acto. Muito bem. Mas como devemos entender esse "ser em potência"? Que sentido tem a afirmação de que um zigoto humano, ainda que apenas em potência, é um homem? A minha resposta, que acarreta uma decidida demarcação da concepção dualista tradicional do ser humano, pode ser distribuída pelos pontos que se seguem:

1. Precisões acerca da significação do "ser em potência", em relação com a conversão do zigoto em embrião e deste em feto [4].

Seria aqui despropositada uma exposição dos diversos modos de entender filosoficamente a potência, a partir do momento em que Aristóteles conferiu rigor conceptual à *dynamis* dos pensadores pré-socráticos. Devo limitar-me a dizer sumariamente como entendo essa noção nos termos da questão que aqui nos interessa, a embriogénese humana.

Ser algo em potência consiste em poder ser algo que ainda não se é. Uma pedra não é árvore em potência porque não pode converter-se em árvore. Uma bolota é um carvalho em potência, porque a bolota pode acabar por se transformar num carvalho. Neste sentido geral e básico, um zigoto humano é um homem em potência. Mas, segundo o meu modo de ver, ser em potência pode entender-se de três modos diferentes.

Segundo o modo unívoco e integral, um ente é algo em potência quando, no seu processo de desenvolvimento, só pode acabar ou por ser esse "algo" ou por sucumbir. A bolota é carvalho em potência porque diante dela não tem senão duas possibilidades: ser carvalho em acto ou sucumbir. Um feto é uma criança em potência porque, ao desenvolver-se, ou acaba por ser uma criança ou morre.

Não obstante é outro, qualitativamente, o modo condicionado de ser em potência. O processo da embriogénese não é pontual, é *campal*; não acontece apenas em virtude da potência morfogenética inerente no zigoto, em-bora tenha a sua sede principal no núcleo do zigoto; tem também lugar devido à acção coadjuvante daquilo que normalmente envolve o

---

[4] Sobre estes temas, veja-se o meu livro *El cuerpo humano. Teoría actual* e especialmente o trabalho de C. Alonso Bedate que nele menciono. A condição *campal* – expressão zubiriana – da embriogénese foi tematicamente sublinhada por D. Gracia.

zigoto, do ambiente uterino à totalidade do organismo materno, pelo que a actualização da potência em causa do zigoto se encontra inexoravelmente condicionada por todo o complexo campo biológico que intervém no processo da embriogénese.

Até aqui, nada de essencialmente novo se disse a respeito do primeiro sentido do ser em potência do zigoto: a acção do campo morfogenético não faz outra coisa senão ajudar a que o zigoto se converta em embrião, e este em feto, ou contribuir, no caso de a sua acção ser nociva, para que o zigoto ou o embrião pereçam. Mas as coisas mudaram radicalmente a partir do momento em que a engenharia genética demonstrou que nas primeiras fases do seu desenvolvimento – não, é claro, a partir do momento em que com a gastrulação surgem esboços de órgãos, nesse momento opera sem contemplações o dilema "desenvolvimento unívoco ou morte" – uma modificação artificial do gérmen de um metazoário pode dar origem a monstros vivos ou a seres vivos especificamente diferentes do animal do qual o gérmen procede. Naturalmente, tal não foi observado na espécie humana, nem parece eticamente desejável que o venha a ser, mas pode tornar-se extensiva à nossa espécie, com toda a legitimidade biológica, a existência da mesma possibilidade. Nas primeiras fases da sua existência, o embrião humano pode vir a ser um ser humano ou pode vir a ser outra coisa. Por conseguinte, há uma afirmação que se impõe: antes da gastrulação, um embrião só como potência condicionada possui a potência de vir a ser um homem, e só a partir da gastrulação é univocamente "homem em potência".

Como apontei na Introdução, Aristóteles atribui ao termo potência, *dynamis*, um terceiro sentido: na madeira em que vai ser talhada uma estátua de Hermes, está Hermes em potência. Mas já indiquei que tal "estar potencialmente em acto" não é em termos rigorosos "potência", mas "possibilidade". A madeira tem a possibilidade de ser Hermes, mas não *por si* mesma, e só através do artesão que a trabalha. Do ponto de vista da engenharia genética podemos dizer, portanto, do embrião humano que, sem sucumbir, ele tem a possibilidade de não vir a ser um homem e a potência condicionada de o vir a ser. Sem consciência disso, a mentalidade mágica confunde a potência com a possibilidade, e confere a esta última uma extensão racionalmente inaceitável como a que, por exemplo, alberga no seu interior a eficácia imaginária do "Abre-te, Sésamo" dos contos árabes.

2. Uma explicação científica e filosoficamente razoável do processo embriogenético.

Para a antropologia teológica tradicional, a embriogénese do indivíduo humano consistiria na orientação adequada do crescimento material do zigoto por meio da alma espiritual criada para ele por Deus e nele misteriosamente infundida. Não posso considerar razoável esta tese expeditiva, a não ser mediante o recurso à hipótese desnecessária e incómoda de uma operação milagrosamente continuada desde a infusão da alma espiritual até à morte do indivíduo. A minha mente resiste a ver no processo embriogenético e na dinâmica posterior do organismo humano a execução bioquímica de uma peça para piano da qual a alma fosse autora e executante. As moléculas do zigoto, e depois as do embrião, seriam o teclado passivo e inconsciente de tal execução prodigiosa. Segundo a minha maneira de ver, e a de muitos mais, cristãos ou não, o mecanismo do processo embriogenético deve ser visto de outra maneira.

Em primeiro lugar, recorrendo sem rodeios ao conceito de estrutura. A actividade de uma estrutura depende do que ela é: uma substantividade de notas constitutivas e constitucionais ciclicamente unidas entre si. Sem necessidade de invocar princípios exteriores à sua realidade, o seu próprio dinamismo – neste caso, o dinamismo radical de transformação e génese incluído nas estruturas vivas – fá-la actuar segundo as suas propriedades sistemáticas. Condicionado pela composição e pelo estado do campo em que actua, o dinamismo próprio do zigoto faz com que este passe a ser mórula, e mais tarde blástula, depois gástrula, e assim sucessivamente. Considerado em termos analíticos, esse dinamismo é um conjunto de processos bioquímicos submetidos às leis gerais da transformação da matéria e da energia. Considerado *entitativamente,* quer dizer, segundo a integridade real da sua operação, é a actividade unitária do todo da estrutura em que se manifesta, actividade que, como tantas vezes disse, de modo algum pode ser reduzida à simples composição dos diversos processos biofísicos e bioquímicos que a sua análise científica permite descobrir.

Em cada um dos seus níveis evolutivos – zigoto, embrião, feto – a estrutura do fruto da geração faz por si própria, isto é, pelo que como causa segunda da sua actividade própria pode fazer, aquilo que dentro do campo energético-material em que existe normalmente tem de fazer: prosseguir o processo que a levará a ser em acto o homem que em possibilidade e em potência condicionada era desde a sua origem. Sem necessidade da operação de uma *anima vegetativa* ou, para o dizer mais actualizadamente, sem a infusão de uma alma espiritual que nesses primeiros momentos da embriogénese actua vegetativamente, a estrutura do zigoto, da mórula e da blástula tem uma actividade meramente trófica, activa e estruturante, isto é, orientada para a formação das estruturas embrionárias subsequentes. Sem necessidade da acção rectora de uma *anima sensitiva* ou da correspondente eficácia de uma alma espiritual, a estrutura do embrião vai tendo por si própria uma actividade sensitiva incipiente a partir do momento em que nela aparece a placa neural, actividade que se tornará claramente perceptível quando, procedente da placa neural, um verdadeiro sistema nervoso se estiver a formar no feto. A detecção técnica do pulsar cardíaco fetal permite hoje ao tocologista obter respostas objectiváveis a estímulos transmitidos através da parede abdominal da gestante. Sem palavras, com simples reacções de carácter sensitivo-motor, o tocologista "dialoga" com o feto.

Em suma: o processo da embriogénese é a expressão da transformação gradual que a estrutura do zigoto vai conhecendo. Em cada momento do seu desenvolvimento o embrião é capaz de fazer e vai fazendo o que corresponde à sua estrutura ocasional: alimentar-se, crescer, diferenciar-se celularmente e responder aos estímulos a que o seu organismo seja sensível. Assim era eu quando vim ao mundo e, como é normal na espécie humana, reagi chorando ao meu primeiro contacto com ele. O mundo deve ter algo de biologicamente agressivo, uma vez que é o choro que inicia a nossa relação mútua. "Nasci despido, e só os meus dois olhos / pude trazer cobertos, mas de pranto", disse, por si e por todos, o nosso dolente Quevedo.

4. O QUE SOU, RESULTADO DE UM DEVIR HISTÓRICO E DE UMA SITUAÇÃO SOCIAL

Provido do material genético que os meus pais me transmitiram e por ele silenciosamente condicionado, eu, criado e educado noutro lugar, teria podido ser homem de mil maneiras diferentes: o modo do francês ou o do esquimó, o do professor ou o do arquitecto, o do indigente ou o do opulento. Entre tantas possibilidades, o destino fez-me nascer numa pequena aldeia da parte aragonesa de Espanha, no lar de um médico de aldeia e numa determinada situação histórica do meu país. O meu corpo, o corpo que sou, foi-se formando, e a seguir envelhecendo, num mundo integrado por todos esses momentos. A História e a sociedade em que cresceu contribuíram decisivamente para o desenhar como de facto é.

A História e a sociedade tiveram a sua parte nessa constante configuração ao longo de duas etapas claramente discerníveis: a anterior ao facto biológico-pessoal de tácita ou expressamente o meu corpo poder dizer "eu", e a posterior a ela.

Desde o aparecimento do *Homo habilis* – desde há três milhões de anos, em números redondos – há vida histórica na terra. O termo "pré-história", corrente entre eruditos e profanos para nomear o longuíssimo período durante o qual a Humanidade não inventara ainda a escrita, traz consigo um grave erro no plano dos conceitos: foi sempre história a vida dos homens. Pois bem, tudo o que desde então aconteceu até à eclosão do meu eu contribuiu de uma forma ou de outra para que eu fosse o que efectivamente sou, e fê-lo devido a uma transformação gradual da vida humana só possível no planeta a partir do aparecimento do homem: a transformação que determinam conjuntamente a mutação biológica, agora intra-específica, e o curso da vida histórica, a sucessão daquilo que o homem fez para viver humanamente. Quando se produzem, as mutações intra-específicas de uma espécie animal não são mais que novidades biológicas que se perpetuam invariavelmente até à extinção da espécie em questão. As mutações intra-específicas da espécie humana, em parte condicionadas pela sua vida histórica, dão lugar, em contrapartida, a modos de comportamento novos e prometedoramente abertos ao futuro [5]. Na ordem do desenvolvimento anatómico, tal é o caso do aperfeiçoamento sucessivo da estação bípede e do crescimento considerável da massa encefálica, do *Homo habilis* até ao *Homo sapiens sapiens*. Na ordem do desenvolvimento funcional, fizeram-no a invenção e o emprego de uma actividade peculiar, a linguagem articula-

---

[5] Para mim, como para Dobzhansky e Zubiri, os tipos humanos tecnicamente chamados *Homo habilis*, *Homo erectus*, *Homo sapiens* e *Homo sapiens sapiens* não são espécies diferentes, mas subespécies de uma espécie única, à qual bem poderia dar-se o nome redundante de *Homo humanus*, num sentido menos histórico e mais biológico que o atribuído por Cícero a essa adjectivação.

da, tão intimamente relacionada com o referido aumento do volume e do peso do cérebro. *Insipiens*, evidentemente, eu, como todos os homens do meu tempo, nasci *Homo sapiens sapiens*, e herdei assim um determinado volume cerebral e todas as virtualidades que para serem homens tinham inventado os meus antepassados até à sua chegada a esse nível biológico e histórico [6].

Sem o saber, era assim quando nasci. Para expressar o facto de ter nascido longe da cidade que foi o quadro de referência constante da sua vida, *Clarín* disse engenhosamente: "Nasceram-me em Zamora"; com o que visava contrapor a pura passividade de ter nascido – "nasceram-me" – ao acto pessoal de nascer – "nasci" – no lugar onde faria a sua vida. Em rigor, a todos nós, mortais, "nos nasceram", e todos dizemos depois "nasci", referindo assim implicitamente a nossa existência biológica a um determinado lugar e expressando por meio de uma intenção transitiva tácita uma acção por essência intransitiva, a de nascer. Nasceram-me e eu nasci, disse-o já antes, numa pequena aldeia da parente aragonesa da terra espanhola, no lar de um médico de aldeia e na situação histórica do meu país e do mundo no final da primeira década do século XX.

O incipiente e insipiente *Homo sapiens sapiens* que eu era ao nascer – um corpo infantil configurado segundo a variedade "raça branca" dessa subespécie animal – foi pouco a pouco afeiçoado por certa instalação na sociedade e certa situação na História: adquiriu as possibilidades e as limitações de um idioma, este que, desde então, falo e escrevo como meu, e toda uma série de hábitos mentais e valorativos – vida familiar, primeiras letras, meio rural aragonês – que pouco mais tarde, quando eu fui "eu", fiz pessoalmente meus, fui esquecendo ou, com êxito maior ou menor, tentei excluir pessoalmente da minha vida.

Quando eu fui "eu", acabo de o dizer. Isto é, quando o meu corpo, modificando e completando segundo várias formas a estrutura recebida, foi capaz de se sentir a si mesmo como um eu pessoal, acontecimento rigorosamente decisivo no decorrer da vida da pessoa humana e, acerca do qual, de há um século para cá, os psicólogos e os neurofisiologistas tanto nos têm ensinado. Perante tão imponente e complexa massa de saberes, tenho de me contentar remetendo para as ideias expostas no

---

[6] Remeto de novo para o meu ensaio "Los orígenes de la vida histórica".

capítulo anterior e afirmando uma vez mais que o processo da egogénese, a paulatina construção do eu, é a expressão psicológica de uma estrutura corporal – cerebral, em primeiro lugar – que assim o permite e o exige.

Conjugam-se no aparecimento dessa estrutura, como sempre, a expressão fisiológica do dinamismo do corpo infantil – actividades hormonal, neural, metabólica, etc. – e a influência que sobre a sua manifestação exerce o meio em que esse corpo se forma. Há uma instância que é fundamental no seio desta influência extremamente complexa: o aparecimento, no quadro da vida infantil, de situações que se afastam muito das que até esse momento eram habituais para a criança, e que, pondo-a perante o "outro", a fazem perceber que ela é "eu". No meu caso, o dar-me conta precoce de que eu, filho de médico, era uma pessoazinha um tanto diferente da maior parte das outras pessoas pequenas com que lidava quotidianamente. Eu era sem o saber um "menino" burguês ou quase-burguês, e os outros eram "rapazes" da aldeia. Ao que se seguiram, pouco mais tarde, várias vivências cuja recordação perdura nitidamente no meu cérebro: a minha primeira viagem de comboio, a caminho da cidade, Soria, onde começaria o meu curso do ensino secundário; a descoberta consecutiva de hábitos psicológicos e sociais, os hábitos próprios de uma cidade muito pequena, mas muito cidade, que contrastavam notoriamente com os semi-rurais e semiburgueses que até então haviam informado a minha também pequena vida; e não em último lugar, o sobressalto que produziu em mim, numa situação para mim emocionalmente densa, o facto de terem chamado pelo meu nome alguém que não era eu [7].

O meu corpo ia-se assim configurando a caminho daquilo que viria a ser. Sem que eu disso me desse conta, o uso quotidiano de um idioma depositava dia-a-dia no meu cérebro, sob a forma de determinados circuitos neuronais gradualmente constituídos, o húmus fecundo de séculos e séculos de história espanhola e universal. Vendo e ouvindo falar em castelhano, lendo os livros ao meu alcance e estudando os textos da

---

[7] Outros pormenores acerca dos acontecimentos que mais influência tiveram sobre o processo da minha egogénese pessoal, poderão ser obtidos pelo leitor, se tais ninharias o interessarem, no ensaio "Mi Soria pura", recolhido no livro *Una y diversa España* (Barcelona, 1968) e em *Descargo de conciencia* (3.ª ed., Madrid, 1989).

minha primeira formação adquiri consciência da minha condição de ente histórico, ainda que em numerosas ocasiões só lentamente acabasse por descobrir o sentido que tinha para mim o ouvido, o lido e o aprendido. Tudo isto no meu corpo, no corpo que eu era, porque os meus sentidos corporais e o meu cérebro receberam a marca dessas notícias e porque na constituição e na actividade desses circuitos cerebrais, e não nas operações enigmáticas de uma alma espiritual, é que tiveram a sua verdadeira realidade os hábitos assim estabelecidos na minha vida pessoal.

Sobre o fundo da minha paulatina instalação naquilo que os livros e o mundo me iam dando, foram-se constituindo as ideias e as crenças rectoras da minha vida, ideias e crenças relativas à minha condição de espanhol, de europeu, de euro-americano, de homem do século XX e de homem sem mais, de cristão. Uma vez que o fio condutor deste capítulo é a possibilidade de conciliar razoavelmente a visão corporalista da realidade do homem e as crenças inerentes à minha condição de cristão, creio-me obrigado a dizer como essas crenças surgiram em mim e como as vivo agora, já na recta final da minha vida.

O catecismo e a História Sagrada que me ensinaram na infância e as lições posteriores da disciplina chamada Religião, oficialmente de frequência voluntária, mas seguida por todos os alunos dos Institutos onde estudei, não contribuíram grandemente para que a minha condição óbvia e inquestionada de cristão se tornasse em mim convicção profunda e firmemente assumida. Foi anos mais tarde, saído havia pouco da adolescência, que se produziu em mim a experiência decisiva que tornaria a condição de cristão vitalmente real: o encontro pessoal com Cristo. Levou-me a isso a descoberta – e não importa agora como aconteceu – de algo que todos os cristãos cultos ouviram falar, sem que na intimidade de muitos deles seja mais, porém, que um lugar-comum: a descoberta de que Deus é amor e de que, por conseguinte, o amor – amor de Deus ao mundo e aos homens – deve ser o nervo e o fundamento da vida religiosa. Do mesmo modo, a predicação, a morte e a ressurreição de um varão singular, Jesus de Nazaré, foram para todos os homens, cristãos ou não, a nova adequada dessa verdade suprema.

O meu encontro com Cristo. Até ele, a História Sagrada – Abraão e Isaac, David e Golias, os Salmos, o Novo Testamento... – era para mim apenas um conjunto de textos mais ou menos sugestivos e comoventes. A partir dele, embora sempre com problemas íntimos que nada tiveram de leve, e quase sempre sem recordação expressa do seu conteúdo vário, vi nessa história o caminho mais capaz para entender o sentido último da história universal e da minha existência pessoal dentro dela. Desde a infância, tive com frequência perto de mim, fossem ou não cristãs, pessoas eminentes na conquista e na posse da verdade e pessoas nobremente destacadas no exercício da virtude. Por outro lado, o meu contacto através do estudo com os representantes mais egrégios da Humanidade – sábios, heróis e santos –, por mais de uma vez me trouxe à mente uma humilde confissão do melhor Papini: "Eles deram-me os pensamentos, as imagens, as palavras que exprimem melhor o meu verdadeiro eu". Pois bem, sempre que pensei no valor e na significação das suas vidas, encontrei sempre na pessoa e na mensagem de Cristo o melhor caminho – digo o melhor e não o único – no que se referia à descoberta de uma resposta de algum modo satisfatória. Caminho, verdade e vida disse Cristo que era, e tal foi para mim a regra de ouro quando, para além das ocupações quotidianas, para além do prazer e da dor da vida no mundo, quis entender a minha própria existência e a daqueles que, próximos ou longínquos, dia-a-dia senti junto a mim.

Sempre, tenho de o repetir, com problemas que nada tiveram de leve. Problemas intelectuais e problemas morais. Menores, desde o início, os que se referiam à ordem moral da existência. Desse ponto de vista, a mensagem cristã foi e é para mim mais caminho que obstáculo. Não enquanto expressão sentimental – ainda que, como Rubén, me sinta "sentimental, sensível e sensitivo" –, mas enquanto fundamento de toda a realidade, em primeiríssimo lugar da realidade humana, o "Deus é amor" do Evangelho oferece-se-me a todo o momento como via óptima para que, a meu modo, possa dar razão humana e religiosa de qualquer conflito de carácter moral, e para abordar, embora nem sempre com êxito, a tarefa de o resolver. A realidade de um Deus criador faz-me pensar religiosamente. A realidade de um Deus-amor – a vida e a morte de Cristo – torna plenamente vital e não apenas mental a minha compreensão da vida e a minha religiosidade pessoal. Mas não sem problemas. Como não o seriam os meus próprios desvarios, e o frequente espectáculo dos cristãos cuja conduta pública atraiçoa a mensagem de Cristo, e a dor daqueles que não mereciam o que sofrem, bem como a misteriosa presença do mal – *mysterium iniquitatis*, como lhe chamou um cristão sabedor nesta matéria – na dinâmica real do mundo? Só a fé num amor que misteriosamente transcende tais problemas me permite esperar a resposta, e de a esperar, também como São Paulo, *in spe contra spem*.

Exacerbados pela antropologia resolutamente corporalista que este livro advoga, foram e são mais árduos e perturbantes para mim os problemas relativos à ordem natural, cósmica, da existência humana, quando consideramos seriamente aquilo que acerca dessa ordem nos dizem tantas passagens do Evangelho. E esses problemas foram, com efeito, para mim, mais obstáculo que caminho.

Cristo foi verdadeiro Deus e verdadeiro homem, um homem que como tal – aí está a comovedora realidade da sua paixão e da sua morte – se achou submetido às propriedades e às limitações da natureza humana e, mais geralmente, às leis da natureza cósmica. Então, como dar razão razoável, não digo razão racional, de tudo o que do seu corpo – encarnação, ressurreição, ascensão – e da sua obra – multiplicação de pães e peixes, ressurreição de um defunto – tão expressamente me é dito? Recorrendo à infinita potência de Deus, em que creio, e fechando os olhos depois de o afirmar? Tornando a minha fé uma fé de carvoeiro? Não posso. A minha pobre mente é científica e não me é possível evitar que o seja. Sem que isso me leve a uma evidência total, pois a ela as nossas explicações nunca chegarão, perante a realidade factual da embriogénese humana considero perfeitamente exequível negar a doutrina tradicional de uma alma governando o processo embriogenético, em benefício de outra cientificamente mais plausível. Mas perante os citados relatos, tão centrais no Evangelho, não disponho de tal recurso. Se me dedicasse a especular científica e filosoficamente acerca do que sucedeu no ventre de Maria e no corpo ascendente de Jesus para que tenha neles acontecido o que nos é dito, a minha especulação não deixaria de ser artificial e vã, talvez ridícula, bem como, para não poucos, até da ordem da profanação. Que fazer, em tal caso?

Para resolver pessoalmente o problema, e a título de simples ensaio, vou recorrer a quatro autores: um deles, cristão a seu modo, Antonio Machado; outro não cristão, Einstein; e os cristãos eminentes, o Cardeal Newman e Tomás de Aquino.

Machado escreveu: "A alma do poeta/orienta-se para o mistério". O poeta escreve palavras para, talvez sem disso se dar conta, se aproximar do que é essencialmente incompreensível e inefável. Einstein pensou que a ciência e a arte sendo, como são, actividades inteiramente humanas, tinham uma raiz comum, cuja actividade se nutria de um mesmo fundamento, trans-humana e misteriosamente oferecido ao homem de ciência e ao artista pela realidade que se vê e toca. Einstein pensou também algo mais. Pensou que esse fundamento não podia ser outra coisa senão o amor intelectual pela realidade do cosmos: o amor do mundo, o amor da vida e dos homens, tais eram os níveis essenciais da *ordo amoris* professada pelo físico genial. A partir da sua profunda e extremamente sincera condição de cristão, o cardeal Newman afirma que crer – crer em geral e crer cistamente – é ser capaz de suportar as dúvidas. Tomás, por fim, ensinou que o acto de fé, uma vez que não concede visão manifesta, evidência intelectual, em algo concorda com os actos de duvidar, suspeitar e formar opinião. Quatro atitudes perante o mistério, quatro modos de nos situarmos ante o olhar da Esfinge. Deveremos nós tentar unificá-las?

A realidade, toda a realidade, é no seu fundo misteriosa. Crente ou não crente, o verdadeiro poeta esforça-se por penetrar até esse fundo por meio das suas palavras, necessariamente metafóricas, e por sentir que o seu dizer poético de algum modo o expressa. Não creio que a visão de Einstein diferisse muito da visão machadiana da poesia, mas acrescentar-lhe-ia que, com a sua irrecusável e insuficiente racionalidade, o saber da ciência – deva ou não ser probabilístico – é outro modo de penetrar no mistério do real, outro modo complementar do poético. Até onde chega o saber científico? Até ao extremo de tornar definitivamente evidente e intocável – *eis aeí*, para sempre, diria Platão – o que a ciência diz? Não, responderia o cardeal Newman. Porque o que no fundo o sábio faz, saiba-o ou não, é crer com boas razões que aquilo que afirma é certo e ser, ao mesmo tempo, capaz de suportar, instalado em tal crença, as dúvidas e as perguntas que o saber científico deve suscitar em qualquer mente verdadeiramente ambiciosa, dúvidas e perguntas sem as quais o progresso da ciência não seria possível. De uma dessas dúvidas e perguntas nasceu a teoria da relatividade e, pouco mais tarde, a substituição do modelo estático do Universo proposto por Einstein pelo modelo dinâmico de De Sitter e Lemaître. E porque o conhecimento daquele que crê, acrescentará Tomás de Aquino, com palavras que *don* Miguel de Unamuno teria feito suas, concorda sob certos aspectos essenciais com o conhecimento daquele que duvida, ainda que de alguma maneira o transcenda. "A pergunta é a forma suprema do saber", afirmou Heidegger. Sem dúvida. Chegado ao seu ponto mais alto, o saber racional, nunca perfeitamente satisfatório, acabará por suscitar perguntas perante a inteligência, contanto que esta seja realmente exigente. Perguntas e dúvidas cuja resposta só pode ser a opção entre o agnosticismo, o desespero e a crença; esta, por seu turno, *aliquo modo conveniens cum dubitatione, suspicatione et opinione*, diria um verdadeiro tomista [8].

Frente aos problemas iniludíveis, perturbantes, insolúveis que levantam à mente científica os textos evangélicos a respeito da ordem natural da realidade criada, vejo apenas um recurso: suportar newmanianamente as minhas dúvidas, as dúvidas que compartilho com aqueles que não vão além do suspeitar e do formar opinião, e – refugiado no que é para mim o mais essencial da vida e da mensagem de Jesus de Nazaré: a afirmação do Deus-amor, a visão do amor como fundamento e nervo do cristianismo e da vida religiosa – esperar *contra spem* que um dia, fora de todo o calendário, um dia não imaginável, possa ver o que não vejo agora.

> Quién rige las estrellas
> veré, y quién las enciende con hermosas
> y eficaces centellas,
>
> (Quem governa as estrelas
> verei, e as incendeia com formosas
> e eficazes centelhas,)

escreveu no século XVI, crente e animado pela esperança, Fray Luis de León. Homem do século XX, modesto, mas seriamente apegado ao

---

[8] Sobre as perguntas últimas e a resposta que lhes é dada em termos de agnosticismo, desespero ou crença, veja-se o meu ensaio "Ciencia y creencia", *Revista de Occidente*, n.º 103, Dezembro de 1989.

ofício de entender cientificamente o mundo, não posso contentar-me com tão pouco.

O meu encontro com a pessoa de Cristo deu e continua a dar o seu fundamento último à minha vida. Aquilo que a interpretação cristã do Evangelho diz acerca da natureza de Cristo mergulha-me, inevitavelmente, num estado de perplexidade, como também a consideração daquilo que, enquanto mínima parte da obra redentora de Cristo, é para mim a realidade desse encontro. Um deísta, segundo o P. Bonhomme do século XVIII, é um homem com demasiada força para ser cristão e sem força suficente para ser ateu. Para se ser cristão no século XX, não será verdade que são necessárias uma força e uma ousadia não menores que as necessárias para se ser ateu, um ateu sincero e consequente?

O assombro reflexivo de Fontenelle perante a pluralidade possível dos mundos habitados tem que ser, dois séculos mais tarde, milhares, milhões de vezes mais intenso e mais profundo. De momento, ninguém sabe se noutros astros e noutras galáxias há ou não seres inteligentes, mas, ao mesmo tempo, ninguém pode negar a possibilidade e até a probabilidade de noutras galáxias e noutros lugares se terem dado ou possam dar amanhã as condições necessárias para a existência de seres vivos e para a sua subsequente evolução no sentido de formas inteligentes de vida. E se assim é, não será certo que, para olhos humanos, talvez demasiado humanos, só um imenso desvario cosmológico pode parecer pensar que o Deus criador do Universo escolheu precisamente esta quase infinitesimal chispa cósmica em que habitamos como lugar da encarnação da Segunda Pessoa da Santíssima Trindade? Ou que, sem que eu possa sabê-lo ou suspeitá-lo, há ou pode haver outras encarnações desse Deus? Dez mil milhões de galáxias, duzentos mil milhões de sóis na galáxia que eu habito, e apenas uma ingerência de Deus no espaço--tempo, a que me implica como homem a mim próprio, da qual tenho informação suficiente... Até onde deve ir a consciência da minha pequenez e até onde a minha aspiração de grandeza para repousar tranquilamente na fé exigida taxativamente pelo símbolo de Niceia: *"et incarnatus est de Spriritu Sancto ex Maria virgine, et homo factus est?"* Perguntas e perguntas que não têm fim.

Afirmada a minha tese unitariamente corporalista, não é tarefa fácil a conciliação entre ela e as minhas crenças. Mais ainda: queira eu ou ou não, a relação mútua entre elas necessariamente entrará em certa medida em conflito. É assim que a vivo. Se outros me derem razões válidas para ver as coisas de outro modo, aceitá-las-ei lealmente.

5. O QUE SOU, RESULTADO DE UM PROCESSO BIOGRÁFICO

Dando efectividade fenotípica ao meu genotipo individual, a sociedade e a história contribuíram poderosamente para que eu seja o que sou, poderosa, mas não determinantemente. Sob a forma de imposição, de proposta ou de oferta, só através de decisões ou concessões minhas acabaram por ser parte integrante da minha vida os hábitos mentais, avaliativos e operativos próprios da sociedade em que vivi e da História, que sobre mim pesaram. Somos o resultado de uma mistura de acaso, destino e carácter, escreveu Dilthey. Mais acertado teria sido dizer que somos obra de uma mistura de acaso, destino e liberdade, porque o carácter, o que na personalidade há de mais pessoal, resulta do reiterado exercício da liberdade perante aquilo que a vida comporta como acaso e como destino.

Exercendo a minha liberdade, algumas vezes com energia e acerto, sem energia e sem acerto outras, a minha personalidade foi-se constituindo dentro da sociedade e da História em que tenho vivido. As páginas precedentes disseram já alguma coisa acerca disso, e não creio que seja necessário aqui dizer mais. Com a idade que tenho, acrescentarei apenas que o gozo de descobrir uma chispa de verdade ou um fio de bem onde quer que apareçam – no mundo e em mim mesmo, nos homens crentes e nos descrentes, nos brancos e nos negros – foi incessantemente aumentando ao longo da minha biografia.

Matéria criada, termo específico de uma filogénese, resultado de um processo embriológico individual, obra quotidiana da minha pertença a uma sociedade e a uma história, consequência de uma série de decisões ou concessões minhas perante a minha sociedade e perante a História, tudo isso se reuniu para que eu fosse o que sou. E foi o meu corpo e não outra coisa o agente e em certa medida o autor daquilo que sou: uma estrutura material que, na Espanha dos finais do século XX, sente, pensa e quer, e que um dia – di-lo-ei nos termos fortes do meu povo – a terra há-de comer.

III. A DECOMPOSIÇÃO DO QUE SOU

A senescência começou já a desfazer-me e, embora me permita viver e trabalhar, o meu corpo não é o que era. Sou o mesmo, sim, mas de modo cada vez mais caduco, *idem sed aliter* até à minha última hora. *Vulnerant omnes, ultima necat*, gostava de dizer das horas, segundo a sentença dos antigos relógios de sol, a melancolia de Pío Baroja. E quando esta última hora tiver feito o que lhe é próprio, como será? Em que consistirá a minha morte, a decomposição final do meu corpo? Tal será agora o tema da minha reflexão.

1. A MORTE É UM FACTO, PODE SER UM ACTO E MUITO FREQUENTEMENTE DÁ LUGAR A UM ACONTECIMENTO

A morte é antes de tudo um inexorável *facto biológico*, esse por cujo efeito irreversivelmente cessa a actividade vital. A partir do momento em que na biosfera apareceu a reprodução sexual, tornou-se inexorável a morte dos indivíduos vivos. Em rigor, não se pode dizer que uma amiba individual morre. A sua divisão em duas amibas filhas faz com que de certo modo a primeira amiba perdure em cada uma delas. A reprodução sexual traz vantagens à espécie, já o referi, mas em contrapartida traz também consigo a morte do indivíduo: a espécie perdura e o indivíduo perece. Por maior que possa ser o progresso da técnica, a espécie humana não parece ser excepção de uma regra tão universal.

A morte é antes do mais o facto de morrer. Em que consiste tal facto? O saber actual permite dar a esta interrogação duas ordens de respostas, de carácter simplesmente fenoménico e descritivo algumas delas e de índole decididamente entitativa e antropológica outras.

Se realmente existe uma experiência da morte própria, se o moribundo vive conscientemente o facto de morrer, nunca poderemos saber o que foi essa vivência. O defunto levou-a consigo, e ninguém regressa do além. (Deixemos de lado o caso de Lázaro, o qual, de resto, nada nos disse acerca da sua passagem por esse transe.) A sensibilidade de um ou outro senescente perspicaz deixa-nos testemunho do que para ele, isto é, para um homem informado por certas ideias e certas crenças, é a proximidade da morte. Poucos desses testemunhos são tão penetrantes como o de Alfonso Reyes, ao sentir avançar a sua velhice: "O muro da vida adelgaça-se e já se vê à transparência a eternidade." Mas, se lhe pedíssemos que descrevesse o que via através dessa transparência, Alfonso Reyes só teria podido dizer-nos o que para ele, para as suas ideias e as suas crenças, eram a eternidade que cria vislumbrar e a sua passagem em direcção a ela.

Os relatos daqueles que chegaram à sua fronteira parecem proporcionar-nos mais alguma luz, não quanto ao próprio facto de se morrer porque, repetirei o que é por todos sabido, ninguém volta ao mundo depois de morto, mas quanto às situações vitais imediatamente anteriores ao transe final. É o que se passa com os testemunhos, tão frequentemente recolhidos pelos actuais tanatologistas (Kübler-Ross, Moody, Hampe, Wiesenhütter, etc.) dos lábios de doentes que estão ou estiveram em risco iminente de morte. Não creio que seja aqui necessária uma exposição pormenorizada dessas observações, ainda que sejam indubitavelmente sugestivos [9]. O meu tema não é a situação psicológica do homem perante a proximidade da morte, mas o que a morte realmente é para a realidade do ser humano que morre: não é a psicologia do moribundo, mas a antropologia do morrer, considerada esta a partir da ideia do corpo que agora proponho.

Mais fiáveis e concludentes que as declarações dos moribundos são – embora não nos devamos limitar a eles apenas – os dados obtidos através do exame objectivo do corpo que vai morrer e do corpo já morto. A prática hospitalar nas unidades de cuidados intensivos, a terapêutica da reanimação, a assistência a doentes em coma, as técnicas médico-legais de diagnóstico para efeitos de certificação do estado de morte, a já corrente e tantas vezes forçosa distinção entre "morte clínica" e "morte real", introduziram novos e importantes dados científicos acerca daquilo que é para o corpo humano o facto de morrer. Também não penso ter de os descrever em pormenor. Limitar-me-ei a registar que, promovida a partir de partes diferentes do organismo – é iniludível a evocação aqui do célebre "trípode vital" de Bichat –, a morte definitiva do indivíduo

---

[9] Além das publicações originais, o leitor poderá consultar um breve resumo dessas observações na minha *Antropología Médica* (Barcelona, 1984) e na *Escatología* de Fr. J. Nocke (Barcelona, 1984).

humano é irreversivelmente anunciada pela inactividade total do cérebro. Ainda que o coração comece por aparentar sê-lo, é o cérebro de facto o órgão *ultimum moriens*. Deixemos ao coração, se quisermos seguir Aristóteles, o privilégio de ser *primum vivens*.

Considerado de um modo ora preponderantemente somático, ora preponderantemente psíquico – nenhum fenómeno vital é, como sabemos, puramente somático ou puramente psíquico – tal é para nós, quer dizer, para os homens que vivencial e subjectivamente se aproximam dele e para aqueles que objectiva e cientificamente o estudam, o facto necessário do morrer, a morte como facto.

Pode também aparecer na nossa mente o facto da morte. De acordo com uma sentença da ascética cristã mais tradicional, essa que diz *vera philosophia, praemeditatio mortis*, ou de acordo com o *Sein-zum-Tode* heideggeriano (ser a morte, ser para a morte) e os existencialismos posteriores a *Sein und Zeit*, a morte é a possibilidade vital absolutamente iniludível e absolutamente insuperável e o momento da nossa existência a cuja consideração se deve apegar a vida do homem para ser radical e autêntica. Mas também a análise existencial da morte não tem verdadeira importância para a minha actual reflexão. Limita-se a dizer, ainda que com subtileza mental e rigor filosófico, algo bem sabido: que a morte é a mais grave das experiências do homem e que deve ser olhada como tal por quem queira viver humana e seriamente.

A morte não é só facto. É também, ou melhor, pode ser também, *acto* da pessoa que morre e, portanto acto humano na mais rigorosa acepção do termo. É-o, pode sê-lo para quem morre subitamente enquanto dorme ou em muitos outros casos semelhantes? Não o sabemos, mas não parece provável. Quando a morte é verdadeiramente imprevista e verdadeiramente súbita, não se compreende como o moribundo possa fazer dela um acto pessoal: o acto de se situar na sua intimidade perante o que constituiu o fundamento da sua vida – Deus, seja que Deus for, para o homem religioso; o sentido da história, para o marxista convicto; a pessoa amada, para o suicida amoroso –, e a ele referir, como aspiração, como oferta ou como entrega humilde, a recordação do que foi a sua vida. Para um cristão, as palavras finais de Cristo na cruz são o modelo supremo.

A morte pode também ser, e é habitualmente, um *acontecimento social*, algo que acontece no seio de uma sociedade e que dela exige certos ritos colectivos, declarações administrativas, enterro, estes ou aqueles comportamentos convencionais, etc. Mais sociológica ou mais historicamente concebida, a antropologia cultural da morte deu lugar, nestas últimas décadas, a uma bibliografia tão extensa como sugestiva. Não posso fazer mais que mencionar aqui esse facto.

Facto, acto e acontecimento, é-o ou pode sê-lo a morte humana. Diga-se sem rodeios que só o primeiro destes três aspectos do morrer agora importa, uma vez que o meu problema actual consiste em saber, a partir do que aqui e agora sou, como as minhas ideias e crenças acerca da morte se podem conciliar entre si de um modo razoável. O que se passa na realidade do homem quando nela se produz o facto do morrer? Aniquilar-se-á definitivamente com ela a existência do homem que morre, ou poderá este dizer, muito mais radicalmente que Horácio, o seu *non omnis moriar*, o seu "nem todo eu morrerei"? E se assim for, o que é que do homem sobreviverá à sua morte? Em dois pontos, tentarei responder com lealdade. No primeiro ponto exporei as minhas razões de recusa da concepção da morte como aniquilação total. No segundo direi como concebo a "ressurreição dos mortos" que o crente com consoladora esperança – *expecto resurrectionem mortuorum* – afirma ao fazer seu o símbolo de Niceia.

2. Aniquilação ou ressurreição?

Se se interrogassem os habitantes do planeta sobre o seu modo de entenderem a significação da morte para aquele que morre, a maior parte das respostas distribuir-se-iam segundo quatro direcções: aniquilação, ressurreição, reencarnação e sobrevivência.

Não sei quantos seriam aqueles que optariam pela tese da *reencarnação*. Não poucos, decerto, na Ásia e outros em menor número, nos restantes continentes, afirmariam crer que a sua pessoa é portadora de uma alma que animou corpos humanos diferentes e que, a caminho de um estado final bem-aventurado, chame-se-lhe nirvana ou como se quiser, animará outros depois da morte do seu corpo presente. Como não compartilho essa crença e não estou a escrever um tratado de escatologia, poupar-me-ei a tentativa de expor e discutir as razões que em sua defesa dão ou podem dar os adeptos da doutrina. Mas algumas poderão apresentar, decerto. Um teólogo cristão, H. Vorgrimler, termina a sua argumentação contra a doutrina da reencarnação pelas rotundas palavras: "É insustentável a suposição de que uma princesa egípcia anterior à era cristã comece no nosso século uma vida nova na região do Ruhr, ou de que um padre da Westfalia seja um jumento tunisino no seu próximo grau de purificação". Eu penso do mesmo modo. Mas que diria um budista culto confrontado com estas rudes e um tanto desdenhosas afirmações?

Acreditam na *sobrevivência* aqueles que, com um grau maior ou menor de certeza subjectiva, e segundo um ou outro modo de a interpretar, aceitam ou proclamam a sua convicção de que o homem, *naturalmente,* continua a viver depois de morrer. É nesta crença que se baseiam certas religiões, as práticas dos espiritistas e, de modo mais ou menos explícito, inclinam-se em seu favor alguns dos pensadores e homens de ciência – Richet, Toynbee, Koestler, não poucos membros da *Society for Psychical Research* – para os quais a continuação natural da vida depois da morte é, senão um facto objectivamente demonstrável, pelo menos uma série probabilidade. Documentam-no muito claramente os ensaios de Toynbee e Koestler no livro colectivo *Life After Death,* atrás citado.

Koestler sugere a ideia da morte gradual. Do mesmo modo que a mente aparece gradualmente a partir do nascimento, e já antes dele, até atingir a sua plena constituição no indivíduo adulto, a morte aconteceria também de maneira gradual, do facto visível do morrer até à incorporação da mente individual na mente universal ou, como diz Koestler, na "matéria mental cósmica". "Baseando-nos na hipótese da extinção gradual do aspecto individual da psique" acrescenta Koestler, "tais sinais (as comunicações supostamente enviadas pelos defuntos) dever-se-iam a vestígios de uma personalidade que se agarra ainda à matéria mental desencarnada [...] A insipidez geral e o infantilismo dessas comunicações [...] indicariam a passagem progressiva desses vestígios da consciência pessoal, da idade adulta para a infância, antes da reabsorção no ventre universal." E conclui: "Esta perspectiva é suficientemente definida para excluir qualquer crença numa imortalidade pessoal em que não nos despojássemos de nada." Será assim? Não o creio, e não

O MEU CORPO: EU

vejo que esse processo se produza no mundo que me rodeia. É certo, isso sim, o facto de todos os homens termos, enquanto membros individuais de uma mesma espécie, realmente alguma coisa em comum. Mas não será também um facto não menos forte e profundo que a consciência de ser "em mim e para mim", de ter "a solidão como substância", segundo a frase de Ortega, é o mais profundo da consciência pessoal? *Non omnis confundar*, escreveu o marxista Ernst Bloch para adaptar à sua esperança histórica o *non omnis moriar* horaciano.

Com diversos matizes pessoais, muitos são hoje os europeus e os americanos que tácita ou expressamente professam a tese da *aniquilação*. Mas não devo ir mais longe sem precisar o sentido deste termo, hoje analógico, quando não equívoco.

No seu sentido forte e tradicional, a aniquilação é a redução ao nada, e uma vez que tal redução afecta neste caso alguma coisa que é, que tem ser e existência, a aniquilação é a passagem do ser a um não-ser absoluto. Naturalmente, não é este o sentido em que a respeito da morte do indivíduo humano esse termo hoje é usado, a aniquilação a que a morte conduz refere-se à vida pessoal e psíquica daquele que morre, não à sua realidade inteira.

A antropologia dos que concebem a morte como aniquilação é habitualmente de um materialismo estrito. De um modo ou de outro – o materialismo à maneira do século XIX de Feuerbach, Büchner, Vogt, Moleschott e Haeckel, apegado à visão atómico-molecular da matéria, o fisicalismo recente de Feigl, informado já pelo que ensina sobre a matéria a física actual –, essa antropologia incorre num evidente reducionismo mental, no vício de pensar pautando-se pela petulante fórmula do "isto não é mais que". A vida humana, pensam os seus adeptos, não é mais que o resultado da combinação entre si de movimentos de moléculas, átomos e partículas elementares. Portanto, produzida a decomposição letal do corpo nos seus elementos materiais, a vida pessoal do moribundo ficaria inteira e definitivamente aniquilada, e aqueles elementos incorporar-se-iam para sempre – um sempre condicionado, claro está, pela sorte do Universo no seu conjunto – no processo cósmico universal que os reuniu sob a forma de corpo *vivente* e humano. A esperança de uma certa existência, seja esta o que for, para além da morte, passa assim a ser desdenhosa e totalmente negada. Do ponto de vista da vida terrena do homem morrer seria deixar de ser e nada mais.

Deste modo seriam historicamente abolidos – hoje para alguns, amanhã para todos, pois é nessa direcção que se vê avançar a evolução do pensamento – dois factos até ao momento constantes na história da Humanidade: a existência do culto dos mortos, ininterruptamente presente no planeta desde os mais remotos tempos pré-históricos, e a frequência com que a ânsia de imortalidade surgiu em tantos homens eminentes e preocupados, quando o seu viver transcendeu o campo das actividades quotidianas e reclamou, do fundo de si próprio, uma verdadeira radicalidade.

Os ritos consecutivos à morte de um dos membros de um grupo social denotam a básica orientação da vida terrena para um além e, por conseguinte, a existência de uma esperança colectiva na *realidade de uma vida transmortal*. Desde que na longínqua pré-história teve início o costume de depositar junto ao cadáver objectos diversos, existem esses ritos e, a par deles, a crença no "além" de que são testemunho. Seria aqui inoportuna a exposição das diversas formas que nas culturas antigas adoptaram os primeiros e a segunda. Terei de limitar-me a dar sucintamente notícia da sua configuração no interior do cristianismo.

"O Novo Testamento está latente no Antigo e o Antigo Testamento está patente no Novo", escreveu Santo Agostinho. Também no que se refere à esperança numa vida depois da morte assim é, mas seria grave descuido esquecer as novidades essenciais que a esse respeito trouxeram consigo os textos evangélicos [10].

Desde o seu aparecimento na História, a esperança foi o nervo da existência colectiva do povo de Israel. Abraão e Moisés são os grandes guias dessa esperança, fundada sempre na promessa de Javé ao seu povo. Todavia, terão de passar séculos até que a confiança no futuro passe a referir-se *também* a uma vida para lá da morte. É verdade, sem dúvida, que o termo daquilo que se espera se vai tornando cada vez mais amplo

---

[10] Embora a bibliografia sobre o tema tenha crescido muito desde que foi dada à estampa a primeira edição do meu livro *La espera y la esperanza* (1956), creio que o leitor poderá nele encontrar indicações úteis sobre a esperança de Israel e a esperança Cristã. Desde então, tornou-se também muito extensa a bibliografia sobre a relação entre a escatologia e a esperança. A *Escatología* de J. Ratzinger (Barcelona, 1984) e a *Escatología* de Fr. J. Nocke (Barcelona, 1984) podem servir de primeira orientação ao leitor interessado pelo problema.

e cada vez mais puro: "A terra de pastagens prometida a Abraão converte-se, no êxodo, na terra que emana leite e mel; mais tarde, no desterro, acrescenta-se a ela a imagem da cidade esplendidamente enfeitada; finalmente, a cidade acaba por se tornar ponto de encontro de todos os povos [...] A predilecção especial que Deus promete a Abraão conduz à aliança de protecção do Sinai, e esta amplia-se na promessa de perdão e nova aliança" (Nocke).

Porém, não se fala ainda da possibilidade de uma vida humana transmortal. Só em escritos tardios do Antigo Testamento aparece expressa uma fé na ressurreição dos mortos. No segundo livro dos Macabeus – composto em grego e, por isso, extracanónico para a teologia protestante – afirma-se a ressurreição, mas a dos bons, não a dos maus. O único texto veterotestamentário puramente hebraico em que explicitamente se fala da ressurreição de *todos* os mortos é o livro de Daniel. A fé na ressurreição, todavia, não era geral entre os israelitas contemporâneos de Jesus: os fariseus aceitavam-na, os saduceus não. Esta discrepância exprime-se claramente na discussão de Jesus com os saduceus, tão amplamente descrita no evangelho de São Marcos (12, 18-27).

Por meio da sua predicação, Jesus introduz três importantes novidades, as três decisivas para o entendimento da relação entre a esperança e a escatologia: a resoluta e reiterada afirmação da ressurreição dos mortos e, portanto, da realidade de outra vida depois desta, a predicação do reino de Deus e o anúncio da parúsia, da sua segunda vinda gloriosa. Não tenho de expor aqui o modo como a teologia actual compreende a indubitável conexão mútua entre estes três ingredientes essenciais da mensagem evangélica, mas considero imprescindível mostrar como essa teologia, qualquer que seja a sua orientação, da conservadora de Ratzinger à revolucionária "da libertação", se afastou mais ou menos da concepção tradicional, excessivamente escatológica, do "reino" que Jesus de Nazaré pregou.

Com todas as excepções que se queiram, desde o precoce *ora et labora* de São Bento, com todos os graus e matizes que se entenda por bem admitir, a ascética do *contemptus mundi* dominou excessivamente a história do cristianismo. O desprezo do mundo, olhado como inconsistente, como desprovido de valor, por comparação com a plenitude que o reino de Deus alcançará para além do tempo, foi a atitude comum, durante séculos, dos educadores espirituais do povo de Deus. Esta atitude comporta duas consequências graves: certo desinteresse doutrinal dos cristãos pelo progresso técnico e social da Humanidade, com a desconfiança decorrente no que se refere ao seu valor aos olhos de Deus, e a atribuição de certa fraqueza íntima da fé teologal aos mais comprometidos com a causa desse progresso, tanto na ordem intelectual (valor e dignidade do saber científico e da invenção técnica) como na ordem pragmática (reforma das estruturas sociais dentro do mundo cristão). Entre nós, espanhóis, como não lembrar o vasto prestígio do padre Nieremberg e a sentença popular: "Quando acaba a jornada / Aquele que se salva, sabe, / E o que não se salva, não sabe nada"?

Pois bem, ao longo das últimas décadas, toda uma série de atitudes e de construções intelectuais, muitas delas formalmente teológicas – encabeçadas pelos documentos *Pacem in terris* (1963), *Gaudium et spes* (1965) e *Populorum progressio* (1967) – exaltaram o mérito do trabalho aqui e agora e, consequentemente, o valor do progresso científico e social da Humanidade, crente ou não crente, no que diz respeito à consumação escatológica do reino de Deus. Baste a simples menção da cosmologia cristológica de Teilhard de Chardin (evolução do cosmos até um "ponto Ómega", Cristo, no qual toda a criação será assumida e consumada); a escatologia existencial de Bultmann (em cada presente de cada homem radicalmente "autêntico" está a realizar-se o sentido de *toda* a história universal); a teologia da esperança de Moltmann, com a sua severa e convincente exaltação do valor escatológico da acção histórica rectamente ordenada; a "teologia política" de Metz; as especulações de Karl Rahner em torno da autotranscendência possível da história, com os seus futuros relativos, no seu caminhar constante rumo ao "futuro absoluto"; a admirável atitude cristã perante a injustiça subjacente à "teologia da libertação", único movimento teológico do nosso século a ter dado verdadeiros mártires... Insuficiente, sem dúvida, para modificar satisfatoriamente o curso da História, surgiu toda uma copiosa série de modos cristãos de entender a relação entre a vida mortal que se vê e se faz e a vida transmortal que não se vê e se espera, relação pela qual adquirem pleno sentido cristão o trabalho e o sofrimento de cada um, e os triunfos e fracassos da Humanidade inteira no seu caminhar incessante em direcção ao fim da História.

Com a cristianização do mundo antigo e da Europa medieval, e com a rápida difusão do Islão, a crença numa vida além da morte foi geral em torno do Mediterrâneo, e mais tarde entre este e o Pólo Árctico, bem como, depois, na América recém-descoberta. Esta crença expressaria a descoberta e a evidência de um aspecto essencial da existência humana, a necessidade de orientar a vida terrena no sentido de uma vida ultraterrena, nula ou insuficientemente conhecida até então? De modo algum. A secularização da existência, crescente desde o século XVIII, traria consigo no Mundo Ocidental o auge de outra atitude humana muito diferente, a negação de toda a vida além da morte e, com ela, a visão da morte como total aniquilação da vida pessoal. Tácita ou expressa, a divisão entre "ressurreccionistas" e "aniquilacionistas", com uma ampla zona de atitudes indecisas ou agnósticas entre uns e outros, acabou por ser uma das realidades sociais mais características do mundo ocidental.

Aniquilação ou ressurreição? A formulação deste dilema antropológico deve tocar algo de muito profundo na vida humana, quando, precisamente como resposta à ampla vigência social da primeira dessas duas atitudes perante a morte, não foram poucos os ocidentais eminentes, Kierkegaard à cabeça, que mais ou menos angustiadamente se situaram por referência à situação espiritual que a interrogação em causa expressa.

A título de exemplo, citarei alguns casos apenas: Senancour, com as suas palavras tão belas e tão cheias de nobreza: "A imortalidade não existe? É possível. Tu vive como se o facto de ela não existir fosse uma injustiça"; Ramón y Cajal, que abertamente declarou o seu apego íntimo à crença num Ser Supremo e numa alma imortal, depois de ter confessado a derrocada total da fé religiosa da sua infância; o marxista Bloch, que se sentia tão perturbado pela certeza de morrer de todo e para sempre que, para remediar esse sentimento, completou formalmente o *non omnis moriar* horaciano, como antes indiquei, por meio do seu pessoal e significativo *non omnis confundar*. Um testemunho já não eminente, mas eloquente dão os homens, facto psicossocial patético, que a si próprios tiram a vida com uma vaga esperança, a ideia de que qualquer outra vida será preferível àquela que os atormenta. Dois textos preciosos do cristão Maragall podem servir de remate apropriado a esta série de testemunhos: um, o verso final – *Siam la mort una major naixença* – do seu docemente angustiado, docemente interrogativo *Cant espiritual*; outro, as palavras de En Serrallonga, quando é condenado à morte por decapitação:

> Moriré resant el Credo;
> mes digueu an el botxí
> que no em mate fins i a tant
> que m'hagi sentit a dir:
> "Crec en la resurrecció de la carn."

Aniquilação ou ressurreição. Uma vez que nenhum dos dois termos desta opção pode impor-se racionalmente à nossa inteligência, uma vez que um e outro são objecto de crença e não evidência, ambos são defensáveis e ambos podem ser intelectual e vitalmente assumidos com inteira dignidade.

Reconhecer-se-á necessariamente a grandeza dos que enfrentam a morte fiéis à velha divisa estóica *nec spe, nec metu*, sem esperança e sem temor. Não será acaso essa uma das fórmulas mais vincadas da existência autêntica, orteguiana ou heideggeriana? Em alguns, quando deixar a vida não é simplesmente a despedida do gozo de viver – a companhia amorosa habitual, a paisagem querida, a busca da verdade, o livro ou a sonata predilectas –, frente à morte que chega. Ilustres ou humildes, quantos não são hoje e continuarão a ser amanhã os que assim elevam a acto humano o facto biológico de morrer? Noutros, frente à morte procurada: os suicidas que buscam na morte a sua aniquilação total, o que eles concebem como "o nada", os suicidas metafísicos ou *quoad esse*, os que não só aspiram, quase sem pensar nisso, em trocar por outra, qualquer que seja, uma vida inteiramente insuportável, os suicidas psicológicos ou *quoad vitam*. Para mim, não há outro facto tão perturbante e comovente como o dos homens que desse modo supremo – a opção pelo "não ser" – exercem a sua condição humana de entes livres.

E de um ponto de vista simplesmente humano, não formalmente cristão, não haverá acaso verdadeira grandeza naqueles que, movidos pela sua fé religiosa e, por conseguinte, por uma compreensão escatológica tácita do valor do mundo e do esforço humano, consagram a sua vida ao bem dos demais? Contam-se entre eles alguns casos eminentes e célebres: Teresa de Jesus, que na espera e na esperança de "tão alta vida" vê Deus entre as púcaras das ocupações quotidianas, e sem viver nela, desvivendo, vive andando pelos caminhos de Espanha; Teresa de Calcutá, desvivendo entre os leprosos e pelos leprosos; Ignacio Ellacuría, que a ameaça de uma agressão mortal, que acabou por se consumar, não impediu de se dedicar quotidianamente à redenção dos pobres da América. Outros casos são, enfim, humildes e anónimos: os muitos cristãos empenhados que honestamente amam e trabalham, gozam e sofrem, esperam e temem, à margem das grandes disputas teológicas e do aparato ruidoso do mundo. Sem que o saibam, uns e outros, os ilustres e os humildes, ajudam-me a manter de pé a minha inquieta e fraca condição de cristão.

Quero insistir brevemente num ponto que acabo de assinalar: a condição nítida de crença dos dois termos da opção a que me estou a referir, a aniquilação e a ressurreição. Nenhuma das duas teses pode ser objecto de experiência – à maneira do que se passa com o facto de os corpos graves caírem em direcção à Terra com esta ou aquela aceleração, nem termo evidente de um raciocínio, como o que conclui que a soma dos três ângulos de um triângulo é igual a dois ângulos rectos –, uma e outra são crenças, não evidências. Ao converter-se em hábito psicossocial, a secularização da vida criou a convicção tácita e aparentemente óbvia de que o ateísmo, a negação da existência de Deus, e o aniquilacionismo, a negação de uma vida para além da morte, são algo como "o ponto zero" da actividade de pensar, a situação da mente em que o saber deve ter o seu ponto de partida mais racional [11]. As coisas não são de modo algum assim. Não se é ateu por se saber que não há Deus ou porque se não crê em Deus, mas porque se crê que Deus não existe. Não se afirma a tese da aniquilação porque não se creia na vida transmortal, e muito menos porque se saiba que a não há, mas porque se crê que essa vida não existe. *Mutatis mutandis*, outro tanto deve dizer-se da adesão pessoal à tese da ressurreição. Repetirei a minha fórmula: para a mente humana, o certo será sempre penúltimo, e o último será sempre incerto.

---

[11] Ou, para outros, sabendo pensar com rigor e consequentemente, o necessário ponto de chegada.

Nenhuma dessas duas teses é evidente por si própria, nem racional em termos últimos, mas as duas, cada uma a seu modo, possuem certa razoabilidade, algo que as torna críveis a um homem honesto. Penso que a tese da aniquilação tem maior razoabilidade cosmológica: no quadro do que sabemos acerca da evolução do cosmos, a ideia de que a morte é pura e simplesmente a reincorporação da matéria individual na dinâmica total do Universo parece ser a mais aceitável. A concepção evolucionista do mundo visível seria o *praeambulum fidei* da crença na aniquilação. Por sua vez, a tese da ressurreição possui maior razoabilidade psicológica: de acordo com aquilo que o psiquismo humano é, com a sua tantas vezes oculta, mas sempre real ânsia de sobrevivência, com a sua essencial e secreta necessidade de se sentir baseado no amor e através dele realizado, a ideia da morte como entrega ao Deus que por amor criou o mundo e como acesso a uma existência plena e perdurável, oferece-se-nos subtilmente não só como a mais aceitável, mas também como a mais desejável. A realidade e a dinâmica da nossa intimidade são o *praeambulum fidei* da crença na ressurreição.

Aniquilação ou ressurreição, duas crenças. Por qual optar, qual adoptar? Cada qual deve responder por si próprio, se é o que não fez já, ou permanecer na abstenção vacilante do agnosticismo. Por mim, sendo embora extremamente sensível, por vocação e afecto, às razões de carácter cosmológico, razões da razão, sou-o mais ainda às razões ligadas ao coração, razões de amor, e – próximo de algum modo, também neste caso, dos que duvidam, dos que suspeitam e dos que formam opinião – optei assim pela tese da ressurreição. O que me obriga a dizer, completando o agora indicado, como em relação com elas se conciliam ou disputam entre si as minhas ideias e as minhas crenças.

3. Antropologia da ressurreição

Uma vez que a ressurreição afecta toda a realidade do homem, não se afigura ilegítimo chamar "antropologia" à reflexão intelectual acerca dela. Tanto mais que da maneira de conceber essa realidade na sua existência anterior à morte depende a maneira de entender – de tentar entender, pois não é possível ir mais longe – o que a ressurreição em si mesma seja.

Dividirei a minha reflexão em três partes: textos iniciais da ideia cristã da ressurreição; concepção dualista do facto da ressurreição; concepção *estruturista* desse facto.

1. Textos cristãos iniciais acerca da ressurreição dos mortos.

Jesus afirma explicitamente a realidade da ressurreição dos mortos, mas diz muito pouco sobre o que essa realidade em si própria é. Na sua discussão com os saduceus limita-se a dizer que "quando ressuscitarem de entre os mortos, nem os homens casarão, nem as mulheres serão dadas em casamento, mas serão como os anjos do céu", isto é, não necessitarão de ter descendência e serão imortais. A vida dos ressuscitados não será a simples continuação da vida actual, será qualquer coisa de essencialmente diferente, ainda que misteriosamente também a assuma.

São Paulo é muito mais explícito. Na segunda carta aos Tessalonicenses afirma de maneira muito explícita a ressurreição de todos, os ainda vivos e os já defuntos, perante os fiéis de Salónica que impacientemente esperam a parúsia. Os textos de Paulo mais importantes sobre a ressurreição são, todavia, os contidos nas duas epístolas aos Coríntios. É na ressurreição de Cristo que tem o seu fundamento e a sua garantia a fé na ressurreição de todos os mortais: "Ora, se se prega que Cristo ressuscitou de entre os mortos, como podem alguns de vós dizer que não há ressurreição dos mortos? Se a não há, também Cristo não ressuscitou [...] E se Cristo não ressuscitou [...], a vossa fé é vã" (1 *Cor.*, 12, 14, 17). São Paulo crê-se obrigado a explicar através de símiles como entende o carácter corporal da ressurreição: o grão morre para germinar; a semente que se converte em trigo; os múltiplos aspectos dos animais, sendo todos eles animais; a diversidade da luz, segundo proceda do Sol, da Lua ou das Estrelas [...] A identidade do que morre manter-se-á após a sua ressurreição, embora a sua realidade corporal seja muito diferente da que nele vemos: "Seremos transformados. O corruptível tem que ser revestido de incorruptibilidade, o mortal tem que ser revestido de imortalidade" (52 e *sq.*), e mais tarde: "Não queremos ser despidos da nossa veste, mas revestir outra por cima dela, a fim de que o mortal seja absorvido pela vida" (2 *Cor.*, 5, 4). De um modo inteiramente inimaginável, o corpo corruptível daquele que morre tornar-se-á imortal, viverá sempre.

2. A concepção dualista do facto da ressurreição.

Nem Jesus nem São Paulo dizem que a morte humana consiste na separação de uma alma imortal e um corpo mortal. A consabida distinção paulina entre *sarx* (carne), *psyché* (alma) e *pneuma* (espírito) não é mencionada nem evocada nos textos que falam da ressurreição dos mortos. Como surgiu, então, e se tornou tradicional e pouco menos que canónica a concepção do homem como a união de uma alma e de um corpo?

À partida, parece necessário dizer que os três termos de São Paulo, "carne", "alma" e "espírito" não designam princípios constitutivos, mas modos morais do comportamento. "Carne" é em São Paulo o modo de se comportar daqueles que se entregam às paixões da carne; "alma", a actividade vital e psíquica do homem; "espírito", o modo de viver daqueles que orientam para Cristo a sua vida. E o homem é imagem e semelhança de Deus – tal é para mim a interpretação correcta do tão repetido texto bíblico –, na medida em que com a sua inteligência pode pensar a verdade e com a sua liberdade pode querer o bem, mas não porque na sua constituição haja uma alma imortal e espiritual [12]. Não, a *Bíblia* não fala da alma e do corpo como princípios constitutivos da realidade do homem, nela o homem é "uno". Foi apenas com a difusão da mensagem evangélica no mundo helenístico, e ao mesmo tempo que afirmavam o valor do corpo, tão menosprezado pelo platonismo dos gnósticos, que os pensadores cristãos começaram a valer-se do termo *psyché*, no sentido que este pouco a pouco iria assumindo: um componente real, a par do corpo, da realidade total do homem. Não parece, porém, que essa afirmação inicial da alma humana tivesse um carácter formalmente doutrinal.

Os teólogos discutem acerca da influência do pensamento pré-cristão sobre a posterior e gradual configuração da ideia da alma nos pensadores cristãos e nos documentos magisteriais da Igreja. Para alguns, a distinção cristã entre corpo e alma teve a sua fonte principal no pensamento antropológico grego, com Platão à cabeça. Para outros, entre os quais se conta Ratzinger, as ideias da antiga Igreja sobre a sobrevivência do homem entre a morte e a ressurreição apoiam-se antes de mais nas tradições judaicas acerca da existência do homem no *sheol*, o lugar onde moram as sombras dos mortos, tradições que, cristologicamente corrigidas, foram transmitidas ao Novo Testamento.

---

[12] Para além do livro, já clássico, do P.ᵉ F. Prat, *La teología de San Pablo* (México, 1947), o leitor encontrará informação mais recente sobre a antropologia paulina na excelente monografia de J. L. Ruiz de la Peña, *Imagen de Dios. Antropología teológica fundamental* (Santander, 1988).

Não posso intervir na discussão em causa. Devo limitar-me a indicar que a génese da ideia cristã da alma teve como motivo principal uma grave preocupação teológica: o alcançar de um saber capaz de harmonizar razoavelmente dois elementos fundamentais da fé cristã, a ressurreição dos mortos e o advento da parúsia e do juízo universal, que a parúsia trará consigo. Os justos que morreram antes da parúsia, como podiam esperá-la, se não gozavam já a visão beatífica desde o momento da sua morte? Que relação existiria entre o homem que morre e o homem – todo o homem – que ressuscita? E qual a relação existente entre o juízo particular, dizendo respeito à vida de cada homem, e o juízo universal – *iterum venturus est cum gloria iudicare vivos et mortuos* – que o Credo anuncia?

Através de vicissitudes em cujo pormenor não devo aqui entrar, a tradição cristã manteve-se fundamentalmente fiel, desde o século XIII, a uma doutrina para muitos definitiva: a resultante da cristianização do pensamento metafísico de Aristóteles, obra de Tomás de Aquino e, dentro dela, a concepção da alma humana como forma substancial da realidade corporal do homem: *anima forma corporis*.

Corrigindo ou completando a teologia medieval anterior – Hugo de S. Victor, Gilberto de la Porrée, Guilherme de Auxerre, Pedro Lombardo –, São Tomás tentou resolver esses problemas através de uma metafísica e de uma antropologia formalmente cristãs, mas directamente inspiradas nas de Aristóteles. Eis, no que mais importa ao tema deste livro, os seus pontos essenciais [13]:

a) A alma racional é *forma*, no sentido aristotélico do termo, na sua própria essência; é forma *substancial*, e toda a sua realidade se esgota em comunicar o seu ser à matéria. O *ser espírito* da alma identifica-se com o seu *ser forma*: "a alma... por essência é espírito, e por essência forma do corpo". Só animando o corpo pode a alma realizar aquilo que essencialmente é.

---

[13] Retiro esta exposição do livro de J. L. Ruiz de la Peña *Imagen de Dios. Antropología teológica fundamental*, anteriormente citado, que constitui, do meu ponto de vista, a obra mais actual e melhor documentada acerca da matéria em apreço. Separa-me das suas últimas teses uma diferença, a meu ver superável, conforme o que a esse respeito indiquei no capítulo precedente. Em breve voltarei à questão.

b) A alma racional é a *única forma* que há na realidade do homem, e é-o da matéria prima. Em rigor, o ser humano não consta de alma e corpo, mas de alma e matéria prima.

c) Aquilo a que chamamos *corpo* é a matéria informada pela alma; não preexiste a tal função informante, nem coexiste com ela ou à margem dela. Quando nomeamos o corpo "estamos a nomear a alma". Em rigor, um cadáver é corpo, mas não é um corpo humano.

d) A *alma*, por seu lado, tão-pouco preexiste ao corpo e só neste tem a possibilidade de chegar à existência. Mas como a alma "não depende do corpo quanto ao seu ser, é incorruptível e pode existir para além da morte".

e) A alma e o corpo não são duas substâncias que existam em acto separadamente, existem apenas enquanto substancialmente unidas. O homem é *uma* substância, surgida da união de *dois* princípios de ser.

f) A alma não é homem nem é pessoa, sem o corpo não há pessoa humana.

g) A "alma separada" – a alma depois da morte do corpo – existe numa situação "inconveniente" à sua natureza, e até mesmo "contra a sua natureza". O seu estado no corpo é mais perfeito que fora dele; unida ao corpo assemelha-se mais a Deus que separada dele.

A esplêndida construção antropológica de Tomás de Aquino, originária e formalmente cristã, afasta-se essencialmente do pensamento aristotélico, ainda que, sem dúvida, abundantemente o utilize. É o que proclamam com grande insistência Pegis e Schneider, autores que Ratzinger cita com plena adesão. Mas a sua fidelidade básica à noção de forma substancial leva-o à situação de incomodidade evidente com que – aristotélico enquanto seguidor dessa noção, antiaristotélico pela sua concepção da alma do defunto enquanto "forma separada" (Aristóteles nunca poderia ter admitido expressão semelhante) – em vários textos quer dar razão ontológica do estado precário da alma antes da ressurreição do defunto.

Nos anos finais do século XIII, a concepção tomista do problema alma--corpo foi impugnada por alguns autores (Tempier, Kilwardby, Olivi, Mediaville). Mas do Concílio de Vienne (1311), que em certa medida canonizou essa concepção, até à teologia das últimas décadas, com a sua acerada revisão da ideia tradicional da morte e da imortalidade, a concepção da alma como *unica forma corporis* foi pouco menos que exclusiva no pensamento cristão. Nem sequer teólogos pouco conservadores como Schillebeeckx deixam de empregar, a tal respeito, uma linguagem afim do hilemorfismo tradicional.

O facto de a antropologia tomista constituir uma superação clara, quanto ao problema corpo-alma, do rudimentar dualismo em que haviam incorrido filósofos e teólogos anteriores a ela e em que incorreriam também outros, posteriores, como Descartes e Leibniz, não pode ser mais evidente. Mas a não menos evidente invocação de dois princípios ontológicos complementares, a alma como forma informante e o corpo como matéria informada, não mostrará que nela continua a estar latente o dualismo tradicional, ainda que de maneira menos controversa e mais subtil? Assim o viram os filósofos e os teólogos mais sensíveis às exigências do pensamento actual. Mas não deixemos o que importa quanto ao tema que aqui me ocupa agora: a possibilidade de entender de maneira mais razoável a crença cristã na ressurreição dos mortos e, ao mesmo tempo, de conciliar razoavelmente as minhas ideias e as minhas crenças acerca da morte.

3. A concepção *estruturista* do corpo humano e o problema da ressurreição.

Ratzinger faz notar que, na edição do *Missale Romanum* de 1970, foi suprimido da liturgia das exéquias o termo *anima*. Por um lado, Ruiz de la Peña sublinha que as palavras *alma* e *espírito* não figuram no índice temático do célebre *Catecismo Holandês*, nem na contribuição de J. R. Metz na obra *Conceptos fundamentales de teología* (Madrid, 1966). Por outro, na sua "Apresentação" do livro póstumo de Zubiri *Sobre el hombre*, I. Ellacuría escreveu: "Zubiri mudou drasticamente a sua concepção sobre a estrutura precisa das notas constitutivas da realidade do homem. No célebre curso *Corpo e Alma* (1953-1954), dera à alma uma substantividade e independência que mais tarde lhe pareceram excessivas. A sua explicação da unidade do homem, apesar de tentar superar os dualismos, continuava a ser hilemórfica [...] Só mais tarde, e expressamente em *El hombre y su cuerpo* (1973), começa a levar às suas últimas consequências a sua ideia da unidade estrutural entre o psíquico e o orgânico. Sem jamais negar a irredutibilidade do psíquico humano ao orgânico, manteve cada vez mais firmemente a sua unidade e a sua co-determinação mútua, implicando que um não pode dar-se sem o outro

[...] Zubiri acabou por pensar e afirmar que a *psique* é por natureza mortal e não imortal, pelo que, com a morte, tudo acaba no homem ou o homem acaba de todo. O que decerto Zubiri sustentava, mas já como cristão crente e como teólogo, era que também o homem todo ressuscita, caso mereça essa graça, ou a receba, de Deus através da promessa de Jesus [...] À medida que o seu pensamento se foi consolidando [...], Zubiri levou às últimas consequências a lógica do que lhe parecia ser a interpretação objectiva da realidade estrutural do homem". E noutra página Ellacuría acrescenta: "Em *El hombre y su cuerpo* (1973) Zubiri escreve: '[...] quando o cristianismo fala de sobrevivência e de imortalidade, o que sobrevive e é imortal não é a alma, mas o homem, isto é, toda a substantividade humana. E tal teria de acontecer por efeito de uma acção recriadora, ressurreccional'". Por último, e como conclusão do seu estudo "Relação consciência-corporalidade", o teólogo M. Benzo diz, depois de uma rápida alusão à atitude de Rahner perante a realidade da morte física e à dos teólogos que afirmam a ressurreição imediata do defunto: "Talvez seja preferível limitarmo-nos a confessar que não sabemos como se produz a passagem do homem vivo no mundo ao homem ressuscitado, embora declaremos que não parece aceitável a concepção de uma alma separada do corpo, uma vez que relega este último inevitavelmente para a condição de aditamento efémero, com toda a desvalorização do corporal, do material e do profano que isso acarreta." Se alargássemos a investigação ao conjunto da teologia contemporânea, especialmente de língua germânica, os testemunhos poderiam ser muito mais copiosos.

O que se passou no pensamento cristão, católico ou protestante, para que tudo isto tenha acontecido e tenha sido dito? Fundamentalmente, duas coisas: que a ciência e a filosofia do nosso século obrigam a uma severa revisão do dualismo antropológico tradicional, sem excluir o hilemorfismo aristotélico-tomista, e que essa revisão torna iludível uma nova doutrina – nunca, decerto, puramente racional, nunca capaz de se impor como evidente à inteligência do homem – acerca da génese, da morte e da ressurreição do ser humano. Nos termos em que vejo os aspectos fundamentais da revisão e da doutrina em causa – aquilo em que, na minha opinião, coincidem todos os *novatores* da antropologia teológica – eis, distribuída por uma série de pontos, a minha maneira pessoal de conciliar a este respeito as minhas ideias e as minhas crenças, ou pelo menos de compatibilizar decorosamente umas e outras.

a) Nem o problema da hominização do zigoto humano, nem o do aparecimento da espécie humana na biosfera, obrigam a admitir a tese de uma criação ocasional e *ex nihilo* de cada uma das almas espirituais, imortais e racionais que vão animar cada embrião e que animarão humanamente o genoma dos antropóides em que a Humanidade teve a sua origem evolutiva. Pelo contrário, a evolução das estruturas da biosfera, compreendida a noção de estrutura segundo tudo aquilo que ao longo deste livro foi sendo dito, permite-nos compreender muito mais razoavelmente esses dois aspectos da antropogénese.

Por outro lado, a ideia cristã da criação do mundo e do homem é perfeitamente compatível com a mesma visão da antropogénese: no seu misterioso acto criador, Deus pôde dispor que as causas segundas do mundo criado dessem por si mesmas lugar às configurações sucessivas da realidade cósmica, incluindo a humana. Nada, em meu entender, impede crer que *de potentia ordinata* Deus – permita-se-me esta inevitável expressão antropomórfica – quisesse que as coisas fossem assim e que, nesse sentido, possam ser interpretados os textos em que se manifesta a revelação divina.[14]

b) Científica e filosoficamente considerada, é inconcebível e inaceitável em meu entender, a tese da "alma separada" ou "forma separada" e, sem precisarmos de nos referir ao nosso tempo, assim o sugere a incomodidade mental do próprio São Tomás quando se sente obrigado a abordar o tema. Metafisicamente considerada, que modo de realidade – realidade real, não ficção conceptual – tem a alma separada? Porque será a alma encarnada a mais perfeita imagem de Deus? Diz-se que a sua existência garante a continuidade entre a consciência pessoal do homem que morre e – como se, ainda que apenas por suspeita, a conhecêssemos – a consciência desse homem depois da sua ressurreição. Mas como pode um ente, que é além disso um ente de razão, que não recorda, nem sente, nem pensa, garantir essa continui-

---

[14] Que eu saiba, só K. Rahner, entre os teólogos actuais, utiliza a noção de causa segunda – e mantém-se, portanto, ampliando-a, na linha do pensamento cosmológico mais tradicional e ao mesmo tempo mais fecundo – na tentativa de entender cristã e cientificamente a origem do homem. Vejam-se os volumes V e VI dos *Escritos de Teología* (Madrid, 1961 e segs.) do referido autor e a *Teología de la creación*, de J. L. Ruiz de Peña (2.ª ed., Santander, 1987).

dade e, para mais, animar um novo corpo, um corpo cuja matéria pode proceder em princípio de qualquer parte? Não sou capaz de o conceber.

Disse atrás que a existência da alma separada me parece inconcebível e inaceitável, não disse que me parecia inimaginável, porque inimaginável é tudo o que se refere à vida transmortal do homem, mas de certo modo ela pode ser licitamente concebível e razoavelmente aceitável, não formalmente absurda. Nem o inconcebível é, sem mais, absurdo, nem o concebível, sem mais, racional. E se a respeito da existência e da inoperância da alma separada me disserem que o poder infinito de Deus faz com que, misteriosamente para nós, essa alma exista e opere, a minha resposta será uma pergunta: porque não compreender de um modo mais radical e menos artificial a necessária invocação da omnipotência divina e do mistério, e conceber ao mesmo tempo como possível e até mesmo provável, no interior da fé cristã, outra ideia da morte e da ressurreição, a ideia da morte total e de ressurreição imediata?

c) Segundo o meu modo de ver, a concepção da realidade inteira do homem inteiro, e não só do seu corpo, como uma estrutura dinâmica de elementos materiais essencialmente nova por comparação a todas as que na evolução do cosmos a precederam, e dotada, por conseguinte, de propriedades sistemáticas irredutíveis à simples combinação das correspondentes aos vários elementos que a integram e nela perduram sob a forma de subtensão dinâmica, essa concepção, repito, não só é a mais adequada ao pensamento actual, mas é também, hoje em dia, a mais razoável e a mais satisfatória para a razão.

São propriedades sistemáticas da estrutura do nosso corpo, assim entendida, todas as actividades integrantes do comportamento do homem enquanto ser humano: um processo de assimilação a cuja dinâmica pertencem tanto o organismo como o psiquismo; o sentir o mundo como realidade; o pensamento simbólico e abstracto; o exercício da liberdade; uma imaginação criadora de saberes, intuições e sentimentos; o transe místico e a deificação sobrenatural. O corpo é o ser do homem e, por sê-lo, o agente, o actor e de certo modo o autor de tudo aquilo que no mundo e dentro de si próprio o homem é e faz. "O eu, o eu que pensa, quer e sente, é imediatamente o corpo vivo, com os estados de consciência que suporta (e que produz, deveríamos acrescentar); é o meu corpo vivo que pensa, quer e sente", escreveu Unamuno e, em meu entender, com toda a razão. E, do mesmo modo, em meu entender também, porque o corpo do homem é e faz tudo isso podemos, cristã e legitimamente, em termos razoáveis, dizer que o homem é "imagem de Deus".

d) Esta concepção *estruturista* da realidade completa do homem conduz necessariamente à ideia da "morte total" ou *Ganztod*, como lhe chamam os actuais teólogos alemães. Ao morrer, todo o homem morre. Perante a sua morte física, e para além da persistência no mundo – fama, recordação e afecto dos que nos amaram – a que a sentença horaciana se referia, todo o homem pode dizer: *omnis moriar*. Mas, depois da morte física, um desígnio misterioso da sabedoria, do poder e da misericórdia infinitas de Deus faz com que o homem que morreu, o homem inteiro, ressuscite para uma vida essencial e misteriosamente diferente da que neste mundo se mostrava como matéria, espaço e tempo. Para além da materialidade, da espacialidade e da temporalidade, o homem viverá segundo o que tiver sido a sua vida no mundo. É nesta vida que perdura que a esperança do cristão tem o seu objecto mais próprio. Pelo que, depois de ter dito esse *omnis moriar* radical, todo eu morrerei, o cristão diz de si próprio e pensa que todos os homens podem também dizer: *omnis resurgam*, todo eu ressuscitarei. "Ressurreição do corpo", escreveu o teólogo W. Breuning, "significa que o homem perante Deus reencontra não só o seu último instante, mas toda a sua história." [15]

Não sou teólogo e não pretendo sê-lo. Mas atrevo-me a pensar que o meu modo de conceber a morte e a ressurreição não contradiz o que Jesus e São Paulo disseram delas. E que, pelo contrário, o ratifica.

e) Deve rever-se, assim, o sentido em que se emprega a bela, sugestiva e imprescindível palavra "alma".

Resumindo a sua tão lúcida e leal exposição das diversas atitudes passadas e presentes acerca do problema da alma, Ruiz de la Peña escreve: "Podem propor-se duas questões sobre a alma: *se é (an sit)* e o *que é (quid sit)*. A fé cristã tem de responder afirmativamente à primeira, ainda que se veja levada a deixar em aberto a segunda ou contentar-se a seu propósito com modestas anotações." [16] A minha resposta é a seguinte: metafísica e fisicamente considerada, a alma do homem é para mim a unidade

---

[15] Com a morte, *vita mutatur, non tollitur*, diz a liturgia cristã – mutação, não aniquilação da vida. Mutação que tem de ser imediata, instantânea.

[16] *Imagen de Dios*, 139-140. Veja-se também o estudo posterior do autor "Sobre el alma: introducción, cuatro tesis y epílogo", em *Estudios Eclesiásticos*, vol. 64, 1989.

de acção da estrutura específica do ser humano, entendida esta segundo o que ficou anteriormente exposto. E se, à margem do seu sentido ontológico tradicional, alguém quiser dar esse nome à unidade de acção dessa estrutura, estará no perfeito direito de o fazer. Na minha opinião, o conceito aristotélico de "forma substancial" deve ser substituído para todos os efeitos, e também no que se refere à realidade do homem, pelo conceito zubiriano de substantividade ou – se se preferir uma expressão mais próxima da linguagem científica, embora com as ressalvas que anteriormente formulei – pelo conceito, do mesmo modo zubiriano, de estrutura. Assim compreendida a alma, a minha resposta ao *an sit* de Ruiz de la Peña é também afirmativa, mas se se entender a alma como princípio imaterial que informa e anima a matéria do corpo, não. Tal resposta ao *an sit* traz consigo, como é evidente, a correspondente ao *quid sit*. A alma humana é, se se desejar conservar um nome tão venerável, o termo de referência de tudo aquilo que o homem faz por ser específica e pessoalmente a estrutura que é: sentir, pensar, querer, recordar, esquecer, criar, imitar, amar, odiar. E se se quiser entender cristã e teologalmente todo esse conjunto de acções, farei minha com a mais aquiescente das vontades a seguinte declaração de Ratzinger: "A alma é a capacidade de referência do homem à verdade e ao amor eterno".

Mas já insistentemente disse que, ao pensar assim acerca da alma humana e sobre a morte e a ressurreição, não me movo no plano das evidências, mas no das crenças. Pelo que, embora considerando que este modo de as compreender é mais razoável e mais actual que o dualismo e que o hilemorfismo, tenho necessariamente de admitir a persistência das duas doutrinas. O tempo dirá em que resultarão uma e outra. Assevera-se que o número dos teólogos partidários da "morte total" está a diminuir. Pelo meu lado, não renuncio a ela e penso que de maneira alguma estarei só.

Devo terminar regressando ao mais fundo de mim mesmo. A partir do centro da minha vida sinto-me mentalmente ante o facto inexorável da minha morte. Contam que Santo Alberto Magno, santo da cristianíssima Idade Média, e não dos actuais tempos de dispersão secularizada, costumava na velhice perguntar-se: *Numquid durabo?* "Perdurarei?" Penso que esse homem se interrogava tanto sobre o perdurar das suas crenças e dos seus hábitos até à morte, como sobre o perdurar da sua existência para além desta vida. É assim que eu, pelo menos, compreendo a sua pergunta, é assim que a faço a mim mesmo e é assim que, como dizia o cardeal Newman, as minhas crenças podem suportar as minhas dúvidas. E se a minha morte, como profundamente desejo, me permitir que faça dela um acto pessoal, se a minha morte não for portanto a consequência súbita de um acidente fortuito, ao senti-la chegar direi na minha intimidade: "Senhor, é esta a minha vida. Olha-a segundo a tua misericórdia".

ÍNDICE

Nota de Apresentação — 7

Prólogo — 27

Introdução — 47

Capítulo 1 – SOBRE A MATÉRIA — 51

    I. De Aristóteles a Rutherford-Bohr — 51
    II. As partículas elementares: factos de observação — 63

        1. Factos procedentes da microfísica — 64
        2. Factos procedentes da astrofísica — 68

            a) Etapas da formação do Universo — 70
            b) Antes do big bang — 72

    III. Teorias e conceitos — 73
    IV. Conclusões — 78

        1. Realidade das partículas elementares — 79
        2. Elementaridade das partículas — 83
        3. Consistência das partículas — 87

    V. O que é a matéria — 90

Capítulo 2 – SOBRE A ESTRUTURA — 93

    I. O que é uma estrutura material — 96

        1. A estrutura como objecto de descrição — 97
        2. As notas e o todo da estrutura — 101

    II. Estrutura e matéria — 115
    III. Níveis, génese e evolução das estruturas do cosmos — 117

        1. Génese da matéria — 119
        2. As primeiras estruturas — 124
        3. As estruturas atómica e molecular — 130

            a) Processos exotérmicos no interior da massa estelar — 132
            b) Processo de captura e de absorção de neutrões — 133
            c) Processos miscelânea — 133

4. As estruturas vivas 138
   a) Mecanismo da biogénse 140
   b) Complicação evolutiva das estruturas vivas 142

      § 1. Mecanismos básicos da filogénese 142
      § 2. As estruturas da vida animal: os protozoários 146
      § 3. As estruturas da vida animal: os metazoários 148

   c) A vida animal como propriedade sistemática 154

      § 1. As propriedades sistemáticas da vida animal, descritivamente consideradas 154
      § 2. As propriedades sistemáticas da vida animal, essencialmente consideradas 160

Capítulo 3 – CONDUTA E PSIQUISMO HUMANOS 167

I. A conduta animal 175

1. O chimpanzé sente 175
2. O chimpanzé recorda 176
3. O chimpanzé busca 176
4. O chimpanzé espera 177
5. O chimpanzé joga 177
6. O chimpanzé comunica 177
7. O chimpanzé aprende 178
8. O chimpanzé inventa 179

II. A conduta humana 180

1. A vida projectiva: o projecto 181
2. A memória 183
3. A busca e a exploração 183
4. A espera 184
5. O jogo 185
6. A comunicação 185
7. A aprendizagem 186
8. A invenção 187

III. O psiquismo humano 188

1. Descrição esquemática do psiquismo humano 189
2. Origem do psiquismo humano 197
3. Extinção do psiquismo humano 206

ÍNDICE

Capítulo 4 – CÉREBRO E VIDA HUMANA — 209

I. O cérebro, órgão da alma — 209
   1. Alma e cérebro — 211
   2. A alma, realidade tácita: Flechsig e Cajal — 213
   3. O dualismo neurofisiológico de Eccles — 223

II. Cérebro e psiquismo — 232
   1. O todo do cérebro: de Jackson a Goldstein — 233
   2. A alma, simples modo de agir e ser: Ortega — 237
   3. Lição vária — 239
      a) Neurofisiologistas: Rodríguez Delgado, Chauchard, Llinás, Hillyard e Bloom — 240
      b) Pensadores e ensaístas: Koestler, Pinillos, Ferrater Mora, Ruiz de Gopegui — 244

III. O cérebro, agente, actor e autor do psiquismo — 253
   1. O monismo materialista dos séculos XVIII e XIX — 253
   2. O monismo materialista do século XX. Neurofisiologistas: Mountcastle, Pribram e Changeux — 256
   3. O monismo materialista do século XX. Pensadores: Feigl e Bunge — 262

IV. Concepção *estruturista* do corpo humano — 268
   1. Cérebro e matéria — 268
      a) A partícula elementar — 270
      b) Actividade da matéria — 270
   2. Cérebro e estrutura — 271
      a) Percepção sensorial directa da estrutura — 274
      b) Percepção sensorial técnica da estrutura — 275
      c) Intelecção matematizável da estrutura — 275
   3. Estrutura do cérebro — 278
   4. Actividade do cérebro — 281
   5. Funções localizadas — 285
   6. Actividade do cérebro no seu conjunto — 292
      a) O cérebro e a totalidade do corpo — 295
      b) Propriedades sistemáticas do cérebro — 295
      c) A unidade funcional do cérebro — 297

  d) *O cérebro e autoconsciência*   300
  e) *Perceptos, conceitos e fictos*   304
  f) *O cérebro e a liberdade*   308
  g) *O cérebro e a vivência do tempo*   311

Capítulo 5 – O MEU CORPO: EU   321

 I. Aqui e agora   322

  1. O meu aqui   323
  2. O meu agora   326
  3. A partir do meu aqui e do meu agora   332

 II. O meu chegar ao que sou   335

  1. O que sou, resultado de um acto criador   336
  2. O que sou, resultado de uma evolução filogenética   339
  3. O que sou, resultado de um desenvolvimento embriológico   345
  4. O que sou, resultado de um devir histórico e de uma situação social   349
  5. O que sou, resultado de um processo biográfico   359

 III. A decomposição do que sou   360

  1. A morte é um facto, pode ser um acto e muito frequentemente dá lugar a um acontecimento   360
  2. Aniquilação ou ressurreição?   363
  3. Antropologia da ressurreição   372

Títulos publicados nesta colecção:

Filosofia dos Valores, Johannes Hessen
Os Problemas da Filosofia, Bertrand Russel
A Justiça e o Direito Natural, Hans Kelsen
A Filosofia dos Valores, Jean Paul Resweber
Introdução à Metodologia da Ciência, Javier Echeverría